한국 도로
60년의 이야기

저자 **강정규**

들어가는 글

 토목공학과 졸업 후 길을 따라다니며 37년의 세월을 보냈다. 1980년대 후반부터 1990년대 중반까지 자동차와 고속도로의 왕국인 미국의 도로를 15만km 넘게 달렸다. 어딜 가도 빠르고 좋은 길이 사통팔달이었고 부럽기만 했다. 선진국 길 위의 모든 자그마한 것들까지도 모두 나의 주요 관심사였다. 그에 반해 매년 많은 사람들이 길에서 죽어가고, 막힌 길을 헤치고 가야했던 1980년대 한국의 도로 환경은 늘 부끄럽고 부족하다고 느껴졌었다. 하지만 2000년대 들어 한국의 도로도 획기적으로 발전하였고 다양한 나라들의 도로를 체험하면서 도로를 보는 시각이 조금 넓어지게 되었다. 개발도상국을 대상으로 10여 개의 도로교통 관련 프로젝트에 참여하면서 그들의 도로에 대해서 깊이 들여다 볼 기회가 있었다. 불과 몇 십년 전 우리가 겪어온 과정을 그대로 답습하고 있었다. 어느덧 우리 도로의 성취에 자부심을 가지게 되었고 자랑스럽기까지 했다. 선진국과 비교해도 우리가 따라갈 나라는 몇 보이지 않고 그들마저 우리의 발전을 경이롭게 바라보고 있다는 것을 여러 국제 행사를 통해서 알게 되었다.

 도로건설 기술, 그러니까 도로를 어떻게 만드는가를 이해하고 나니 다음은 도로가 어떤 역할을 했으며, 왜 이런 도로를 만들게 되었을지 궁금해졌다. 공학에서 정치·경제·사회 분야로 관심의 폭이 넓어진 것이다. 지금의 대한민국을 만드는데 도로가 어떤 역할을 했는지 정확히 이해한다면 그 과정에서 도로종사자들의 역할도 확인 가능할 것이다. 도로건설에 요구되는 복잡한 기술들을 이해하고 나면 도시와 국가에 대한 도로의 역할로 시각이 넓혀져 새로운 세계가 보이기 시작한다.

 지난 60년 동안 한국의 도로건설은 오르막을 지나 정점에 도달하였고 이제는 내리막에 접어드는 듯하다. 도로건설의 황금기인 1980~2010년 사이에 대부분의 설계사와 건설사들은 수도권 요지에 사옥을 마련할 정도로 급속한 성장을 이룩하였고, 기술인들은 해외 건설도 마다하고 국내 일감을 고를 정도로 바빴다. 그러나 봄날은 길지 않았다. 일거리가 줄어들수록 경쟁은 심화되었고 덩달아 자존감도 바닥으로 내려앉았다. 이제는 언제, 왜, 자랑스러운 세월이 있었는지 기억조차 희미하다. 국민의 세금으로 이루어지는 공공사업이란 특성상 도로를 만든 선구자들은 이름도 남기지 못하고 사라져가고 도로쟁이라는 비아냥마저 받는다. 자부심 가득한 추억이라도 있는 선배들과 달리 후배들은 박봉에 야근으로 희망 없이 시들어가고 있다. 지금까지 해온 방식을 따라가서는 생존이 담보되지 않는다. 그러나 기회는 또 올 것이다. 북한 지역을 넘어 세계 곳곳에서 우리 기술로 길을 여는 새로운 시대가 오기를 희망한다. 더 이상 선배들의 기억이 흐려지기 전에 우리가 왜, 어떻게, 길을 열어 대한민국을 변화시켰는지 대강의 이야기라도 남겨 놓는다면 후배들이 보다 충실한 기록으로 보답하기를 희망하며 이야기를 정리하였다.

이 책은 다음과 같이 7개 분야로 구성되어 있다.

제1장 '오늘날의 도로가 만들어지기까지'에서는 1960년대부터 현재까지 10년 단위로 구분하여 각 시대별로 도로시설을 확보해 나간 과정을 정리하였다.

제2장 '도로분야별 기술 발전과정'에서는 도로 설계기준과 교량, 터널·지반, 포장, 안전시설, ITS로 구분하여 관련 기술 변화를 포괄적으로 파악할 수 있도록 하였다. 사실 도로는 고도로 기술이 분화되어 있어 모든 분야에 정통한 전문가를 찾아보기가 매우 어려운 실정이다. 하물며 기술자가 아닌 도로분야 종사자들은 기술 장벽에 막혀 소외감도 들고 때로는 서로 무시하기도 한다. 세부 전공 전문가가 보기에는 너무 쉽고 기초적인 내용이겠지만, 동시에 비전공자에게는 꽤 어려운 내용이다. 인접 분야를 이해해야 소통이 되니 나무보다 숲을 파악하길 바라며 정리하였다. "기술 장벽을 넘어서야 새로운 길이 보인다"는 것이 필자의 소신이다.

제3장 '도로 관련 법제와 재원'에서는 공공발주 사업이자 주문 생산이 특징인 도로산업과 관련한 사회 시스템을 다룬다. 도로건설은 수많은 도로 관련 법령, 사업

평가제도, 계획, 사업비 확보 등과 같은 사회 시스템에 의해서 제약을 받을 수 밖에 없다. 문제는 이들이 시대에 따라 계속 변한다는 점이다. 도로전문가들도 시대적 변천 과정을 잘 이해할 필요가 있지만, 한국의 압축적 도로확보에 대해 관심이 많은 개발도상국 전문가들이 가장 궁금해 하는 분야이기도 하다.

제4장 '도로가 바꾼 세상'에서는 매년 국가 GDP의 1~2% 정도를 투자해 온 도로가 한국 사회에 어떤 변화를 가져왔는지를 다루었는데 크게 비용, 일자리, 효과로 구분하였다.

제5장 '도시부 도로의 발전과정'에서는 한국 대도시 공간구조의 골격인 도로의 발전과정을 파악하고 얼마나 혁명적인 변화에 직면하고 있는지를 정리해 보았다. '사람은 땅 위로, 그리고 자동차는 지하로'라는 방향으로, 지상부 도로공간을 보행자와 대중교통 위주로 재편하는 일대 변화가 일어나고 있다. 시가지 도로는 더 느리게, 그리고 고속도로는 더 빠르게 변화하는 것이 세계적 추세이다.

제6장 '실패와 외부갈등 극복'에서는 '빠르고 값싸게'라는 시대 환경에서 도로 종사자들이 겪어야 했던 아픔과 극복 과정을 되새겨 보고자 한다. 때로는 사람이 실수하여, 때로는 예상치 못한 자연환경 변화에 대응하지 못하고 건설 중에 무너지거나 운영 중에 차단된 사례를 되살려 보았다. 그리고 사회환경 변화를 따라가지 못해 발생한 갈등과 이를 치유해 나가는 사례를 찾아보았다.

제7장 '미래 도로는 어디로 갈 것인가'에서는 칸막이가 쳐진 도로 등급 간 연계성을 높여야 한다는 고전적인 이슈와, 도로를 달리는 차량의 에너지와 주행방식 자체가 완전히 바뀔 것으로 전망되는 미래 교통환경에 도로는 어떤 준비를 해야 할 것인가로 마무리 하였다.

굳이 '이야기'라는 단어를 제목에 포함시킨 이유는 지금까지 전문가를 대상으로 그래프와 표에 의존한 딱딱한 논리적인 글만 써왔으니, 이제는 도로분야와 관련된 정사와 야사를 자유롭게 이야기 하는 방식으로 전달하고자 하는 의도에서다. 그러나 결국 기존 틀에서 벗어나지 못했으니 진짜 이야기는 좀 더 이 분야에 깨달음이 깊어진 다음으로 미루어야 할 것 같다.

한국도로공사 도로교통연구원 근무를 마무리하면서 이 이야기를 남기게 되었다. 혹여 서운한 비판이 있다면 도로에 대한 깊은 애정에서 나온 조언이라고 미리 이해를 구한다. 해외 공무원들을 상대로 '한국의 도로와 교통정책'에 대해 강의를 하고 토론을 하다 보니 어느덧 120여 회가 넘게 되었다. 그들은 한국이 폐허에서 오늘날과 같은 도로발전을 이룩한 과정과 내용의 모든 것에 대해 진심으로 깊이 알고 싶어 했고 수많은 질문을 해왔다. 그들의 질문에 대한 나의 답은 다음 강의자료에 조금씩 업데이트 되었다. 그 강의 내용이 이 책자의 골격이 된 것이다.

도로의 광범위한 분야에 두루 정통하지 못한 필자가 이만큼의 이야기라도 정리해 낸 데에는 한국도로공사 도로교통연구원 전문가들의 격려와 조언이 없었다면 불가능했을 것이다. 각 분야에 정통한 강형택, 길흥배, 김형배, 남문석, 이일근, 박영호 박사님들이 우문에 대해 현답을 해주었다. 책의 모든 내용에 나의 멘토이자 비판자인 백승걸 박사님의 자취가 남아있다. 원고작성에 길이 되어준 김수희, 박재범, 박제진, 염춘호, 이기영, 이승준, 이현석, 최윤혁, 한동희 박사와 응원해 준 남궁성, 김덕녕, 권순민 박사 등 교통연구실의 동료들에게 감사를 드린다. 김경현 박사, 정소영, 이종민, 이호창 연구원의 헌신적인 도움 없이는 원고 마무리가 불가능했다. 늘 지키고 응원해준 가족들에게는 어떻게도 고마움을 전할 길이 없다.

2017년 12월 말

강정규

Contents

들어가는 글 · 2

제1장 오늘날의 도로가 만들어지기까지 · 9

    1. 한국 도로시설 현황 · 11
    2. 1945~1960년대(도로여명기) · 14
    3. 1960년대(간선국도 포장 및 고속도로 태동기) · 16
    4. 1970년대(1세대 고속도로 완성 및 국도포장 본격화) · 26
    5. 1980년대(고속도로 건설 정체기와 국도포장 완료) · 34
    6. 1990년대(도로 건설 황금시대와 민자도로 출현) · 38
    7. 2000년대(고속도로망 2배 확대 및 환경·경관·안전 강화) · 42
    8. 2010년 이후(도로 건설 축소 및 유지관리 비중 증가) · 47

제2장 도로분야별 기술 발전과정 · 53

    1. 도로 구조 및 시설 설계기준 · 56
    2. 교량 분야 · 64
    3. 터널 및 지반 분야 · 102
    4. 포장 분야 · 122
    5. 도로안전시설 및 환경시설 분야 · 142

제3장 도로 관련 법제와 재원 · 153

    1. 도로 관리 체계 · 155
    2. 도로 관련 법률 · 159
    3. 도로망 계획 체계 · 170
    4. 도로 투자 재원 · 189
    5. 민간투자제도 · 206
    6. 유료도로 체계와 통행료 · 215

제4장 도로가 바꾼 세상 · 235

    1. 도로의 역할 · 237
    2. 도로 투자효과 · 247
    3. 도로 투자사업의 편익 · 253
    4. 도로가 만들어 낸 일자리 · 261
    5. 도로 비용 · 273

제5장 도시부 도로의 발전과정 · 289

    1. 수도권 도로망 형성과정 · 292
    2. 서울시 도로교통 발전과정 · 296
    3. 대도시 도시고속도로 발전 · 306
    4. 대도시 순환도로 확대 · 323
    5. 지하도로의 부상 · 345
    6. 교차로와 도로 횡단구성 · 349
    7. 간선급행버스(BRT)와 대중교통 시설 · 354
    8. 경부고속도로, 올림픽대로와 수도권 통근자 · 370

제6장 실패와 외부갈등 극복 · 383

    1. 경부고속도로 자취를 찾아서 · 385
    2. 건설 중에 무너진 교량 · 391
    3. 교통 공용 중 교량과 터널 피해 · 397
    4. 눈·비·안개·바람이 보내는 경고 · 403
    5. 환경과 경관 · 416

제7장 미래 도로는 어디로 갈 것인가 · 427

    1. 도로의 생로병사 · 429
    2. 도로 환경의 변화 · 437
    3. 전기차와 자율주행차, 공유차 · 438
    4. 이용자 친화적인 도로 · 445

참고문헌 · **458**

제1장

오늘날의 도로가 만들어지기까지

제1장
오늘날의 도로가 만들어지기까지

1 한국 도로시설 현황

지난 60년 동안 국가 GDP의 1~2%를 지속적으로 도로분야에 투자한 결과, 현재의 도로시설을 갖추게 되었으니 전체 도로 현황을 파악해 보고 10년 단위로 도로의 발전과정을 정리해 보자.

2016년 말 기준 「도로법」상 한국의 도로 연장[1]은 108,780km(미개통 8,352km 포함)로, 국토면적 1km² 당 도로 연장 1.08km가 개설되어 있다. 전체의 16.9%(18,415km)가 간선도로에 해당하는 고속도로(4,438km) 및 일반국도 (13,977km)이다. 그 외에 특별·광역시도 18.9%(20,581km), 지방도 16.7%(18,121km), 시·군도 47.5%(51,663km)로 이루어져 있다. 이상의 「도로법」상 도로 이외에 상대적으로 규모가 작은 농어촌도로[2] 59,109km까지 포함할 경우 166,636km가 된다. 자전거도로 21,240.8km는 대부분 기존 도로에 병설되어 있으며, 이 가운데 13.4%(2,841.64km)는 자전거전용도로이다. 이하 별도의 언급없이 도로라 하면 「도로법」상의 도로를 의미하기로 한다. 왕복 2차로 도로는 전체 연장의 57%에 달하는데 도로 유형별로 일반국도의 43.8%(5,981km), 지방도의 87.1%, 시·군도의 79%를 점유한다.

---

1) 국토교통부, 2016 도로현황조서, 2017.
2) 안전행정부, 2017 행정자치통계연보, 2017.

한국에서는 전체 도로 연장에 대한 고속도로 연장 비율이 4.07%를 차지하여 다른 나라보다 고속도로 비율이 높은 편인데, 국토면적이 좁고 통행거리가 짧은 지리적 여건으로 문전(door-to-door)수송 경쟁력이 철도나 기타 교통수단보다 월등하게 높기 때문이다. 고속도로, 일반국도, 특별·광역시도, 구도는 포장이 거의 완료되었고, 지방도는 91.2%, 시·군도는 85.8%가 포장이 완료되어 전체 도로포장률은 92.1%(개통된 도로 기준)에 이른다. 1960년 4.2%이던 전체 도로포장률은 10년 단위로 볼 때 10.5%(1970년), 35.5%(1980년), 72.4%(1990년), 81.6%(2000년), 89.4%(2010년)로 지속적으로 높아졌다. 국도 포장비율(개통 기준)도 1960년 10.9%에서 시작하여 1970년 23.8%, 1980년 67.5%, 1990년 89.3%, 2000년 99.8%, 2010년 99.8%로 높아졌다.

1953년 67달러에 불과하던 1인당 국민소득(GNI)은 1977년 1천 달러를 넘어섰고, 1988년 5천 달러에 도달했으며, 1999년과 2007년에 각각 1만 달러와 2만 달러에 도달하게 되었다. 1960년에 27,169km이던 도로 연장이 지속적인 투자 결과 2010년에 105,565km에 도달하였으나, 45년(1960~2005년) 동안 연평균 1,568km 증가에서 이후 5년(2005~2010년) 동안에는 연평균 392km 정도만 늘어나 증가율이 확실하게 둔화하였다. 국민소득이 증가함에 따라 자동차등록대수가 늘어나고 그에 맞추어 도로 연장도 함께 성장해 온 과정은 선진국 사례와 유사하나, 한국의 경우는 보다 압축적이었다고 평가할 수 있다. 2010년대에도 자동차등록대수는 매년 100만 대씩 꾸준히 늘어나고 있으며, 교통정체 구간도 동시에 늘어나고 있다. 2010년 이후 도로유지관리 예산은 증가 추세에 있지만 중앙정부와 지방정부의 도로 총예산이 감소 추세여서 도로건설 예산은 확실하게 줄어들고 있다. 이런 상황에도 불구하고 1km당 도로건설비는 꾸준히 늘어나는 추세이니 당분간 도로 연장은 더욱 더디게 늘어날 수 밖에 없다. 최근 추세가 획기적으로 바뀌지 않는다면 앞으로 도로부문에 대한 투자는 신규 건설보다 계속 사업과 기존 도로 유지·관리로 진행될 전망이다. 2017년 한국도로공사의 도로건설예산이 2조 3천억 원인데 비하여 시설개량과 유지·관리 예산이 2조 8천억 원이었다.

한국의 공공도로는 도로를 관리하는 기관(도로관리청)에 따라 「도로법」 제10조에서 고속국도, 일반국도, 특별·광역시도, 지방도, 시도, 군도, 구도로 구분하고 있다.

고속국도는 자동차 교통망의 중추부분을 이루는 중요 도시를 연결하는 자동차 전용의 고속교통을 위하여 제공되는 도로로서 국토교통부장관이 그 노선을 지정·고시한다. 총 연장 4,438㎞가 개통되어 있고 100% 포장되어 있다.

일반국도는 주요 도시, 지정 항만, 중요 비행장, 관광지 등을 연결하며, 고속국도와 함께 국가 기간망을 이루는 도로로서 국토교통부장관이 그 노선을 지정·고시한다. 총 연장 13,977㎞ 가운데 163㎞가 미개통 상태이고 99%가 포장되어 있다.

특별·광역시도는 특별·광역시의 구역에 있는 자동차전용도로, 간선 또는 보조간선 기능을 수행하는 도로로서 특별·광역시장이 그 노선을 지정·고시한다. 총 연장 4,761㎞ 모두 포장이 완료되어 있다.

지방도는 지방의 간선도로망을 이루는 도로이며 도청 소재지에서 시청 또는 군청 소재지에 이르는 도로로서 관할 도지사 또는 특별자치도지사가 그 노선을 지정·고시한다. 총 연장 18,121㎞ 가운데 1,276㎞가 미개통 상태이고 91.5%가 포장되어 있다.

시도는 특별자치시, 시 또는 행정시에 있는 도로로서 관할시장 또는 행정시장이 그 노선을 지정·고시한다. 총 연장 28,867㎞ 가운데 5,104㎞가 미개통 상태이고 96.3%가 포장되어 있다.

군도는 관할 군수가 그 노선을 지정·고시한 것으로 군청 소재지에서 읍사무소 또는 면사무소소재지에 이르는 도로이다. 총 연장 22,796㎞ 가운데 5,182㎞가 미개통 상태이고 75.3%가 포장되어 있다.

구도는 특별시나 광역시 구역에 있는 도로 중 특별·광역시도를 제외한 구 내부의 동 사이를 연결하는 도로이다. 총 연장 15,820㎞ 가운데 57㎞가 미개통 상태이고 99.6%가 포장되어 있다. 국토교통부는 도로(고속국도·일반국도)·철도·공항 등 사회간접자본(SOC)의 건설과 운영을 담당하는 부서로서 대한민국 국유재산 990조 원 가운데 573조 원(57.9%)[3]을 관할하고 있다.

---

3) 기획재정부, e나라재산, https://www.k-pis.go.kr.

2 1945~1960년대(도로여명기)

　일제강점기(1910~1945년)에 한국의 도로는 일제의 식민통치와 수탈을 지원하는 방향으로 정비되어 국토 균형발전 지원과는 거리가 멀었다. 1938년 현행 「도로법」의 전신이라 할 수 있는 「조선도로령」이 제정되어 도로의 종류를 국도, 지방도, 시도, 읍·면도로 구분하였다. 도로 종류별로 폭원, 최대 경사, 곡선반경, 교량 하중, 터널 폭원 등 시설기준도 규정하였다.

　1945년 8월 광복 당시의 도로 총 연장은 24,031km로서 국도 5,236km, 지방도 9,997km, 시·읍·면도 8,771km로 구성되었다. 포장된 도로의 연장은 1,066.8km로서 전체 도로의 4%에 불과하였는데, 국도 746.4km, 지방도 81.4km, 시·읍·면도 239.0km이었다. 미국 군정에서 서울~부산 간 국도를 개량하고 포장하는 사업을 1946년 8월 착수하였다. 주요 공사내용은 설계하중 5~8톤에 불과하던 소교량을 개량하거나 교체하고, 토공구간에는 두께 15cm의 침투식 아스팔트 포장을 하는 것이었다. 1947년 7월까지 일부구간 공사는 완료되었고 1948년 정부 수립 후에도 계속된 공사는 한국전쟁(1950~1953년)으로 중단되었다.

　3년에 걸친 한국전쟁으로 주요 도로시설이 커다란 피해를 입었는데, 총 1,466개소의 교량이 파괴되었고, 도시 주변의 포장도로는 훼손되어 거의 토사도로가 되어 버렸다. 1953년 도로 총 연장은 2만 6천km로 광복 전과 변화가 없었으며, 포장도로의 연장은 580km로 절반 가까이로 줄어들어 도로의 질은 더욱 악화되었다. 당시 대부분의 도로는 비포장에 폭마저 좁았으니 전쟁 수행에 필요한 병력, 중무기, 물자 이동에 어려움이 많았다. 육군 공병대는 1951년 7월부터 12월까지 4대 간선도로 1,309km를 확장 개수하였으며, 미군 3개 공병단도 별도로 전략도로를 확장하였다. 전쟁수행을 지원하기 위한 목적으로 시행한 도로개량공사였지만, 결과적으로 일부 남북방향 도로를 중심으로 도로 성능이 개선되는 계기가 되었다. 휴전 이후에도 국가 재정과 기술 인력이 부족하였으며 사회기반시설에 대한 인식수준이 낮은 이유로 도로 신설은 엄두를 내지 못한 채 파괴된 도로를 수리하고 주요 국도를 포장하는데 힘을 쏟았다. 1955년 당시 1만 8천 대에 불과했던 자동차를 위해서 도로를 건설할 필요성도, 재정 여력도 없었다.

자동차는 사람보다는 화물 운송에 주로 활용되던 시기였다. 1955년 미군 지프를 개조해 만든 시발자동차가 생산되는 등 승용차가 늘어났으나, 기름값 파동이 생겨나자 정부가 승용차 생산을 규제하여 1950년대 후반까지 자동차등록대수는 제자리였다.

전쟁피해 복구에 필요한 재원을 확보하기 위해서 한국정부는 한국전쟁 참전 우방국들에게 원조를 요청하였다. 미국의 국제협력처(ICA)와 국제개발처(AID) 등으로부터 1954년부터 1962년까지 약 1,508만 달러의 무상원조를 받아 도로와 교량 복구에 필요한 자재를 확보하였다. 전쟁 중에 폭파된 한강 인도교[4]는 1958년 5월에야 복구공사를 마치게 되었다. 전쟁으로 중단된 서울~부산 간 국도포장사업도 1957년부터 다시 시작하여 1962년에 포장과 교량 복구를 거의 마치게 되었다. 1960년대 후반 한미합동(건설부, 국방부, 미8군)으로 천안~대전 간 국도포장공사에서 가열식 아스팔트 콘크리트 포장을 시행하였다. 모든 구간이 완전하게 마무리된 것은 경부고속도로가 완공된 다음 해인 1971년 12월이었으니 1946년 사업 시작부터 종료까지 25년이 걸린 셈이다. 정부가 원조자금의 일부로 미국과 독일 도로기술 연수에 파견한 기술자들은 이후 우리나라 도로기술 발전에 큰 기여를 하게 된다. 각종 토목 시험기기를 도입하여 도로시공의 품질관리에도 활용하기 시작했다. 1960년이 되어서도 도로 총 연장은 27,169km에 불과해 1945년 24,031km와 비교해도 별로 나아지지 못했다. 국도포장률은 10.5%였고, 전체 도로포장률은 4.2%에 불과했다. 아직 SOC를 관할하는 중앙부처가 설립되기 이전이라 국도는 내무부 장관이, 지방도와 시·군도는 관할 각급 행정청이 관리하고 있었다.

---

4) 한강인도교는 1917년 한강에 최초로 건설된 도로교로서 1981년 4차로로 확장되면서 한강대교로 이름이 바뀌었다.

3 1960년대(간선국도 포장 및 고속도로 태동기)

1960년 27,169km이던 도로 연장은 1970년 40,244km에 달해 연평균 1,300km씩 늘어났다. 도로포장률도 4.2%에서 10.2%로 올라섰다. 1960년대 중반까지만 해도 자동차등록대수가 수 만대에 불과하여 철도가 가장 중요한 지역 간 수송수단이었다. 수도 서울의 주요 대중교통수단은 시내버스와 노면전차였는데 전차는 1968년 11월까지 운행하였다. 1960년대에 교통시설계획은 국가 종합계획인 경제개발5개년계획(이하 경제개발계획)의 분야별 계획으로 진행되었다. 경제개발계획은 1962년부터 5년 단위로 수립되어 1996년까지 총 7차에 걸쳐 진행되었다. 제1차 경제개발계획(1962~1966년) 기간에는 기존 간선도로 포장과 교량복구 위주로 제한적인 투자가 이루어졌는데, 아직 자동차 대수도 많지 않았고 재원도 부족하였기 때문이다. 제1차 경제개발계획 기간 중 국가 GDP의 1.05%만이 교통인프라에 투자되었는데, 도로와 철도에 각 0.18%와 0.64%가 투자되어서 1차 경제개발계획 기간 중에는 도로에 대한 투자 비중과 금액이 매우 빈약하였다는 것을 알 수 있다. 1965년에는 도로 연장이 28,184km로 1960년과 비슷하였으나 1966년에는 34,476km로 6,292km나 증가하였다. 국도가 2,297km, 특별시도가 1,799km, 시군도가 4,149km 늘어난 반면 지방도는 2,287km 줄어들었다. 행정체계 변경으로 도로 종류를 재구분한 영향도 있지만 총량으로는 대폭 늘어났다.

제1차 경제개발계획이 성공하자 수출입 화물량이 크게 증가하면서 도로교통 수요도 상당히 늘어났다. 여객수송의 도로분담률이 1962년 47.5%에서 1966년 55.8%로 올라섰고 화물수송 도로분담률도 81%에서 91%로 올라섰다. 이를 반영하여 제2차 경제개발계획(1967~1971년) 기간에 GDP의 2.06%[5]가 교통인프라에 투자되었으며, 분야별로 도로에 1.07%, 철도에 0.59%가 투입되어 투자의 중심이 철도에서 도로로 전환되게 되었다. 결과적으로 1960년대에 국도 연장이 5,624.6km에서 8,081.4km로

---

5) 제7차 경제개발계획이 종료되는 1996년까지 교통 SOC에 대한 투자액은 국가 GDP의 1.84~2.19%를 유지하였으며, 이 가운데 도로투자액은 GDP 1.03~1.46%를 계속 유지하였다.

늘어나고, 국도 포장률도 10.9%에서 23.8%로 높아져 1960년대 도로분야 투자는 간선국도를 신설하고 포장하는데 집중되었다고 할 수 있다.

　1948년 11월 4일부터 내무부 건설국(1955년 이후 토목국) 도로과에서 담당하던 도로행정업무는 1961년 10월 2일 경제기획원 외청이던 국토건설청 국토보전국 도로과로 이관되었다. 1962년 6월 18일 국토건설청이 건설부로 승격되면서 건설부 국토보전국 도로과가 되어 도로행정의 중심업무를 담당하게 되었다. 도로망을 체계적으로 정비하기 위해 「도로법」(1962년)이 최초로 만들어졌지만 아직 경험과 기술이 축적되지 못해서 「조선도로령」(1938년) 수준에서 벗어나지 못한 상황이었다. 1965년 한국 최초로 「도로구조령」이 만들어졌는데 최고 설계기준은 설계속도 80km/시, 곡선반경 300m, 시거 110m 정도로 현재와 비교하면 매우 낮았다. 우리 실정에 맞는 도로기준을 우리 손으로 만든 것이 아니라 외국 설계기준을 참조한 것으로 아직 고속도로에 대한 개념도 없었다.

　제2차 경제개발계획(1967~1971년) 기간 중 도로교통수요가 급속히 늘어나자 정부는 산업도로와 유료도로를 건설하여 물류수송을 획기적으로 개선하는 방향으로 정책을 전환하게 되었다. 1967년 건설부에서 마련한 '고속국도 건설 10개년 계획'[6]에서는 총 연장 1,800km에 달하는 고속도로 건설을 구상하였다. 이 계획은 박정희 대통령이 1967년 4월 29일 제6대 대통령 선거공약에 포함시킴으로써 표면에 떠오르게 된다. 1967년 12월에는 경부고속도로 건설 지원조직이 발족되어 고속도로 건설을 본격적으로 추진하였다. 제2차 경제개발계획 기간 중 서울~인천(29.5km), 서울~부산(428km), 대전~전주(79km), 신갈~새말(104km) 등 655km의 고속도로를 건설하게 된다.

　도로행정업무가 대폭 늘어나게 되자 건설부 도로과를 확대시켜 도로국을 설립(1968년 7월 24일)하였는데, 여기에는 4개과 (도로계획과·국도과·지방도과·고속도로과)가 소속되었다. 도로전담 조직이 생기게 되자 법제 정비와 재원 확보 속도가 빨라졌다.

---

6) 국가기록원, 7월 이달의 기록.

1968년 제정된 「도로정비촉진법」과 「도로정비사업특별회계법」은 도로재원을 확보하기 위한 것으로, 도로유관 세입 중 휘발유세와 자동차 통행세를 도로 사업에 투자하기 위함이었다. 1968년 당초 300억 원 규모이던 도로부문 투자액을 821억 원으로 대폭 증액한 수정계획을 수립하게 되었다. 도로 건설에 필요한 조직, 법률, 정책, 그리고 재원이 근본적으로 혁신된 1968년은 한국 현대 도로개발사의 원년이라고 불러도 좋을 것이다. 1950년대 중반부터 약 10년 동안 전쟁 피해 복구와 간선 국도 보수를 마치고, 1968년부터 본격적인 도로개발을 시작하게 된 것인데 여기에는 고속도로 건설이 전환점이 되었다.

1968년 12월 21일 한국 최초로 고속도로 시대를 연 경인고속도로는 서울~인천 간 29.5km구간 통행시간을 1시간에서 18분대로 단축시켰다. 이어서 1970년 7월 7일 경부고속도로 전구간이 개통되자 서울에서 부산까지 15시간 걸리던 것이 자동차로 5시간이면 갈 수 있게 되었다. 산업화 초기에 신속하게 공급한 고속도로 두 노선은 결과적으로 서울~인천 간 산업단지 축과 남동해안지역에 건설된 공업벨트의 성장을 촉진하여 신속한 국가경제 성장에 크게 기여하게 된다. 경인고속도로 건설이 완료되고 경부고속도로 건설과정에서 「한국도로공사법」이 제정되어 한국도로공사가 창립(1969년 2월 15일)되었다.

1960년대 중반부터 시작된 국도정비사업을 수행하는데 부족한 정부재정은 ADB(아시아개발은행), IBRD(국제부흥개발은행) 등 해외 공공차관으로 보완하였다. 1960~1980년대 한국 도로건설에 큰 몫을 담당하였던 해외 공공차관은 1992년에 완료된 IBRD 6차 사업을 마지막으로 하여 1993년 이후부터는 전액 국내 자본만으로 도로건설을 추진하게 되었다.

제1차 경제개발계획 기간에는 전체 교통투자에서 철도가 차지하는 비중이 60%이고 도로는 17%에 불과하였으나, 제2차 경제개발계획 기간에는 철도의 비중은 29%로 낮아지고 도로 투자비중이 52%로 높아지게 되었다. 고속도로 건설을 계기로 투자와 교통수단의 중심이 철도에서 도로로 전환하게 된 것이다. 1970년 도로 연장은 40,244km로 늘어났고, 경인·경부 고속도로와 언양~울산간 고속도로, 호남고속도로(대전~전주) 등 고속도로 550.9km가 내륙 주요도시들을 시옷(ㅅ)자 모양으로 연결하게 되었다. 사람은 물론 특수화물이나 장거리 운송화물도 문전수송의 장점을 가진 고속도로로 전환하였다. 운송물량이 철도로부터 고속도로로 신속하게 이동하면서 70여 년 동안 주력 육상수송수단으로 활약하던 철도의 역할은 크게 위축되기 시작했다. 당초 20% 정도의 여객수요가 경부선과 호남선 철도에서 고속도로로 전환할 것으로 예측되었으나 실제로는 42%나 전환되었다. 도로망이 확대되어 전국이 일일생활권이 되고 경제수준이 높아지자 자동차 산업도 활성화되기 시작했다.

군사정부에서 「자동차공업보호육성법」을 제정하였고 1962년 새나라자동차(일제 닛산), 1966년 코로나(신진자동차)가 생산되면서 자동차가 화물 뿐 아니라 사람도 실어 나르는 교통수단으로 자리잡기 시작했다. 1966년 영업용 승합차의 비중은 21.2%로 자가용 승용차(15.3%)나 택시(16.7%)보다 높았다. 신진자동차가 국산 가솔린버스(1966년)와 디젤버스(1968년)를 생산하면서 버스공급에도 탄력이 붙었다. 결국 버스에 밀린 노면전차는 부산(1966년 1월 1일)에 이어 서울(1968년 11월 29일)에서도 운행을 중단하게 되었다. 농촌에서 유입된 많은 젊은 여성들이 1961년 도입된 버스 안내원 일자리로 모여들었다. 1970년대 중반 5만 명에 달하던 안내양은 1982년 시민자율버스 등장으로 줄기 시작하다가 1989년 안내원 승차를 규정한 「자동차운수사업법」 33조가 삭제되면서 사라졌다.

1960년대 후반 수도 서울에서도 도시기반시설 건설이 활발하게 이루어졌는데 특히 중요한 간선도로들이 개설되었다. 서울 사직터널(1967년 1월 21일)이 개통되고, 유료도로인 강변1로(제1한강교~영등포입구 간 12.6km)가 개통(1967년 9월 23일)되었다. 1968년 9월 19일 아현고가도로가 개통되었고, 1969년 3월 22일 고가도로이자 도시고속도로인 삼일고가도로(청계고가로, 연장 3,750m, 폭 16m)가 개통되었다. 경부고속도로 완공에 맞추어 제3한강교(한남대교)가 1969년 12월 26일 완공되었고, 1969년 4월 21일 착공된 남산 1·2호 터널도 각각 1970년 8월 15일과 12월 4일에 개통되었다.

도로 관련 법률 대거 정비

1960년대에는 도로, 운전자, 도로교통수단, 조직과 관련된 법률이 최초로 만들어져 체계적인 도로시설의 확대가 가능하게 되었다. 도로와 관련해서는 1961년 12월 27일 「도로법」(법률 제871호)과 「사도법」(법률 제872호), 1963년 11월 5일 「유료도로법」(법률 제1441호)과 「고속국도법」(법률 제2231호), 1967년 2월 28일 「도로 정비촉진법」(법률 제1893호)이 최초로 제정되었다. 도로이용자와 관련하여 1961년 12월 3일 「도로교통법」(법률 제941호), 도로교통수단과 관련하여 1962년 1월 10일 「도로운송차량법」(법률 제962호)이 제정되었다. 1962년 6월 18일 건설부에 도로국이 설치되고, 1969년 1월 27일 「한국도로공사법」(법률 제2183호) 제정으로 한국도로공사가 1969년 2월 15일 창립되었다. 도로구조에 관한 기준을 정하는 법률로서는 「도로구조령」(1965년 7월 19일)이 만들어졌다.

경인고속도로 건설(1967년 3월 24일~1968년 12월 21일)

수도권에는 노동력이 풍부했고 원자재를 수송할 수 있는 인천항도 가까이 있어서 다른 지역보다 산업시설 입지조건이 우수하였다. 인천항과 수도권 간 물량을 신속하게 이동시키기 위해서 왕복 4차로 규모의 경인고속도로 건설이 결정된 배경이다. 불과 29.5km에 불과한 짧은 고속도로였지만 당시 국내의 재정상황으로는 건설자금을 모두 충당할 수 없어 ADB(Asian Development Bank)로부터 일부 차관을 도입하게 되었다. 이 때 ADB에서는 정부가 아닌 별도의 고속도로 건설 및 관리주체를 설립할 것을 요구하여 정부에서 1968년 7월부터 한국도로공사 설립에 착수하였다.

경인고속도로 최초 계획 시 사업비는 20억 원이었으나, 공사기간 중에 33억 8,000만 원으로 증액되었는데, 투자재원은 정부투자 14억 7,000만 원, 민간자본 12억 8,000만 원, 그리고 ADB 차관 6억 3,000만 원으로 조달되었다. 이때의 민간자본은 국내 3개 건설회사(현대건설, 삼부토건, 대림산업)에서 조달하여, 개통 후 이들 회사가 경인고속도로의 운영권을 갖기로 하였다. 막상 착공을 하였지만 연약지반 처리 등으로 공기가 늦어지게 되었다. 태국에서 고속도로 공사경험이 있던 현대건설이 넘겨받아 급속 시공한 결과 1년 9개월 만인 1968년 12월 21일 경인고속도로가 완공되었다.

경인고속도로는 경부고속도로 서울~수원 구간과 같은 날 완성되긴 했지만 먼저 착공되었고, 전구간이 개통한 것이니 한국 최초로 완공된 고속도로란 영광을 가지게 되었다.

1969년 2월 15일 한국도로공사가 설립되어 고속도로에 대한 모든 운영을 담당하게 되었으며, 이는 경인고속도로에도 해당되었다. 3개 건설회사에서 경인고속도로에 투자한 자금에 대해 정부로부터 보장 약정을 받은 다음 1970년 3월에 모든 운영권을 인수인계하였다.

경인고속도로는 짧은 구간이지만 서울~인천 간 자동차 운행시간을 한 시간에서 18분으로 단축시켜 고속도로의 효과를 확실하게 보여주었다. 1969년 4월 12일에는 경인고속도로에 고속버스 20대가 운행을 시작하면서 한국에 새로운 고급 육상여객 운송서비스가 시작되었다. 1985년 현재의 제물포길인 양평~신월 간 5.6㎞가 서울시로 이관되어 총 연장은 23.9㎞로 짧아졌다. 1992년부터 구간별로 6~8차로로 확장되었지만 개통 49년만인 2017년 12월 1일 용현동~서인천(10.45㎞) 구간이 일반도로로 전환되어 관리권이 인천시로 이관되었다. 당초 변두리였던 고속도로 주변지역이 50여 년에 걸쳐 개발되자 고속도로가 지역을 단절하는 불편이 늘어났기 때문이다. 인천시는 이 구간에 대해 최고제한속도를 60~80㎞/시로 낮춤과 동시에 일반도로 개조 공사를 시작하였다. 방음벽과 옹벽을 철거하고 중앙에 녹지를 확보하며, 교차로 16개소를 2021년까지 설치하는 내용이다. 지하에 추진하는 왕복 6차로의 민자고속도로가 개통되기 전까지는 혼잡이 예상되지만 단절되었던 도시지역이 연결되고 지역 미관도 개선되는 효과도 기대된다. 현재 통행료를 받고 있는 서인천~신월(9.97㎞) 구간도 지하 민자고속도로 건설이 종료되는 2025년에 일반도로로 전환될 예정이다. 경인고속도로 지상구간은 50~55년 만에 역사 속으로 퇴장하고, 그 기능은 지하 민자고속도로가 이어가는 것이다. 한국에서 최초로 개통된 경인고속도로의 퇴장은 비슷한 상황에 있는 대도시 소재 고속도로에 대한 개조 작업의 신호탄이라 할 수 있다.

경부고속도로 계획과 건설[7](1968년 2월 1일~1970년 7월 7일)

　정부의 중화학공업 육성시책에 따라 대규모 공업지역이 동남권 해안지역에 만들어지게 되었다. 동남권 공업지역을 육성하는 데에는 서울과 부산을 연결하는 고속도로의 역할이 중요할 것으로 기대되었다. 1964년 서독 공식 방문기간에 아우토반을 체험한 박정희 대통령은 1967년 4월 29일 발표한 제6대 대통령선거 공약에 제2차 경제개발5개년계획(1967~1971년) 기간 중 고속도로 착공을 포함시켰다. 5월 2일 기자회견에서 서울을 중심으로 인천·강릉·부산·목포를 연결하는 기간고속도로라고 구체적으로 발표하였다. 유관기관과 건설업체, 청와대 작업반에서 경부고속도로 공사비 추산과 준비업무를 수행하였다. 1967년 12월에는 국가기간고속도로 건설추진위원회와 그 산하에 국가기간고속도로 건설계획조사단을 발족하고 경부고속도로 건설계획을 발표하였다. 1968년 2월 1일 경부고속도로 기공식이 열렸고, 2월 12일에 건설사무소가 문을 열어(공식 설치일자는 1월 29일) 고속도로 건설이 시작되었다.

　당시만 해도 고속도로 건설은 천문학적인 재원과 인력, 장비, 원자재가 소요되는 거대한 사업이었다. 겨우 제1차 경제개발계획을 마치고 제2차 계획이 막 시작된 1967년 당시의 한국은 공적자금이나 기술, 장비 등이 턱없이 부족해서 대형 사업을 시행하기에는 누가 봐도 무리가 있었다. 시작부터 국내뿐 아니라 국외에서도 많은 반대가 있었지만, 박 대통령은 조국 근대화의 상징적인 사업인 고속도로는 자체적인 재원·기술·노력으로 건설되어야 한다고 강조하며 소신을 굽히지 않았다. 당시 일부에서는 남북 방향에 치우친 도로망의 균형을 회복하고 지역격차를 해소하기 위해 동서축 도로를 우선 건설해야 한다는 의견도 제기되었다.

　결국 사업의 성패는 막대한 사업비 조달에 달려 있었다. 1968년 2월 제8차 경제각료회의에서 총 331억 원에 달하는 고속도로 투자계획이 확정되었다. IBRD로부터

---

7) 한국도로공사, 경부고속도로변천사, 2009.

차관을 얻는데 실패하였기 때문에 휘발유세 등 자동차 관련 세금 199억 원, 도로공채 84억 원, 대일청구권 자금 27억 원, 고속도로 통행료 15억 원, 기존 예산 6억 원 등 국내 재원으로만 자금을 조달해야 했다.

정부는 토지구획정리사업을 통해 일부 도로부지를 무상으로 조달하였고, 애국하는 마음으로 토지를 헐값으로 매도한 일반 토지소유주도 많았다. 건설부장관, 서울시장, 경기도지사를 모아 1주일 이내에 토지를 매입하도록 구체적인 요령과 방안을 지시하였다. 1967년 12월 31일 소집된 관련 도지사 회의에서 각 도지사들은 서울시장과 경기도지사가 했던 방식대로 노선계획이 완료되는 즉시 해당 토지를 시장가격으로 매입하도록 지시하였다. 계획된 예산 이내로 용지취득을 마칠 경우에 여유재원은 도지사의 재량으로 접도구역 개발용으로 보유하도록 하였다.

1968년 1월 12일 서울~대전 간 노선이 확정되어 기공식이 거행되었으며, 공사 완공예정일은 1971년 6월 30일로 발표되었다. 경부고속도로는 당시 건설부가 발주하여 19개 국내 민간용역업체가 조사·측량과 실시설계를 담당하였다. 그리고 1968년 2월 1일 서울~수원 간 30km를 시작으로 경부고속도로 건설이 시작되었다. 태국 고속도로 건설 경험이 있던 현대건설을 앞세우고 국내 건설사들이 따라 나섰지만 고속도로 건설 기술을 제대로 아는 이가 별로 없어 모든 것을 처음부터 배우면서 해결해 가야했다. 단계적으로 시작된 공사에는 16개 건설사와 3개 공병단의 연인원 893만 명, 장비 165만 대를 투입하였다. 가장 먼저 서울~수원 구간이 1968년 12월 21일 개통되었고, 부산~대구 123km 구간도 1969년 12월 개통되었다. 착공한지 2년 5개월 만인 1970년 7월 7일 대전~대구 구간을 마지막으로 총길이 428km에 이르는 경부고속도로 전 구간이 개통되었다. 교량 305개소, 편도 터널 12개소(왕복 기준으로 6개), 인터체인지 19개소가 포함되었다. 현재는 선형변경 및 종점 이동으로 연장이 416km로 단축되었다.

처음 해보는 대규모 사업이니만큼 모든 과정이 순조로울 수는 없었다. 정부와 업체 간 공사비 이견으로 대전~대구 간 공사발주가 지연되자 1969년 3월 6일 대통령[8]은

---

8) 국가기록원, 이달의 기록 서비스 기록물, 2014. 7. 15.

공사계약을 관련 부처와 사전 협의하여 3월 15일까지 수의계약으로 완료할 것을 건설부장관에게 지시하여 공사를 독려하였다. 최고로 어려운 암절개가 포함된 토공사로 꼽히는 수원공구 3.0㎞, 대전공구 3.08㎞, 언양공구 2.59㎞ 구간의 공사는 육군 제 1201, 1202, 1203 건설공병단이 각각 맡았다. 개통을 불과 6개월 남겨두고 경주 구간에서 산이 무너져 포기상태에 있던 것도 공병단의 군인정신으로 신속하게 복구하였다. 실질적인 프로젝트 총괄책임자로서 공사를 독려하던 대통령이 무너진 도로에 고립되는 상황[9]에 긴장이 높아지기도 했지만 걱정말고 공사를 계속하라는 격려에 더욱 열심히 일하는 수밖에 없었다. 불가능은 없다, 하면 된다, 빨리 빨리, 피와 땀과 눈물이란 한국 건설의 DNA를 탄생시킨, 단군 이래 최대의 토목공사이자 한국을 바꾼 경부고속도로 공사는 이렇게 마무리 되었다. 다음에서 상세히 소개하겠지만 경부고속도로 공사가 마무리 될 즈음 호남고속도로 대전~전주 구간(연장 79.5㎞)도 1970년 4월 15일 기공하여 8개월 만인 1970년 12월 30일에 완공하였다.

경부고속도로 공사 도중 설계변경과 인플레이션 등에 의해서 최종적으로 총 429억 원의 예산이 소요되었는데 이 금액은 당시 국가 1년 예산의 23.6%에 해당하는 거금이었다. 한 개의 고속도로를 만드는데 이 정도의 국가예산을 투입한다는 것은 정치적 승부수이자 도박에 가까웠다. 2년 5개월이란 짧은 기간에 1㎞당 1억 원이란 저렴한 단가로 공사를 마무리한 것도 기록적이며 요즘 기준으로 보면 정상은 아니다. 당시 외국에서 이 정도 규모의 고속도로를 만드는 데는 공사기간 10년에 공사비 10배 정도가 들어가던 것이 일반적이었다. 지금 한국에서 이런 고속도로를 계획부터 완공까지 10년 내외가 걸린다는 것을 감안하면 이제는 우리도 그들과 유사한 체계적인 과정으로 고속도로를 만들고 있는 것이라고 짐작할 수 있고, 사실 그렇다.

무조건 싸고 빠르게, 그리고 일단 만들고 나중에 보완하자는 선시공-후보완 사업추진방식의 후유증이 없었다면 진정한 기적적인 사건으로 기록되었을 사업이다. 공사 도중에 이미 77명(공식기록상)이 이런저런 사고로 안타깝게 희생되었고, 중앙

---

9) 한국도로공사, 고속도로 만들기 40년 중 박태권 엄채영 회고 (p. 357).

분리대와 같은 안전시설이 부족하여 대형교통사고가 발생하기도 하였다. 5년이 간다던 아스팔트 포장은 개통 1년 만에 덧씌우기 공사를 시작하는 등, 준공 후 도로의 보수와 보강에도 많은 예산이 소요되었다. 경부고속도로의 건설은 국가경제발전을 견인하였다는 측면에서 물론 중요하였지만 우리나라의 도로건설기술, 나아가 토목기술 발전에 일대 전환점이 된 사건이다. 고속도로와 같은 대규모 토목공사를 해 본 경험이 없는 우리 기술수준으로 설계에서 시공에 이르는 전 과정에 대한 일관성 있는 기준을 마련한다는 것은 애초부터 불가능한 과업이었다. 마찬가지로 구조물 설계 기준도 없어서 불가피하게 선진국의 주요 고속도로를 참고로 하여 우리나라 실정에 맞는 기준을 마련해야만 했다. 그러나 경험에 기반을 두지 않고 만든 기준이라 우리 실정과는 잘 맞지 않는 경우가 많았다. 국토의 70%가 산지로 구성되어 있는 등 자연조건과 국가의 경제력, 기술력, 시공경험 등 고속도로 건설여건이 많이 달랐기 때문이었다. 경부고속도로 건설 경험이 축적되자 후속 고속도로 공사와 토목사업은 훨씬 쉬워졌으며, 이제는 고속도로 건설의 전 과정에 걸쳐 일관되게 적용할 수 있는 한국만의 고유한 기준을 갖게 되었다. 개통 첫해 369만 대의 차량이 이용하던 경부고속도로 통행량은 1985년 3,400만 대를 넘어섰다. 현재는 매년 3.1억 대 이상의 차량이 경부고속도로를 이용하고 있다. 이같이 활발한 차량의 이동은 한국의 경제뿐 아니라 사회, 문화 등 모든 분야의 생활상을 송두리째 바꾸어 놓았다. 경부고속도로가 개통한 7월 7일은 1992년에 도로의 날로 지정되어 매년 도로인의 행사로 기념되고 있다.

최초의 민자도로인 울산고속도로(1969년 6월 20일~1969년 12월 29일)

경부고속도로는 주요 대도시인 서울-대전-대구-부산을 직접 연결하지만, 굴지의 중화학공업단지가 있는 울산시는 동해안에 위치한 관계로 직접 통과하지 못하였다. 따라서 지선 개념으로 서울 기점 387.5km에 위치한 언양 IC에서 울산까지 14.3km 구간을 연결하는 고속도로가 울산고속도로이다. 경부고속도로 건설이 한창이던 1968년 11월에야 이 노선이 필요하다는 논의가 있어 '언양-울산간 유료도로'란 이름의 왕복 4차로 지방도 건설계획안을 경상남도에서 마련하게 되었다. 문제는 16.1억 원에 해당하는 자금인데 건설부·경상남도·울산기업체에서 자금을 분담하기로 계획하였으나 건설부 자금조달이 어렵게 되었다. 결국 박정희 대통령 지시(1969년 6월 5일)로 건설비 전액을 한국신탁은행에서 투자하게 되었다. 도로설계기준은 경부고속도로와 유사하였다. 언양~울산간 도로는 경부고속도로 대구~부산 123㎞ 구간과 같은 날 개통되어 영남지역 산업물동량을 실어 나르게 되었다. 1974년 한국도로공사로 관리권이 이관되어 1978년 6월 22일 고속국도 8호선 언양-울산선으로 노선지정이 되었다. 1981년 울산고속도로로 명칭이 변경되었으며, 2001년 고속국도 16호선으로 노선번호가 변경되었다. 울산고속도로는 개통한지 48년 동안 통행료가 회수되었고, 연장 대비 통행료가 비싸다고 하여 통행료 무료화가 요구되고 있다.

4 1970년대(1세대 고속도로 완성 및 국도포장 본격화)

1970년대에는 제3차(1972~1976년)와 제4차(1977~1981년) 경제개발계획과 10년 단위계획인 제1차 국토종합개발계획(1972~1981년)도 동시에 시행되었다. 1970년대 주요 정책목표는 중화학공업을 육성하여 산업구조를 고도화시키는 것이었다. 이를 위하여 전국의 산업단지를 연결하는 고속도로망을 건설하였으며, 도로포장사업 역시 활발하게 진행되었다. 경제성장으로 산업물동량이 대폭으로 늘어나긴 했지만 아직 승용차 증가세는 제한적이었다. 1970년 12.7만 대이던 자동차등록대수는 1975년 19.4만 대, 1980년 52.8만 대에 도달하였으며, 1985년이 되어서야 100만 대에 도달하였다.

제3차 경제개발계획 기간 중에 전국토의 1일 생활권을 실현하기 위해 고속도로망이 확충되었고 국도의 포장률도 23.7%에서 45.5%로 빠르게 높아졌다. 제4차 경제개발계획 기간 중에는 기존 고속도로와 중요 산업단지를 연결하는 간선도로가 건설되었으며, 중앙정부에서 주요 지방도의 포장을 지원하기 시작하였다. 도로관리

조직에도 변화가 생겨 1975년까지 각 도에 위임했던 국도 유지보수 업무를 1975년 6월부터 건설부가 직접 담당하기 시작하였다. 당시 건설부 산하 9개 지방관리청에 19개의 국도유지건설사무소가 신설되었다.

1970년 40,244km이던 도로 연장은 1980년 46,950km에 도달해 연평균 670km 수준으로 늘어났다. 1960년대에 연평균 1,300km씩 늘어난 것과 비교하면 양적 증가율은 높지 않지만 고속도로가 신설되고 국도 확포장이 중점적으로 진행되어 질적으로 크게 성장하였다. 물류수송의 확대를 위해서는 기존 주요 도로부터 급하게 포장해야 했다. 1971년 6월 29일 IBRD로부터 5,450만 달러의 차관도입협정을 결정하여 기간도로 포장사업이 시작되었다. 차관도로사업을 효율적으로 수행하기 위해서 1972년 2월 5일 발족한 도로조사단에서는 차관도로에 대한 타당성조사, 기본설계, 실시설계, 시공감독 업무를 1982년 12월 30일까지 담당하였다. 정부는 IBRD와 ADB로부터 6차례에 걸쳐 약 8억 달러의 차관을 들여와 1992년까지 국도, 지방도에 대한 포장사업을 추진하였다.

도로사업특별회계를 설치하고 도로관련 정부조직도 확대되자 안정적인 재원조달이 가능해졌다. 정부의 역점시책이 도로포장사업이 되면서 많은 건설사와 설계사들이 도로사업에 뛰어들기 시작하였다. 국도포장률은 1970년 23.8%에서 1980년 67.5%로 크게 높아졌고, 전체 도로포장률도 1970년 10.5%에서 1980년 35.5%로 높아졌다.

1970년 550.9km이던 고속도로 연장은 호남·남해·구마·영동 고속도로가 추가되어 1980년에는 10개 노선 1,224.6km로 늘어났다. 서울을 중심으로 국토의 주요지역으로 방사형으로 뻗어간 고속도로망은 지역 간 접근성을 증진시켰고 결과적으로 국가의 산업개발을 촉진시켰으며 한국 전 분야에서 새로운 도약의 발판이 되었다. 고속도로 주변에 대규모 공업단지가 들어서고 전국이 하루생활권으로 좁혀져 공산품과 농수산물 이동이 원활해졌다. 호남·남해·영동·구마 고속도로는 경제성 측면에서 부득이하게 왕복 4차로 확장을 전제로 하여 왕복 2차로로 건설되어 안전과 용량 측면에서 아쉬움이 많았지만, 하루라도 빨리 공급되는 편이 나았다. 모든 왕복 2차로 고속도로는 교통수요 증가에 맞추어 왕복 4차로~8차로로 단계적으로 확장되었으며, 2015년 12월 88올림픽고속도로(광주대구고속도로) 확장을 끝으로 한국에서 자취를 감추게 되었다.

1970년대 활발했던 고속도로 건설 재원의 35% 정도를 IBRD 차관으로 충당할 수 있었던 배경에는 베트남전의 참전과 관련하여 미국의 지원이 영향을 미쳤기 때문이다.

경부고속도로와 경인고속도로의 성공에 자극받은 모든 지역에서 고속도로를 최우선으로 확보하기 위해 노력하게 되었다. 경인고속도로에 고속버스가 처음 운행(1969년 4월 12일)된 이후 고속버스가 지역간 장거리 승객을 실어 나르는 대표 수송수단으로 떠오르며 전국 1일 생활권 시대가 본격적으로 시작되었다.

1970년대는 수출을 위한 중화학공업이 중심산업으로 부상하여 대기업이 형성되었고, 국민소득이 오르자 승용차도 늘어나기 시작했다. 1974년 4만 4천 대였던 자가용 승용차는 1975년 국산 모델 승용차가 생산되면서 1980년 17만 9천 대로 네 배가 됐다. 전체 자동차 중 자가용 승용차 비중이 30%대로 올라선 것도 이 무렵으로, 버스와 택시의 비중이 떨어지기 시작했다. 1960년대 20%가 넘었던 영업용 승합차 비중은 1970년대 한 자리수로 떨어졌고, 1980년엔 5.3%에 불과했다. 1979년 10월 26일 18년간 한국을 통치하던 박정희 대통령의 시대가 저물면서 정국은 혼란에 빠져들게 되었다. 1980년을 전후한 제2차 오일쇼크는 한국 자동차산업에도 위기를 불러왔다. 전 세계적으로 자동차 수요가 급감하자 공급 과잉이 됐다.

왕복 2차로로 건설된 호남·남해고속도로(1970년 4월 15일~1973년 12월 31일)

호남·남해고속도로는 총 연장 437.6km로 전국간선도로망 구성계획에 따라 하나의 사업으로 시작되었다. 경부고속도로 서울 기점 145km에 있는 회덕 JC(분기점)를 시점으로 대전-전주-광주-순천을 잇는 연장 261.1km의 호남고속도로와, 부산(구포 IC(나들목))을 시점으로 부산-마산-진주-순천을 잇는 연장 176.5km의 남해고속도로로 구성되었다. 정부에서 이 노선을 계획할 당시에는 건설비의 일부를 IBRD 차관으로 충당하려고 했으나, 타당성조사가 늦어지는 바람에 우선순위가 높은 대전~전주 구간을 정부 재정으로 먼저 건설하게 되었다.

대전~전주 구간은 총 연장 79.5km에 건설비 72억 원이 투입되었다. 1970년 4월 15일 기공하여 8개월 만인 1970년 12월 30일에 완공하였으니 경부고속도로 못지않게 빠른 속도로 공사가 진행되었다. 비록 교통수요가 낮아 도로폭원 13.2m[10]의 왕복2차로 규모로 시공되었지만 장차 4차로 확장을 전제로 한 용지를 사전에 확보했고, IC 구간 등도 4차로 규모로 건설하였다. 나중에 4차로 확장할 때는 10.2m를 넓혀서 총 폭원이 경부고속도로보다 1.0m 넓은 23.4m가 되도록 계획했다. 이와 같은 4차로 확장을 전제로 한 단계별 건설전략은 호남·남해고속도로 전 구간, 영동고속도로, 88고속도로 등에 두루 적용되었다. 고속도로 주변의 토지가격이 장래 계속 오를 것이라고 예상하여 취해진 조치였는데 결과적으로 매우 좋은 건설전략이었다. 설계속도는 평지 120km/시, 구릉지 100km/시, 산악지 80km/시가 적용되었다. 아스팔트 포장을 적용하였지만 입도안정처리 기층을 채택한 경부고속도로와는 달리 아스팔트안정처리 기층을 적용하였다. 호남고속도로 논산~대전(54.0km)구간은 2001년 5월 호남선의 지선으로 노선명이 변경되었는데, 논산천안고속도로(82.1km)가 2002년 12월 개통됨에 따른 것이었다.

대전~전주 구간 공사에 이어 전주~부산(전주~순천 181km, 부산~순천 177km) 간 공사가 이어졌다. 전주~연화 간과 부산~마산 간 176km 구간에는 차로 폭 13.2m가 적용되었고, 연화~마산 간 182km 구간은 차로 폭 10.7m가 적용되었다. 공사비를 줄이기 위해서 짧은 교량의 폭은 토공부와 같은 13.2m, 길이가 100m 이상인 교량의 폭은 11.0m로 설계하였다. 설계속도는 대전~전주와 비슷하였지만 산지부의 경우 70km/시를 적용하였다. 이 구간 노선을 설계하는데 국내 최초로 항공사진측량을 실시한 것이 특징이다. 공사비 예상액 375억 3,700만 원 가운데 약 45%(5,450만 달러)를 IBRD 차관으로 충당하였다.

1972년 1월 10일에 시작된 공사는 1973년 12월 31일에 마무리되었다. 이 구간 토공에서 가장 문제가 된 것은 총 24.8km에 달하는 연약지반이었다. 기초지반의 지지력이 약한 연약지반 구간에 샌드매트공법(18.1km)이 적용되었고, 나머지 6.7km 구간은 잔류침하를 기다려 보충 성토하였다. 포장 기층도 아스팔트안정처리 기층을

---

10) 차로 폭 3.6m×2 + 길어깨 폭 3.0m×2 = 13.2m, 교량구간 길어깨 폭은 2.50m(중소교량), 1.75m (장대교량).

채택하였다. 이는 기층과 표층에 동일한 중장비를 사용할 수 있어 효율적이며, 시공 후 지지력이 좋고, 시공 후 관리가 쉽다는 장점이 호남고속도로 대전~전주 구간 공사에서 확인되었기 때문이다. 연장 1,336.40m로 당시 국내 고속도로 교량 중 가장 긴 제2낙동강대교는 폭 11.7m[11], 왕복 2차로 규모였다. 연약지반 깊이가 50m에 달하여 하부 기초수를 줄이는 것이 문제였다. 4경간 연속합성보로 된 장경간 교량으로 설계하여 시공난이도가 매우 높았으나 무사히 완공하였다. 영호남의 경계를 연결하는 섬진강교(길이 524.6m, 폭 11.85m) 기초에는 국내 최초로 강관말뚝공법을 적용하여 최대 깊이 40m까지 말뚝을 박았다.

영동고속도로(신갈-새말) 단계적 건설(1971년 3월 12일~1976년 1월 25일)

오늘날 영동고속도로는 인천~강릉 구간의 일부인 신갈-용인-이천-새말-강릉간 201km 구간부터 계획이 시작되었다. 제1차 경제개발계획 당시부터 지하자원이 많은 태백권역을 개발하자는 구상이 있었다. 1966년 IBRD 교통조사단의 한국교통조사보고서를 비롯한 여러 보고서에서 태백지역에 산업도로를 개발할 것을 건의하기도 했다. 1968년 들어 정부는 외국설계사(Amman&Whitney)와 국가기간고속도로 건설추진위원회에 각자 노선조사를 의뢰하였다. 암만&휘트니 사는 서울(천호동)-양평-횡성[12]-방림-강릉 노선을 제안하였으나, 정부는 추진위원회가 제시한 신갈-용인-이천-여주-원주-횡성-강릉 노선을 채택하였다. 이 노선 건설 역시 IBRD 차관사업으로 시행하려 하였으나 시기적으로 여의치 않아 1·2차 구간으로 공사를 나누게 되었다. 1차 구간(신갈~새말)은 내자로, 2차 구간(새말~강릉, 강릉~묵호)은 외자로 시행하기로 조정한 것이다. 최종적으로 신갈-용인-양지-이천-문막-새말

---

11) 차로 폭 3.6m×2 + 길어깨 폭 1.75m×2 = 10.7m.
12) 지금의 제2영동고속도로(곤지암~양평~원주) 노선과 일부 겹친다.

노선이 확정되었다. 당초에는 현재의 경부고속도로 수원 IC[13]에서 분기하는 것으로 계획하였으나, 그보다 2.5㎞ 북쪽에 신갈 JC를 설치하여 시점으로 잡은 것이다. 당초 계획대로 수원신갈 IC가 영동고속도로의 분기점(JC)이 되었다면 지금의 수원신갈 IC와 신갈 JC 주변 지역의 공간구조는 크게 달라졌을 것이다.

설계속도는 평지 120㎞/시, 구릉지 100㎞/시, 산악지 80㎞/시가 적용되었다. 오르막 경사가 심한 구간(종단구배 4% 이상이면서 길이가 200m 이상)에는 폭 3.25m의 등반차로(오르막차로)가 설치되었다. 포장은 강자갈 보조기층 30cm, 아스팔트안정처리 기층 15cm, 표층 5cm 등 총 50cm로 설계되었다. 신갈~새말(104㎞)간 고속도로 건설공사는 1971년 3월 12일 시작하여 9개월 만인 1971년 11월 30일에 완료되었다. 1971년 12월 1일 개통된 신갈~새말 구간의 당시 명칭은 서울원주고속도로(고속국도 제4호선)였다.

신갈~새말 구간 공사가 완료되자 이어지는 새말~강릉·강릉~묵호 129㎞ 구간 건설이 추진되었다. 이 구간 역시 왕복 4차로 확장을 전제로 왕복 2차로 고속도로부터 만들기로 하여, 새말~강릉은 2차로 규모, 강릉~묵호는 4차로 규모로 용지를 확보했다. 새말~강릉 구간은 지형이 험준한 백두대간을 넘어가는 까닭에 한국의 고속도로 가운데 가장 낮은 설계속도가 적용되었다. 평지 120㎞/시, 구릉지 100㎞/시는 다른 고속도로와 같으나, 산지는 70㎞/시, 지형상 부득이한 구간은 50㎞/시(곡선반경 80m, 종단구배 8%)까지 적용하였다. 도로 폭도 10.7m(차로 폭 3.6m@2 + 길어깨 폭 1.75m@2)로 상당히 좁아 다른 고속도로 노선의 장대교량 폭원과 같았다. 곡선반경이 매우 짧은 대관령구간에서는 곡선구간의 안전한 주행을 위해 차로 폭을 4.2m로 넓혔다. 노선연장에 비해 터널 비중이 높은 이유로 둔내터널(225m), 봉평터널(625m)의 폭은 8.84m로 설계하여 건설비를 절감하였다.

1974년 3월 26일 시작된 공사는 당초 22개월 만인 1976년 1월 25일까지 완공할

---

13) 1968년 12월 21일 경부고속도로 서울~수원 구간 개통으로 한국 최초로 건설된 인터체인지였지만 소재지인 용인시의 요구로 2015년 1월 1일부터 수원신갈 IC로 명칭이 변경되었다.

예정이었다. 그런데 준공예정일이 1975년 9월 30일로 4개월이나 앞당겨지게 되자 동계작업까지 강행하여 1975년 10월 14일 97km 구간이 개통되었다. 노선 명칭도 서울원주고속도로에서 서울강릉고속도로로 변경되었다. 1991년 11월 29일 신갈~안산 간 구간이 연결되면서 강릉-신갈-안산을 연결하게 되었다. 2010년 12월 28일 서창~강릉 간 234.4km가 영동고속도로로 노선지정이 되어 오늘에 이른다. 왕복 2차로로 개통된 영동고속도로는 1990년대에 접어들자 교통량이 늘어나면서 확장이 필요하게 되었다. 평소 4시간 정도 걸리던 서울~강릉 간 통행시간이 관광철이면 10시간 이상이 걸리는 등 통행시간 변동성도 매우 컸다. 경제 발전에 따라 교통량이 초기 예상치의 5배를 초과하였고, 고랭지산업과 시멘트산업 등이 발전하면서 화물차 통행이 늘어났으며, 폭설이 내리면 종종 도로도 차단되었다.

월정~횡계(10.1km) 구간과 횡계~강릉(21.7km) 구간이 각각 2000년 8월과 2001년 12월, 4차로로 확장되었다. 나머지 구간도 지속적으로 왕복 2차로에서 왕복 4차로, 다시 왕복 6차로~10차로로 계속 확장되었다. 가장 주목을 받았던 확장공사는 강릉시(성산면)~평창군(도암면) 11.2km 구간에 왕복 4차로 터널을 건설하는 공사였다. 1996년까지 타당성 조사를 마치고 1997년 대관령구간 확장공사가 시작되어 2001년 11월 28일에 완성되었는데 모두 4,084억 원이 소요된 대공사였다. 과거 40km/시 속도로 넘어가야 했던 백두대간을 이제는 7개의 터널(대관령1터널~대관령7터널)을 통해 80~100km/시의 속도로 빠르고 안전하게 이동할 수 있게 되었다. 기존 고속도로는 국도 6호선으로 전환되었으며 대관령 휴게소는 선자령과 주변 관광지 이용객들을 위한 지역 도로 휴게소로 운영되고 있다.

대구~마산 간을 연결하는 구마고속도로(1976년 6월 24일~1977년 12월 17일)

구마고속도로는 대구와 마산을 남북으로 연결하는 연장 84.2km, 왕복 2차로 고속도로로 17개월(1976년 6월 24일~1977년 12월 17일)의 공사기간이 소요되었다. 설계속도는 대전~전주 고속도로와 동일하게 평지부 120km/시, 구릉지부 100km/시,

산지부 80km/시가 적용되었다. 횡단 폭원은 토공부 13.2m, 교량부 11.7m, 터널부 9.88m가 적용되었다. 총 19개소의 교차로 가운데 3개소(내서, 화원, 현풍)만 입체교차로로 건설되었고 16개소는 평면교차로로 만들어졌다. 이 시기에는 국내에서 강재조달이 어려워서 고속도로 교량은 대부분 콘크리트로 시공되었다. 총 예산 292억 1,200만 원 가운데 31.2%(1880만 달러)는 IBRD 차관으로 조달하였다. 경부고속도로(1970), 울산고속도로(1970), 남해고속도로(1973)와 구마고속도로(1976)로 구성된 고속도로망은 구미-대구-울산-부산-창원-마산까지 당대의 한국 산업시설을 연결하는 순환회랑의 역할을 담당하였다. 마산~현풍(52.4km) 구간은 2008년부터 중부내륙고속도로(302km)로 노선명이 변경되었고, 현풍~대구(30.0km) 구간은 2008년 1월 중부내륙고속도로 지선으로 노선명이 변경되었다. 북여주~양평(19.0km) 구간이 2012년 12월 완공되었으니 중부내륙고속도로가 지금과 같이 총 302km에 달하는 남북4축 간선도로가 되기까지는 구마고속도로 건설 시작부터 40년이 걸린 셈이다.

구마고속도로를 마지막으로 한국의 중요 지역을 연결하는 지역 간 고속도로의 골격이 사실상 갖추어진 것으로 보인다. 필자는 1970년대까지 건설된 고속도로를 한국의 1세대 고속도로로 분류하고자 한다. 이 시기에 건설된 고속도로는 경부고속도로와 울산고속도로를 제외하면 모두 왕복 4차로 확장을 전제로 한 왕복 2차로 고속도로였다. 가장 수요가 많은 경부고속도로는 왕복 4차로 계획하고 예산을 집중적으로 투자함으로써 소중한 시공 경험과 기술을 축적하였다. 선택과 집중 전략을 택한 것이라 할 수 있다. 그리고 이 경험을 전국으로 확대시키되, 여전히 예산은 부족하고 아직 수요가 충분하지 않아서 2차로를 먼저 건설하고 수요 증가에 따라 4차로, 6차로, 8차로로 확장해 가는 전략을 택하였다. 고속도로가 아예 없거나 늦게 만드는 것보다는 다소 성능이 낮은 고속도로라도 조기에 확보하는 대안을 지방에서는 훨씬 선호하였으니, 지역균형발전에 대한 배려도 있었다고 보아진다. 경부고속도로에서 축적한 설계·시공 경험은 다른 고속도로를 건설하는데 유감없이 활용되었다.

주목할 점은 경부고속도로를 제외한 호남·남해·영동·구마 고속도로 건설자금에 IBRD 차관이 매우 효율적으로 사용되었다는 점이다. 모든 타당성조사에 외국 설계사들이 참여한 것 역시 해외 차관을 사용한 데 원인이 있었으며 여기에 참여한 국내 기술자들도 설계역량을 높일 수 있었다. 경부고속도로 이후에 건설된 모든 고속도로 포장에는 아스팔트안정처리 기층이 적용되었다. 횡단 폭원은 토공부가 13.2m, 교량부가 11.7m, 터널부가 9.88m 내외로 차로 폭은 3.6m로 동일하였지만 길어깨 폭을 줄여서 구조물 공사비용을 절감하였다. 교량 설계기준도 DB18이었다. 요약하면 동일한 기하구조, 포장구조, 평면교차로 존재, 4차로 확장을 전제로 한 2차로 고속도로 건설, IBRD 차관 활용, 그리고 급속시공이란 관점에서 같은 1세대 고속도로로 언급할 수 있는 것이다.

5 1980년대(고속도로 건설 정체기와 국도포장 완료)

1980년 46,950km이던 도로 연장은 1990년 56,714km에 달해 매년 976km씩 증가하였다. 고속도로 연장은 1,224.6km에서 1,550.7km로 소폭 증가하였다. 1980년대 사회복지 투자 지출이 늘어나면서 SOC 투자가 제약된 영향을 받은 것이다. 제5차(1982~1986년)와 제6차(1987~1991년) 경제개발계획의 성공으로 1980년대의 경제규모는 매우 급격하게 성장하였다. 1985년에 자동차등록대수가 100만 대를 돌파하는 등 수송수요 역시 기하급수적으로 증가하게 되었다. 이 시기에 제2차 국토종합개발계획(1982~1991년)이 동시에 진행되었다. 1980년을 전후한 제2차 세계오일쇼크가 지나간 뒤 3저호황으로 모든 경제지표가 좋아졌다. 1980년 52.8만 대이던 자동차 대수가 1985년 마침내 100만 대를 돌파(111.3만 대)하였고 서울올림픽을 계기로 더욱 빠르게 늘어났다. 1988년에는 소득 5,000 달러를 넘어서 배고프던 시절을 상징하던 보릿고개란 단어는 잊혀갔고 삶의 질을 추구하기 시작했다. 1989년 자가용 승용차 비중이 52.8%로 자동차등록대수의 절반을 넘어서면서 마이카 붐이 확산되었다.

1960년대와 1970년대에 시행한 거점성장전략으로 대도시 지역에 대규모 산업시설이 구축되자 많은 젊은 인력들이 일자리를 찾아 농어촌지역에서 도시지역으로 옮겨오게 되었다. 1960년 35.8%에 불과했던 한국의 도시화율이 30년 만인 1990년에 81.9%[14]에 이를 정도로 빠른 도시화가 진행되었다. 도시화 과정에서 발생한 교통수요 증가 속도를 도로 공급 속도가 따라잡지 못하면서 지역간 도로와 도시부 도로 모두에서 극심한 교통혼잡이 발생되었으며, 뒤늦게나마 적극적인 도로 공급계획이 수립되었다.

1988년에 제정된 「도로사업특별회계법」(이후 1993년 「교통시설특별회계법」으로 변경) 도입으로 휘발유특별소비세의 90%가 도로사업 투자재원으로 확보되었다. 1990년 말 한국의 도로 연장은 56,714㎞에 도달하였고, 이 가운데 고속도로 연장은 1,550.7㎞, 국도 연장은 12,160.5㎞(포장률 89.1%)에 도달하였다. 자동차가 본격적으로 팽창하는 시기에 들어섰으나, 고속도로는 88올림픽고속도로(동서고속도로, 171.5㎞)와 중부고속도로(146㎞)만 개통되었다. 해마다 교통혼잡 구간이 늘어났고 특히 주말과 명절에는 기억하기도 싫은 정체가 생겨났다. 1980년대에는 산업도로 용량이 초과되고 교통사고가 늘어나 도시지역 산업도로의 확·포장, 지방지역 포장·개수 사업을 주로 추진하였다.

1986 아시안게임과 1988 서울올림픽을 개최하면서 수도 서울의 인프라가 대폭 정비되었고 한강의 기적이 가시화되었다. 한강 원효대교(1981년 10월 27일)가 개통되고 올림픽대로(행주대교~암사동 36㎞)가 완공(1985년 11월 20일)되었으며, 올림픽대교가 기공(1986년 11월 20일)되었다. 국내 최초의 사장교인 진도대교와 돌산대교가 1984년 완공되었고, 당시 국내 최장(1,869m) 터널인 부산 구덕터널이 개통되었다. 또한, 과천~사당간 국도 8차로가 확장 개통(1988년 11월 10일)하였으며, IBRD 6차 차관도로 포장 및 확장사업을 통해 22개 구간 265.1㎞(1989년 11월 15일)가 완료되었다. 자유로 1단계 사업(1990년 10월 27일)도 착공되었다.

---

14) 2000년에는 88.3%, 현재는 91.0%에 달하고 있다.

동서화합을 목적으로 건설된 동서고속도로(88올림픽고속도로)

1980년 9월 4일 전라북도 도청을 방문한 전두환 대통령이 지리산을 관통하여 영호남을 잇는 동서고속도로 건설 방안을 검토하라는 지시를 건설부장관에게 내리게 된다. 동서화합이 명분이었으니 경제성 보다는 정치적인 판단으로 고속도로 건설이 결정된 것이다. 건설부에서 신속하게 도면을 검토하여 두 개의 노선대안을 찾아냈다. 포항-영천-대구-합천을 잇는 동쪽 구간은 공통노선이었다. 동쪽 공통구간에다가 합천-거창-장수-진안-전주-이리-군산 구간을 더한 연장 200km 대안이 제1노선이었고, 합천-산청-함양-남원-광주-나주-목포 구간을 더한 연장 240km 대안이 제2노선이었다. 1980년 9월 24일 대통령 지시가 내려졌다. 1차적으로 수송수요가 많은 광주~대구 노선을 건설하고 2차적으로 전주~대구[15]를 잇는 노선 건설 방안을 검토하라는 것이다. 건설부에서는 4차로 건설을 전제로 한 2차로 건설로 방침을 세우고 도로용지는 4차로 규모로 확보하기로 하여 그 해 9월 29일 노선 경유 예정지역을 기준시가 고시 대상지역으로 공고하였다. 1980년 10월 3일 고속도로의 명칭을 동서고속도로라고 정하고, 11월 3일 노선건설계획을 확정 발표하였다. 노선경유지는 옥포(구마고속도로)-고령-함양-인월-남원-순창-담양으로 총 171.5km다. 훗날 88올림픽고속도로로 명명된 이 노선은 오르막 구간 총 24km에 등반차로가 계획되고 공사는 3년(1981년 10월~1984년 9월)이 소요되었다. 중앙분리대가 없이 왕복 2차로로 운영되던 30여 년 동안 88올림픽고속도로는 교통사고 치사율이 가장 높은 죽음의 도로라는 비아냥거림을 받아왔다. 마침내 2015년 12월 29일 왕복 4차로 확장공사가 완료되면서 전 구간에 중앙분리대가 설치된 이후부터 2017년 11월까지 단 1명의 교통사고 사망자도 발생하지 않았다. 꼭 중앙분리대 때문만은 아니겠지만 이 신선한 기록이 얼마나 지속될지 궁금하다. '동서고속도로'란

---

15) 제2노선 함양-전주-군산 구간은 훗날 익산~장수 고속도로(완공)와 군산~익산 고속도로(계획)로 실현된다.

이름으로 시작하였으나 1981년 서울 하계올림픽 유치를 기념하여 '88올림픽고속도로'로 변경되었고, 다시 2015년 12월 '광주대구고속도로'가 되었다. 그런데 또다시 동서화합을 명분으로 '달빛(달구벌~빛고을)고속도로'로 바꾸자는 요구도 있으니 지켜볼 일이다.

경부고속도로 교통량 분산을 위해 중부고속도로 최고제한속도를 110㎞/시 상향

1980년대 들어 경부고속도로의 일부 구간에서 교통량이 도로용량을 초과하게 되자 서울~대전 간 교통량을 분산하기 위하여 중부고속도로(1985년 5월 17일~1987년 12월 2일) 146.3㎞가 건설되었다. 전 구간 설계속도가 최초로 120㎞/시로 높아졌고, 본격적인 시멘트콘크리트 포장을 적용하여 포장기술 발전의 전기가 되었다. 개통 초기에 경부고속도로 교통량을 전환시키기 위해서 국내 최초로 최고제한속도를 110㎞/시[16]로 설정하여 한국에서 가장 빠른 고속도로가 되었다. 훗날 이 구간의 교통수요는 계속 늘어 곤지암 IC에서 광주 IC까지 긴 오르막 구간에서는 공휴일마다 만성적인 정체가 발생하였다. 2001년 말에 제2중부고속도로를 개통하게 되었는데 장거리 교통량의 이동성을 극대화하기 위해서 기점인 호법 JC부터 종점인 동서울요금소까지 진출입로를 전혀 설치하지 않았다는 특징이 있다. 기술 용어로 접근-통과차로제(Local-Express Lane)가 구현된 것인데 서울 올림픽대로 노량진 구간에도 이런 개념이 도입되어 있다.

---

16) 최고제한속도는 도로교통법에 따라 경찰청에서 정하며 교통안전 목적으로 설계속도보다 10㎞/시 낮추는 것이 일반적이다.

6 1990년대(도로 건설 황금시대와 민자도로 출현)

1990년 56,714km이던 도로연장은 2000년 88,775km를 기록해 매년 3,206km씩 숨 가쁘게 증가하였다. 고속도로 연장도 1,550.7km에서 2,131.2km로 증가하였다. 국도 12,413.5km의 99.8%가 포장이 완료되었다. 특별·광역시도 역시 17,888.9km로 늘어났다. 10년 단위로 볼 때 1990년대는 도로 연장이 가장 크게 늘어난 기간으로 한국 도로 건설의 황금시대라 부를만 하다. 지역 간 균형개발을 위해서 전국 간선도로망 구축도 중요했지만 한편으로는 수도권 도로교통 혼잡도 완화시켜야 했다.

1990년대에 건설된 지역간고속도로는 서해안, 중앙, 대전통영, 중부내륙, 대전남부순환, 평택음성, 논산천안(민자), 인천국제공항(민자) 고속도로가 대표적이다. 남해고속도로와 경인고속도로, 영동고속도로에는 구간별로 단계적인 확장공사가 시행되었다. 수도권에도 서울외곽순환고속도로(퇴계원-판교-장수-일산 간 92.9km), 제2경인고속도로(15.8km), 서울안산고속도로(14.3km)가 신설되었다.

이 기간 국도포장률도 89.1%에서 98.2%로 증가하여 먼지 날리던 비포장국도를 달리던 경험은 추억으로 남게 되었다. 주요 지방도의 포장도 대부분 완료되었다. 안정된 도로투자재원을 바탕으로 1990년대에는 확장사업과 우회도로 건설사업을 본격적으로 추진한 결과, 1997년까지 한강 이북의 접경지역에 대한 국도포장을 완료하였다. 도로업무편람에 의하면 이 시기에 확장 개통된 국도는 안산~소래(1991년), 평창~정선(1991년), 울산~경주(1991년), 평택~송탄(1992년), 양양~속초(1992년), 수원~인덕원(1993년), 삼척~도해(1993년), 평택~안성 (1994년), 창원~진영(1994년), 평택~용인(1995년), 고창~흥덕 (1995년), 안중~평택(1997년), 의성~안동 (1997년), 팔당~양평(1998년), 순천~남원(1998년)이 대표적이다.

그러나 도로시설 공급이 눈부시게 늘어났음에도 불구하고 도로교통 상황은 해가 갈수록 악화되기만 하였다. 도로가 늘어나는 속도보다 자동차등록대수가 훨씬 빠르게 늘어났기 때문이다. 1990년 339.5만 대이던 자동차등록대수는 5년 만인 1995년 846.9만 대로 두 배 넘게 늘었고 1997년에 1,000만 대(1,041.3만 대)를 돌파하더니 2000년에는 1,205.9만 대에 도달하였다. 1985년 100만 대를 돌파한 자동차등록대수가 15년 만에 10.8배나 늘어난 것이다. 돌이켜 보면 1970년부터 1985년까지 15년 동안 자동차등록대수가 10만 대에서 111.3만 대로 11배 늘어난 것은 놀랍긴 하지만, 총량으로는 100만 대 정도가 늘어난 것이니 기존 도로시설로 그럭저럭 감당하였다. 그러나 같은 열 배라도 111만 대에서 1,200만 대로 늘어난 것은 총량으로만 1,100만여 대가 늘어난 것이니 기존 도로망체계로는 감당하기 어려운 새로운 도전이었다.

지역간 교통은 물론 대도시권, 특히 수도권의 교통혼잡과 주차난 등이 심각해져 통행비용이 늘어나고 사회문제로 부각되는 일이 잦았다. 노태우 대통령의 선거공약이던 주택 200만 호 건설이 시행되면서 서울 주변 5개 신도시(분당·일산·평촌·산본·중동)가 1990년대 초 차례로 완성되자 서울의 교통문제는 수도권 교통문제로 확대되었다. 분당선이나 신분당선 등과 같은 광역철도가 완성되기까지는 오랜 시일이 걸렸으니 단기간에 건설이 가능한 도시고속도로가 먼저 개통되면서 신도시와 서울을 왕래하는 교통은 자동차에 의존하게 되었다.

이에 따라 1990년대 이후의 도로정책은 신설과 확장을 동시에 추진하는 방향을 채택하게 되었다. 고속도로는 물론이고 2차로 국도 역시 4차로 이상으로 확장되었다. 기존 왕복 2차로 국도는 도로 종단경사가 급하고 곡선반경이 짧은 선형불량 구간이 많아서 폭만 넓혀서는 곤란한 경우가 많았다. 따라서 길을 넓히면서 곧게 펴고, 입체교차로까지 도입하는 사례가 많아 사실상 도로를 새로 건설하는 것과 유사하였다. 이와 같은 고규격 국도는 나중에 고속도로 노선과 중복되거나, 환경파괴, 예산낭비 등의 문제가 지적되기도 하였다. 어찌되었던 이 시기는 국도포장이 완료되고 성능까지 대폭 개선된 국도 전성시대로 기억되어야 할 것이다. 이 시기에 고속도로 연장은 580.5㎞ 정도 밖에 늘어나지 못했는데 명절이나 주말에 대도시를 출입하는 교통량은 대폭 늘어 고속도로 교통환경은 나빠져만 갔다. 고향방문 시 10시간이 넘도록 운전을 해야 하는 상황이 종종 발생하면서 국민들의 불만이 하늘을 찔렀다. 결국 고속도로 추가 투자가 확정되었지만 계획·설계·시공이 진행되는 기간 동안 혼잡은 계속 늘어나다가 2,000년대 초반 고속도로가 대량 개통되면서 한 고비를 넘기게 된다.

돌이켜 보면 1990년대에 폭증한 자동차가 가져온 감당하기 어려운 교통혼잡은 국민의 통행불편은 물론 물류수송비도 크게 증가시켰다. 국가경쟁력을 회복하기 위해

고속도로와 국도를 중심으로 한 국가간선도로를 적극적으로 늘리고 성능도 개선해야 한다는 사회적 합의가 이루어졌다. 이를 위해서는 막대한 예산을 확보해야 하고 계획과정도 좀 더 체계적으로 정비가 필요하게 되어 정부에서는 다음과 같은 중요한 조치를 취하게 된다.

하나, 장기적으로 안정적인 교통인프라 투자재원을 확보하기 위하여 1993년 교통세와 교통시설특별회계에 관한 법률을 제정하였다.

둘, 교통 SOC 분야에 대한 민간의 투자를 촉진하기 위하여 1994년「사회간접자본시설에 대한 민자유치촉진법」을 제정하였다. 한정된 공공예산만으로 많은 도로를 적기에 건설하는 데에는 한계가 있어 규모가 커진 민간경제부문이 도로에 투자하도록 유도하기 위한 것이다.

셋, 다른 종합개발계획에 부속되어 부문별로 수립되던 기존 교통시설계획 방식 에서 탈피하여, 교통시설별로 독립적이고 체계적인 계획 수립으로 전환하였다.「도로법」 제22조에 의해 건설교통부에서 작성한 제1차 도로정비기본계획 (1998~ 2011년)은 간선도로(고속국도, 일반국도 등) 정비를 위한 최초의 종합장기 계획이라는데 의의가 있다. 이 계획에 포함된 7×9망 계획은 국토를 7종 9횡으로 연결하는 격자형 간선도로망 계획으로, 이후 도로망 정비 방향에 커다란 영향을 미쳤다.

넷, 공급일변도의 도로정책에서 탈피하고 도로운영효율을 높이기 위하여 지능형 교통체계 도입이 포함된「국가통합교통체계효율화법」(1999년)이 제정되었다. 첨단자동차도로체계(IVHS)에서 지능형교통체계(ITS)로 개념이 진화하기 시작한 것도 이 때이다. 1997년 9월에 기본계획이 확정되었고 2000년 12월에는 ITS를 효율적으로 추진하기 위해서 'ITS기본계획 21'이 수립되었다. 정보화시대가 실현되면 교통수요가 줄어들 것이라는 기대는 결코 실현되지 않는 이상이었다. 국토교통부 도로국에 도로운영과가 1994년 5월 신설되고, 2009년 첨단도로환경과가 신설되었다. 2009년 이후 국토교통부 도로국은 도로정책과, 간선도로과, 광역도시도로과, 도로운영과, 첨단도로환경과 5개 과로 유지되고 있다.

1990년대는 자동차의 폭증과 함께 도로교통사고가 커다란 사회문제로 떠올랐다. 1988년 서울올림픽을 마치면서 급증한 교통사고 사망자수는 1991년에 역대 최대치인 13,429명을 기록하게 되었다. 최악의 교통안전국가에서 탈출하기 위해 국가적 역량이 집중되었다. 청와대와 국무총리까지 나서 법제 정비, 조직 확대, 정책 정비, 기술 개발, 민관 협력 등 안전한 도로 환경을 만들기 위한 대책을 결집시켜 폭주하던 교통사고 증가세를 하향추세로 전환시킨 시기였다. 고속도로에서 자동차보다 사람 수송능력을 높이기 위해서 고속도로 버스전용차로제가 1994년 9월 17일부터 시행되었다.

아무리 도로를 만들어도 부족하던 시기였으니 예산이 이를 뒷받침하기 어려웠다. 교통시설 특별회계를 도입하고 민간자본유치제도를 시작하게된 것도 이런 시대적 배경과 관련이 깊다. 도로를 개통한지 1년이 못되어 혼잡이 발생해 곧바로 확장에 들어가야 하는 사례도 있었으니 교통수요예측의 정확도도 문제가 되었다. 훗날 이 시기에 계획한 고속도로의 예측교통량과 실제교통량을 한국도로공사 도로교통연구원에서 비교해 본 결과 도로교통수요의 대부분은 과소추정 즉, 실제교통량이 예측교통량을 초과하였다. 자동차가 급증하고, 인구변동이 심하며, 개발사업이 도처에서 진행되어 수요를 종잡기가 어려웠다. 모든 설계회사와 건설사들은 휴일을 반납하고 밤낮을 가리지 않고 일을 했다. 도로분야 종사자가 늘어나고 사업이 활발해지자 경부고속도로 완공 일을 도로의 날로 지정(1992년 7월 7일)하고 해마다 기념행사를 개최하기 시작했다. 돌이켜보면 힘들었지만 행복한 시절이었다. 국제도로연맹(IRF) 총회와 ITS 세계대회(1998년)를 유치하는 등 한국은 국제적으로도 떠오르는 도로교통 강국이었다. 도로건설 공공재원이 부족하다보니 민간자본으로 눈을 돌렸다. 금리가 높던 시절이라 최소수입보장(MRG)을 해 주어야 민자유치가 가능했다. 이 시기는 설계·건설 물량을 대기 바빴을 뿐 환경이나 경관에 신경 쓸 여지가 아직 없었다.

이와 같은 봄날은 길지 않았다. 1997년 말 들이닥친 IMF 외환위기 충격으로 다른 분야와 함께 도로분야도 주춤거리게 되었다. 그러나 경기침체를 극복하기 위하여 정부는 1998년부터 교통시설투자를 일시적으로 늘리게 된다. 제2차부터 제7차 경제개발계획기간(1967~1996년) 내내 국가 GDP대비 2% 내외로 SOC 투자비율을 유지하던 것을 1997~2000년 기간에는 3.5%로 늘렸는데 도로분야의 비중이 가장 컸다.

7 2000년대(고속도로망 2배 확대 및 환경·경관·안전 강화)

　2000년 88,775km이던 도로 연장은 2004년 최초로 10만km를 넘어서더니 2010년 105,565km를 기록하였다. 연평균 1,679km가 증가한 시기였지만, 1990년대에 비해서는 증가율이 낮았다. 국도 연장은 13,812.4km에 달했다. 1가구 1자동차 보유와 함께 전국 반나절 생활 시대가 자리를 잡았으며 주말 레저·여행 수요도 크게 늘어났다. 2000년 1,205.9만 대인 자동차등록대수가 2010년 1,794.1만 대에 도달하고 2017년 초에는 2,200만 대에 도달하였다. 16년 동안 자동차등록대수는 두 배 남짓 늘어 1990년대에 비하면 증가율이 대폭 낮아졌다고는 하지만 총 증가량이 1,000만 대나 되었다.

　이 시기 주목해야할 점은 고속도로 연장이 2,131.2km에서 3,859.5km로 무려 1,728.3km나 늘어난 것이다. 2000년대에는 진주~통영, 대구~포항, 대구~부산, 김천~현풍, 익산~장수, 고창~담양, 청원~상주, 무안~광주, 부산~울산, 평택~음성, 용인~서울, 당진~대전, 공주~서천, 서울~춘천, 춘천~동홍천, 전주~광양, 목포~광양, 여주~양평, 음성~제천 고속도로 등이 건설되었다. 주문진~속초, 동홍천~양양, 상주~영덕, 동해~삼척, 부산외곽순환, 화도~양평, 대구외곽순환 등 새로운 고속도로 건설 사업은 물론 기존 고속도로 확장사업도 추진되었다. 서해안고속도로와 중부내륙고속도로는 경부고속도로의 역할을 분담하였지만 용량이 부족해져서 확장에 들어갔다. 경부고속도로 대부분 구간, 그리고 중부고속도로와 서해안고속도로의 수도권 구간까지 확장이 마무리되었다. 당초 왕복 2차로이던 영동고속도로도 왕복 4차로~8차로로 확장되었다. 이제 영동고속도로에는 서해안부터 동해고속도로까지 총 8개의 남북방향 고속도로 노선이 연결되어 있어서 한국 고속도로망에서 경부고속도로와 함께 가장 중요한 간선도로축이 되었다.

　이 시기 고속도로 건설투자금액은 매년 4~5조 원 내외를 기록하여 정점에 달했는데, 이어지는 2011년부터는 매년 2~3조 원으로 감소하게 된다. 사실상 고속도로 건설의 화려한 불꽃을 마지막으로 태운 시기가 2007~2010년이지만 하락의 조짐은 2009년 세계 금융위기 때부터 감지되었다.

고속국도에 대한 투자실적

(단위 : 억 원)

계	2006	2007	2008	2009	2010	2011	2012	2013	2014	2015
360,624	44,328	55,010	50,706	55,729	42,382	22,091	39,601	24,459	26,318	31,693

주 : 고속국도 건설·확장, 민자투자분(국고, 민간) 포함 (자료 : 국토교통부 도로국)

대도시권에서 고속도로 건설도 활발

당초 왕복 4차로로 건설되었던 서울외곽순환고속도로 판교~퇴계원 구간과 퇴계원~일산 구간은 각각 2002년과 2007년 왕복 8차로로 확장되었다. 이어서 수도권 제2외곽순환고속도로 건설도 시작되었다.

부산권 지역은 2001년에 남해고속도로 내서~냉정 구간을 8차로로 확장하였고, 2005년에는 경부고속도로 언양~부산 간을 6차로로 확장하였으며, 대구~부산 간 민자고속도로가 2006년 개통되었다. 또한 2006년 민자전환사업으로 추진한 부산~울산 간 고속도로도 2008년 12월 완공되었다. 2018년 초에는 부산외곽순환고속도로가 완공 예정이다.

대구권 지역은 2000년에 중앙고속도로 대구~안동 구간을 4차로로 확장하였고, 경부고속도로 구미~동대구 구간이 2002년 확장되었다. 2003년에는 중부내륙고속도로지선 금호~서대구 구간이 6차로로 확장되었고, 익산포항고속도로 중 대구~포항 구간은 2004년에 개통되었다. 중부내륙선 현풍~김천 구간이 2007년 개통되었고, 대구외곽순환 성서~동대구 구간(32.4㎞)은 현재 공사가 진행 중이다.

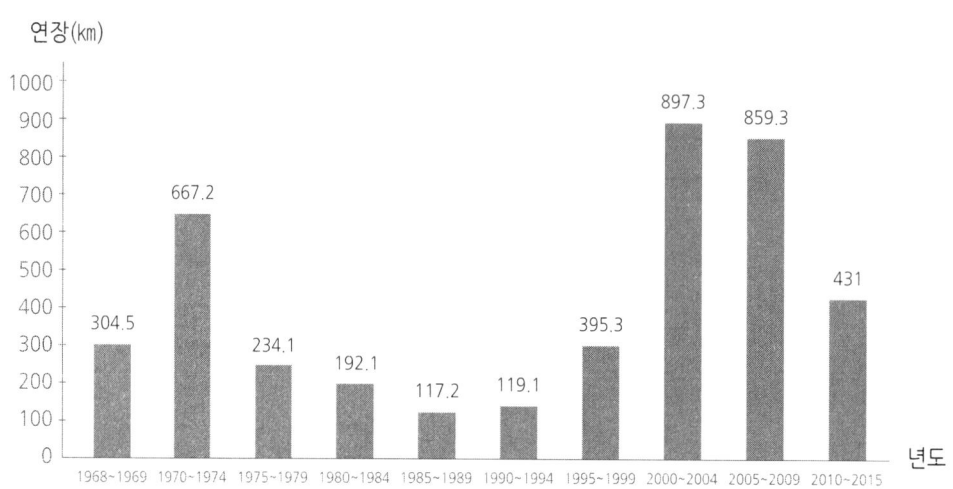

5년 단위별로 준공된 고속도로 연장 (자료 : 한국도로공사)

2000년대 고속도로망 2배 증가는 1990년대 자동차 증가에 대한 대응 결과

그림 2000~2010년 기간에 왜 이렇게 많은 고속도로가 개통될 수 있었는지 그 원인을 찾아 보자. 1980년대 중반에 시작된 도로교통 혼잡이 지속적으로 악화되자 1990년대 들어 전문가들은 급격한 교통수요의 증가를 도로투자가 따라가지 못하여 교통혼잡이 초래되었다고 진단하였다. 사실 우리나라 도로증가율은 1990년대가 최고이긴 하였으나 세부적으로 들여다보면 주요 투자가 국도와 도시부 도로에 집중되었다. 도시가 확산되고 신도시가 건설됨에 따라 시가지도로 연장도 늘어난 것이다.

경제개발계획 시절에 중앙정부 도로정책방향은 산업단지나 주요 지역을 연결하는 도로 용량을 늘려서 지역산업발전을 촉진하고 경제성장에 기여하자는 것이었다. 따라서 도시부의 교통문제를 해결하기 위한 중앙정부의 정책적 관심은 비교적 낮았다고 할 수 있다. 광역도시 교통과 지역간 교통이 함께 악화되고 있었지만 중앙정부의 도로공급은 국도 위주로 진행되었다. 도시의 급격한 인구증가와 광역화, 그리고 자동차 대수의 급속한 증가는 심각한 광역 교통문제를 초래하였다. 여기에 레저용 교통량이 폭증하여 주말에 대도시로 돌아오는 고속도로에서 발생하는 정체는 국민의 공분을 불러 일으켰다. 운전자들이 선호하던 지역간 고속도로, 특히 대도시 외곽을 연결하는 고속도로의 공급 속도는 상대적으로 느렸다. 최대 20여 시간에 달하는 명절 운전에 지친 운전자들의 불만이 사회문제화 되었다. 결국 운전자들의 선호도가 높은 빠르고 안전한 고속도로를 추가로 건설하는 것이 시급하였던 것이다.

교통수요가 충분하여 수익이 나는 대도시 인근 고속도로는 민자로 건설하고 국토균형발전이나 국가네트워크 상 필요한 지역간 고속도로는 재정으로 건설하는 방향으로 전환하게 된다. 국토교통부 도로국에 2008년 신설된 광역도시도로과에서 민자도로 업무 전반을 관장하게 되었다.

중앙정부에서 고속도로와 국도 이외에 대도시 도로개선에 대한 지원은 1990년대 후반부터 시작되었다. 1997년 「대도시권 광역교통 관리에 관한 특별법」이 제정되고 5년 단위로 수도권 광역교통 5개년계획이 추진되었다. 광역교통권역인 시·도간 연결도로 중 서비스수준이 저하된 도로에 대해서 광역도로로 지정하여 지원하고 있는데 1999년부터 총 67개 구간[17](314.9km)을 지정하였다. 2006년부터 도시부 교통혼잡 해소를 위해서 5년 마다 대도시권 교통혼잡 개선사업계획을 수립하여 12개 사업(52.0km)을 선정하였으며, 총 사업비 중 분담사업비를 지원하고 있다.

이와 같은 교통환경의 변화는 도로정책에도 변화를 가져왔다. 기존 교통시설계획은 상위 종합개발계획 아래에 부문별로 수립되던 차였다. 따라서 교통시설별로 독립적이고 체계적인 계획 수립으로 전환하는 것이 필요하였다. 1999년 이후 국토를 균형적으로 발전시키기 위해 2차례의 도로정비기본계획을 통해 만들어진 제2차 도로정비기본계획(2011~2020)에서는 전국 간선도로망계획과 수도권 고속도로망계획을 통합하여 간선도로망(7×9+6R)계획을 수립하였다. 안정적인 도로투자예산 확보는 계획목표 달성을 위해 가장 선결되어야 한다. 여기에다 1997년 말 IMF를 조기 극복하기 위하여 경제발전효과가 검증된 SOC, 그 가운데 도로에 투자를 늘려야 할 필요성이 있었다. 이와 같은 1990년대 후반 종합계획의 수립과 안정적인 도로투자재원

---

17) 국토교통부, 2016 도로업무편람, 2016.

확보, 그리고 IMF 극복용 투자확대에 힘입어 2000~2010년 기간 동안 총 연장 1,728.3km에 달하는 고속도로망이 신설되는 도로건설의 황금기를 맞게 된다. 그러나 이는 결국 도로산업계에 있어서는 미래의 투자를 앞당겨 쓴 마지막 화려한 불꽃이 되었고 2010년 이후 도로투자는 내리막을 걷게 된다.

교통기능에 충실한 값싸고 획일적인 구조의 도로시설 공급에 치중하던 흐름은 2000년대 들어 턴키제도 활성화로 신기술과 신공법 도입이 확대되면서 전기를 맞게 되었다. 1990년대의 풍부한 도로건설 경험을 바탕으로 턴키공사 사례가 대폭 늘어나게 되자 국내 기술역량은 세계 수준을 향하여 빠르게 향상되었다. 이제 기술은 상상하는 모든 것들을 실현하는 수준에 이르렀다. 길은 보다 곧고 아름답게, 다리는 더욱 높고 길며 독특한 경관으로, 터널은 더욱 안전하고 깊고 길어져 갔다. 2001년 개통된 서해안고속도로는 낙후지역 개발을 크게 촉진하기도 했지만, 연장 7.3km에 달하는 서해대교를 우리 자본과 기술로 건설하여 초장대해상교량 설계·건설에 대한 기술 자립을 성취하였다는데 의의가 있다. 세계경제포럼의 국가별 도로품질자료(2010년)에 따르면 우리나라는 핀란드에 이어 14위를 차지할 만큼 수준도 높아졌다.

서해대교와 함께 인천국제공항고속도로의 영종대교(2000년), 부산광안대로의 광안대교(2002년)는 우리 토목기술을 획기적으로 향상시킨 계기가 되었다. 2009년 10월 우리나라 최장 교량인 제2경인고속도로 인천대교(총길이 18.4km, 사장교 주경간장 800m, 주탑 높이 238m)가 탄생하며 세계 10위권에 달하는 장대교량 건설기술과 사업관리역량을 세계에 알리게 되었다. 도로기술은 계속 진보하여 2010년 12월에는 우리나라 최초의 해저침매터널과 사장교로 이루어진 총 연장 8.2km 거가대교를 개통하여 동남광역경제권을 활성화하는 계기가 되었다. 2013년에는 현수교 주탑 간 거리가 1,545m에 달하는 이순신대교가, 그리고 2015년에는 울산대교(중앙경간 1,150m)가 개통되었다. 2017년 6월 서울양양고속도로 동홍천~양양 구간이 개통되었다. 백두대간을 통과하는 국내 최장 인제터널(10.97km)을 비롯해 총 연장 49km의 터널이 설치되는 등 구조물의 비중이 71%나 된다. 2018년이면 길이 1,004m에 달하는 강합성사장교 구간(주탑 경간장 510m)을 포함한 총 연장 10.81km의 새천년대교가 목포와 신안군 섬들을 연결하게 된다. 도로수요 증가율은 둔화되기 시작하였으나 도로건설은 관성대로 진행하였다. 교통수요 예측은 더욱 관성이 컸다. 2000년대 들어 만들어진 도로에서 이번에는 수요가 과다 추정되는 경향이 뚜렷해졌다. 전국 도시들의 장밋빛 개발계획을 반영하였지만 인구나 경제성장률이 둔화되면서 예상교통량보다 실제교통량이 전반적으로 낮게 나오는 사태가 발생한 것이다. 특히 민자도로에 대해서는 과다 추정이 심해서 MRG가 불어났고, 경전철을 추진했던 일부 지자체들이 부채를 떠안으면서 수요예측에 대한 불신이 높아졌다. 저출산과 고령화로 인구가 줄어들 우려까지 나오는 마당에 경제성장마저 저조했다. 1가구 1차량이 실현되니 자동차의 평균주행거리가 짧아져 갔고 지하철과 고속철도로 수요가 전환한 것도 영향을 미쳤다. 교통수요 예측정확도를 높이기 위해서 국가교통DB센터를 설립하여 표준화된 OD와 네트워크를 사용하도록 하여 많은 개선이 이루어졌지만 수요예측에 대한 불신은 쉽게 사라지지 않았다.

8 2010년 이후 (도로 건설 축소 및 유지관리 비중 증가)

도로 건설 본격 하강 시작

2011년부터 2015년까지 중앙정부 도로예산은 7.26조 원(2011년)과 9.09조 원(2015년) 사이를 유지하였다. 그러나 2015년 9.09조 원을 정점으로 2016년 8.28조 원, 2017년 7.35조 원으로 급속하게 줄어들었다. 2017년 8월 29일 확정된 2018년 국토교통부 예산 정부안에서 도로투자 예산이 5.42조 원으로 전년 대비 무려 19.36%나 감소하게 되었다. 예산 감소와 함께 각종 환경친화적인 설계로 건설비까지 올라가니 도로연장 증가율은 하향세에 들어선 것이 확실하다. 2017년 이후의 도로분야 재정투자는 2017년 10월 발표한 국가재정운용계획(2017~2021년)에서 가늠할 수 있다. 연도별 중앙정부 도로투자가 7.41조 원(2017), 5.44조 원(2018), 5.12조 원(2019), 4.85조 원(2020), 4.74조 원(2021)으로 연평균 9.4%씩 감소하게 되어 있다. 여기다가 운영 중인 도로망에 대한 시설기능을 유지하고 관리하는데 과거보다 많은 예산이 필요하게 된 것은 자연스러운 일이다. 한국도로공사 2017년 예산을 살펴보면, 시설개량과 유지관리 예산이 2조 8천억 원으로 건설예산 2조 3천억 원보다 5천억 원이 많아서 최근 도로투자 동향을 짐작할 수 있다.

최근 단거리 민자고속도로 개통이 증가

2017년 개통된 고속도로들을 살펴보면, 연장이 수백 km에 달하는 장거리 간선도로 노선보다는 네트워크를 개선하는 단거리 노선 위주이며, 민자고속도로의 비중이 높다는 것을 알 수 있다. 주로 기존 장거리 고속도로 노선의 우회기능을 갖는다는 특징도 있다. 정체가 심해진 서울, 부산, 대구, 대전 등 대도시를 통과하는 재정고속도로 우회노선 위주로 민자고속도로가 건설되는 이유로는 교통수요가 높아서 상대적으로 사업수익성이 있기 때문이다. 2017년 개통된 주요 고속도로를 살펴보면 다음과 같다.

하나, 경상남도와 부산신항을 잇는 남해고속도로 제3지선(부산항 제2배후도로)이 2017년 1월 13일 개통되었다. 김해의 진례부터 부산신항을 민간자본으로 연결하여 그간 제2지선과 제1배후도로를 통해 40분이 걸렸던 진례~신항 구간을 10분으로 단축하였다. 이 노선은 장래 부산외곽순환선의 서부구간 역할을 수행하게 된다.

둘, 2017년 3월 22일 개통된 수도권 제2순환고속도로 인천~김포 구간은 인천항에서 청라국제도시, 검단을 거쳐 김포까지 잇는다. 길이 5.5km, 왕복 6차로인 북항 터널은 인천 북항 해저를 통과하는 국내 최장 해저터널이다. 포천~양주구간 역시 6월 30일에 개통되어 구리포천고속도로와 연결되었다.

셋, 2017년 6월 27일 개통한 상주영천고속도로는 낙동 JC에서 영천까지 거리를 117km에서 93.9km로 단축시켰고, 혼잡한 대구시내 구간을 우회하여 통행시간도 단축하였다. 대부분 산악지역을 통과하는 왕복 4차로 콘크리트 포장도로로 초기 교통량도 제법 많다. 한 가지 유감스러운 점은 대구포항고속도로와 화산 JC에서 만나고 상주영덕고속도로와는 상주 JC에서 만나는데, 이 두 개 JC 모두 연결이 제한된다는 것이다.

넷, 2017년 6월 30일 완전 개통된 서울양양고속도로 동홍천 IC~양양 JC 구간은 전체 71.7km의 71%가 58개의 교량과 35개의 터널로 건설되었다. 졸음방지를 위해 S자 모양으로 백두대간을 통과하는 국내 최장 인제터널(10.9km)이 포함되었다. 강풍에 따른 교통사고를 예방하기 위해 교량 3곳에는 방풍벽을 설치하였고 토석류 피해 방지시설 31개, 비탈면 경보장치 20개 등을 설치하였다. 그간 서울에서 강원 영동지역을 잇는 44번 국도와 영동고속도로에서 발생하던 주말정체가 대폭 해소되었다. 동홍천 IC를 경계로 도로용량이 차이가 있어 서울~춘천 구간은 교통정체가 심해진 반면 동홍천 IC~속초 간 44번 국도의 교통량은 대폭 낮아지는 문제가 발생하였다.

다섯, 2017년 6월 30일 개통한 구리포천고속도로(남구리 IC~신북 IC 간 44.6km)는 경기 북부 포천, 철원, 양구 지역에서 서울 동남부와 연결한다. 민간자본으로 건설된 구리포천고속도로는 장래 서울세종고속도로와 직결되어 경기도의 남북을 직접 연결하게 된다. 경부고속도로가 서울 한강 남쪽에서 막혀있기 때문에 수도권 서부고속도로(수원광명+광명서울+서울문산 구간)와 함께 통일을 준비하는 고속도로 역할을 수행할 전망이다.

여섯, 2017년 9월 27일 개통한 제2경인고속도로 안양~성남 구간은 안양과 성남을 잇는 왕복 4~6차로 규모의 민자고속도로이다. 총 길이 21.8km 가운데 64%(13.99km)가 터널·지하차도·교량 등으로 건설되었다. 서쪽으로는 인천대교, 제2경인고속도로와 연결되며, 동쪽으로는 성남~장호원 고속도로, 제2영동고속도로와 이어진다. 인천공항에서 원주까지 운행거리는 167km에서 143.6km로 23.4km 줄어들어 평창 동계올림픽 행사장까지 주요 접근로 역할을 수행한다. 상습정체 구간이던 서울외곽순환고속도로 인천~판교 간 교통량을 분담할 것으로 기대되나 서울외곽순환고속도로, 용인서울고속도로, 경부고속도로 등과 연결되는 JC가 없어 네트워크 효과가 떨어진다는 한계가 있다.

일곱, 부산외곽순환고속도로가 2018년 상반기에 개통된다. 부산외곽순환고속도로가 김해 장유면에서 부산 기장 철마면까지 부산의 북부를 동서로 연결하는 직선노선임에도 불구하고 부산외곽순환고속도로라는 이름이 붙은 까닭은 동해고속도로, 광안대교, 남해고속도로3지선과 연결되어 부산을 순환하는 기능을 수행하기 때문이다. 옥산오창고속도로(12.1km) 역시 2018년 상반기에 개통된다.

2020년이면 고속도로망 5,131km 시대 기대

도로분야의 최상위 법정계획인 기존 도로정비기본계획은 개정 「도로법」 제5조에 따른 10년 단위의 국가도로종합계획으로 대체되게 되었다. 국가도로종합계획은 「국토계획법」에 따른 국토종합계획(20년 단위계획)과 「국가통합교통체계 효율화법」에 따른 국가기간교통망계획(20년 단위계획)과 연계하여 국토교통부가 수립한다. 국토교통부에서 수립한 제1차 국가도로종합계획(2016~2020)에서는 2015년 말 4,193km인 고속도로 연장을 2020년에는 5,131km까지 늘릴 것을 목표로 하고 있다. 전 국토의 78%에 걸쳐, 전 국민의 96%가 30분 안에 고속도로에 접근할 수 있게 하겠다는 것이다. 국가간선도로 건설과 관리에는 2020년까지 국고가 37조 원이 들어가고, 한국도로공사와 민간 자본을 합치면 투자규모는 72조 원으로 증가한다. 도로네트워크 측면에서 동서축의 연계성을 높일 필요가 있다. 도시지역 교통혼잡을 완화시키기 위해서 순환도로망과 간선도로망이 보완되어야 하는데 사업성과 환경영향을 고려하면 상당구간이 지하화로 추진될 것으로 예상된다.

2017년에는 새만금포항고속도로의 새만금~전주 구간, 수도권 제2외곽순환고속도로의 포천~화도 구간, 김포~파주 구간, 서울세종고속도로의 안성~구리 구간, 제2서해안고속도로 평택~익산 구간이 착공되었다. 수원문산고속도로의 광명~서울 구간 공사착공은 경기도와 서울시의 이견으로 착공일정이 불투명하다.

1973년 11월 1,000km를 돌파한 고속도로 총 연장은 3,000km(2007년 12월), 4,000km(2012년 4월)를 넘어 2017년 6월 말 기준 37개 노선 4,695km에 이른다. 이 가운데 한국도로공사에서는 29개 노선 4,113km를 운영하고 민자회사에서 8개 노선 582km를 운영하고 있다. 고속도로 교통량은 2016년 421만 대/일(15억 4,033만 대,

2015년 대비 3.4% 증가) 수준이다. 1994년 8월 통행료 수납 기계화가 전면 시행되었고, 2007년 12월에는 전국에 하이패스가 구축되었으며, 2016년 11월에는 민자고속도로 무정차통행료징수시스템이 설치되었다. 2015년 고속도로 입체교차로 개수는 449개소로서 IC 370개소와 JC 79개소가 있다.

제2장

도로분야별 기술 발전과정

제2장
도로분야별 기술 발전과정

　제2장에서는 도로를 만드는데 어떤 기술이 필요하며, 이 기술들이 한국의 도로발전 과정에서 어떻게 오늘날의 수준에 이르렀는지를 파악해 보고자 한다. 고작 60년의 기간이지만 교량과 터널의 규모가 성장한 만큼 분야별 기술도 많은 발전이 있었다. 도로를 만들고 운영하는 데에는 수많은 분야의 전문 기술들이 요구되는데 이 기술들은 때론 독립적으로, 그러나 대부분 상호 밀접한 관계를 가지면서 발전해 왔다. 도로설계기준, 교량, 터널, 포장, 안전시설 분야로 구분하여 기술발전 과정을 따라가 보았다. 기술의 진보는 불가능한 것을 가능하게도 하지만 비싼 것을 싸게 만들어 내기도 한다. 현재 운영되고 있는 도로는 과거의 기술들과 현재의 기술들이 혼합되어 있는 역사박물관이라고 할 수 있으니 과거의 기술에 대해서도 충분히 이해할 필요가 있다. 도로시설이 중후장대하고 시간과 공간에 걸쳐 통일성과 일관성이 요구되기 때문에 겉모습에는 큰 변화가 없는 것 같지만 내부적으로 들어가면 끊임없이 요소기술이 변화해 왔고 지금도 변하고 있다. 2015년 기준 한국고속도로 총 연장 4,194㎞ 가운데 한국도로공사와 민자회사에서 각각 3,872㎞와 322㎞를 관리한다. 2장에서 주로 사용하는 고속도로 기술관련 통계는 3,872㎞를 대상으로 집계한 것을 사용하였다.

1 도로 구조 및 시설 설계기준

가. 1965년 「도로구조령」 제정과 배경

1911년 4월 일제강점 초기에 공포된 「도로규칙」은 도로의 종별, 관리 및 비용의 부담에 관한 11조의 규정으로 되어 있었다. 도로의 종별은 1등, 2등, 3등 및 등외 도로의 4종으로 구분하였는데 조선시대 도로 구분(대로·중로·소로)과 비슷하였다. 도로 종별로 폭원을 규정하고 1·2등 도로의 개수는 국비로 시행함을 원칙으로 한다고 규정하였다[18]. 이후 도로규칙은 수차례 개정되었으며 군용도로나 수탈도로를 만드는데 일제가 제약을 받게 되자 1938년에 「조선도로령」(제령 제15호)을 제정하였는데, 1920년 일본에서 제정된 「도로구조령」 및 「가로구조령」을 토대로 작성되었다. 「조선도로령」에서는 도로의 종류, 등급 및 인정, 도로의 관리, 점용과 노변 지역의 이용 제한에 대한 규정이 있었으며 도로에 관한 비용과 수입 등 도로에 대한 체계적인 규정을 제정하였다. 지금까지 도로규칙에 의해 1등, 2등, 3등, 등외의 4등급으로 구분하던 도로의 종류를 국도, 지방도, 시도, 읍·면도로 구분하였다. 도로 종류별로 폭원, 최대 경사, 곡선 반경, 교량 하중, 터널 폭원 등 시설기준도 규정하였다. 「조선도로령」은 1961년 우리나라 최초의 「도로법」 제정으로 연결된다.

1965년 7월 19일 제정된 「도로구조령」(대통령령 제2177호)은 한국 최초의 도로구조기준이다. 제1조(목적)에서는 "「도로법」 제39조의 규정에 의하여 도로구조의 기준을 정하기 위한 목적으로 한다."고 규정하고 있다. 도로의 종류를 1급 국도, 2급 국도, 특별시도·지방도, 시도 및 군도로 구분하고 이를 교통량과 지방부·도시부에 따라 제1종 내지 제5종으로 세분하였다. 지형과 등급에 따라 설계속도는 최대 80km/시(제1종 평지부)부터 최소 30km/시(제5종)까지 구분하였다. 최대설계속도 80km/시에 적용하는

---

18) 한국도로공사, 한국도로사, 1981.

평면곡선반경은 300m, 시거는 110m 수준이었다. 1965년 「도로구조령」은 우리의 경험과 기술이 반영된 것이라기보다는 아직 외국의 설계기준을 참고하여 만든 것이었다. 도로의 종류별로 본선 기하구조 기준 위주로 정리되어 있을 뿐 교차로, 포장, 방호시설 등 구체적인 내용은 아직 포함되지 못하였다. 차도의 폭도 차로, 길어깨, 측대 등으로 세분하지 않고 속도·교통량·차종에 따라 전체적인 폭원 정도만 정하고 있다. 요즘 지침에서 도로의 기술적 기준은 물론 일반적 기준까지 폭넓게 규정하고 있는 것과 비교하면 내용이 아직 부족하였다고 할 수 있다. 당연히 고속도로에 대한 설계기준은 포함되지 않은 상태여서 곧 이어 시작될 고속도로 설계에 활용할 수는 없었다. 1965년판 「도로구조령」 이후에 다음 개정판이 만들어진 것이 1979년이었으니, 1967년 시작된 고속도로 건설을 위해서는 별도의 기준이 만들어져야 했다.

나. 경부고속도로 건설을 위한 설계기준 수립

경부고속도로 횡단구성을 결정하기 위해서 건설부[19]에서는 주요 국가들의 고속도로 기준을 비교·검토하여 두 가지 대안을 작성하였고, 1967년 12월 15일 국가기간고속도로 건설계획 조사단[20]에 제출하였다. 조사단에서는 검토 끝에 건설부의 제1시안을 약간 조정하여 총 폭원 22.4m의 표준횡단면을 채택하였다. 1968년 1월 29일 발족된 서울-부산 간 고속도로건설공사사무소에서는 조사단의 안에 대하여 중앙분리대와 측대의 너비를 약간 조정한 다음 설계기준으로 확정하였다. 최종적으로 경부고속도로의 4차로 표준횡단면[21]은 도로 폭 22.4m, 용지 폭 40.0m로 확정되었다.

---

19) 건설부(1962년)→건설교통부(1994년)→국토해양부(2008년)→국토교통부(2013년)로 조직과 명칭이 변경되었다.
20) 경부고속도로 타당성·계획·조사 등 사업추진 업무를 수행한 조직으로 1967년 12월 15일 발족하여 경부고속도로 건설공사사무소가 발족 직전인 1968년 1월 29일 해체되었다.
21) 한국도로공사, 경부고속도로변천사, 2009.

도로 폭 22.4m 가운데 편도방향은 차로 폭 7.2m(3.6m×2), 우측 길어깨 폭 2.5m, 측대 폭 0.5m, 도합 10.2m가 된다. 여기에 화단형분리대 2.0m와 반대방향 폭 10.2m를 더하면 총 22.4m가 되는 것이다. 중앙분리대[22] 폭 3.0m는 화단형분리대 폭 2.0m에 양쪽 측대 폭 각 0.5m를 더한 것이다.

경부고속도로에는 길이가 100m 이상인 장대교가 29개소, 100m 이하인 소교량 280개소가 계획되었다. 교량은 도로의 일부여야 한다는 관점에서 볼 때 교량 폭원은 도로 폭원과 같게 하는 것이 바람직하나 당시 교량건설비가 비싸다보니 가능하면 경제적인 횡단면을 찾아야 했다. 길이 100m 이하인 교량 폭원은 난간 폭 각 0.3m를 포함하여 토공구간과 동일한 22.4m가 적용되었다. 길이 100m 이상인 장대교량 폭원은 2.5m가 좁은 19.9m로 하였다. 도로 표준횡단면 22.4m에서 2.5m이던 양쪽 길어깨 폭을 1.25m씩 줄인 것이다. 편도 방향으로만 보면 차로 폭 7.2m(3.6m×2)에 좌측 길어깨 폭 1.0m(중분대 0.5m 포함), 우측 길어깨 폭 0.8m(난간 0.3m 포함), 총 9.0m로 토공부보다 1.2m 좁았다. 편도 2차로 터널 폭원은 9.6m이었으나 좌우측 공동구 각 0.7m를 빼면 유효도로 폭은 8.2m에 불과했다. 즉 차로 폭 7.2m와 좌·우측 길어깨 폭 각 0.5m, 도합 8.2m가 실제 차량이 쓸 수 있는 공간인 것이다. 요약하자면 토공부나 교량, 터널의 차로 폭은 모두 3.6m로 일관성을 유지하였지만, 우측 길어깨 폭은 토공구간 2.5m, 100m 이하 교량구간 2.2m, 100m 이상 교량구간 0.5m, 터널구간 0.5m로 설계되었다. 중앙분리대나 난간에 면한 좌측 길어깨 폭(측대)은 토공부·교량부·터널부 모두 0.5m로 동일하였다. 이상을 종합하자면 당시 본선 차로 폭원은 해외 국가들의 고속도로 기준과 비슷하였지만 중앙분리대나 길어깨 폭은 상당히 좁았고, 특히 교량·터널과 같은 구조물은 더 말할 것도 없었다. 건설비를 줄이기 위해 치열하게 고민한 결과이다.

---

22) 고속도로의 경우 과거나 현재나 중앙분리대 폭은 3.0m로 동일하다. 다만 경부고속도로에는 화단형분리대(폭 2.0m)를 설치하다보니 측방여유폭이 0.5m에 불과하였다. 콘크리트방호벽(폭 0.6m)으로 분리대를 교체한 이후에는 측방여유폭이 1.2m로 늘어나 주행편의성과 안전성이 향상되게 되었다.

경부고속도로에서 도로의 기하구조를 결정하는데 기본이 되는 설계속도[23]는 1급(평지부) 120km/시, 2급(구릉부) 100km/시, 3급(산악부, 도시부, 기타지역) 80km/시가 적용되었다. 최소평면곡선반경은 1급 600m, 2급 400m, 3급 300m가 적용되었고, 설계속도별 최소정지시거는 269m, 160m, 110m가 적용되었다. 최대 종단경사는 1급 2%, 2급 3%, 3급 5%가 적용되었다. 교량 및 구조물의 설계하중은 당시 가장 무거운 화물트럭을 고려하여 DB18(표준트럭하중)을 적용하였다.

경부고속도로에 이어 건설된 호남·동해·남해·영동 고속도로에도 비슷한 기하구조 기준이 적용되었다. 다만 이들 4개 고속도로는 왕복 4차로 확장을 전제로 하여 왕복 2차로부터 건설하였기 때문에 세부사항에는 다소 차이가 있었다. 먼저 설계속도는 구간별로 1·2·3급으로 동일하였지만, 백두대간을 넘어가는 영동고속도로 일부 구간에는 4급지(50km/시) 기준이 적용되었다. 횡단구성은 구간별로 지형 및 교통여건, 경제성 등을 고려하여 차로 폭 3.6m, 중앙분리대 폭 2.0~3.0m, 우측 길어깨 폭 1.5~3.0m(보호갓길 포함)로 설계하였으며, 중앙분리대는 녹지대 형식을 채택하여 수목으로 대향불빛을 차단하도록 하였다. 최소평면곡선 반경은 300~600m, 최대 종단경사는 3~8%, 최소정지시거는 110~210m가 적용되었다. 실제로는 영동고속도로 대관령구간에는 평면곡선반경 50m까지도 적용되었다.

1970년대에 왕복 2차로로 건설된 호남·남해·영동고속도로 횡단폭원은 토공부가 13.2m, 교량부가 11.7m, 터널부가 9.88m 내외였다. 차도 폭원은 3.6m로 동일하였지만 길어깨 폭이 토공부 3.0m, 교량부 1.75m, 터널부 1.5m로 각기 달랐다. 구조물 공사비용을 줄이기 위한 것이지만 교통용량이나 교통안전 관점에서는 바람직하지 않았다. 1970년대에 IBRD 차관을 활용하여 건설된 고속도로와 경부고속도로를 기하 구조 관점에서 1세대 고속도로로 분류할 수 있다. 당시 최고제한속도는 왕복 4차로 고속도로가 100km/시, 왕복 2차로 고속도로가 80km/시였다. 중앙분리대가 없던 2차로

---

[23] 현재 기준은 지방지역 고속도로의 경우 120km(평지), 110km(구릉지), 100km(산지) 이고, 도시지역 은 100km이다.

고속도로에서는 속도가 느려 추월과정에서 치명적인 교통사고가 자주 발생했다. 산악지가 많은 영동고속도로 대관령 구간의 최고제한속도는 40km/시로 운영되어 고속도로라고 부르기에는 민망하였다.

다. 1979년 「도로구조령」 : 현대적 도로구조 기준 확립

1970년대의 활발한 도로건설, 특히 고속도로에서 경험과 기술이 축적되면서 이제 외국기준에 의존하지 않고 한국 실정에 맞는 도로설계 기준을 자체적으로 만들 수 있는 역량을 가지게 되었다. 1976년 12월 한국도로공사에서 「도로설계요령」을 발간하였다. 1979년 11월 17일 「도로구조령」이 14년 만에 전문 개정되었다. "「도로법」 제 39조, 「고속국도법」 제4조 및 「유료도로법」 제5조의 규정에 의해 도로를 신설 또는 개축하는 경우의 도로구조의 일반적·기술적 기준을 정함을 목적(제1조)으로 한다."고 규정하고 있다. 1965년 「도로구조령」과 비교하면 대상범위가 기술적 기준을 넘어서 일반기준까지 확대되었다는 것을 알 수 있다. 도로의 종류를 제1종(지방부 고속도로), 제2종(도시부 고속도로), 제3종(지방부 기타도로), 제4종(도시부 기타도로)으로 구분하였다.

1970년대 IBRD 차관으로 건설된 1세대 고속도로와 비교하면 설계기준에서 큰 변화가 발견된다. 설계속도 100km/시와 120km/시 구간에 적용될 최소평면곡선반경은 각각 460m와 710m로 규정하였으나, 지형상 부득이한 경우에는 특별평면곡선반경 230m와 570m까지 축소할 수 있도록 하였다. 설계속도 80km/시, 100km/시, 120km/시에 대한 최소정지시거는 각각 110m, 160m, 210m로 정하였다. 최대 종단경사는 3~6%로 하였다. 전체 차도 폭만을 규정한 1965년 「도로구조령」과는 달리 1979년 「도로구조령」에서는 구성요소별로 최소값을 상세하게 정하고 있다. 고속도로의 경우 본선 차로 폭(3.5m)[24], 우측 길어깨 폭(2.5m), 좌측 길어깨 폭(1.25m, 터널은 1.0m), 중앙분리대에 설치하는 측대 폭(0.75m), 중앙분리대 폭(4.5m~3.0m) 등이다.

한편 교량 및 구조물의 설계하중은 DB18에서 DB24(표준트럭하중)와 DL24(차로하중)로 상향시켜 향후 신설도로, 호남·남해·영동 고속도로 확장, 그리고 경부고속도로와 같은 기존 구조물의 개량에도 적용하였다. 대형차가 중앙분리대를 넘어서 대형교통사고가 발생하였고 유지관리 어려움과 같은 문제점이 있어서 녹지대형식 분리대를 콘크리트방호벽 등으로 변경하였다. 횡단면은 차로 폭 3.6m, 길어깨 폭 2.5m, 좌측 길어깨 폭 1.0m로 이전과 동일하였으나 길어깨[25] 폭에서 보호갓길(0.5m)을 배제하여 실질적으로 3.0m가 되도록 하였다. 정리하면 더 무거운 차량이 보다 빠르게 다닐 수 있는 곧고 평탄하고 널찍한 고속도로를 만들 수 있도록 기준을 설정한 것이 1979년 「도로구조령」이다. 이 기준을 적용하여 1980년대 이후 건설된 고속도로들은 2세대 고속도로라 분류할 수 있다. 오늘날 운영되고 있는 한국 고속도로의 대부분은 이 시기의 기하구조 기준에 따라 신설되고 확장되어 왔다고 보아도 무리가 없다. 이전에 만들어진 고속도로 역시 훗날 확장하는 과정에서 새로운 기준으로 개량되었다. 이후에 몇 번의 기준 개정이 있었지만 기하구조와 관련한 기준은 거의 변동이 없었다. 실제로 새로운 기준을 적용하여 만들어진 1980년대 이후의 고속도로 모습은 최근에 개통된 고속도로와 큰 차이가 없다. 도로를 곧고 평탄하게 만들기 위해 터널이나 교량 같은 구조물의 비중이 급속하게 커진 것도 특징 가운데 하나이다.

---

24) 최소기준이며 실제 한국의 지역간 고속도로 차로 폭은 현재까지 3.6m로 건설되었다.
25) 국내 최소 길어깨 폭은 지방지역 우측(3.0m), 좌측(1.0m). 도시지역의 경우 우측(2.0m), 좌측(1.0m). 미국은 우측(3.0~3.6m), 좌측(1.2m(4차로), 3.0m(6차로)). 일본은 외측(2.5m(최소), 3.25m(권장), 내측(1.25m(최소), 1.75m(권장)).

라. 1990년 이후 도로 기준 변화

1990년 도로의 구조·시설 기준에 관한 규정

1990년 5월 4일 개정된 「도로의 구조·시설 기준에 관한 규정」 제1조(목적)에서는 "도로법 제 39조, 「고속국도법」 제4조 및 「유료도로법」 제5조의 규정에 의해 도로를 신설 또는 개축하는 경우의 도로구조의 일반적·기술적 기준을 정함을 목적으로 한다."고 규정하고 있어 1979년 「도로구조령」을 계승하고 있음을 알 수 있다. 도로의 종류를 자동차전용도로와 일반도로로 나누고 이를 지방지역과 도시지역으로 세분하였다. 자동차 전용도로는 고속도로와 도시고속도로로 나누고, 일반도로는 주간선도로, 보조간선도로, 집산도로, 국지도로로 구분하였다.

설계속도, 최소평면곡선반경 등 기하구조 골격에는 본질적인 변화가 없었으나 횡단면에서 약간의 변화가 있었다. 고속도로의 경우 본선 차로 폭(3.5m)은 전과 동일하였으나, 중앙분리대 폭 3.0m, 측대 폭 0.5m로 하였고, 차도 우측 길어깨 폭은 3.0m로 이전보다 0.5m 늘렸으며, 차도 좌측 길어깨 폭은 1.0m로 하였다. 설계속도 80km/시, 100km/시, 120km/시에 대한 최소정지시거는 각각 140m, 200m, 280m로서 1979년보다 약간 늘어났다. 도시지역 도로에서 소음으로 인한 민원이 늘어나면서 도로연변에 방음시설을 설치하도록 하였다. 2003년 완료된 경부고속도로 구미~동대구간 확장공사에 이 기준이 적용되어 본선 설계속도 100km/시, 중앙분리대 폭 3.0m, 길어깨 폭 3.0m가 확보되었다.

1999년 도로의 구조·시설 기준에 관한 규칙

1999년 8월 9일 건설교통부령 제206호로 만들어진 「도로의 구조·시설 기준에 관한 규칙」에서는 시설까지 범위가 확대되었다. 시대 환경 변화를 반영하여 일부 변화가 있었으나 대부분 미세한 조정 정도에 그쳐 큰 골격은 변화하지 않았다. 앞지르기 시거,

연결로, 교량에 대한 내진성 고려 등의 개념이 추가되었다. 고속도로의 횡단구성에 적용된 본선 차로 폭(3.5m), 중앙분리대 폭(3.0m), 측대 폭(0.5m), 우측 길어깨 폭(3.0m), 좌측 길어깨 폭(1.0m) 등은 모두 1990년 기준과 동일하였다. 2006년 개통된 경부고속도로 영동~김천~구미 간 확장공사에 이 기준이 적용되었다.

2009년 도로의 구조·시설 기준에 관한 규칙

2009년 개정된 「도로의 구조·시설에 관한 규칙」에서는 교통약자, 이동편의시설, 보행시설물, 접근관리 설계기법의 정의가 추가되었다. 소형차전용도로와 홀수차로도로 설치규정도 마련되었다. 고속도로의 횡단구성은 본선 차로 폭(3.5m), 중앙분리대 폭(3.0m), 측대 폭(0.5m), 우측 길어깨 폭(3.0m), 좌측 길어깨 폭(1.0m) 모두 1990년, 1999년 기준과 동일하다.

제2차 경제개발계획기간 동안 건설된 고속도로(경부·경인·호남·영동·울산) 총 655.3km의 진출입 시설은 모두 입체교차 방식으로 건설되었으나, 제3차와 제4차 경제개발계획기간 동안 건설된 고속도로 총 588.2km의 진출입 시설은 대부분 평면교차 방식으로 건설되었다. 평면교차 방식으로 건설된 왕복 2차로 고속도로의 진출입 시설들은 나중에 왕복 4차로로 확장하면서 입체교차 방식으로 변경되거나 폐쇄되어 현재 남아있는 평면교차로는 없다.

서울세종고속도로는 그 동안의 도로발전 기술이 집약된 첨단도로가 실현될 것으로 기대되는데 무엇보다 설계속도 140km/시 기준이 적용될 전망이다. 2017년 현재 개정작업 중인 「도로의 구조·시설에 관한 규칙」에 반영이 되면 1979년 이후 38년 만에 고속도로 최고설계속도가 120km/시에서 140km/시로 높아지게 되는 것이다. 현재 유럽 지역의 최고 제한속도가 120~130km/시인 것을 감안하면 한국에서 3세대 고속도로가 출현하기까지는 상당히 오랜 기간이 걸린 셈이다.

2. 교량 분야

가. 한국 교량 현황

교량은 하천, 호수, 바다, 육지 위를 공중으로 넘어 목적지를 연결하는 구조물이다. 특히 계곡, 섬과 육지, 그리고 섬과 섬을 연결하는 긴 교량은 시각적으로 도로를 대표하는 구조물로서 아름다운 경관의 상징이기도 하다. 2016년 말 기준 전국의 도로 교량 수는 32,325개소로서 2006년 말 대비 8,520개소가 증가(36%)하였으며, 연장은 2,139km에서 3,244km로 1,105km(52%)가 증가하였다[26]. 최근에 도로 교량 개수 뿐 아니라 길이가 점점 늘어난 원인은 고속국도와 일반국도 등 간선도로를 확충할 때 최소설계기준이 높아졌고 친환경적인 도로건설을 추구하기 때문이다. 연도별로 교량 증가 동향을 분석해보면 1979년 개정된 「도로구조령」의 영향이 매우 크다는 것을 확인할 수 있다.

도로 유형별로 살펴보면 고속국도 9,369개(29%), 일반국도 7,951개(24.6%)로 전체 교량 개수의 53.6%가 고속국도와 일반국도에 분포하고 있다. 이 외에 특별시도 및 광역시도 1,267개(3.9%), 국가지원지방도 1,371개(4.2%), 지방도 3,834개(11.9%), 시도 4,620개(14.3%), 군도 3,175개(9.8%), 구도 738개(2.3%)로 분포한다. 지역별로 보면 인구·면적·도로연장이 높은 경기도(16.4%)와 경상북도(13.7%)가 차지하는 비중이 높다.

교량 연장으로 분류해 보면 고속국도와 국도에 각각 1,252km(38.6%)와 828km (25.5%)가 건설되어 전체 교량 연장의 64.1%를 차지하고 있다. 도로의 등급이 높은 도로일수록 교량의 평균 길이도 늘어난다. 산지가 70%에 달하는 지리적 환경에서 보다

---

26) 국토교통부, 도로 교량 및 터널 현황 조서, 2017.

직선화된 간선도로를 건설하다보니 교량, 터널과 같은 구조물의 비중이 높아진 것이다. 교장[27]500m이상인 교량 881개소 가운데 70.48%가 고속국도(431개)와 국도(190개)에 분포하고 있으며, 나머지 29.52%는 특별·광역시도(137개), 국가지원지방도(32개), 지방도(40개), 시도(39개), 군도(11), 구도(1개)에 분포해 있다. 교장 500m 이상의 유일한 구도인 녹산대교(1,780m)는 부산광역시 강서구 송정동 낙동강을 횡단하는 교량으로 2005년에 개통하였다.

10년 단위로 교량의 공용년수를 살펴보면 10년 미만(29%), 10~20년(38%), 20~30년(23%), 30년 이상(10%) 순으로 전체의 67%가 20년 미만이다. 고속도로의 경우 10년 미만이 38.3%, 10~20년이 35.6%로 전체의 73.9%가 20년 미만이다. 설계하중별로는 1등교(DB24)가 82%, 2등교(DB18)가 11.9%, 3등교 이하가 6.1%이다. 고속도로는 99.4%, 일반국도는 94.4%, 군도는 52.2%가 1등교이다. 1976년 이전에 건설된 교량가운데 5.9% 만이 1등교였으나, 1977~1986년 기간에는 24.9%, 1987~1996년 기간에는 63.8%가 1등교로 건설되었다. 1997~2006년 기간에는 97.6%가, 2007~2017년 기간에는 98.6%가 1등교로 건설되었다[28]. 이는 1995년부터 일부 군도 상의 교량을 제외하고는 모든 교량을 1등교로 설계하기 시작하였기 때문으로, 향후 1등교의 비중이 계속 늘어날 것이다.

나. 교량 기술 발전 과정

1960년대까지는 국내에 교량건설 기술이 제대로 축적되지 못하였다. 1950년대 프리스트레스드 콘크리트(PSC)의 개념이 처음 소개된 이후, 1960년대 초부터 한국에서도 PSC 교량이 건설되기 시작하였다. 한강에 설치된 대형 교량들에는

---

27) 교량 양측 교대의 흉벽 사이를 교량중심축에 따라 측정한 거리로 개별 교량 연장을 말한다.
28) 2017년 도로 교량 및 터널 현황 조서에서 계산한 것이다.

주로 강교가 채택되었다. 우리나라에서 초기 고속도로가 건설되던 1960년대 말부터 1970년대까지는 건설장비는 물론 설계·시공 기술 모두 부족한 시기였다. 규모가 작은 교량은 철근콘크리트(RC) 라멘교와 RC 슬래브교, 큰 교량은 PSC I 거더교 형식이 일반적으로 채택되었다. 경부고속도로에도 다수의 PSC I 거더교가 가설되었는데, 전체 교량 309개소 가운데 길이가 100m가 넘는 교량은 29개소였다. 짧은 교량은 RC교, 중간 길이는 PSC교가 채택되었다. 연장이 길거나, 가벼운 상부구조가 필요한 연약지반, 홍수시 통수단면 유지가 필요한 곳에는 강교가 주로 채택되었다. 장대교인 낙동강교, 외천교, 지천교 및 금강 1·3·4교는 강교로 건설되었으며, 단순 거더보다는 활하중 연속합성거더를 채택하였다.

1980년대에 들어서면서 늘어나기 시작한 PSC 박스거더교는 주로 중경간 구간에 적용되었다. PSC 박스거더교는 경제성, 사용성, 유지관리성 및 단면의 역학적 성능 등의 장점이 있어 빠르게 확대되었으며 1990년대에는 일반화되었다. 한강에는 원효대교, 노량대교, 동작대교, 동호대교 등이 건설되면서 PSC 기술이 확산되었다. 강교 분야에서는 외국 신공법이 활발하게 도입되었다. 도로철도 병용교인 동작대교는 랭거아치교 형식(전철 부분)과 강합성 플레이트거더교(도로교)형식을 채택하였다. 동호대교는 트러스교(전철 부분)와 강합성 박스거더교(도로교) 형식을 채택하였다. 부산대교(1980년), 돌산대교(1984년), 진도대교(1984년), 저도연륙교(구)(1987년)와 같은 연륙교가 개통되어 육지와 섬을 연결하였다. 연도교인 접도연도교(1987년), 태인교(1988년), 신안1교(1989년)는 섬과 섬을 연결하였다.

1990년대에는 시공기술과 건설장비가 좋아지면서 PSC 박스거더교 형식을 적용한 장경간 콘크리트 교량이 크게 늘어나게 되었다. 경간 30m 이하에는 여전히 PSC I 거더교와 RC 라멘교가 널리 적용되었다. 프리플렉스교는 1990년대 건설이 증가한 강합성교 형식으로서 강거더와 하부 플랜지 및 바닥판이 합성형 거동을 한다. 강박스거더교 역시 인기를 얻었는데, 구조적으로 여유도가 많고 시공이 간편하며, 상부구조를 연속화하여 미관과 주행성이 우수하였기 때문이다. 1992년 7월부터 1994년 9월까지 2년 사이에 창선교, 신행주대교, 성수대교가 연달아 무너져 내리면서 건설기술자들의 책임이 강화되었다. 시설물의 안전관리에 관한 특별법이 제정되고, 한국시설안전공단이 설립(1995년)되었으며 교량설계기준 내에 피로설계

규정이 보강되었다. 1990년대는 서해대교(1993~2000년), 광안대교(1994~2002년), 영종대교(1995~2000년) 등 중요한 케이블 교량을 건설하는 과정에서 독자적인 케이블교량 건설역량을 축적한 시기였다.

고속도로 건설물량이 절정에 이른 2000년대에는 경간장 30m 이하에는 RC 라멘교, PSC I 거더교, PSC 슬래브교 등의 형식이 채택되었고, 경간장 45m 이내의 구간에는 프리플렉스교가 많이 건설되었다. 경간장 50~120m인 구간에는 PSC 박스거더교와 강박스거더교가 주력이었다. 장경간 PSC 박스거더교의 건설이 늘어난 것이 2000년대 고속도로 교량의 특징이다. 2009년 완공된 인천대교의 경우 사장교 구간은 강박스거더로, 접속교 및 고가교는 PSC 박스거더로 건설되었다. 한편, RC 교량은 콘크리트 균열에 대한 우려가 커져 라멘교나 슬래브교에만 적용되게 되었다. 2000년대에 대형 해상교량 발주가 늘어났는데 2006년에는 목포대교, 화태대교, 적금대교가 동시에 턴키공사로 발주되었다. 정부나 공공기관에서 발주한 교량이외에 인천대교나 거가대교와 같이 중요한 교량들이 민간투자사업으로 건설되었다. 2000년대에는 초지대교(2003년), 소록대교(2008년), 압해대교(2008년), 남항대교(2008년), 인천대교(2009년), 가덕대교(2009년)와 같이 1km가 넘는 장대연륙교 6개소를 포함해 총 14개의 연륙교가 대거 건설되었다. 같은 기간에 영흥대교(2001년), 창선대교(2003년), 거가대교(2010년) 등 13개의 연도교가 건설되었다.

2010년대 들어 거북선대교(2012년), 목포대교(3,060m, 2013년), 묘도대교(1,945m, 2013년), 부산항대교(3,331m, 2014년), 교동대교(2,110m, 2014년)와 같은 대형 연륙교가 건설되었다. 눌차대교(1,020m, 2011년), 완도대교(500m, 2012년), 거금대교(2,028m, 2012년), 이순신대교(2,260m, 2013년), 장보고대교(1,305m, 2017년)와 같은 주요 연도교도 개통되었다. 제2남해대교(길이 990m, 경간장 890m)와 새천년대교(총교량길이 7.2km)는 2018년에 마무리될 예정이다. 특수교량 건설실적이 국내에서 충분히 축적되면서 해외에서 쿠웨이트해협을 통과하는 사장교, 터키 보스포러스 3교, 칠레의 차카오교, 차나칼레교와 같은 초대형 교량 수주실적도 늘어나게 되었다.

다. 교량 상부구조별 분포

교량은 상부구조 형식에 따라서 거더교, 강상판형교, 아치교, 트러스교, 케이블교(사장교, 현수교) 등으로 구분할 수 있다. 거더교는 RC교와 PSC I 거더교, PSC 박스거더교, 강거더교 등으로 세분할 수 있다.

2016년 기준 한국 교량 32,325개 가운데 비중이 높은 상부구조 형식은 RC 슬래브교(8,355개소), 라멘교(7,559개소), PSC I 거더교(6,778개소), 강박스거더교(4,404개소), 프리플렉스형교(1,296개소) 순으로 전체의 87.8%를 점유하고 있다. 이 가운데 RC 슬래브교와 RC 라멘교는 경간이 짧은 구간에 채택되었고, 비교적 긴 경간에는 PSC I 거더교와 강박스거더교가 주로 채택되고 있다. 이외에 PSC 박스거더교(746개소), PSC 슬래브교(441개), 강상판형교(289개), RC 중공슬래브교(229객) 등도 여건에 따라 채택되고 있다.

고속도로 교량 9,369개소에서는 PSC I 거더교(3,287개), 라멘교(2,604개), 강박스거더교(1,696개), PSC 박스거더교(457개)가 85.9%를 차지하고 있다. 횡단육교 등에 주로 쓰이는 라멘교의 평균 교장은 16.3m인 반면 본선 교량의 평균 교장은 PSC 박스거더교가 489.0m로 가장 길고, 강박스거더교가 213.7m, PSC I 거더교가 146.7m로 분포하고 있다. 일반국도에서 널리 채택된 본선 교량은 PSC I 거더교가 2,109개소(평균 교장 108.9m), 강박스거더교가 1,759개소(평균 교장 208.9m)이다. PSC 박스거더교는 불과 94개소(평균 교장 357.0m)만이 채택되어 고속도로와는 차별화되고 있다. 요약하면 비교적 교장이 긴 본선교량의 경우 PSC I 거더교와 강박스거더교가 고속도로와 국도에서 고루 채택되고 있고, PSC 박스거더교는 고속도로 장대교량에서 집중적으로 채택되고 있다는 것이다.

개통시기별로 고속도로 노선별 교량상부구조 건설경향을 파악하기 위해서 가장 개수는 많지만 교장이 짧은 라멘교는 논의에서 제외하기로 한다. 1970년 가장 먼저 건설되었으나 확장과 선형개량을 거친 경부고속도로에는 50.5km 구간에 교량 821개가 설치되었는데, PSC I 거더교(212개소), 강박스거더교(121개), 프리플렉스형교(81개)가 높은 비중으로 채택되었다. 1973년 개통된 남해고속도로에 설치된 교량 630개 가운데 많이 채택된 형식은 PSC I 거더교(286개소), 강박스거더교(71개), 프리플렉스형교(23개)로서 경부고속도로와 비슷한 분포를 보이고 있다. 건설 시기가 비슷하여 기술도 비슷하였기 때문일 것이다.

1980년대 들어서는 초기 경부고속도로 건설 당시와는 달리 선형 확보, 주행안전성, 또는 환경문제 등으로 모든 교량에서 상로형식을 채택하였다. 중경간 구간을 중심으로 PSC 박스거더교 비중이 높아지기 시작했는데 경간장을 늘려 교각 개수를 줄임으로써 경제성을 높이기 위함이었다. PSC 박스거더교는 경제성 이외에도 사용성, 유지관리성 및 양호한 역학적 성능 등의 이유로 매우 빠르게 확대되었으며 1990년대에 들어 일반화되었다.

2001년 개통된 서해안고속도로(고속국도15호선) 교량 829개소 가운데 PSC I거더교(244개소), 강박스거더교(132개), PSC 박스거더교(25개) 프리플렉스형교(19개)가 건설되었다. PSC I 거더교가 주력이지만 강박스거더교와 PSC 박스거더교 비중이 높아지고 있다는 것을 알 수 있다. 2001년 개통된 중앙고속도로(고속국도 55호선) 교량 782개소 가운데 PSC I 거더교(292개소), 강박스거더교(146개), PSC 박스거더교(30개), 프리플렉스교(22개)가 채택되었다. 중부내륙고속도로(고속국도 45호선) 교량 580개소 가운데 PSC I 거더교(242개), 강박스거더교(33개), 프리플렉스교(9개), PSC 박스거더교(6개)가 적용되었다. 이 시기에는 PSC I 거더교가 주력이며 강박스거더교와 PSC 박스거더교의 비중이 높아지고 있다는 것을 알 수 있다.

고속도로 신설 및 확장이 활발했던 2000년대에는 경간장 30m 이내 구간에는 RC 라멘교, PSC I 거더교, PSC 슬래브교 등이 널리 적용되었고, 경간장 45m 이내 구간에는 프리플렉스교가 많이 건설되었다. 경간장이 50m~120m인 구간에는 PSC 박스거더교와 강박스거더교가 많이 건설되었다. 2000년대에 건설된 고속도로 교량에는 장경간 PSC 박스거더교의 비중이 높아진 것이 특징이다. 2009년 완공된 인천대교의 경우 사장교 구간은 강박스거더로, 접속교 및 고가교는 PSC 박스거더로 건설되었다. 확장 및 신설되는 교량에서 RC 교량은 균열 문제로 라멘교나 슬래브교로 적용이 제한되었다.

2006년 개통된 서울외곽순환고속도로에 건설된 교량 347개 가운데 강박스거더교(178개소, 51.3%), PSC I 거더교(50개소), 프리플렉스교(24개소), PSC 박스거더교(12개소)가 채택되었는데 강박스거더교의 비중이 무려 51.3%나 되는 것이 특징이다. 2009년 개통된 서천공주고속도로에 건설된 교량 146개소 가운데 PSC I 거더교(78개소), 강박스거더교(25개소), 강판형교(4개소), PSC 박스거더교(2개소)가 채택되었다. 2009년 개통된 용인서울고속도로는 교량 42개소 대부분이 강박스거더교(19개소), PSC I 거더교(14개소), 프리플렉스형교(7개소) 위주로 구성되었다.

2000[29]년대 들어 활발해진 연도교와 연륙교 건설에는 장대 케이블 교량이 많이 채택되어 2016년 말 현재 사장교 51개소와 현수교(8개소)가 공용되고 있다. 사장교는 고속도로보다 일반국도(16개), 특별광역시도(14개), 시도(8개)에 많이 채택되고 있다.

현재 고속도로 및 자동차 전용도로에 대한 설계하중은 표준트럭하중(DB24)과 이에 준하는 차로하중(DL하중)을 적용한다. 도로교량은 「도로교 설계기준(국토해양부)」, 「강도로교 상세부 설계지침(국토교통부)」, 「도로교 표준시방서 (국토 교통부)」, 「도로설계편람제5편(국토교통부)」 등 시방기준을 참조하여 설계한다. 한국 교량의 역사와 기술에 대해서는 대한토목학회[30]와 민간기업[31]에서 상세하게 다루고 있다. 여기에서는 지난 60년 동안 만들어진 도로교를 중심으로 전체적인 흐름과 기술발전을 파악해보았다.

라. 교량의 재료와 형식

교량의 재료

지금까지 교량을 만드는데 사용되어온 재료는 나무, 돌, 벽돌, 철근콘크리트, 강재, FRP 등이었다. 오늘날에는 아무래도 콘크리트와 강재가 가장 널리 쓰이는 주재료이니 크게 콘크리트 교량과 강교로 구분할 수 있다. 영국 버밍햄 지방에 1779년 완성된

---

29) 국토교통부, 도로 교량 및 터널 현황 조서, 2017.
30) 대한토목학회, 한국토목사: 교량편(4편), 2001. 10.
31) 대림산업, 유신코퍼레이션(주), 한국의 교량, 2002.

'Coal Brook dale' 교가 세계 최초로 강재로 만들어진 교량으로 기록되고 있으니 강교 역사는 240년쯤 된다. 1875년 프랑스 Charellet 공원에 콘크리트 아치교가 개설되었으며, 19세기 후반에 오늘날의 철근콘크리트 구조가 완성되었으니 콘크리트 교량 역사는 강재보다 100여년 더 짧다.

시멘트 콘크리트는 굵은 골재인 자갈을 시멘트 모르타르로 결합시킨 경제적인 건설재료이다. 강재와 비교할 때 콘크리트는 압축에 견디는 힘은 40% 정도이나 인장에 견디는 힘은 2~3%에 불과하다. 강재는 콘크리트보다 단위 체적당 무게가 3배 정도 무겁지만 강도가 훨씬 강하기 때문에 적은 무게의 강재로 날렵한 구조물을 만들어낼 수 있는 장점이 있다. 반면에 콘크리트는 강재에 비해서 가격이 싸고 화재나 부식에 강하다는 장점이 있다. 따라서 콘크리트와 강재의 장점을 서로 살리고 단점을 보완하는 철근 콘크리트는 교량건설재료로서 탁월한 장점을 가지고 있는 것이다. 프리스트레스드(PS) 강재는 콘크리트에 미리 압축력을 도입하여 균열을 억제함으로써 장경간의 교량 건설을 가능하게 하였다. 현재 PSC에 사용되는 PS강재는 PS강선, PS스트랜드, PS강봉 세 가지 종류이다. 결국 콘크리트와 철판, 철근, 케이블과 같은 교량의 주재료를 결합시켜 계속 성능을 개선시켜온 것이다.

교량 규모가 커지고 길어지면서 콘크리트의 강도를 높이는 것이 중요하게 되었는데 1980년대 이전에는 압축강도 30MPa 이하의 강도가 국내에서 주로 사용되었다. 2002년에는 프랑스 브이그(Bouygues)사가 한강의 선유교(보도교) 건설시 압축강도 200MPa 초고강도 콘크리트를 사용한 바 있다. 2017년 춘천 레고랜드 진입교량(사장교) 시공에 한국건설기술연구원이 개발한 압축강도 180MPa 초고강도 콘크리트(UHPC)를 적용하고 있다.

교량의 형식

교량의 모양이 천차만별인 이유는 각 교량이 놓이는 환경이 다르고 교량의 형식과 재료까지 다양하기 때문이다. 경제성 측면에서 대략 30m~50m 이하의 경간[32]에서는 거더교가 많이 사용된다. 강재 거더교는 철근콘크리트 상판을 채택하는 경우가 많은데,

이를 강상판으로 대체하면 교량 자중이 가벼워지니 형상이 날렵하고 긴 경간을 만들 수 있다. 강교는 제작 조립이 쉽고 자중도 가벼워서 장경간 구간에 많이 써왔으나, 2005~2008년 사이에 강자재 가격이 급등하자 긴 PSC 거더교로 대체하는 노력을 해왔다. 교각 사이에 각 한 개의 거더가 걸리면 단순거더교가 되지만, 긴 거더 중간을 교각으로 지지하여 연속거더교를 만들면 경간장을 늘릴 수 있다. PSC교는 가장 널리 쓰이는 거더교로 PSC-I 거더, PSC 박스거더, 프리플렉스 등 여러 형식이 있다. 경간이 100m를 넘거나 최대 500m 정도까지는 아치교[33]나 트러스교가 오랜 기간 쓰여 왔다. 마지막으로 케이블교량은 수백m에서 2km까지 가장 긴 경간에 적용되는 형식으로 강선 성능 향상과 해석 기술의 발달로 사장교[34]와 현수교[35]의 경간 기록이 계속 바뀌고 있다.

마. 도로교 설계기준의 변화

1962년에 「강도로교 설계표준시방서」와 「철근콘크리트교 표준시방서」가 제정되어 국내 기준으로 도로교 설계가 시작되었다. 「콘크리트 도로교 설계표준시방서」는 1972년에야 만들어졌다. 독립된 교량시방서를 모아서 공통편, 강교편, 철근콘크리트편, PSA편 4편으로 구성된 「도로교표준시방서」가 1977년 만들어졌으며, 1983년, 1992년, 1996년에 각각 개정되었다. 1992년 이전까지 강교와 콘크리트교에는 허용응력강도설계법이 적용되었으나, 1992년 3차 개정으로 콘크리트교 설계에는 강도설계법을 적용하게 되었다. 2000년에 설계기준과 시방서를 분리하여 「도로교

---

32) 경간(span)이란 교각과 교각, 교각과 교대 사이의 거리이다.
33) 2009년 완공된 중국 Chaotianmen교(552m)가 최장, 1932년 개통된 시드니 하버브릿지(503m)는 도로·철도병용교로 폭 48.8m.
34) 세계 최장 경간은 2012년 완공된 러시아 러스키교(1,104m), 일본 타라대교(890m), 인천대교(800m).
35) 1998년 완공된 일본 아카시대교(1,991m)가 세계 최장, 국내는 이순신대교(1,545m).

설계기준」을 제정하였고 2005년, 2010년에 개정되었다. 신뢰성 분석에 기반한 「도로교설계기준(한계상태설계법)」이 2012년 제정되어, 3년 유예 후 2015년부터 도로교 설계기준으로 적용되기 시작했다. 초장대교량사업단에서 케이블교량에 대한 「도로교설계기준(한계상태설계법)-케이블교량편」을 2015년 제정하였다. 2009년 10월 완공된 인천대교에 한계상태설계법이 최초로 적용되었으나, 우리 기준이 아니라 미국 AASHTO 설계기준을 적용한 것이다.

교량에 작용하는 힘은 대략 다섯 가지로, 교량자체의 고정하중, 통과교통이 발생시키는 활하중, 온도변화에 따라 팽창과 수축을 억제하는 힘, 바람에 의한 힘, 지진에 의한 힘 등이다. 이 가운데 고정하중, 활하중, 온도변화에 대해서는 전통적으로 고려되어 왔고 바람과 지진에 대한 고려는 비교적 최근에 이루어졌다.

1990년부터 장대교량 내진설계에 외국기준을 적용하다가 1992년 개정된 「도로교표준시방서」에 내진설계편이 부록으로 추가되었고 1990년대 중반부터 내진설계가 확대되었다. 1996년 「고속도로 교량 내진설계 지침」이 작성되었고 고속도로 교량의 내진설계 편람(2000년)에 이어 2015년 「고속도로교량의 내진설계 지침」이 발간되었다. 2004년에 내진설계가 반영되지 않은 고속도로 교량에 대한 내진보강지침을 준비하여 2004년부터 2017년까지 고속도로 교량 1,660개소에 대한 내진보강을 완료되었다.

시설물의 내진등급은 시설물의 중요도에 따라 내진 Ⅱ등급, 내진 Ⅰ등급, 내진 특등급의 3가지 등급으로 분류한다. 일반적으로 면진받침(대형 적층고무)과 댐퍼(수평변위 진동 감쇠)로 구성된 면진장치를 설치해서 하부구조 진동이 상부구조로 전달되는 것을 막아주도록 하고 있다. 2017년 11월 15일 포항에서 발생한 진도 5.4의 지진으로 대구포항고속도로 포항IC 1교의 교좌장치 받침콘크리트가 일부 파손된 것으로 보고되었다.

미국 워싱턴주에 소재한 타코마교량[36]이 그렇게 빠르지 않은 바람에 공진하여

---

36) 타코마(Tacoma Narrow)교의 설계풍속은 60m/초였지만 풍속 19m/초의 바람에서 상하진동이 발생하다가 뒤틀리면서 낙교하였다.

1940년 11월 7일 무너진 사건으로 바람은 장대 케이블교량에서 극복해야 할 과제로 떠올랐다. 서해대교의 경우 과거 관측 최대풍속의 3배인 초속 65m/초의 바람에도 견딜 수 있도록 내풍설계를 하였고, 1/250 모형을 만들어 미국에서 풍동실험을 하였다.

도로교와 철도교의 가장 큰 차이는 활하중인데 당연히 열차가 자동차보다 훨씬 무겁다. 구조물 자체하중인 고정하중에 대한 활하중의 비율이 철도교가 도로교보다 크니 철도교는 도로교보다 큰 변동하중을 감당해야 한다. 활하중이 큰 철도교에서는 반복하중에 의한 피로에 관한 영향도 고려해야 한다. 영종대교나 동작대교와 같이 자동차와 열차가 같이 다니는 도로·철도 병용교는 도로교와 철도교 기준을 모두 만족시켜야 한다.

바. PSC 거더교

PSC 거더교 공법

장경간 교량에서 가장 널리 쓰이는 상부형식은 PSC I 거더교이며, 고속도로에서는 PSC 박스거더교도 많이 채택된다. 교각이 완성된 후에는 교량 상부구조인 PSC 거더를 설치해야 하는데, 크게 현장에서 콘크리트를 타설하는 방법과 제작장에서 만든 PSC 구조체를 운반하여 설치하는 공법으로 구분할 수 있다. 먼저 현장에서 직접 콘크리트를 타설하는 공법[37]은 다음과 같다.

---

[37] 주변에 물어보니 교량분야 종사자들에게는 기초적인 내용이지만 다른 분야 종사자들은 용어는 알아도 내용은 제대로 모르는 이가 많았다. 후속 교량분야 논의과정에서 자주 반복되니 정리해 본다.

하나, FSM(full staging method, 지보공법): 콘크리트 타설 경간 전체에 동바리를 가설해서 콘크리트가 굳은 다음 해체하는 공법으로, 교량 높이가 낮고 지반이 양호할 경우에 유리하다.

둘, FCM(free cantilever method, 외팔보공법): 교각 위에 주두부를 설치한 다음, 거푸집과 동바리 기능을 가진 이동식 작업차(form traveller)를 이용하여 한 segment(3~5m)씩 현장에서 콘크리트를 타설한 후 프리스트레스를 도입하며 이어서 경간을 완성한다. segment가 짧기 때문에 상부구조 단면을 변화시켜 가며 시공할 수 있다. 미관이 양호하나 공사비가 비싸고 정밀시공이 필요하다.

셋, MSS(movable scaffolding method, 이동식비계공법): 거푸집이 부착된 동바리를 경간 단위로 이동하여 콘크리트를 현장 타설한다. 이동식 받침대(main girder)는 비계와 동바리, 콘크리트 무게를 지탱하는데, 한 경간이 완성되면 다음 경간으로 이동시킨다. 고가의 대형장비가 필요하나 교각이 높고 교량의 길이가 길수록 경제적이다.

현장에서 콘크리트를 타설하지 않고, 인근 제작장에서 만든 PSC 구조체를 현장으로 운반하여 교각 위에 설치하는 공법은 다음 두 가지가 주로 쓰인다.

하나, PSM(precast segment method, 분절식가설공법): 공장에서 제작한 교량상판 구조를 특수차량으로 현장으로 이동시킨 다음 공중으로 들어 올려 조립·설치하는 방법이다. 굳이 풀어쓰면 '교량상판 분절제작 공중조립 가설공법'이 된다. 인천대교나 호남고속철도와 같이 한 경간(span) 전체를 만드는 경우는 launching girder를 이용하여 교각 위에 얹는다. 경간을 등분하여 짧은 세그먼트를 이어붙일 경우는 캔틸레버 공법을 이용한다. 비싼 대형 장비가 필요하기는 하지만 건설속도가 가장 빨라 교장이 긴 교량건설에 사용한다. 인천대교의 경우 열과 습기로 콘크리트를 16시간 만에 양생한 무게 1,300톤의 경간 336개를 연결하여 PSC 교량을 만들었다.

둘, ILM(incremental launching method, 연속압출공법) : 육상 제작장에서 제작한 segment(1경간을 2~3 등분한 것)를 특수 압출 장비(유압잭)로 밀어내고, 프리스트레스를 도입하여 연결하는 압출공법이다. 경간 길이가 길어지면 자중이 커지고 압출 노즈도 길어지니 경간장 60m 정도가 적용 범위이다. 일반적으로 안전한 공법으로 여겨지던 ILM 공법이지만, 2017년 8월 시공 중이던 평택국제대교가 붕괴된 바 있다.

원효대교가 FCM공법(1981), 노량대교가 MSS공법(1986), 강변북로 강변2교와 북부간선도로가 PSM공법(1994), 호남고속도로지선 금곡천교가 ILM 공법(1986)으로 최초 시공되었다.

PSC I 거더교

1962년 3월 가평군 대성리에 시공된 구운교(거더 길이 16m, 6경간)가 한국 최초의 PSC 교량으로 알려져 있다. 이후 PSC는 경제성이 우수하고 유지관리가 용이해서 한국 교량에서 널리 확산되기 시작했다. 1990년대 말까지 PSC I 거더교, PSC 슬래브교, PSC 중공슬래브교, PSC 박스거더교, 프리플렉스 합성거더교, PSC 사장교 등이 건설되었지만 가장 널리 쓰인 것은 PSC I 거더교였다.

1960년대 중반 아현고가교가 PSC I 거더교로 건설되었고, 1960년대 후반 고속도로와 국도에 널리 파급되었다. 당시 PSC 거더 단면형상은 거의 I형이었지만, IBRD 차관사업으로 건설한 국도공사에서는 T형 단면이 사용되었다. 1984년 완공한 88올림픽고속도로에서 경간 20m~30m짜리 PSC 합성거더교가 사용되었고, 중앙고속도로와 연결되는 금호 JC에 경간 42m짜리 PSC 합성거더교가 설치되었다. 1990년대 들어 고속도로에서 40m가 넘어가는 장경간 PSC 합성거더가 사용되기 시작했다.

PSC 박스거더교

1980년대 초부터 1987년까지는 FCM 공법이 주류였으나 1987년부터 1990년대 중반까지는 ILM 공법이 널리 채택되었다. 1981년 완공된 한강 원효대교(1,120m)에는 캔틸레버공법(Dywidag)이 적용되어 중앙 힌지가 설치되었다. 독일 기술자의 기술 지원을 받았지만 시공 시 교각 사이 중간힌지부에 캠버를 두지 않아 처짐이 발생했고

1998년 보수하였다. PSC 박스거더가 교각에서 중앙 쪽으로 가늘어지면서 V자 형상의 교각과 조화되어 아름다운 경관을 만들어 내고 있다.

올림픽대로 노량진~동작대교 구간에 위치한 노량대교(구교)에는 국내 최초로 MSS공법을 도입하여 신축 이음이 없는 연속 PSC 박스거더교(1,350m)를 시공하였다. 1988년 완공된 내부순환도로 정릉천 구간은 MSS공법으로 박스거더를 가설하고 바닥판슬래브를 시공하였다.

1986년 완공된 호남고속도로 확장구간 금곡천교(325m)는 연속압출공법(ILM)이 최초로 적용된 8경간연속 PSC 박스거더교이다. 스위스 VSL사와 영국 Stronghold사가 각각 설계와 시공을 지원하였다. 1986년 완공된 국가지원지방도 602호 황산대교(1,050m)는 금강을 횡단하여 논산시와 부여군을 연결한다. 21경간 연속 PSC 박스거더교로 설계하여 신축이음 없이 평탄성을 높였다. 당초 지보공법(FSM)으로 설계되었으나 연속압출공법(ILM)으로 변경하여 공사비와 시공기간을 줄였다.

1990년 준공된 올림픽대교(1,470m) 사장교 구간의 길이는 300m이며, 나머지 1,170m 구간은 연속 PSC 박스거더교이다. 사장교 구간은 캔틸레버공법(FCM)으로, 사장교 양측에 위치한 연속교 구간은 이동식비계(MSS)공법으로 건설되었다

1991년 준공된 서울외곽순환고속도로 강동대교(1,126m)는 한강을 횡단하는 PSC 박스거더교이다. 캔틸래버공법(FCM)으로 한강 수면 위의 7경간연속 PSC 박스거더교(790m)를 시공하였고, 나머지 육상 구간 336m는 지보공법(FSM)으로 시공하였다. 당시 경간장 125m는 PSC 박스거더교로는 국내에서 가장 긴 것이다. 2002년 추가로 4차로 교량이 건설되어 왕복 8차로로 운영되고 있다. 1991년 완공된 서울외곽순환고속도로 거여고가교(963m)의 상부 PSC 박스거더는 ILM공법으로 시공되었다.

남해고속도로 섬진강대교의 구교와 신교는 각각 1973년과 1992년에 준공되었다. 당시 남해고속도로 제2의 장대교량이던 구교는 길이 524.60m의 2차로 교량이었다. 상부구조는 길이 30m PSC 거더 경간 17개로 구성하였고, 하부구조는 강관파일공법으로 기초를 만들고 그 위에 구주식 교각을 설치하였다. 신교는 최대 경간장이 80m인 경간 13개로 구성하였고, PSC 박스거더는 연속압출공법(ILM)으로 시공되었다. 1994년 완성된 영동고속도로 강천교(350m) 역시 PSC 박스거더가

ILM으로 건설되었다.

부산시 강서구 낙동강을 횡단하는 구포교(1,060m)는 1932년 준공되었는데 상부구조는 강판형 57경간으로 구성되었다. 바로 옆에 PSC 박스거더교인 구포대교가 1993년에 새로 만들어져 구포교는 인도교로 이용되고 있다. 1997년 완공된 국도 1호선 금남교(650m)는 최대경간장이 56m인 12개 경간으로 이루어진 PSC 박스거더교이다.

1998년 완공된 영동고속도로 횡성대교는 연장이 705m에 불과하지만 계곡이 험준하여 최대 높이 92m에 달하는 콘크리트 교각을 설치해야 했다. 당시 하늘로 가는 고속도로라는 유명세를 가졌지만, 3년 뒤 개통된 신단양대교에 최고 높이 기록을 넘겨주게 된다. 하부 교각은 슬립폼공법, 상부 PSC 박스거더는 FCM공법을 적용하여 시공되었다.

1999년 완공된 영동고속도로 남한강교(540m), 2001년 완공된 영동고속도로 성산교(상행490m, 하행540m)에도 ILM으로 PSC 박스거더교를 시공하였다. 계곡을 횡단하는 성산교는 최대교각높이 63m, 최대경간장 120m이다.

2001년 완공된 중앙고속도로 신단양대교(440m)는 충주호를 횡단하며, 교각 높이가 103m로 횡성대교를 제치게 되었다.[38] 국내 최초로 셀프클라이밍폼 공법을 적용하여 높은 교각을 타설하였으며, 최대 경간 110m에 달하는 상부 PSC 박스거더는 FCM공법으로 건설되었다.

2007년 완공된 익산장수고속도로 신촌교(1,060m)는 7연속 경간으로 구성된 PSC 박스거더교로 FCM공법이 적용되었다. 최대 경간 170m는 서해대교 FCM교 경간보다 5m가 더 긴 것이고, 교각 높이도 102m나 된다.

1995년 완성된 서울시 북부간선도로(4,000m)의 상부구조 PSC 박스거더는 국내 최초로 분절식가설공법(PSM)이 적용되었다. 1997년 개통된 서울시 강변북로

---

[38] 2015년 개통된 광주대구고속도로상 야로대교(엑스트라도즈드교)가 높이 115m(주탑 높이 149m)로 가장 높은 육상교량이 되었다.

강변2교(4,628m)의 3,650m 구간도 PSM으로 시공되었다. 분당수서간고속화도로, 2001년 개통된 서해대교 접속교량 5,280m 구간도 PSM으로 시공되었다.

1999년 1월 준공한 서울시 내부순환로는 연장 40.1㎞ 가운데 교량 27.5㎞, 터널 3.5㎞, 일반도로 9.1㎞로 구성되어 있다. 이 가운데 정릉천교(3,500m, 폭 27m)의 3,280m 구간은 PSC 박스거더교로 건설되었는데 독일사와 기술제휴를 통해 MSS공법의 일종인 PEM(Precast Element Method)공법이 국내 최초로 적용되었다. PSC 사장교는 올림픽대교, 신행주대교에 적용되었는데 공교롭게도 두 교량 모두 공기가 늦어지거나 붕괴사고가 발생하였다. 서해대교 남측부에 시공된 총길이 500m, 4경간(85+165+165+85m)연속라멘교가 대표적인 PSC 라멘교이다. 왜 이렇게 종류가 복잡할까? 현장에 따라 여건이 다르고 건설당시의 재료비, 공법 등이 건설비에 영향을 미치기 때문이다. 2015년에 고속도로 교량(4차로 24.8m) 1㎞당 건설단가가 PSC 거더계열이 177억 원(35m 이하 165억 원, 35m~50m 168억 원, 50m 이상 198억 원), 라멘계열 307억, 프리플렉스계열 209억, 강합성계열 255억 원에서 보듯이 경간 길이와 거더 종류가 공사비에 큰 영향을 미친다.

사. 강교[39][40]

본격적인 현대교량은 6·25전쟁 이후, 특히 한강에 교량의 필요성이 높아지면서 시작되었다고 할 수 있다. 한강대교, 광진교 등이 복구나 보강되고 양화대교, 한남대교, 마포대교 등의 장대교량이 국내기술로 건설되었다. 최대 경간장이 120m인 성산대교, 천호대교, 당산철교, 아치교인 동작대교, 트러스교인 동호대교 등 각종 강교가 한강에

---

[39] 대한토목학회, 한국토목사-강교와 강합성교, 2001 내용을 중심으로 정리
[40] 한국의 교량(대림산업주식회사, (주)유신코퍼레이션), 2002 일부 내용 발췌하여 정리

건설되면서 강교 시공기술이 급속히 높아지게 되었다. 일본에서 수입되던 교량용 강재는 인천제철(1953년)에서 생산하였고 포항제철(1973년)이 완공되면서 대량생산이 시작됐다. 1970년대 후반부터 포항제철에서 용접구조용 압연강재를 생산하면서 국산화되었다. 1978년 「도로교표준시방서」의 강교편부터 구조용 강재 종류가 구분되기 시작했다[41].

1960년대에는 강재가 콘크리트보다 비쌌고 인건비는 쌌기 때문에 철근콘크리트교 비중이 훨씬 높았다. 그러다가 여주교(1964년), 제2한강교(1965년), 백제교(1968년)가 강교로 건설되기 시작했다. 강교는 콘크리트에 비해 자중이 가볍고 공기가 짧은 장점이 있어서 청계고가도로 같은 도시지역 고가도로와 대형 교량을 중심으로 확대되어 갔다. 강도로교 표준시방서(1962년)와 용접강도로교표준시방서(1972년)가 제정되었고, 1977년에 도로교표준시방서가 제정되면서 강교편이 포함되었다.

1980년 이전에 건설된 주요 강교는 양화대교(구교)(1965년), 한남대교(구교)(1969년, 915m), 안면대교(구교)(1970년, 208m), 마포대교(구교) (1970년, 1,389m), 천호대교(1976년, 1,150m), 잠실대교(1972년, 1,280m), 영동대교(1973년, 1,040m), 구포낙동강교(1973년(구교) 1996년(신교), 1,398m), 청계고가교(1976년, 5,864m), 잠실철교(1979년, 1,270m)가 있다.

1980년대에는 서부산낙동강교(1981년, 1,639m), 반포대교(1982년, 1,475m), 양화대교(신교) (1982년, 1053m), 88낙동강교(1984년, 812m), 완도대교(2교)(1985년, 190m), 임동교(1989년, 800m)가 건설되었다

1990년대에는 팔당대교(1995년, 935m), 원주대교(1995년, 640m), 신청평대교(1995년 620m), 창선교(1995년, 438m), 조도대교(1997년, 510m), 안면대교(신)(1997년, 300m), 구미대교(1998년, 600m), 봉안대교(1998년, 750m), 신양수대교(1998년, 2,180m), 용담대교(1998년, 2,380m), 춘성대교(1999년, 850m), 귤현대교(1999년, 1,120m), 신거제대교(1999년, 940m)가 개통되었다.

---

41) 대한토목학회, 한국토목사-강교와 강합성교, 2001 p.569.

2000년대에는 선재대교(2000년, 550m), 한남대교(신교) (2001년, 919m), 마포대교(신교) (2001년, 1,393m(신교)), 가양대교(2002년, 1,475m), 광진교(2003년, 1,055m), 완도-신지도교(2003년, 840m), 회진대교(2006년, 450m)가 완공되었다. 고속도로에도 강교가 설치되기 시작했다. 포항제철에서 생산된 구조용 강재는 1980년대 중반 이후에 본격적으로 활용되었다. 구포낙동강교(1973년)는 20경간 중에 16경간이 플레이트 거더교로, 접속부 4경간이 PSC 빔교로 건설된 국내 최초의 강판형교이다. 당시 DB18하중으로 건설되었으나 1995년 DB24하중으로 전면 개량되었다. 남해고속도로 부산~냉정 간의 지선에 1981년 건설된 서부산낙동강교는 당시 국내 최장(1,765m)이자 국내 최초의 강판형교이다. 국내 기술진에 의해 경간 길이 84.3m 3경간연속강판교량을 건설하였다.

중부고속도로와 88고속도로는 포장도 콘크리트로 시공되었지만 교량도 모두 콘크리트로 만들어졌다. 88고속도로는 DB18하중으로 설계되었으나 이후의 확장공사와 신설에는 DB24하중이 적용되었다. 1980년대에 남해고속도로 확장시 마산~진주 구간에서 연장 100m 내외의 횡단육교를 건설하는데 강박스교량이 주로 채택되었다.

서울외곽순환고속도로는 간선도로 위를 횡단하는 지점이 많아 강교량이 많으며 부천고가교의 경우 총 7km가 넘는다. 대부분이 강박스거더교로 건설되었으나, 귤현대교는 강상판박스교로 건설되었다. 중앙고속도로, 서해안고속도로, 대전~진주간 고속도로에도 강박스 교량이 많이 적용되었다. 중앙고속도로의 경우 다양한 교량형식이 모여 있어 교량박물관으로 불린다. 1990년대는 고품질·저가 강재생산으로 공장 제작이 자동화되면서 강교량 설치가 늘어나고 기술도 비약적으로 발전한 시기이다.

강화대교는 1969년에 완공된 구교가 노후하여 1997년 길이 780m 폭 19.5m 교량이 새로 건설되었다. 강화대교는 최대 경간장이 60m인 13개 경간으로 이루어져 있으며, 상부구조는 강박스거더이고, 하부구조는 라멘식이다. 케이블 교량의 상판은 대부분 강교로 건설되는데 뒤에서 따로 소개한다.

아. 특수 교량

트러스교

트러스교는 다른 교량형식에 비해 한국에 시공사례가 많지 않은 편이다. 1980년대 이전에 건설된 트러스교는 금강대교(1932, 513m, 리벳구조 하로트러스교)와 삼랑진교(1964, 662m, 하로트러스교) 정도이다.

1980년대에는 성산대교(1980년, 1,040m, 캔틸레버 게르버 트러스교·강판형교·PSC빔교), 동호대교(1985, 1,050m, 변단면트러스교(전철)·변단면강상형교(도로)), 저도연륙교(1987, 170m, 상로트러스교)가 건설되었다.

1990년대 이후에는 성수대교(1997, 1,160m, 게르버 트러스교), 호저대교(2001, 630m, 하로트러스교·강합성박스교)가 건설되었다.

아치교

1980년대 이전에 건설된 아치교는 승일교(1958년, 120m, 콘크리트 상로아치교), 대전육교(1970년, 201m, 콘크리트 상로아치교), 당재육교(1970년, 174m, 콘크리트 상로아치교), 신형산교(1979년, 450m, 3경간 랭거아치교)가 대표적이다.

1980년대에 건설된 아치교량은 부산대교(1980년, 260m, 중로식 로제아치교), 한강대교(1981년, 841m, 타이드아치교), 봉암교(1981년, 360m, 랭거아치교·PSC빔교), 동작대교(1984년, 1,245m, 랭거아치교(전철)+강상판상형교(도로)), 고수교(1985년, 380m, 로제 아치교+강합성교), 가천교(1988년, 204m, 상로식 콘크리트 아치교), 문덕교(1988년, 308m, 중로아치교(중앙경간 130m))가 대표적이다.

1990년대에는 엑스포교(1993년, 330m, 아치교+강상형교), 동대교(1995년, 115m, 타이드아치교), 서강대교(1996년, 1,320m, 닐센아치교+PSC 박스거더교), 소양2교(1997년, 510m, 하로식 로제아치교), 통영대교(1998년, 594m, 2힌지 트러스아치교+강판형교), 신호대교(1998년, 840m, 중로식 로제아치교), 한탄대교(1999년, 167m, 중로식 로제아치교)가 건설되었다.

2000년대 들어 방화대교(2000년, 1,290m, 밸런스드 아치트러스교+강합성상형교), 불티교(2002년, 435m, 3경간 랭거아치교+강합성상형교), 단항대교(2003년, 340m, 하로식 3경간 로제아치교), 초양대교(2003년, 202m, 중로식 아치교), 남도대교(2003년, 359m, 닐센아치교+콘크리트 하로아치교+RC라멘교), 고금-마량간 연륙교(2004년, 760m, 중로식 강아치교+강상판상형교), 압해대교(2008, 1,420m, 3경간 닐센아치교(355m)+강합성상형교), 군장대교(2017년, 3,185m), 닐센아치교(160m))가 출현하였다.

부산대교(1976~1980년)는 주경간장 160m의 한국 최초 중로아치교이다. 부산에서 가장 오랫동안 유명세를 가지고 있는 영도다리[42](1934년 완공) 옆에 나란하게 건설되었는데, 설계부터 시공은 물론, 자재까지 모두 국산 기술로 이루어졌다. 1973년 완공된 포항제철에서 생산한 고강도강판 등으로 대형 부재를 제작한 것이다.

군장대교(2017년)는 군산~장항을 연결하는 해상교량이다. 연장은 3,185m 이고 닐센아치교(경간 160m, 무게 3,200톤)가 설치되었다. 군산 6부두에서 조립한 무게 3,200톤의 강아치를 4,100톤급 크레인으로 인양하여 가설하였다.

2008년 완공된 압해대교는 목포와 압해도를 연결하는 해상교량으로 V자형 교각이 상부구조와 조화를 이뤄 경관이 뛰어나다. 해상교량 1,420m, 육상교량 420m로 구성되어 있다. 전라남도 도청에서 2000년 설계·시공 입찰방식으로 발주하였으며 목포 삼학도를 형상화한 3경간 닐센아치교의 길이는 355m(95m+165m+35m)로 국내 최대 규모이다.

---

42) 부산도심과 영도를 연결하는 길이 263.6m, 왕복 4차로인 영도대교는 한국 최초의 연륙교로서 준공 당시 이름은 부산대교였다. 영도다리는 배가 통과할 수 있도록 다리 상판 31.3m가 한쪽으로 들리는 도개교로서, 일본 기술자가 설계하고 시공하였으며 강철 구조물도 일본에서 제작하였다. 1966년 9월 하루 6회씩 들리던 도개식 기능이 중지되어 통과선박은 영도를 우회해서 지나가게 되었다. 1980년 서측에 새로이 건설된 부산대교에 이름과 주요 기능을 넘겨주고 쇠퇴하였으나, 2013년 새 모습으로 복원되었다.

사장교

1984년 진도대교와 돌산대교가 개통된 이후 2000년대 들어 급속하게 증가한 사장교는 2016년 기준 전국적으로 51개가 개통되어 있다. 2000년 이전에 개통된 사장교는 돌산대교(1984년, 449m, 강사장교), 진도대교(1984년, 484m, 강사장교), 올림픽대교(1989년), 신행주대교(1995년) 4개소에 불과하였다. 이 시기에는 국내 설계기술과 시공기술이 축적되지 못해 외국 기술에 의존하면서 시행착오를 겪었다. 진도대교와 돌산대교는 외국 기술과 자본에 의해 주도되었고, 올림픽대교는 설계부터 국내 설계사들이 참여하였다. 1990년대 중반 이전까지 해외설계사에 의존하던 국내기술이 향상된 계기는 1990년대에 장대교량 턴키·대안설계가 늘어나면서부터이다.

2000년대 들어 서해대교(2000년)를 시작으로 영흥대교(2001년), 삼천포대교(2003년), 어등대교(2005), 제2진도대교(2006년), 마창대교(2008년), 남창대교(2008년), 동강대교(2009년), 아트센터교(2009년), 하갈2교(2009년), 호수1교(2009년), 영덕1교(2009년), 운남대교(2009년), 인천대교(2009년)가 개통되었다. 서해대교와 영흥대교 건설과정에서 설계와 시공 기술이 자립단계에 올라섰다. 서해대교 설계시 국내 기술진이 개발한 사장교 해석 전용 소프트웨어로 상세설계가 수행되었고, 시공 중에 해외설계사(T.Y. Lin)에서 설계보완에 참여하였다. 인천대교와 거가대교 프로젝트는 공기를 단축하기 위해서 Fast Track 방식으로 진행되었으며 경험이 풍부한 해외설계사에 많이 의존해야 했다.

2010년대에는 거가대교2주탑(2010년)과 거가대교3주탑(2010년)을 시작으로 송도고가교(2010년), 한빛대교(2010년), 와룡대교(2010년), 거금대교(2012년), 묘도대교(2013년), 청풍대교(2012년), 대동화명대교(2012년), 거북선대교(2012년), 백석대교(2012년), 완도대교(2012년), 공촌4교(2012년), 미호대교(2012년), 한두리교(2012년), 빛가람대교(2013년), 가온교(2013년), 목포대교(2013년), 김시민대교(2014년), 교통대교(2014년), 부산항대교(2014년), 바이오산업교(2015년), 아람찬교(2015년), 거문대교(2015년), 서안동교(2015년), 사량대교(2015년), 문평대교 (2015년), 동이대교(2016년), 전주천교(2016년), 영광대교(2016년), 대덕2교(2016년), 화태대교(2016년)가 차례로 개통되었다.

국내 최초 사장교는 1984년 10월과 12월에 각각 완공된 진도대교(주경간 345m)와 돌산대교(주경간 280m)로 두 교량은 동시에 착공되었다. 국내에 케이블 교량 기술이 전혀 없어서 두 다리 모두 영국 R.P.T.에서 유사한 형식으로 설계하였고 시공은 현대건설(진도대교)과 대림산업(돌산대교)이 맡았다. 설계활하중은 AASHTO HS-20-44(DB18에 해당) 규정을 적용하였다. 진도대교는 이순신 장군의 명량대첩 현장인 울돌목(명량해협)의 거센 조류 때문에 수중에 교각을 세우는 대신 양 해안에 강재 주탑을 세워 건설되었다. 진도대교 교통량과 대형차 수요가 늘어나자 2006년 제2진도대교(DB24)를 새로 건설하여 국내 최초로 쌍둥이 사장교가 생겨났다.

88서울올림픽을 기념하기 위해서 건설이 결정된 한강 올림픽대교는 서울시에서 국내 최초로 설계안을 현상공모하였다. 경사진 4개의 콘크리트 기둥으로 4주식 A형 주탑(높이 88m)을 만들었으며, 길이 150m의 중앙경간을 24개의 방사형케이블로 지지하였다. 주경간은 PSC 사장교로, 나머지 구간은 연속 PSC 박스거더교로 구성하여 경관이 수려한 콘크리트교량을 만들어냈다. 중앙 사장교 구간은 캔틸레버공법을, 연속교부분은 이동식비계공법[43]과 지보공법[44]을 적용하였는데 당초 88서울올림픽 이전에 완공이 목표였으나 설계와 공법 변경 등으로 결국 1989년 11월 완공되었다. 올림픽대교 개통 이후 1990년대에는 서해대교(사장교), 영종대교(자정식 현수교), 광안대교(타정식 현수교)와 같은 대형 케이블교량들이 현상공모를 통하여 설계되었다.

국도 39호선 한강 횡단 구간에 건설된 신행주대교는 주경간(강합성 사장교) 길이가 120m이다. 1978년에 건설된 구행주대교 폭이 10m에 불과하여 용량이 부족해지자 그 하류에 신행주대교 건설이 1987년 12월 시작되었다. 주경간 120m는 2주탑 콘크리트 사장교, 접속교량은 연속 PSC 박스거더교를 적용하였으나 준공 5개월 전인 1992년 7월 31일 교량 상부(교각 10개와 상판 41개)가 무너져버렸다. 아직 국내에 사장교 설계·건설 기술이 축적되지 못한 상황에서 일어난 사고였다. 결국 중앙경간 PSC 박스거더교를 콘크리트 강합성 거더교로 형식을 변경하여 1995년 5월에야 개통되게 되었다. 국내

---

43) 이동식지보공(Movable Scaffolding System).
44) 지보공법(Full Staging Method).

자체 기술로 설계하고 시공한 영흥대교(1997~2001)가 완공된 것은 최초의 사장교인 진도·돌산대교가 완공된지 17년이 흐른 뒤였다.

1993년 11월 착공한 서해대교(길이 7.7㎞)가 7년 만인 2000년 12월 너비 31.4m(6차로) 총길이 7,310m의 거대한 모습을 드러냈다. 해상에 설치한 대규모 우물통식 직접기초 위에 높이 182m에 달하는 H형 콘크리트 주탑 두 개를 세웠다. 평택항을 드나드는 5만 톤급 선박에게 항로 폭 400m, 높이 62m를 확보해 주기 위해서 주탑 2개가 중앙경간 470m와 좌·우 경간 각 260m, 도합 990m를 사장케이블 144개로 지지하였다. 국내에서 생산한 인장강도 1,770MPa 케이블을 네 세트로 나누어 설치하였다. 사장교 구간 구조형식은 당시 세계최대 규모의 강합성사장교로서 강재 플레이트 거더에 콘크리트슬래브를 합성하였다. 사장교와 연결되는 접속교량은 FCM교 500m, PSM교 5,820m로 구성되어 있다. 이 외에 프리캐스트 슬래브, 대구경 말뚝 등 첨단 기술들이 적용되어 한국 현대 교량의 교과서가 되었다. 공사 중에 기초 철근 전도(1996년 6월 4일)와 50m 교각 작업대 발판 추락(1999년 5월 7일) 사고로 인명피해(사망 4명, 부상 10명)도 있었지만, 사업관리부터 설계, 시공까지 국내기술진이 수행하여 한국 케이블교량의 기술자립을 선언한 교량이란 의의가 있다. 중앙분리대와 난간은 당초 설계와 달리 모두 콘크리트 방호울타리로 마무리되었는데 강한 횡풍으로부터 차량의 주행안전성을 확보하기 위해서였다. 서해대교 바닥판 SMA 포장은 지금까지도 재포장 없이 사용하고 있다. 중요 구조물을 개통할 당시 시민들과 기쁨을 함께 나누기도 한다. 2000년 11월 5일 서해대교를 왕복하는 마라톤과 다음해 12월 9일 죽령터널(4.8㎞) 왕복마라톤 행사에 참여하여 받은 기념메달은 지금도 곁에서 그날의 추억을 불러주고 있다.

2001년 건설교통부가 전국의 일반국도 노선을 전면 조정하는 과정에서 서해안과 남해안의 도서지역을 통과하는 2호선, 24호선, 77호선에 사장교나 현수교와 같은 장대교량이 30여 개 계획되었다. 2015년 기준 연륙교와 연도교 92개(연륙교57개 연도교 35개)가 개통되어 있다. 1980년 이전에는 연륙교 4개, 1980년대에는 연륙교 4개와 연도교 4개, 1990년대에는 연륙교 15개와 연도교 8개, 2000년대에는 연륙교 24개와 연도교 13개, 2010~2015년 기간에는 연륙교 4개와 연도교 11개가 준공되었다.

2009년 10월 16일 완공된 인천대교는 교량연장 18.35km(접속교 포함 21.38km), 주경간 800m, 높이 238.5m 역Y형 콘크리트 주탑을 자랑하는 한국 최대교량이다. 인천대교에서 성취한 다음 기술을 주목할 필요가 있다. 첫째, 영국 AMEC사가 2003년 민자사업 시행사로 참여하여 기획부터 설계·시공·운영까지 주도하였고, 둘째, Fast Track 방식으로 계획, 설계와 시공을 동시에 진행하여 불과 4년여 만에 완성하였다. 공사에만 7년이 걸린 서해대교와 비교하면 단위 길이 당 공정이 2~3배는 빨랐다. 한국에서 2015년부터 적용되기 시작한 한계상태설계법을 일찍이 적용하여 교량의 상부·하부 구조를 설계하였다. 지상에서 미리 제작한 길이 50m짜리 콘크리트 상판을 3,000톤급 해상크레인으로 들어 올려 건설속도를 높였다. 국내 최초로 돌핀형 선박충돌방지공을 설치하여 사용자의 입장도 고려하였다. 인천대교 공사는 한국도로공사가 사업관리를 맡아 선진기술을 습득할 수 있었다. COWI사 주도로 건설된 거가대교 건설 시에는 기술 습득의 기회가 별로 없었다. 이순신대교는 설계·시공·유지관리 전 과정을 국내 기술진이 해결했다. 이제 국내의 장대교량 건설경험을 바탕으로 한국 건설사들은 해외 장대교량건설시장으로 진출할 기술력과 기획력을 갖게 되었다.

2011년 완공된 거금대교는 세계 최초의 Bundle Type 트러스사장교로서 국내 최초로 5경간 사장교(120+198+480+198+180=1,116m) 형식이 채택되었다. 사장교 중앙 경간 길이는 480m로 서해대교보다 10m 길고 너비는 15.3m이다. 상부구조는 복층으로 경관이 아름다운 이중 합성 와렌트러스를 채택하였는데, 상층을 자동차가, 하층을 보행과 자전거가 이용하도록 하여 관광도로로의 활용도를 높였다.

2016년 12월 14일 개통한 부산항대교는 남구 감만동과 영도구 청학동을 연결하는 연장 3,331m, 폭 4~6차로의 2주탑 강합성사장교이다. 당초 남항대교와 대비시켜 북항대교라고 불렀으나 부산항대교로 명칭이 변경되었다. 북항대교 사장교 구간 길이는 1,114m이며, 540m에 달하는 중앙경간장(주탑 사이의 거리)은 사장교형식에서 인천대교(800m)에 이어 두 번째로 길다.

마창대교는 현대건설과 프랑스 브이그사가 합자한 민자교량으로, 총 길이 1,700m, 2주탑 사장교(170+400+170=740m)이다. 돌산-화태간 연도교인 한돌대교는 총 연장 1,020m(71+189+500+189+71), 폭원 17.2m이지만 사장교 중앙경간이 500m에 달한다. 낙동강을 횡단하는 대동화명대교는 부산광역시도 제77호선 상에 위치하며 2012년 개통되었다. 교량연장 1,544m 가운데 사장교 구간은 500m로서 중앙경간은 270m이며, 국내 최대의 콘크리트사장교라는 특징이 있다. 강화도와 교동도를 연결하는 교동대교는 2014년 완공되었으며 3경간 연속콘크리트 사장교(72.5+165+72.5m)가 포함되어 있다. 고하대교는 총 연장 900m(200+500+200)로 사장교 중앙경간 500m이다.

세종특별시를 휘돌아 가는 금강과 미호천에 경관이 아름다운 교량이 여러 개 건설되었는데 2112년 개통된 한두리교(880m)와 미호대교(800m), 2016년 개통된 아람찬교(840m)가 사장교 형식을 채택하였다. 한두리교는 곡선경사주탑, 미호대교는 5주탑 1면사장교, 아람찬교는 U자형 고주탑(114m)·저주탑(83m)으로 빼어난 경관을 창출하여 세종시의 랜드마크로 자리하고 있다.

현수교

현수교는 가장 긴 경간을 구현하는 형식으로 2016년 기준 7개가 공용되고 있다. 남해대교(1973년), 영종대교(2000년), 광안대교(2003년), 소록대교(2008년), 이순신대교(2013년), 울산대교(2015년), 팔영대교(2016년)가 그것이다. 제2남해대교와 새천년대교도 2018년 개통을 앞두고 있다.

한국에 건설된 최초의 현수교는 1973년 6월 완공된 남해대교인데 길이 660m, 중앙 경간장 404m의 3경간 2힌지 타정식 현수교로 당시 동양 최대 규모였다고 한다. 노량해협을 항해하는 5천 톤급 선박이 통과하기 위해서 항로 폭 300m와 형하고 52m를 확보해야 했다. 한려수도 길목에 위치하여 금문교를 닮은 유려한 형상과 강렬한 오렌지 빛깔로 한국에서 경관이 아름다운 교량으로 손꼽힌다. 이순신 장군 전승지를 횡단하여 한국에서 세 번째로 큰 섬인 남해도를 육지와 연결하는 중요한 교량이었지만 자본이 없어 일본에서 차관을 도입하였다. 국내 기술도 없는 형편이라 일본 기술진이 설계를 하였고, 케이블도 수입하였으며, 시공도 그들이 주도하되 국내사가 협력하는 정도였다. 2018년이면 남해대교와 나란하게 제2남해대교가 완성된다. 연장 990m,

왕복 4차로에 달하는 대형 현수교를 이제는 우리 기술과 자본으로 만들고 있는 것이다. 세계 최초로 3차원케이블 경사 주탑 형식을 채택하였는데, A형 주탑(높이 145m) 두 개를 뒤로 8도 경사지게 세워 주케이블로 중앙경간 890m를 지지한다. 주케이블의 두께는 525mm로 1,960MPa 케이블 7,680가닥을 묶었다. 남해대교가 들어선지 45년 만에 이순신 장군에게 부끄럽지 않은 교량을 우리 능력으로 만들었다는데 의의가 있다.

서울과 인천공항을 연결하는 인천국제공항고속도로는 2000년에 국내 최초로 개통된 민자고속도로 사업인데, 한강을 횡단하는 방화대교(아치교)와 해상항로를 넘어가는 영종대교(현수교)란 두 개의 대형 교량을 탄생시켰다. 서로 다른 경로로 나란히 달려오던 공항철도(서울역~인천공항)와 인천국제공항고속도로를 영종대교에서 함께 모아 바다를 건너가야 하는 상황이라 복층의 도로·철도 병용교량이 계획되게 되었다. 상층(길이 4,420m)은 왕복 6차로 고속도로, 하층(길이 3,520m)은 중앙에 복선철도와 좌우에 각 2차로 도로를 배치하고 상부구조는 트러스로 계획되었다. 영종대교에 이르러 설계와 시공 모두 국내 기술로 해결하는 수준에 이르렀다. 영종대교의 주탑 기초는 뉴매틱 케이슨 공법으로 시공되었다. 높이 107m에 달하는 강재 다이아몬드형 주탑 위에 두 개의 메인케이블을 모아 3차원 케이블 형상을 만들었다. 3차원 케이블 형상은 내풍 안전성이 뛰어나다는 장점이 있는데 국내에서 개발된 1,560MPa 케이블이 사용되었다. 영종대교는 타정식 현수교인 광안대교와는 달리 앵커리지가 없이 주케이블을 복층트러스가 지지하는 자정식 현수교이다.

광안대교는 부산시 수영만을 횡단하는 길이 4.75㎞ 3경간 2힌지 타정식 현수교로서 1994년 12월 착공하여 2002년 12월 완공되었다. 120m 높이의 H형 강재 주탑 두 개가 연장 900m(중앙경간 500m)의 현수교를 지지한다. 상부구조는 복층 트러스로 상층 4개 차로는 해운대에서 남천동 방향으로, 하층 4개 차로는 반대편 방향으로 사용된다. 바닥판은 비합성강상판이다. 최고제한속도는 80㎞/시로 운영된다. 부산해안순환도로의 시작점이기도 하며 광안리 해수욕장에서 바라보는 현수교에서 연출하는 불꽃축제의 아름다움 등으로 이제 부산시의 새로운 상징물로 떠올랐다.

2009년 개통된 국도 제27호선 소록대교는 길이 1,160m로 현수교 연장 670m, 중앙경간 470m이다. 다른 현수교와 달리 주케이블을 한 개만 사용한 모노케이블 자정식 현수교란 특징을 가지고 있다.

2013년 12월 개통된 이순신대교는 여수 국가산업단지 진입도로 상에서 광양시와 여수시 묘도 간을 연결하는 총길이 2.26㎞의 3경간 타정식 현수교이다. 계획 초기에는 광양대교라 불렸으며, 현수교 중앙경간 길이도 1,100m로 진행되었다. 나중에 이순신대교로 명칭이 변경되고 현수교 중앙경간 길이도 이순신 장군의 탄신 해를 반영하여 1,545m로 늘렸다. 자중을 낮추기 위해 아스팔트 포장을 에폭시아스팔트 포장으로 변경하였다. 21만 톤급 대형선박이 나란히 지나갈 수 있는 항로를 확보했다. 중앙경간 1,545m를 포함한 왕복 4차로(폭 29.1m) 상판을 매달고 있는 콘크리트 주탑 높이는 270m이다. 주탑을 연결하는 메인케이블은 1,860MPa 인장강도를 가진 직경 5.36mm 강선을 모아서 만들었다. 앵커리지는 여수 쪽은 지중정착식을 택했으나 연약지반인 광양 쪽은 중력식을 채택하였다. 대형차량이 많이 다녀서 최고제한속도는 60㎞/시로 운영되고 통행료는 무료이다. 설계·시공·자재·감리 모든 과정이 국내 기술로 완전히 이루어졌다.

  2015년 6월 1일 개통된 울산대교는 태화강을 횡단하는 길이 1.8㎞의 단경간 현수교로서 중앙경간 길이는 1,150m에 달한다. 높이 203m에 달하는 콘크리트 주탑이 현수교를 지지한다. 메인케이블 인장강도는 1,960Mpa이며 교면포장은 에폭시아스팔트로 시공하였다. 울산하버브릿지(주)에서 울산대교를 포함한 접속도로 5.61㎞를 유료로 운영하고 있으며 최고제한속도는 70㎞/시이다.

  2016년 12월 27일 개통된 팔영대교는 여수시 적금도와 고흥군 영남을 잇는 길이 1,340m 폭 19.7m의 현수교이다. 2016년 12월 12일 국가지명위원회가 적금대교(여수시)와 팔영대교(고흥군)란 명칭 가운데 팔영대교로 결정하였다. 현수교 주탑 높이 138m, 중앙경간 850m로 중력식 앵커리지를 채택했다.

  국도 제2호선 새천년대교는 신안군 압해도와 암태도를 연결하는 연장 7.26㎞의 해상교량으로 2018년 완공 예정이다. 현수교(1,750m)와 사장교(1,004m), 그리고 부속 거더교로 이루어진 서남해안의 교량전시장이다. 국내 최초로 만들어지는 3주탑현수교(225m+2@650m+225m)는 각 650m에 달하는 2개의 중앙경간을 가지고 있고 다이아몬드 주탑 높이는 310m로 이순신대교보다 높다. 중앙경간이 510m에 달하는 3주탑사장교(67+120+120+510+120+67=1,004m)의 전체 길이 1,004m는 신안군을 이루는 섬 1,004개를 상징한다.

이와 같이 케이블교량의 경쟁력 향상에는 가볍고 강한 케이블이 중요한 역할을 한다. 현수교의 주케이블은 직경 5~6mm짜리 케이블 수천가닥을 모아서 제작하기 때문에 케이블 강도가 클수록 주케이블의 두께와 무게가 가벼워지게 된다. 남해대교에 사용한 1,560MPa 케이블은 수입하였으나, 영종대교(1,560MPa)와 광안대교(1,600MPa)에는 국산케이블이 사용되었다. 이후 적금대교(1,770MPa)와 이순신대교(1,860MPa), 새천년대교/울산대교/제2남해대교(1,960MPa)로 가면서 강도가 높은 국산케이블이 개발·사용되었다. 2009년부터 국책연구사업으로 시작된 초장대교량사업단에서 세계 최고 강도의 강선(2,100MPa)과 강연선(2,400MPa)을 개발한 바 있다.

2016년 기준 한국에서 가장 긴 교량 10개[45]를 순서대로 나열해보면 인천대교(11,856m, 사장교), 부산 동서고가로(10,856m, PSC 상자형교), 부천고가교(7,754m, 강상자형교), 광안대교(7,420m, 현수교), 서해대교(7,310m, 사장교), 서울 내부순환로 홍제천고가교(6,978m, PSC 박스거더교), 서울 내부순환로 정릉천고가교(5,962m, PSC 박스거더교), 영종대교(5,926m, 현수교), 서울 북부간선고가교(5,331m, 강박스교), 서울 강변북로 서호교(4,850m, PSC 박스거더교)이다. 의외로 육상부의 고가교가 5개나 포함되어 있다. 상부형식으로 보면 PSC 박스거더교 4개, 강박스교 2개, 사장교 2개, 현수교 2개로 분포되어 있다. 2018년 새천년대교(7.26km)가 개통되면 순위에 일부 변화가 생길 것이다.

자. 한강 횡단 교량

한강을 횡단하는 수많은 교량이 몇 개냐고 물으면 조금은 답변이 길어진다. 서울시에서는 노량대교를 포함시키기도 하고, 국토교통부에서는 관리를 위해서 상행과 하행 교량을 별도의 교량으로 세는 등 집계방식이 다르기 때문이다. 2층

---

45) 국토교통부, 2017 도로교량 및 터널 현황 조서, 2017.

교량인 반포대교와 잠수대교를 따로 집계하기도 한다. 같은 이름을 가진 상행과 하행 교량을 하나로 간주하고 세어보니 30개가 된다. 상행과 하행이 따로 만들어진 김포대교(상·하), 행주대교(상·하), 양화대교(상·하), 마포대교(상·하), 한강대교(구·신), 강동대교(상·하)와 반포/잠수대교를 따로 센다면 37개가 된다. 한강철교 A·B·C·D교를 4개로 센다면 40개까지 된다. 노량대교와 같이 한강을 따라서 올림픽대로와 강변북로에 교량이 몇 개 있으나 이들은 한강을 횡단하지는 않으니 횡단교량 개수에 포함시키지 않는 것이 맞다. 결국 한강을 횡단하는 교량은 공간적 위치에 따라서 교량 이름 단위(반포·잠수교는 2층 교량이니 1개로 센다)로 세면 30개, 교량 개수로 세면 40개까지 되는 것이다.

 2017년 현재 운영되고 있는 한강 횡단 교량 30개를 서쪽에서 동쪽으로 세 구간으로 나누어서 순서대로 명칭을 나열하면 다음과 같다. 먼저 일산~여의도하류 구간에는 일산대교, 김포대교(상·하), 행주대교(상·하), 방화대교, 마곡대교(철도교), 가양대교, 성산대교, 양화대교(상·하), 당산철교까지 9개가 있다. 여의도~중랑천합류 구간에는 서강대교, 마포대교(상·하), 원효대교, 한강철도교, 한강대교(구·신), 동작대교, 반포대교·잠수교, 한남대교(상·하), 동호대교 9개가 있다. 중랑천합류~팔당댐 구간에는 성수대교, 영동대교, 청담대교, 잠실대교, 잠실철교(도로교 포함), 올림픽대교, 천호대교, 광진교, 구리암사대교, 강동대교(상·하), 미사대교, 팔당대교 12개가 있다. 총 30개의 교량 가운데 마곡대교, 당산철도교, 한강철도교는 철도 전용이고, 동작대교, 동호대교, 잠실철교는 도로·철도 병용교이다. 도로전용 교량은 24개이고 자동차가 이용할 수 있는 교량은 27개인 셈이다. 가장 상류에 있는 팔당대교에서 하류에 있는 행주대교까지 33.9km 구간에 평균 1km마다 교량이 1개씩 건설되어 있는 것이다. 올림픽대로와 강변북로가 얼마나 중요한 간선도로이며, 동시에 교통혼잡에 시달리는 원인을 찾는다면 두 간선도로와 교차하는 27개의 한강횡단 도로교량을 반드시 들여다봐야한다. 그럼 앞으로 한강 횡단교량은 몇 개나 더 늘어날까? 현재 건설이 진행 중인 교량은 3개가 있다. 월드컵대교(가양대교와 양화대교 사이)가 건설 중에 있고, 서울세종고속도로 고덕대교(구리암사대교와 강동대교 사이)와 신팔당대교(팔당대교 상류)의 건설계획이 확정되었다.

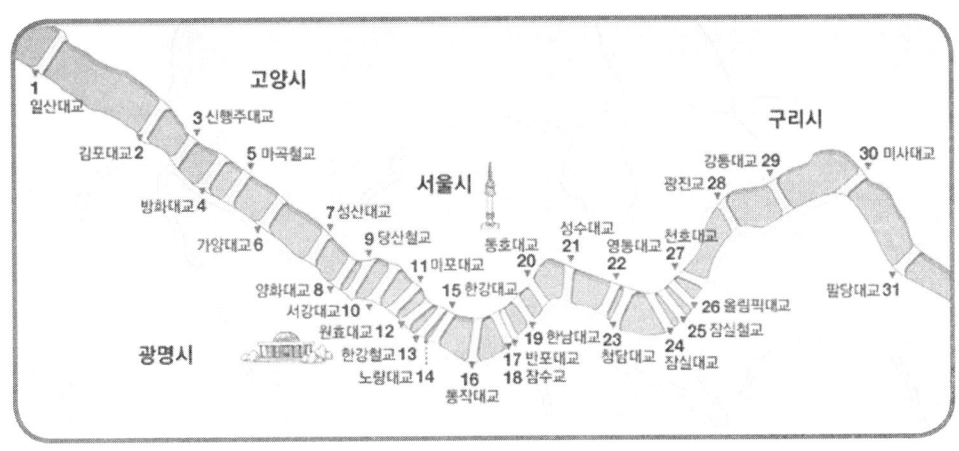

서울시 한강교량 현황 (서울특별시)

한강을 따라서 1900년부터 2014년까지 시대의 흐름을 반영하는 각종 형식의 교량이 건설되어 있으니 한강은 한국 하천교량의 역사관이라 할 수 있다. 한강은 대부분의 구간에서 수심이 그다지 깊지 않고 비교적 얕은 곳에 암반이 분포하여 교량을 건설하기에는 조건이 양호하다. 수중보가 있어 대형선박이 다닐 수가 없고 기초공사 역시 어렵지 않아 긴 경간이나 형하고가 높은 특수교량도 별로 필요하지 않았다. 시기별로 건설 배경과 특징을 간략히 알아보자.

한강에 최초로 놓인 다리인 한강철교는 A·B·C·D 4개로 구성되어 있다. 1900년에 A교가 최초로 건설된 이후 1912년, 1944년, 1995년 증설되었다

1917년 10월 최초의 인도교인 제1한강교(오늘날 한강대교(구))가 왕복2차로로 탄생하였다. 1935년 나란하게 신교를 건설하여 왕복 4차로가 되었다. 1950년 6월 28일 일부 상부구조가 폭파되어 1958년 5월 다시 연결되게 된다. 1981년 왕복 8차로 교량으로 확장되면서 이름도 한강대교로 변경되었다.

1936년 10월 광진교(왕복2차로)가 2번째 도로교로 만들어졌고 1952년 보강되었으나, 1994년 노후한 교량을 철거하게 된다. 지금 있는 광진교는 2003년 11월 왕복 4차로로 새로 만들어진 것으로 이름은 계승하였지만 전혀 새로운 교량이다.

1965년 1월 제2한강교(왕복 4차로)가 만들어지고 1982년 나란히 신교량이 만들어지면서 양화대교로 개칭되었다. 2002년 성능개량 공사 후 구교는 남쪽(양평동) 방향으로, 신교는 북쪽(합정동)방향으로 일방통행이 시작되었다.

1969년 12월 경부고속도로 개통에 맞추어 제3한강교(왕복 6차로)가 개통되었는데 1985년 한남대교로 개칭되었다. 2005년 새로운 교량이 추가되어 왕복 12차로가 되었다.

1970년 5월 여의도 개발을 지원하기 위해서 서울대교(왕복 6차로)가 개통되었는데 1984년 마포대교로 이름이 변경되었다. 2000년 7월 나란하게 신교가 건설되었고, 구교는 2000년부터 보강공사에 들어가 2005년 10월 개통되었다. 신교와 구교를 합쳐 왕복 10차로로 운영되고 있다.

1973년 11월에 영동대교(왕복 6차로)가 건설되었다. 1976년 7월 5일 천호대교(왕복 6차로)가 개통되고 뒤이어 1976년 7월 15일 잠수교가 개통되었는데 홍수 때는 물에 잠기도록 설계되었다. 1982년 6월 잠수교 위에 반포대교가 건설됨으로써 한강에서 유일한 2층 교량이 탄생하였다. 잠실철교(1979) 개통을 마지막으로 1970년대가 마무리된다.

여기에서 언급할 것은 1980년 이전에 건설된 한강 교량들은 세월의 흐름에 따라 확장·철거되면서 이름이나 구조가 많이 변경된 사례가 많아 최초 건설 교량이냐 아니면 현재 교량이냐의 기준에 따라 건설 시기나 건설 순서가 달라질 수 있다. 양화대교(제2한강교)는 자이언티, 한남대교(제3한강교)는 혜은이, 영동대교는 주현미가 부른 동명의 가요가 크게 히트한 바 있다.

1980년대에는 성산대교(1980년), 원효대교(1981년), 양화대교(1982년, 2000년), 당산철도교(1983년, 1999년), 잠수교(1976년)·반포대교(1982년), 동작대교(1984년), 동호대교(1984년)가 건설되었다. 원효대교와 동작대교는 민간자본으로 건설되어 통행료를 받았으나 지금은 무료이다. 1984년 동호대교 개통을 마지막으로 1990년 올림픽대교 이전까지 6년 동안에는 더 이상의 교량이 완성되지 않았다.

1990년대에는 올림픽대교(1990년), 강동대교(1991년, 2002년), 팔당대교(1995년), 서강대교(1999년), 성수대교(1997년, 2004년)가 건설되었다.

2000년 이후에는 신행주대교(2000년), 방화대교(2000년), 청담대교(2001년), 가양대교(2002년), 성수대교(2004년), 잠실대교(2004년), 광진교(2004년), 일산대교(2008년), 미사대교(2009년), 마곡대교(2010년), 구리암사대교(2014년) 등 11개 교량이 차례로 신설되거나 개량되었다. 1973년 영동대교부터 2014년 구리암사대교까지 거의 1년 반마다 새로운 교량이 한 개씩 태어난 셈이다.

도로 유형으로 분류하면 미사대교 상·하·강동대교(상·하)·방화대교·김포대교(상·하) 7개는 고속국도에 속하며, 팔당대교·천호대교·잠실대교 3곳은 일반국도에 속해있다. 한강철교와 마곡대교는 코레일에 속하고, 국가지원지방도 98번에 속한 일산대교까지를 제외한 나머지 교량이 서울특별시도에 속한다.

교량 길이로 구분해보면 795m로 가장 짧은 잠수교를 비롯해 팔당대교·한남대교(구·신)·한강대교(구·신) 3곳이 1,000m 이하이다. 길이가 2,000m를 넘는 교량 2곳은 모두 고속도로 교량인데 방화대교(2,559m)와 김포대교(상·하)이다. 나머지 교량의 길이는 1,000~2,000m 사이이다.

한강 자체가 폭 1~2km이고 대형 선박이 다니지도 않아서 장경간이 필요한 케이블 교량보다는 실용적인 교량형식이 채택되어 왔다. 교량 상부구조 형식으로 구분해보면 고속도로 교량인 미사대교(상·하)·강동대교(상·하)·김포대교(상·하) 6개와 원효대교·행주대교(상)까지 총 8곳이 PSC 박스거더교이고, 올림픽대교와 행주대교(하) 2곳이 사장교로 건설되었다. 한강대교(신·구)와 서강대교·방화대교·구리암사대교 5곳이 아치교로 건설되어 있다. 나머지 2개소는 강박스교 15개소, 강판형교 5개소, 강I형교 1개소로 구성되어 있다. 총 36개소 가운데 69%인 25개소가 각종 강교로 만들어져 있어서 나름 시대별 특징을 갖춘 강교박물관이 만들어진 셈이다. 한강교량은 대부분의 구간에서 큰 배가 다니지는 않지만 홍수시를 대비한 형하고를 확보해야 하고, 한강 제방 위를 달리는 강변북로와 올림픽대로 위를 통과해야 한다. 따라서 두께가 얇은 강교가 유리한 선택이다. 제방 위를 달리는 간선도로 상부를 지나야하니 많은 한강 다리의 시종점부가 고가 형태로 되어 있고, 이와 같은 조건은 연결로가 만들어질 공간을 상당히 제약한다.

한강교량의 경관이 유달리 중요한 이유는 이들 교량의 하부를 따라 한강을 동서로 연결하는 강변북로와 올림픽대로가 지나가기 때문이다. 하루에 수십만 대의 차량이 달리면서 도열한 수십 개의 각종 교량을 사열하는 현장은 세계적으로도 흔하지 않다. 정면에서 측면까지 교량과의 각도에 따라 변화하는 교량 경관과 구조를 구경하다 보면 막힌 길도 덜 지루하다. 대략 1km~2km마다 하나씩 나타나는 각종 한강교량의 형식을 구분하여 설명할 수 있다면 나름 이 분야의 전문가라 자부할 수 있을 것이다. 사실 올림픽도로와 강변북로 자체도 상당 구간 교량으로 이루어져 있다.

차. 해상교량 형하공간 확보

2015년 기준 92개의 연륙교와 연도교, 그리고 해안에 건설된 서해대교와 같은 해상교량들은 국민의 이동성을 극도로 높여주었지만 반대로 선박의 이동에는 장애가 되기도 한다. 도로에서 차량이 다닐 수 있도록 폭과 높이(시설한계)를 규정하듯이 해상교량 설계 시 선박 항로 폭과 형하고(교량 본체의 최하단에서 수면까지의 유효 높이)를 합리적인 수준으로 확보하기 위해서 많은 노력을 한다. 해상교량의 주경간장과 형하고가 입출항하는 선박의 거동에 영향을 주고 때로는 통과를 제한하기 때문이다.

선박들의 크기는 벌크선이나 탱커선(유조선)의 경우 핸디막스, 파나막스[46], 수에즈막스[47], 아프라막스와[48] 같이 특정 해역 또는 운하를 통과하는 최대 크기나 특정 항만에서 기항할 수 있는 최대 크기에서 비롯한 이름들이 많다. 32만 톤급 초대형 선박의 경우 길이 330m, 선폭(B) 62m, 마스트 높이 61m에 달한다. 크기와 함께

---

46) 파나막스(PANA MAX) : 파나마 운하를 통과할 수 있는 선박의 최대 치수로서, 5만~7만 톤급.
47) 수에즈막스(SUEZ MAX, Suez Canal Maximum) : 수에즈 운하를 만재한 상태로 통과할 수 있는 최대 크기로 13만~15만 톤급의 선박.
48) 아프라막스(AFRA MAX, Average Freight Rate Assessment Maximum) : 아프라(Afra)는 운임, 선가 등을 고려하여 최대의 이윤을 창출할 수 있는 이상적이고 경제적인 사이즈로 9만 5천 톤급.

중요한 것이 선회권인데 선박의 크기, 조류/바람, 여유 수심, 속력에 따라 변화한다. 따라서 진출입 선박과 교량의 안전성을 확보하기 위해 항로 폭, 형하고 및 향후 취항 선박의 규모 등 여러 사항을 검토하여 해상교량 계획을 하여야 한다.

그럼 다리밑 공간은 얼마나 확보해야 할까? 기본적으로 배의 크기와 회전 정도에 따라 달라지고, 파도의 높이, 교량의 처짐 등도 고려해야 된다. 선박 폭(B)의 6배~8배를 항로 폭으로 확보해야 하니 50톤 정도의 소형어선의 경우 항로 폭 80여 미터, 형하고 14미터 정도가 필요하다. 이런 제약조건과 시공상 용이성 등의 이유로 해상교량의 상부형식에는 가볍고 길게 만들 수 있는 강교가 주로 채택되었다. 그러나 대형 선박이 다니려면 최대 폭 수 백 미터, 높이 60여 미터 정도의 다리 밑 공간이 필요하게 되니 사장교나 현수교, 아치교와 같은 특수교량이 아니면 대안이 되지 못하고 따라서 공사비는 대폭 올라가게 된다. 최근 한국에 활발하게 건설되는 연도교와 연륙교들은 태생부터 이런 고민들을 안고 있다. 해상교량 때문에 일부 선박들이 멀리 우회하거나 입항하지 못하는 사태도 종종 발생한다. 소위 설계 선박 크기로 인한 갈등인데 모든 배가 통과할 만큼 높고 넓은 경간을 갖춘 해상교량을 만드는 것은 비경제적이며 애초부터 불가능한 일이다. 이런 다리들은 접속교량부터 정점까지 급한 경사로 올라와야 하니 대개 배부른 형상이 된다.

서해대교는 5만 톤급 선박을 단독으로 통과시키기 위해서 경간장 480m와 형하고 62m를 확보하였다. 인천대교 형하고는 70.4m이며, 당초 계획시 700m로 경간장을 계획하였으나 선박이 선회하는데 어려움이 있다고 하여 800m로 늘렸는데 추가비용만 대략 1천억 원이 들어갔다. 7만 톤급 선박이 왕복 통행할 수 있는 공간이다. 이순신 대교의 경간장은 1,530m, 형하고는 75m[49]로 한국에서 가장 넓고 높아 14만 톤급 선박이 왕복으로 통과해도 넉넉하다. 부산항 대교는 경간장 540m, 형하고 60m를 확보하여 14만 톤급 선박이 일방으로 통과할 수 있다. 실제 선박조종 시뮬레이션을

---

49) 해양수산부, 항만횡단 해상교량 건설시 기준 및 절차수립(최종보고서, 한국해양대학교 산학협력단), 2007.

경험해보면 이 넓은 항로를 지나가기가 깜깜한 길을 가는 것 같이 어렵다고 한다. 도선사가 길잡이를 해주어야 하는 이유이지만 대부분의 선박에게 해상교량은 장애물로 작용한다. 해상교량 개소수가 늘어나면서 해상교통흐름이 지장을 받거나 교량에 충돌하는 사고도 점차 늘어나고 있다. 계획보다 큰 선박이 항구에 입항을 못하거나, 형하고가 너무 낮아 선박이 먼 거리를 우회해야 하는 문제점들도 발생하고 있다. 부산항대교도 14만 톤을 넘는 초대형 크루즈선은 통과시키지 못해 부산항 대신 영도에 정박해야만 한다. 목포대교도 주경간장 540m, 형하고 53m를 초과하는 대형 크루즈선이 통과하지 못하여 논란이 있었다. 고군산열도를 연결하는 교량은 형하고(15m)가 낮아서 일부 요트가 마리나까지 먼 길을 돌아가야 한다.

국내 주요 해상교량의 주경간장 및 형하고 (한국해양대 보고서 보완)

교량명	교량형태	주경간장(m)	형하고(m)	통항선박(DWT)
영종대교	현수교	300	35	1만 단독
서해대교	사장교	470	62	5만 단독
목포대교	사장교	500	53	5.5만 단독
마창대교	사장교	400	64	3만 왕복 6만 단독
인천대교	사장교	800	70.4	7만 왕복
이순신대교	현수교	1,530	75 85(중앙)	14만 왕복
부산항대교	사장교	540	60	14만 단독

다리 설계 시 여러 이해당사자들의 의견을 반영하긴 하지만 미래의 통행수요와 선박의 크기를 예측하기 어렵고, 무작정 형하공간을 키우자니 비용이 크게 증가하여 어려운 문제다. 예상보다 폭이나 길이가 긴 선박이 오게 되는 경우에는 일방통행을 통해서 어느 정도 대응이 가능하지만, 선박의 높이가 높아지면 대응할 방법이 없다.

그러면 어떤 해결책이 있을까? 영도대교와 같이 도개교를 만드는 것도 한 가지 방법이긴 하나 요즘 거의 쓰이지 않고, 대형 선박은 폭 때문에 통과가 어렵다. 항로 아래에 해저터널을 내는 것도 대안 가운데 하나인데 일본 동경만 아쿠아라인이나, 스웨덴 외레순대교의 경우에는 해상에 인공섬을 만들고 한쪽은 교량, 다른 한쪽은 해저터널을 만들어 해결하였다. 한국의 경우 거가대교 일부구간에 연장 1.8km짜리 침매터널을 건설한 바 있고, 홍성~안면도를 연결하는 보령터널도 원래 교량으로 계획되었으나 해저터널로 변경하여 공사가 진행 중이다. 해저 터널도 잠수함 항로나 배의 깊이까지 고려해야 하니 쉬운 일은 아니다.

카. 고속도로 구조물 비중 증가

2016년 12월 기준으로 공용중인 고속도로의 노선 33개 총 3,818km에서 교량은 462.7km(3,197개소), 터널은 335.4km(432개소)[50]를 점유하고 있다. 교량이 11.17%, 터널이 8.8%를 차지하여 고속도로 총 연장에서 구조물이 차지하는 비중이 19.97%에 달한다. 구조물의 비중이 높아지는 경향은 최근으로 올수록 뚜렷하다.

현재 건설 중인 노선의 구조물 비율은 49.9%이고 설계 중인 구조물의 비율은 43.4%를 차지하고 있다. 울산고속도로 2.75% 호남고속도로(지선) 4.25% 등 초창기에 건설된 고속도로의 구조물 비중이 낮고, 최근에 개통한 고속도로의 구조물 비중은 높다. 가장 먼저 개통된 경부고속도로의 현재 구조물 비중은 6.68%인데, 1970년 개통 당시보다 훨씬 높다. 지속적인 선형개량을 거치면서 구조물 비중이 늘어난 결과이다.

---

50) 왕복기준으로, 왕복2차로 터널 이외에는 대부분 상행과 하행을 분리하여 따로 터널을 뚫기 때문에 편도방향 연장으로 집계를 하기도 하지만 도로연장은 왕복을 기준으로 하니 비교를 위해 터널도 왕복을 기준으로 한다.

연대별 준공된 고속도로 터널 및 교량 연장 추이

(단위 : km)

년대	총 연장	구조물 연장	터널 연장	교량 연장
1960년대	304.5	0.58 (0.19%)	0.15 (0.05%)	0.43 (0.14%)
1970년대	901.3	2.04 (0.23%)	0.57 (0.06%)	1.48 (0.16%)
1980년대	309.3	19.90 (6.43%)	2.14 (0.69%)	17.76 (5.74%)
1990년대	514.4	175.37 (34.09%)	31.29 (6.08%)	144.08 (28.01%)
2000년대	1,732.7	491.92 (28.39%)	168.44 (9.72%)	323.49 (18.67%)
2010년대	431	248.54 (57.67%)	137.73 (31.96%)	110.81 (25.71%)

주 : 구조물 연장은 2016년 12월 기준임 (자료: 한국도로공사(2016), 업무 통계)

경제사정이 나아지고 교량건설 기술이 발전함에 따라 도로에서 교량이 차지하는 비중은 해마다 늘어났다. 고속도로의 경우 10년 단위로 구분할 때 개통연장 가운데 교량이 차지하는 비중이 0.14%(1960년대), 1.16%(1970년대), 5.74%(1980년대)로 해마다 서서히 늘어나다가 1990년대 이후 28.01%(1990년대), 18.67%(2000년대), 25.71%(2010년대)로 급격하게 높아졌다.

도로에서 터널이 차지하는 비중 역시 해마다 늘어났다. 고속도로의 경우 10년 단위로 구분할 때 개통연장 가운데 터널의 비중이 0.05%(1960년대), 0.06%(1970년대), 0.69%(1980년대)로 서서히 늘어가다가 6.08%(1990년대), 9.72%(2000년대), 31.96%(2010년대)로 급격하게 높아졌다. 그럼 언제부터 구조물의 비율이 높아지게 되었을까? 5년 단위로 세분해 보면 1980~1984년 기간만 해도 1.49%에 불과하던 구조물 비중이 1985~1989년 기간 중에 11.78%, 그리고 1990~1994년 기간 중에 24.70%로 높아졌다. 1979년 12월 「도로구조령」에서 최소설계기준을 대폭 높인 결과 최소설계속도가 100km/시~120km/시로 높아졌고 최소평면곡선반경도 710m~1000m로 길어진 것이 가장 큰 영향을 미친 것이다. 1980년부터는 그 이전보다 더 곧고 평탄하게 도로를 설계해야 했다. 당시 설계에서 완공까지 기간이 5~6년 소요된 것을 감안하면 1980년대 중반 이후부터 구조물 비중이 빠르게 늘어난 원인이 이해가 될 것이다. 또 다른 원인은 2000년대 들어서 강화된 환경보호이다. 2004년 사패산터널 환경갈등 이후 고속도로는 더욱 더 땅속으로 움직이게 되었다. 2005~2009년 기간 중에 25.70%이던 구조물 비중이 2010~2015년 기간 중 54.89%로 뛰어 오른 것은 환경친화적인 설계가 5~6년의 시차를 두고 완공된 것이라고 해석이 가능하다. 특히 2010년대에 건설된 터널 총 연장이 137.73km로 교량 총 연장 110.81km를 넘어섰다는 것은 환경을 극도로 고려한 결과로 판단된다.

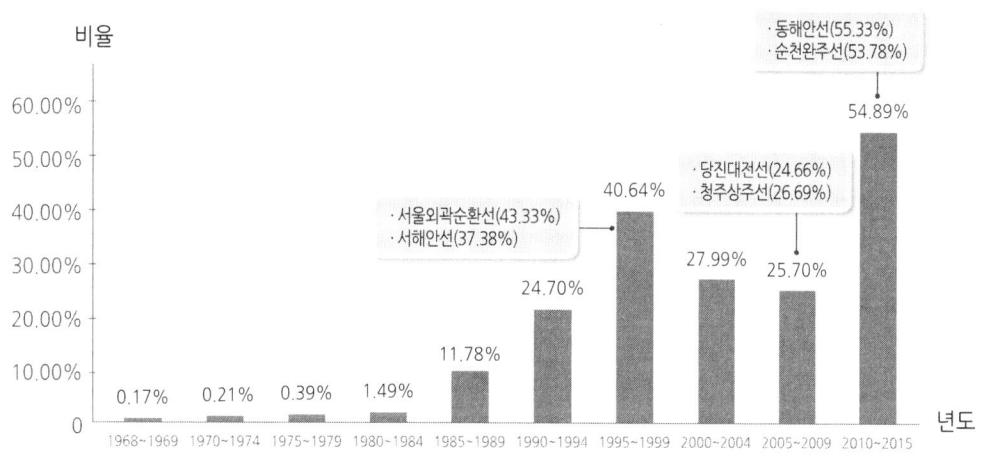

연대별 준공된 구조물 연장 비율

2016년 12월 기준 건설 중인 고속도로 노선 13개 노선 총 연장 487.6km 가운데 교량은 90.6km(617개소), 터널은 153.0km(150개소)를 점유하여 구조물 비율은 49.9%에 달한다. 특히 터널의 평균 길이가 1.0km를 초과하여 해가 갈수록 길어지고 있다. 여기에는 환경관련 민원을 회피하려는 이유도 있지만 기술의 발전으로 터널이 이전보다 더 경제적인 건설대안으로 떠오른 까닭도 있다고 생각한다. 밀양울산(85.2%)과 화도양평(81.3%), 부산외곽(78.7%) 고속도로는 구조물의 비율이 80% 내외이다. 2017년

6월 30일 개통한 동홍천~양양 구간(71.7km)은 교량 8.9km, 터널 43.5km로 터널 비율이 60%를 넘는데 터널 단면이 크고 조명이 밝아 과거의 터널보다는 훨씬 쾌적한 느낌을 준다.

현재 설계중인 고속도로의 경우 서울~세종이 60.7%, 새만금~전주가 38.8%, 광주~완도가 31.5%로 평균 43.4%가 구조물로 구성되어 있는데 이 노선들이 험준한 산악지가 아니라 평지나 구릉지를 통과한다는 것을 감안하면 여전히 높은 비율이라고 생각된다.

3 터널 및 지반 분야

가. 터널 현황

2016년 12월말 기준 전국의 터널 수는 2,189개소로, 2006년 말 932개소와 비교하여 1,257개소(135%)가 증가하였으며, 총 연장은 649km에서 1,626km로 977km(151%)가 증가하였다[51]. 터널이 급속도로 늘어난 이유로는 첫째, 쾌적하고 안전한 주행환경과 관련된 선형 확보, 둘째, 산악지대 절토부를 최소화하여 환경훼손 방지, 셋째, 터널 시공기술의 발전이다. 터널 개수로 볼 때 고속국도 1,054개(48.1%), 일반국도 608개(27.8%)가 전체의 75.9%를 차지하고 있다. 이외에 특별 및 광역시도 185개(8.5%), 국가지원지방도 86개(3.9%), 지방도 116개(5.3%), 시도 106개(4.8%), 군도 27개(1.2%), 구도 7개(0.3%)로 분포하고 있다. 터널 연장으로 분석해 보면

---

51) 국토교통부, 도로 교량 및 터널 현황 조서, 2017. 도로 연장과 터널 연장을 비교할 경우 어려움이 있다. 도로연장은 중앙선을 따라 왕복 기준으로 집계되어 있지만 터널은 상행과 하행을 구분하여 집계하고 있기 때문이다. 상행과 하행을 평균하기는 하지만, 왕복2차로 터널은 상하행이 분리되지 않는다.

고속국도 터널연장 871.5km(53.6%)와 일반국도 터널연장 427.1km(26.3%)가 79.9%를 차지하고 있다. 지역별로는 경기도 319개(14.6%), 경상북도 300개(13.7%), 강원도 295개(13.5%)가 분포하며, 제주도에는 터널이 한 개도 없다. 대도시에는 서울(65개), 부산(61개), 대구(40개), 인천(14개), 광주(25개), 대전(34개), 울산(36개)에 다수의 터널이 개통되어 있다.

터널의 폭원에 대해 다시 정리해보자. 경부고속도로는 1970년 개통 당시 터널 12개소(편도 기준, 왕복은 6개소)가 있었으나 현재까지도 확장과 선형개량을 거듭하여 터널 개수가 26개로 늘었는데 수도권에 있는 연결로 터널 2개소를 제외하고 모든 본선 터널이 대전·충북·경북에 집중되어 있다. 따라서 과거와 현재 기준에 따라 폭원 등 시설기준이 다른 터널들이 다양하게 혼재되어 있다. 1969년 준공된 경주터널(2차로)은 총 폭 9.2m, 유효 폭[52] 8.3m, 높이 6.8m이다. 1999년 개통된 증약터널(3차로)은 총 폭 13.6m, 유효 폭 12.7m, 높이 8.3m이다. 2015년 개통된 영동2터널(3차로)은 총 폭 12.8m, 유효 폭 11.9m, 높이 8.3m이다. 한국에서 연장 3km 이상 초장대터널의 증가 속도는 최근 들어 더욱 빨라졌다. 2017년 6월 현재 고속도로 터널 853개소 가운데, 연장 1km 이상인 장대터널은 194개(양방향[53] 개소수), 연장 3km 이상 초장대터널은 24개(2017년)에 달한다.

전국 장대터널 현황

2017년 연장 3km가 넘는 장대터널은 24개소(왕복 기준)로 연장별 순서는 다음과 같다. 배후령터널 이외는 모두 왕복방향이 분리된 쌍굴로 건설되어 방향별로 연장이 조금씩 다르니 긴 쪽을 기준으로 하였다. 2012년까지만 해도 배후령터널이 가장 긴

---

[52] 유효폭은 차량이 사용할 수 있는 공간으로 대칭단면일 경우[차도+측대]의 폭, 비대칭 단면일 경우 [차도+측대+측방여유폭]의 폭 (단위: m).
[53] 터널은 왕복 2차로터널을 제외하고 대부분 상행과 하행으로 분리하여 건설하기 때문에 개소 수는 두 배가 된다.

터널 기록을 가지고 있었으나 2016년과 2017년에 장대터널이 집중적으로 개통되면서 4위로 밀렸고 2018년 초 부산외곽순환고속도로 금정터널이 개통되면 5위로 밀려나게 된다.

4km가 넘는 터널은 인제터널(2017년, 10,965m), 양북1터널(2016년, 7,530m), 북항터널(2017년, 5,460m), 배후령터널(2012년 5,057m), 강남순환로 관악터널(2017년, 4,990m), 죽령터널(2001년, 4,600m), 가지산터널(2007년, 4,580m), 금성터널(2015년, 4,465m), 대구 앞산터널(2013년, 4,392m), 토함산터널(2015년, 4,345m) 순이다. 연장 3km~4km 터널은 사패산터널(2007년, 3,997m), 천마터널(2011년, 3,987m), 문수산터널(2007년, 3,820m), 가덕해저터널(3,700m), 화촌9터널(2017년, 3,690m), 장성3터널(2006년, 3,598m), 미시령터널(2006년, 3,565m), 성채터널(2016년, 3,400m), 굴암터널(2017년, 3320m), 둔내터널(1999년, 3,300m), 강남순환로 봉천터널(2017년, 3,230m), 육십령터널(2001년, 3,170m), 외동2터널(2015년, 3,103m), 장연터널(2004년, 3,100m), 수리산터널(2016, 3,000m) 순이다.

고속도로 터널 16곳은 모두 유료이다. 가덕해저터널(부산광역시도 제17호선), 앞산터널(대구광역시도 제10호선), 관악터널·봉천터널(서울특별시도 제94호선), 미시령터널(국가지원지방도 제56호선)도 민간자본으로 건설된 유료터널이니, 길이 3km 이상 되는 터널 가운데 배후령터널(국도 제46호선), 가지산터널(국도 제24호선)과 토함산터널(국도 제4호선) 3곳이 무료 터널이다. 부산외곽순환고속도로 금정터널(2018년 예정, 7,142m), 천마산터널(2018년 예정, 3,200m), 재약산터널(2020년 예정, 7,982m), 상북터널(2020년 예정, 6,464m), 보령해저터널(2020년 예정, 6,900m) 등 개통을 앞두고 있는 장대터널도 많다.

2km이상~3km 미만 고속도로 터널은 수락산(2006년), 와촌(2004년), 범서4(2015년), 장수(2007년), 문경새재(2004년), 천등산3(2015년), 창원1(2001년), 양북5(2015년), 안진(2008년), 서면5(2011년), 곰티(2007년), 북방1(2009년), 초암산(2012년), 미사(2009년), 오천5(2015년), 진부1(1999년), 강릉5(2004년), 피반령(2007년) 터널 등이 있다. 대부분 2000년대에 개통된 것으로 2015년 이후에도 무수히 많은 터널이 개통되고 있다.

1970년대에는 고속도로 총 연장 대비 터널연장비율이 0.5% 미만이었는데 터널 건설 기술이 미숙했고 장비도 모자랐으며, 건설비를 줄이기 위해서였다. 2009년 개통된 용인서울고속도로(연장 22.9km)에는 총 10개의 터널(8.1km)과 4개의 지하차도(1.5km)가 설치되어 터널의 비중이 42%에 달한다. 2017년 6월 30일 개통한 동홍천~양양 구간(71.7km)은 무려 72.7% 구간이 터널 43.5km(35개소, 60.7%)와 교량 8.6km(58개소, 12.0%)로 이루어지면서도 2조 3,656억 원의 공사비가 들었다. 한국 최장의 인제터널(10,965m) 이외에도 화촌9터널(3,690m), 서석터널(2,997m), 서면6터널(2,917m), 기린6터널(2,666m)과 같은 장대터널이 건설되어 1,000m급 터널은 이름조차 기억하기 어려운 터널 종합전시장이다.

나. 터널 건설기술의 발전

1970년 당재터널 공사 시 하루에 2m씩 굴착하던 것이 2017년 완공된 인제터널에서는 하루 평균 25m씩 굴착할 정도로 기술발전이 눈부셨다. 이 기간 중에 건설된 주요 도로 터널과 그 특징에 대해서 정리해 보자. 도로터널은 철도터널에 비해 발파 단면이 크고, 배기가스 오염을 줄이기 위한 환기시설이 필요하며, 사고 가능성도 높아 방재시설과 조명시설 등 고려해야 할 요소가 매우 많다.

3차례의 혁신을 거쳐 현대 터널 공법 확립

터널은 다음과 같이 세 차례에 걸친 혁신기술의 도입으로 공법이 개선되었다.

하나, 19세기 말 스웨덴인 노벨이 발명한 다이너마이트이다. 이전까지 사용되던 흑색화약의 발파력이 약하고 매연이 많이 발생하는 단점을 대폭 개선하였다. 제1차 세계대전 이전에는 터널 굴착과 동시에 나무 기둥을 세워서 흙의 압력을 지지하였다. 그다음 나무 기둥을 빼내고 벽돌이나 콘크리트를 쌓아 터널 내벽을 아치 형태로 복공하는 과정에서 많은 사고가 발생하였기 때문에 단면이 작은 터널밖에 만들 수 없었다.

둘, 오늘날 재래식 터널공법이라 부르는 ASSM(American Steel Support Method)은 1차 세계대전 무렵 미국에서 확립된 강아치지보공법이다. ASSM은 터널에 구멍을 뚫고 발파한 직후 내벽을 H형 철재아치지보와 콘크리트 라이닝 주지보공으로 주변 암반하중을 지지하는 공법이다. ASSM은 과거 목재지주와 복공에 의한 방식보다 사고발생률을 10분의 1수준으로 낮췄다. 넓어진 터널공간에서 대형 장비를 사용하기가 쉬워져서 작업능률도 매우 높아졌다. 공정이 단순하여 지반조건이 양호하고 단면이 작은 터널에 효과적인 공법이다. 강재가 비싸고 인건비는 싼 과거 환경에서는 ASSM이 환영받기 어려울 수도 있지만, 안전성과 공사의 편의성, 그리고 속도 측면에서 장점이 많아서 기존 공법을 대체하게 된 것이다. 그럼에도 불구하고 뒤에 출현할 NATM과 비교하면 발파 시 사고가능성이 높고 공사비가 비싸다는 단점이 남아 있어 이 시기에도 터널 공사는 비싸고 쉽게 선택하기 어려운 대안이었다. 1960년대~1980년대 한국 터널공사에서 가장 널리 채택된 공법이었다.

셋, NATM(New Australian Tunneling Method)은 ASSM에서 사용되던 인공적인 지보를 없애고 지반 자체가 스스로 지지하도록 한 공법이다. 1964년 오스트리아 엔지니어가 창안한 NATM은 ASSM과는 터널내부를 지지하는 방법에 차이가 있으며 여러 가지 파생공법들이 있다. 터널내벽을 떠받치는 재래식 지보재 대신 '록볼트'를 박고 '숏크리트'를 뿜어 부쳐 터널 지반이 본래 가지고 있는 강도를 유지하거나 보강해주는 것이다. 록볼트는 광산에서 쓰던 기술이었고, 숏크리트는 미국에서 손상된 구조물을 보수하던 공법이었다. NATM은 초기 변형을 감소시켜 굴착 암반이나 주변 지반이 본래 가지고 있는 지보능력을 최대한 이용하는 경제적인 방법인 것이다. ASSM에 비해서 사고발생률이 획기적으로 낮아지고 공사비 또한 대폭 절감되게 되었다. 기존 인공지보공에 익숙한 기술자들이 개념을 받아들이기 어려워했지만 일본에서 70년대 중반, 한국에서 80년대 중반에 자리 잡게 되었다.

NATM 개념의 지보방식에 더해서 점보드릴·TBM과 같은 고성능 천공장비가 도입되면서 경제적인 터널건설이 가능해졌고 시공성과 안전성도 크게 향상되었다. 여기에 더해 숏크리트 재료와 공법의 개선, 비전기식 뇌관, emulsion 화약 도입 등도 큰 도움이 되었다. 비로소 터널은 공사비에 제약받지 않는 도로건설 대안이 되기 시작했다. 국제터널협회(ITA)에서는 발파가 필요 없는 TBM과 같은 '기계굴착공법'과 대응하여 발파가 요구되는 여러 가지 굴착공법 명을 'Conventional Tunneling Method(재래식터널공법)'로 부르기로 하였다.

터널 시공 변천 과정

초기 경부고속도로에 건설된 길치터널(463m), 당재터널(560m), 도내터널(490m), 아화터널(143m)등 총 6개 터널들의 최대 길이는 500여m 정도가 되도록 계획하였다. 공기를 맞추기 위한 이유도 있지만, 당시 기술로 인공 환기 없이 자연환기 방식으로 건설할 수 있는 터널의 한계가 500m 정도였기 때문이다. 이 당시 터널들은 예외 없이 ASSM(American Steel Support Method)으로 건설되었다. 경부고속도로 터널 중 여러 가지 악조건을 두루 갖춘 터널이 충북 옥천군 당재터널이다. 양쪽의 입구가 모두 계곡이며 퇴적암 지질로 되어 있어 대표적인 난공사구간이었다. 당시의 터널 폭은 2차로 기준으로 차도 폭 7.2m와 양쪽 측구에 1m 씩 여유 폭을 두어 총 한계 폭을 9.2m로 설계하였으니 지금과 비교하면 꽤 좁은 것이었다. 이후 터널 표준 폭원은 9.98m로 확대되었으며, 1997년 이후 적용된 현재 고속도로 터널 표준단면이 11.48m이니 경부고속도로 시절보다 2.28m가 늘어난 것이다. ASSM이 적용되었던 1980년대 초까지는 주로 인력으로 굴착하고 발파설계방법, 화약품질, 굴착보조장비 등의 기술이 발달되지 않아 터널공사가 활발하지 못하였다. 도시부 대표적인 산악터널인 남산 1호와 2호 터널 역시 재래식 공법으로 건설되었다.

NATM 개념이 한국에 처음 도입된 것은 도로 현장이 아니라 1980년대 서울시 지하철 3·4호선 공사였다. 발파 굴착을 하는 3,4호선 연장 구간에서 외국기술진의 자문으로 NATM 개념의 지보재를 채택하여 시공한 것이다. 여기에는 시공 중 계측과 숏크리트 타설 등 계측·재료·시공 분야에서 높은 수준의 기술이 필요했다. 1980년대 이후 많은 시공경험을 통해 국내의 기술력이 축적되면서 NATM 지보 개념이 국내 터널 설계기준과 시방서에 반영되었다.

2차로 고속도로 터널을 NATM으로 건설하는데 평균공사비가 2015년 127.4억 원이 필요했는데, 이는 2012년 143.6억 원에서 11.3%나 감소한 것이다. 이와 같이

NATM은 터널공사비를 급속하게 낮춰서 터널이 확대되고 현재도 가장 경쟁력 있는 터널 공법으로 자리하고 있다. 한국도로공사에서 관리하는 터널 851개소 가운데 93.4%(795개소)가 NATM으로 건설되었으며, 나머지는 개착식 터널 46개소, 재래식 터널 8개소, TBM 터널 2개소로서 NATM 터널 비중이 압도적이다.

터널이 길어지면(1km) 인공환기 필요

「도로의 구조시설기준에 관한 규칙」에서는 터널 안에서 일산화탄소 최대농도는 100ppm, 질소산화물 25ppm 이하가 되도록 규정하고, 인공 환기 시 터널 안 최대풍속도 초속 10m로 제한하고 있다. 터널 계획에서 환기방식의 선정은 매우 중요하며 크게 자연환기와 기계환기 두 가지 방식으로 구분된다. 기계환기는 다시 종류식, 반횡류식, 횡류식으로 세분된다. 터널이 짧을 경우에는 주행차량이 만들어내는 바람, 즉 교통환기력만으로 환기가 가능하다. 그러나 터널이 길어지고 교통량이 많아질수록 유해가스가 많아지니 일정 기준에 따라 환기설비를 설치해야 한다.

터널 내 일정거리마다 선풍기(제트팬 방식)를 설치하는 것이 일반적이지만, 터널 입구에서 대형송풍기(삭가르도 방식)로 바람을 만들어 주기도 한다. 이와 같이 교통환기력을 기본으로 인공바람을 더해주는 환기방식을 종류식이라고 한다. 경부고속도로 마성터널(1.5km), 중부고속도로 상주터널(1.7km)등 건설사례가 많다. 그런데 종류식 환기방식은 오염물질을 터널 밖으로 모두 배출하기 때문에 터널 출구에서 공기의 질이 떨어지는 한계가 있다. 이런 단점을 보완하기 위해 터널 중간 측면이나 상부에 전기집진기를 설치하여 매연을 걸러낸 뒤 깨끗한 공기로 교체해주기도 한다. 영동고속도로 진부터널(2.0km)과 우면산터널(1.6km)이 이러한 환기방식을 채택하고 있다. 출구 쪽에서 공기를 정화시켜 배출하는 집중배기 방식은 대기오염에 민감한 도심지에서 적합하여 부산 황령산제3터널(1.8km)에 적용되었다. 터널이 길어질 경우 터널 중간부에 설치된 수직갱을 통하여 배기와 흡기를 도와주는 환기방식을 채택하기도 한다. 다른 종류식에 비해 공사비가 비싸고 자연훼손이 있다는 단점에도 불구하고, 화재 시 중단되지 않으며 장대터널에도 적용할 수 있다는 장점이 있다.

영동고속도로 둔내터널(3.3km), 중앙고속도로 죽령터널(4.5km), 동서고속도로 인제터널(11km)과 같이 한국을 대표하는 장대터널에 적용된 방식이다.

종류식과는 별도로 길이가 긴 터널에는 터널과 평행한 덕트를 추가로 만들어 오염된 공기를 걸러서 교체해 주는 환기방식을 개발해 냈는데, 덕트에서 송기와 배기가 동시에 이루어지는 방식(횡류식)과 송·배기 가운데 한가지(반횡류식)만 하는 방식으로 구분된다. 횡류식은 화재 대처능력과 환기능력이 뛰어나지만 공사비가 가장 비싼 방식이다. 서울 구룡터널(1.6km)과 박달재터널(2.3km)에는 반횡류식이 채택되었고, 남산1호터널(1.5km)과 대전~진주간 고속도로 육십령터널(3.2km)에는 횡류식이 채택되었다.

터널 환기탑을 통하여 오염된 공기가 배출된다는 우려 때문에 환기탑의 위치를 두고 주민 갈등이 높아지는 사례가 늘어나고 있다. 2017년 서울시 제물포로 지하터널 환기탑 위치를 놓고 지역주민과의 갈등이 발생하였듯이 인구가 밀집된 대도시 지하도로 건설현장에서 갈등이 재연될 가능성이 있다.

터널 사고의 공포를 줄이기 위한 3단계의 방재시설

2003년 2월 18일 대구지하철에서 고의적인 방화에 의한 화재로 무려 192명이 사망하는 비극적인 사고가 발생했다. 지하철과 도로터널이 별 저항 없이 늘어나던 시기에 발생한 이 사고는 1994년 성수대교 붕괴에 이어 토목시설물 안전에 대한 성찰의 계기가 되었다. 결국 2005년에 터널(도로·철도·지하철) 방재 안전기준이 정해졌다. 장대터널에서는 제연 및 피난대피 등 터널 방재시설이 추가되어야 해서 한 개의 터널을 설계하기 위해서는 다양한 분야의 전문가들이 아이디어를 모아야 했다. 강화된 안전기준으로 터널 건설비용이 10%정도 증가한 것으로 알려졌다. 2016년 전면 개정된 「도로터널 방재시설 설치 및 관리지침」[54](국토교통부)에서는 도로터널

---

54) 국토교통부, 도로터널 방재시설 설치 및 관리지침, 2016.

방재시설의 계획·설계·시공 및 관리 시 적용해야 할 최소한의 기술기준을 정하고 있다. 연장 3㎞ 이상 초장대터널이 빠르게 증가하여 화재발생 등 사고에 대한 위기대응 능력을 높이고, 피난연결통로가 설치되지 않은 2004년 12월 이전에 설계·시공된 길이 500~1,000m 터널에 대한 보완을 하기 위함이다.

터널방재시설은 사고를 예방하고, 화재발생시 초기대응, 피난대피, 소화 및 구조활동, 사고확대 방지를 위해서 설치한다. 방재시설은 소화설비·경보설비·피난대피설비·소화활동설비·비상전원설비 5가지로 분류하고 있다. 방재시설을 설치하기 위해 터널 길이나 위험도지수에 따라 4가지 방재등급으로 구분하고 있다. 길이로는 1등급(3,000m 이상), 2등급(1,000~2,000m), 3등급(500~1,000m), 4등급(500m 이하)으로 구분하여 각 설비들은 세부설비들로 나누어져 적용된다. 예를 들어 4등급 터널의 경우 소화기구 등 6가지(기본1, 권장 5) 방재시설이 설치될 수 있다. 3등급 터널의 경우 반대편 터널로 대피할 수 있는 피난연락갱 등 15가지(기본 13, 권장 2)가 설치되고, 2등급 터널에는 자동화재 탐지설비 등 23가지(기본 21, 권장 2)가 설치된다. 1등급 터널에는 물분무설비가 추가되어 총 24가지(기본 22, 권장 2)의 방재시설이 갖춰진다. 1등급 터널의 경우 과속교통사고를 방지하기 위해서 무인교통단속장비를 설치할 수 있도록 하고 있다.

터널에서 가장 두려운 사고는 화재이다. 고속도로에서 터널 개소수와 연장이 크게 늘어남에 따라 2006년 4건 발생하던 화재사고가 2011년에는 10건, 2016년에는 15건으로 늘어났다. 주로 차량결함(64%)이나 충·추돌(25%)로 인해 발생하였다. 차량에서 화재가 발생하면 10분 정도에 최대 화재강도에 도달한다. 세계도로협회(PIARC)에서는 차량 1대에 화재가 발생하면 터널내부 최고온도는 승용차 400~500°C, 버스 800°C, 화물트럭 1,000°C까지 올라갈 것으로 추정하고 있다. 대형 화물트럭이나 위험물 적재트럭에 불이 날 경우 최고 1,400°C까지 온도가 올라간다고 한다. 이럴 경우 터널 내부 설비는 물론 벽체조차도 상당한 손상을 입게 된다. 일반인들이 우려하듯이 NATM 터널 전체가 붕괴되는 사고가 발생할 가능성은 매우 낮다. 2005년 11월 1일 달성 2터널에서 발생한 대형 트럭 화재 당시 2시간 동안 화재가 지속되어 타일 2,400㎡와 라이닝 1,087㎡가 손상되어 18.73억 원의 시설피해가 발생한 바 있다.

에너지 함유량이 높은 위험물질 수송차량이 장대터널 내부에서 사고에 연관되면 막대한 인명과 재산 피해가 발생할 가능성이 높다. 고속도로에서 일평균 교통량의 약 1.5%[55]가 각종 위험물을 수송하고 있으며 유해화학물질 운반계획서를 준수하는 비율은 21%에 불과하다. 장대터널과 해저터널 등 주요 위험구간에서 위험물질 수송차량에 대한 규제가 필요한 이유이다. 일본은 5㎞ 이상 장대터널이나 하저터널, 또는 해저터널에서 위험물질의 통행금지 및 제한을 규정하고 있다.「도로법」과 「도로교통법」에 통행규제 내용이 아직 없는 한국에서는 위험물질 수송정보를 바탕으로 위험도가 높은 구간을 대상으로 위험물질 수송차량 통행규제를 검토할 필요가 높다. 1990년대 후반 한강 팔당호를 통과하는 양수대교가 개통될 당시 수도권 상수원인 팔당호에 위험물질 차량이 추락하는 사고를 어떻게 예방할까 고심하다가 교량 진입구간에 무인과속단속장비를 설치한 경험도 있다.

터널 시공 발전

이제까지 터널을 만드는 기술에 대해서 다소 지루하게 정리하였다. 다음은 이상의 기술을 적용하여 건설된 한국의 대표적인 터널에 대해서 알아보자. 1970년대 재래식터널공법으로 건설된 고속도로 터널들은 역할을 다하고 퇴역하고 있고, 개착식 공법으로 만든 일부 저토피구간 터널들을 제외하면 93% 정도가 NATM으로 만들어졌다.

중부고속도로 건설(1985) 당시 4개소의 터널에 NATM 개념을 도입하여 공법이 전환되었다. 터널 굴착이 기계화되면서 1992년 서울외곽순환고속도로의 청계터널에서 4차로 광폭 터널을 국내 최초로 시공하였다. 1994년 장대터널인 영동고속도로 둔내터널과 용평터널 공사에 설계·시공 일괄 입찰방식으로 장공발파와 수직구 종류식 환기방식을 도입하였다. 1996년 진부1터널 건설 시에는 전기 집진기식 종류식 환기방식,

---

[55] 한국도로공사 도로교통연구원, 고속도로 위험물 운송차량 관리방안 연구, 2016.

터널 갱구부 경관개념 설계를 도입하였다. 또한 진부터널 공사에서 습식 숏크리트 타설장비 및 강섬유 보강 숏크리트를 도입하여 숏크리트의 두께를 줄이고 굴착 단면을 최소화하도록 하였다. 습식 숏크리트와 강섬유 보강 숏크리트는 일부 선진국보다도 빠르게 도입한 것으로 국내 건설기술이 한 단계 성장하는 요인이 되었다.

과거 터널에 대한 지반조사는 입·출구부, 취약구간, 대표구간에 선별적인 시추조사를 기본으로 하였다. 여건상 시추가 불가능한 구간에 대해서는 굴절법 탄성파 탐사에 주로 의존하여 시공 중에 예상치 못했던 터널의 안정성과 주변 환경훼손 등의 문제점이 종종 발생하였다. 이제는 최신의 전자기술을 이용한 물리탐사 및 물리검층조사, 현장원위치시험들이 수행되고 있다.

최근 들어 길이가 1km 이상 되는 터널 건설이 일반화되었다. 둔내터널(3,300m), 죽령터널(4,500m), 배후령터널(5,057m)이 대표적인 장대터널인데, 2017년 6월 개통된 인제터널(10.96km)은 배후령터널이 가지고 있던 최고연장 기록을 두 배 넘게 갈아치우게 되었다. 터널 폭원 역시 점점 넓어져 1995년 국내 최초로 4차로 대단면 터널인 청계터널(450m)이 완공되었고, 수리터널(1,865m), 수암터널(1,294m), 사패산터널(3,997m)과 같이 연장이 1km 이상인 4차로 대단면 터널 건설도 일반화되었다.

터널 폭원의 변화

도로를 달리면서 만나게 되는 각종 터널들의 폭원은 사실 똑같지 않고 만들어진 시기에 따라 미세하게 다르다. 이상적으로는 터널의 폭도 토공구간의 폭과 똑같게 만드는 것이 좋지만 한국의 경우 건설비를 절약하기 위해서 터널 길어깨 폭을 줄였다. 지방부 고속도로 토공구간에 설치되는 길어깨 폭은 좌측이 1.2m이고 우측이 3.0m이다. 좌측 길어깨 폭은 차량으로부터 측방 장애물까지 1.5m는 확보되어야 장애물이 교통용량에 영향을 미치지 않는다는 공학적 추정치를 반영한 것이다. 자동차가 차로 중앙으로 진행한다면 좌측 분리대까지 1.5m 이상의 여유 폭원이 충분히 확보된다. 우측 길어깨 폭은 고장차나 긴급자동차가 통과교통에 지장을 주지 않고 안전하게 정차하기 위해서 3.0m 정도 확보하는 것이 바람직하다. 이상의 이유로 지방부 고속도로에서는 대형자동차가 정차할 수 있도록 3.0m를 확보하고, 도시부 고속도로에서는 소형자동차가 정차할 수 있도록 2.0m를 확보하고 있다. 그러나 부득이한 경우 길어깨 폭이 이보다 좁은 경우도 있다. 이런 한계를 보완하기 위해서 길이 1,000m 이상의 장대터널이나 교량에서 길어깨 폭을 2.0m 미만으로 설치할 때는 최소 750m 간격으로 비상주차대를 설치하도록 하고 있다.

경부고속도로에 건설된 편도 2차로 터널 6개소의 우측과 좌측 길어깨 폭이 각각 1.0m로 시공되었다는 것은 앞에서 언급한 바 있다. 점차 경제사정이 나아지면서 길어깨 폭을 넉넉하게 확대하려는 노력을 해온 결과 현재 운영되고 있는 편도 2차로 터널들의 길어깨 폭은 만들어진 시기에 따라 조금씩 차이가 나는 것이다. 그렇다면 터널의 횡단면은 언제 어떻게 바뀌어 왔을까? 먼저 편도 3차로 이상 넓은 터널에는 좌측과 우측 모두 1.0m의 길어깨 폭이 일관되게 적용되어 왔다는 것을 밝혀둔다. 구성 비중이 가장 높은 편도 2차로 고속도로 터널에 적용되는 기준 만이 계속 바뀌어왔는데 이 변화를 추적[56]해보자.

하나, 1967년 경부고속도로 설계 당시부터 1996년 8월까지 좌측과 우측 길어깨 폭 모두 1.0m가 적용되었다. 이 시기 2차로 터널의 총 폭[57]은 9.98m이었다.

둘, 1996년 8월 22일부터 우측 길어깨 폭을 2.5m로 확대 적용하여 좌측 길어깨 폭 1.0m, 우측 길어깨 폭 2.5m가 되었다. 이 기준으로 지어진 2차로 터널의 총 폭원은 11.48m가 된다.

셋, 2009년 7월 29일부터 연장이 300m 이하인 짧은 터널에 대해서는 토공부와 동일한 횡단면을 적용하여 좌측 길어깨 폭 1.2m(공동구 포함 1.5m), 우측 길어깨 폭 3.0m가 적용되었다.

넷, 2013년 11월부터 예상교통량이 2만 대/일 이하인 터널에 대해서는 우측 길어깨 폭을 2.5m에서 1.0m로 축소 적용하기 시작했다. 전국적으로 격자형 고속도로

---

56) 한국도로공사 설계처.
57) 공동구 너비 30cm 내외를 포함한다.

네트워크가 형성되면서 교통수요가 낮은 구간도 건설해야 하는 여건 변화에 대응하기 위한 것이다.

다섯, 2017년 6월부터 길이 500~1000m와 길이 1,000m 이상 2차로 터널에 대해서도 좌측 길어깨 폭 1.2m, 우측 길어깨 폭 2.5m를 적용하도록 하였다. 500m보다 짧은 터널은 좌측 공동구를 삭제하여 1.2m를 확보하도록 하였다. 결국 한국도로공사에서 2017년 6월 이후부터 설계되는 편도 2차로 터널은 좌측 길어깨 폭 1.2m, 우측 길어깨 폭 2.5m가 적용되는 것이다.

이상의 조치는 터널의 내공단면을 결정할 때 시설한계와 길어깨 폭을 토공·교량부보다 좁게 적용한 결과 터널에 진입하는 운전자의 심리적 불안감을 높였고 교통안전과 용량에도 영향을 미친다는 공학적 발견이 확산된 결과라고 보인다. 터널 건설기술 발전으로 공사비가 낮아진 것도 이유 가운데 하나이다. 재원이 허락한다면 교량과 터널의 횡단폭원도 토공·교량부와 동일하게 만드는 것이 바람직하다. 도로기술자들이 선진국과 비교하여 한국 고속도로가 뭔가 1% 부족해 보인다는 평가에는 구성 비중이 높은 터널 횡단 폭원의 차이도 영향을 미치는 것이다.

배후령터널과 인제터널

구불구불한 도로를 따라 넘어가던 배후령 고개는 교통사고 위험이 높았고 장마철에 산사태도 자주 발생하였다. 46번 국도를 개량하면서 건설한 배후령터널 덕분에 춘천에서 양구까지 걸리는 시간이 30분 정도 단축되었다. 2012년 3월 개통 당시부터 인제터널이 완공된 2017년 6월까지 한국 도로터널 중 가장 긴 터널이었다. 중앙분리대가 없는 왕복 2차로 대면터널(폭 11.5m)로 계획되어 교통사고 발생 가능성이 높다는 우려 때문에 본 터널과 별도로 폭 5.0m의 서비스터널을 평행하게 만든 것이 특징이다. 장대터널이라 횡류식 환기 시스템과 최첨단 방재 설비 시스템을 갖추었지만, 화재 및 재난이 발생할 경우 터널 입출구까지 가지 않고 서비스터널로 신속하게 대피할 수 있다. NATM 공법으로 시공되었다.

총 연장 150.2km인 서울양양고속도로는 서울~춘천(61.4km, 2009년), 춘천~

동홍천(17.1km), 동홍천~양양(71.7km, 2017년) 3구간으로 나누어 단계적으로 개통되었다. 2017년 6월 30일 마지막으로 개통된 동홍천~양양 구간은 왕복 4차로로서 총 연장 71.7km가운데 73%에 달하는 52.1km 구간이 터널(35개소)과 교량(58개소)으로 구성되어 있다.

인제터널(연장 10.962km, 편도2차로)은 최고제한속도로 달려도 통과하는데 7분 정도가 걸린다. 백두대간을 횡단하는 한국에서 가장 긴 터널인 만큼 굴착부터 방재시설, 운영까지 현대 터널기술이 총 집약되었다. 먼저 터널 평면선형은 직선보다는 완만한 S자 모양으로 굴곡이 지도록 하였다. 직선이 과도하게 길어질 경우 자동차 조향작업마저 하지 않으면 졸음이 발생할 가능성도 있기 때문이다. NATM 공법으로 시공되었으며 발파→록볼트→숏크리트→방수막 설치 순서로 진행되었다. 환기용으로 깊이 307m에 달하는 수직갱 3개를 뚫었는데 1단계로 직경 30cm의 유도공을 뚫고, 2단계로 리밍(Reaming) 굴착을 통해 직경 3.0m로 넓힌 다음, 3단계로 발파를 통해 직경 11.0m까지 넓혔는데 하루에 5.5m씩 전진하였다. 한국을 대표하는 최대 터널인 만큼 인근 내린천휴게소에 터널전시관을 만들어 인제터널의 건설과정을 소개하고 있다.

편도 2차로씩 왕복통행이 분리된 터널이니 유사시 피난연락갱을 통해 반대편 터널로 대피하도록 계획하였다. 대인용 피난연락갱 37개소, 차량용 피난연락갱 20개소(대형차 피난연락갱 6개소)를 설치하여 피난연락갱 평균간격이 199m 이내가 되도록 하였고 안내표지의 형상과 색상을 눈에 잘 띄게 설치하였다. 50MW의 대형화재에 대응하도록 각종 방재시설이 반영되어 있는데 화재가 자동으로 감지되면 물이 분무되도록 하였고, 터널 양측에 소형소방차도 대기시키고 있다.

실제로 인제터널을 달려보면 이전 터널과는 주행환경이 꽤 다르다는 것을 느낄 수 있다. 우선 터널 안이 밝고 넓다. 초장대터널임에도 불구하고 좌측 길어깨 폭 1.2m, 우측 길어깨 폭 2.5m가 확보되어 유사시 자동차 한 대가 통과하거나 정차할 수 있고, LED조명이 설치되어 터널 내부가 매우 밝다. 그리고 평탄성을 높이고 소음을 줄이기 위해 터널 내 시멘트 콘크리트 포장면을 NGCS[58] 공법으로 처리하였다. 일반 터널에서

---

58) 콘크리트 포장면을 다이아몬드 그라이딩 후 그루빙을 추가하여 소음과 물튀김을 줄이고 표면처리 등 기능성을 높이는 공법으로 고속도로 터널에 2015년부터 적용.

주행소음이 '웽~' 하는 고주파성이고, NGCS공법이 적용된 인제터널 주행소음이 '웅~' 하는 저주파성이란 것을 구분한다면 당신의 감각은 충분히 예민하다. 인접한 서울~춘천 구간 터널과 비교해보면 터널 시설수준이 8년 사이에 한층 높아졌다는 것을 쉽게 느낄 수 있다. 졸음운전을 비롯한 교통사고 예방에도 많은 공을 들였는데 특이한 것은 차선이 점선으로 되어 있어 터널 내부에서 차로변경이 가능하다는 것이다. 대부분의 터널에서는 차선이 실선으로 되어 있어 차로변경이 불법이고 단속까지 하지만 인제터널에서는 차로변경이 합법이다. 자칫 대형차 뒤에 따라갈 경우 긴 시간을 저속으로 가야하는 상황을 피하자는 것으로 과도한 차로변경보다는 필요한 경우에만 하는 것이 바람직하다. 날씨와 관련해 종종 신기한 경험을 하기도 한다. 백두대간을 경계로 영동과 영서 지역으로 나누어지는데 이 두 지역의 날씨가 백두대간 영향으로 크게 다른 경우가 많아 터널 하나 차이로 일기가 급변하는 것이다.

다. 해저터널과 하저터널의 확대

통영 해저터널은 1932년 한국 최초이자 동양 최초로 만들어진 해저터널로서 길이는 483m, 폭 5m, 높이 3.5m 규모이다. 경상남도 통영시 당동과 미륵도 미수2동을 연결하는데 과거 미륵도는 바닷물 수위에 따라 밀물 때는 섬이 되고, 썰물 때는 육지가 되어 도보로 왕래할 수 있었다고 한다. 선박을 통행시키기 위해서 길이 1,420m 구간에 폭 50여m, 간조 수심 3.1m의 운하(지금의 통영운하)를 1932년에 완공하였고 해저터널도 동시에 완공되었다. 일제강점기에 일본 어민들이 늘어나자 이동을 편리하게 하도록 운하를 파고 동측에 미륵도를 연결하는 해저터널을 만들게 된 것이다. 요즘처럼 해수면 아래에서 수중작업을 한 것이 아니라 개착식 공법으로 시공하였다. 터널 위치 양쪽에 둑을 쌓아서 바닷물을 막고 그 사이에 철근콘크리트 박스를 설치하였다. 마지막으로 둑을 철거하면 만조 시에는 터널 위로 10m 깊이까지 물이 차는 것이다. 해저터널은 통영과 미륵도간 사람과 자동차가 이용하는 주요 연결로로 활용되었지만

1967년 터널 서측에 인접하여 충무교가 건설되면서 차량이용이 금지되었고, 통영운하 서측에 통영대교가 1998년 개통되었다. 노후한 터널 내부로 바닷물 누수 등의 문제를 보수하여 2005년 9월 14일 등록문화재 제201호로 지정되었으며 현재는 걸어서 통과할 수 있다.

거가대교는 2010년 12월 개통된 거제~부산을 연결하는 왕복 6차로 교량으로 여러 개의 교량과 1개의 해저 터널로 구성되어 있다. 항로확보를 위해서 가덕도~대죽도 구간(3.7㎞) 해저터널은 국내 최초로 침매터널 공법으로 건설됐다. 육상에서 길이 180m에 달하는 콘크리트 침매함 18개를 제작한 다음 해상으로 운반하여 수심 48m 아래 바다 밑에 가라앉히고 연결하는 방식으로 만들었다. 각각의 침매함 크기는 길이 180m, 폭 26.5m, 높이 9.75m로서 1개의 무게가 4만 5천 톤에 달한다. 콘크리트의 설계압축강도는 35MPa이다. 바다 밑바닥 연약지반 위에서 허용오차 2cm 미만으로 연결하는 고난이도 방식인데, 지진에 대응하기 위하여 함체 연결부의 연결방식은 Gina Joint(1차)+Omega Joint(2차)의 접합방식을 사용했다. 침매공법은 연약지반에 시공이 수월하다는 장점이 있지만 수심이 깊어질수록 콘크리트 침매함 연결 작업이 어려워 현재로는 최대 수심 60m 정도가 한계로 알려져 있다.

북항터널(5.5㎞)은 수도권외곽순환고속도로 인천~김포(민자) 구간에 속하는 해저터널로써 착공하지 5년 만인 2017년 3월 개통되었다. 화수부두와 북항 바다 밑을 통과하는 왕복 6차로의 북항 터널은 NATM으로 건설되었으며 가덕해저터널을 제치고 국내 최장 해저터널로 올라섰다.

보령(해저)터널은 보령군 대천항에서 태안군 영목항간 14.1㎞ 바닷길을 연결하는 보령~태안 간 국도 77호선 상에 위치한다. 중간에 원산도가 있어서 대천항~원산도 구간은 길이 6.9㎞ 해저터널로, 원산도~영목항 구간은 길이 1.75㎞ 2주탑 강합성사장교(솔빛대교)로 연결된다. 해저터널 구간은 상·하행 2차로 터널 두 개로 구성되는데, 해수면 80m 아래 위치한 암반을 NATM으로 뚫어가고 있어서 일반 산악터널과 공사환경이 비슷하다. 붕괴·침수 방지문이 설치되고 대인대피소 21개소, 차량대피소 10개소가 설치된다. 가덕 해저터널에 적용됐던 침매터널공법도 대안으로 검토되었으나 경제성측면에서 NATM이 유리하다고 판단되었다. 2010년 착공하여 2020년에 완성 예정이며 건설 예산 6,075억 원 가운데 4,641억 원이 해저터널 공사에 투입된다. 솔빛대교(1.75km) 사장교 구간 길이는 450m로서 중앙경간장 240m이다. 횡단구성은 3개 차로와 자전거차로 1개로 계획되어 있다. 이 구간이 개통되면 안면도~대천항 간 소요시간이 1시간 30분에서 불과 10분으로 줄어들고, 통행료도 무료이니 새로운 한국 최장터널이 탈 없이 완성될 때까지 기다리면 된다.

한강 아래를 통과하는 도로용 터널은 아직 없고 도시철도(지하철5호선과 분당선)용 터널만 있다. 서울 지하철 5호선 한강 하저터널은 개착식공법(천호~광나루 구간)과 NATM(여의도 구간)으로 시공되었다. 분당선 하저터널은 쉴드 TBM공법으로 시공되었는데 쉴드는 그 자체가 원통형 방패가 되어 터널의 안전성을 지켜준다. 직경 8m, 무게 650톤, 길이 80m짜리 쉴드 TBM을 조립하여 길이 846m 짜리 터널 두 개를 뚫었다. 부산도시철도2호선 수영강 하저터널도 쉴드 TBM 공법으로 건설되었다.

하저터널과 해저터널은 산을 뚫는 터널과는 달리 지반이 약하고 수압이 커서 건설 자체가 매우 힘들다. 가장 우려가 되는 것이 침수시 대책이다. 2017년 7월 북항터널은 폭우에 침수되어 4일간 차단된 바 있다.

한때 관심이 높았던 한~중(370km)/한~일(200km) 해저터널은 국가 간 관계가 개선되고 신뢰가 정착된다는 전제에서 기술발전에 따라 언제든 논의가 반복될 소재이다. 서해는 최대 수심 80m, 대한해협은 200m 안팎이라고 하니 침매공법보다는 NATM이나 쉴드 TBM공법 정도가 적용가능할 것이다. 그러나 누가 알겠는가? 기술은 단지 가능과 불가능만을 결정하는 시대이니 적정 기술이 나오면 정치 경제적인 판단에 의해서 추진이 결정될 수 있다. 미국에서 거론되는 하이퍼루프[59] 같은 기술들이 실현된다면 더 이상 희망이 아닌 현실이 될 수도 있다.

---

[59] 진공튜브 내부로 최고속도 1,280km/시로 자기부상식 차량을 이동시키는 방식으로 서울-부산을 15분에 이동가능하다. 사실 기술적으로 실현만 된다면 한-중터널, 한-일터널이 보다 매력 있는 구간이 될 수 있다.

라. 지반 기술 발전

깎기비탈면

 산지가 70%인 한국에서 고속도로를 만드는 과정에서 피치 못하게 많은 비탈면들이 생겨났다. 고속도로에 총 9,351개소에 달하는 비탈면이 존재하고 있다. 1970년대에는 높이 20m~30m 정도의 비탈면도 '대절토비탈면'으로 분류할 만큼 암반굴착이 도전적인 작업이었다. 그러나 현재는 높이가 약 40m는 되어야 대절토비탈면으로 취급받는다. 기계화된 건설장비로 천공하고 세련된 발파기술을 활용하여 비탈면을 굴착하는 방식이 일반화된 덕이다. 무엇보다 경험도 많이 쌓였다. 1990년대 도입된 네일링 공법과 록앵커 공법은 비탈면 보호와 보강에 큰 효과를 발휘하였다. 대규모 깎기비탈면은 확장공사에서 주로 생겨났는데 원래 있던 소규모 비탈면이 도로 폭을 넓히는 과정에서 규모가 커지게 된 것이다. 2005년도에 동해고속도로 확장공사에서 최대 높이 138m에 달하는 깎기비탈면도 발생하였다. 2000년대 들어서면서 신설구간의 경우 가능하면 터널로 변경하거나, 완만하고 높은 경사면 대신 보강을 통해서 경사가 급하고 낮은 경사면으로 변경되는 추세이다. 산허리를 흉하게 잘라버린 대규모 깎기비탈면이 대표적인 환경훼손이라는 사회적 비난이 늘어났고, 터널 시공이나 비탈면 보강 기술이 발전한 것도 이유이다.

 이상 기후로 집중호우 빈도가 늘어나면서 개통된 고속도로에서 비탈면이 무너지는 경우가 2010년대에 들어 매년 3~5건씩 발생하고 있다. 2013년 경부고속도로 영천 비탈면 붕괴가 대표적이다. 2016년 11월 「시설물안전관리에 관한 특별법」에서 비탈면기준이 강화(비탈면 높이 50m→30m, 연장 200m→100m)되어 비탈면 유지관리 업무 비중이 높아지고 있다. 현재 국내에서 지반 조건이나 풍화정도를 고려하지 않고 표준경사를 일괄적으로 적용하는 것은 깎기비탈면의 안전성을 떨어지게 하는 주요한 원인이다. 따라서 지반 조건과 암반의 불연속면, 풍화도 등을 고려하여 비탈면 경사를 설정하는 방향으로의 발전이 필요하다.

인력에 의존하던 시공도 빠르게 기계화로 진행되었다. 1965년 중반부터 정부가 건설기계를 수입하여 관급공사에 지급하였으나 경부고속도로 건설 당시부터 건설사가 중장비를 직접 조달하기 시작했으며, 1970년대 중동건설 공사를 수행 이후 최신 건설기계 보유량이 대폭 늘어났다. 1980년대에는 국내에서 생산한 건설기계가 확대되어 기계화시공이 일반화되었고, 1990년대부터는 수출을 하기 시작하였다. 기계화 시공의 확대로 고용유발 효과가 과거보다 많이 낮아져 오늘날 건설 현장에서 사람을 찾아보기 어렵게 되었다.

연약지반

도로에서 빠르게 주행할 경우 포장면의 단차가 조금만 발생해도 차량주행성에 큰 영향을 미친다. 서해안고속도로 군산~부안 구간을 달리다보면 중앙분리대의 높이가 일정하지 않고 파도치듯이 일렁이는 것을 관찰할 수가 있다. 좀 더 자세히 보면 교량구간보다는 성토구간에서 이런 현상이 빈번하게 발생하고 있다는 것을 알 수 있다. 도로변에는 "연약지반구간 주의"라는 표지판이 세워져 있다. 구체적으로 무엇을 어떻게 주의하라는 것인지는 모호하다. 특히 교량과 성토구간의 접속부에서 발생하는 침하량의 차이로 인하여 포장을 덧씌워도 유쾌하지 않은 덜컹거림이 전해온다.

그러면 왜 이런 현상이 발생하는지 원인을 찾아보자. 하천이나 해안가는 오랜 세월 물이 운반해온 자갈, 모래, 실트, 점토 등이 쌓여 깊은 퇴적층이 형성되어 있다. 이러한 퇴적층 중에서 정규압밀의 점토, 유기질토, 느슨한 모래, 느슨한 실트와 같이 상부 구조물의 하중을 지지하지 못하고 침하가 많이 발생하는 지반을 연약지반이라고 한다. 연약지반 위에 도로건설을 위하여 성토를 할 경우에는 연약지반의 강도 증진과 침하량 감소를 위하여 연약지반 개량공사를 수행한다. 성토하중에 의한 연약지반의 침하는 장기간에 걸쳐서 발생하게 되고 이러한 장기침하는 연약지반 개량공사에서 모두 처리할 수가 없다. 따라서 공용 중에도 연약지반의 침하가 발생하도록 허용하는데 이러한 공용 중에 발생하는 침하를 잔류침하라고 한다. 구간에 따라서 잔류침하량이 다르게 나타나는 부등침하가 생기면 평탄하던 도로포장에 점점 단차가 생기게 되며 포장면도 파손되게 된다.

더 큰 문제는 교량접속부에서 발생한다. 교량과 같은 구조물은 암반과 같이 침하가 거의 발생하지 않는 양질의 지반에 기초를 지지시키기 때문에 성토구간과는 달리 잔류침하가 거의 발생하지 않는다. 결국 시간이 지날수록 교량과 성토구간 간의 단차가 점점 커지면서 차량주행에 심각한 영향을 미치게 된다. 이를 완화시키기 위한 방안으로 주기적으로 아스팔트 포장을 덧씌워 교량과 성토 구간의 접속부에서 발생하는 단차를 줄여준다. 이와 같은 이유로 연약지반 구간에는 아스팔트 포장을 하는 것이 정석이다. 요약하면 연약지반 구간은 잔류침하에 의해서 포장 평탄성이 떨어지고 교량과 같은 구조물과 성토구간의 접속부에서 단차가 커진다는 것이다. 교량접속부에서 평탄성이 불량한 구간은 고속도로를 대상으로 집중조사한 결과 1,410개소가 최근 발견되어 단계적으로 개선하고 있지만 해마다 생겨나니 지속적으로 관리해야 한다. 잔류침하 때문에 생겨나는 문제점을 줄이기 위해 충분한 침하가 일어날 때까지 시공을 천천히 하는 것도 방법이고 독일에서 영향을 받은 북한에서도 이런 방법을 쓴다고 한다. 그러나 대부분 공기를 맞추어야 하니 연약지반 특성별로 연직배수공법이나 치환 등 여러 연약지반 개량공법을 개발하여 쓰고는 있지만 근본적인 해결책은 아니다. 연약지반 개량공법으로 잔류침하를 100% 제거하기에는 긴 공사기간과 과도한 공사비용이 발생하게 된다. 따라서 연약지반에 건설되는 도로는 합리적인 연약지반 개량공법의 적용과 적절한 유지관리를 통하여 장기간에 걸쳐서 관리를 하여야 한다. 일본 간사이공항도 장기침하를 관리하기 위해서 20년 이상 유지관리와 계측을 수행해오고 있다.

연약지반은 우리나라 서남해안과 낙동강 삼각주 지역에 주로 분포한다. 현재 한국 고속도로 노선 가운데 연약지반을 통과하는 구간은 약 250㎞로 전체의 6%를 차지하고 있다. 국내에서는 1970년대 남해고속도로와 대구마산고속도로 연약지반 현장에 샌드드레인 공법과 샌드매트 공법 등이 시도되었다. 1990년대 남해고속도로 확장 때부터 연약지반 설계 및 시공에 대한 개념정리가 되었다고 할 수 있다. 서해안고속도로 건설시 지반조사차량을 개발하는 등 본격적으로 연약지반 관리를 시작하였다.

2000년대 이후 연약지반 심도가 깊은 곳에서 고성토 공사를 수행하면서 여러 공법들을 적용하였으나 과도한 잔류침하가 발생하고 주변 구조물들이 연동되어 침하하는 사례가 발생하였다. 국내 기준을 반영하여 설계와 시공을 하였음에도 대심도 등 현장여건을 고려해야하는 경우가 아직도 많다.

4 포장 분야

가. 포장의 개념과 현황

포장의 기본 개념과 요구사항

포장은 토공·터널·교량으로 구성된 도로 위를 빠르고 평탄하게 이동하기 위한 도로건설의 마무리 작업이고 도로이용자와 가장 가깝게 교감하는 시설이다. 포장 상태가 나쁜 도로치고 이용자 만족도가 높은 도로는 없다. 1960년까지 흙길이나 자갈길과 같은 비포장도로가 한국 도로의 95.8%를 차지하였지만 이제는 전체의 89.0%가 포장도로이다. 이 기간 국도와 시가지도로에는 일반적인 밀입도[60] 아스팔트 포장이 주로 적용되어 왔다. 반면에 고속도로에는 초기 일반 밀입도 아스팔트 포장에서부터, 콘크리트 포장, 개질아스팔트 포장, 갭입도 아스팔트 포장인 SMA 포장, 그리고 최근에는 저소음·배수성 포장까지 다양한 종류의 포장이 활용되어 왔다.

---

[60] 밀입도(dense graded) 아스팔트 포장은 가장 일반적으로 적용되는 표층용 아스팔트 포장으로, 2.36mm(No. 8)체 골재통과량이 35~50%로 구성된다.

1970년대에는 고속도로 대부분에서 아스팔트 포장이 적용되었다. 그러나 1984년 완공된 88고속도로에 시멘트 콘크리트 포장이 본격적으로 적용되면서 1992년에는 아스팔트 포장과 콘크리트 포장의 비중이 비슷하게 되었다. 이후 1990년대 고속도로에 중차량이 증가함에 따라 콘크리트 포장의 비중이 지속적으로 늘어나 2017년 기준 콘크리트 포장 비중이 65%(12,380km-차로), 아스팔트 포장 비중이 35%(6,810km-차로)에 달하고 있다. 밀입도 일반 아스팔트 포장이 여름철에 무거운 차량하중을 견디지 못하고 소성변형에 취약하다는 단점을 극복하기 위해 1990년대 중반 SMA 포장기술이 국내에 도입되었다. SMA 포장은 2000년대에 접어들면서 보편화되어 고속도로 현장에 주력으로 자리 잡았으며, 현재 공용 중인 아스팔트 포장 구간의 44.6%를 SMA 포장이 차지하고 있다. 나머지는 밀입도 아스팔트 포장이 43%, 개질아스팔트 포장이 12%, 저소음·배수성포장이 0.4%를 차지하고 있다. 현재 건설 중인 고속도로 노선의 아스팔트 포장은 연약지반 구간을 제외하고는 모두 SMA 포장으로 설계되어 있다. 포장설계에는 국토해양부의 「도로포장 설계·시공 지침」과 「아스팔트포장 설계·시공 요령」 등을 적용한다.

밀입도 일반 아스팔트 포장은 아스팔트 포장의 기본

아스팔트 포장은 공장에서 생산한 뜨거운 아스팔트혼합물을 트럭으로 옮겨 기층 위에 깔고 식기 전에 무거운 롤러로 꼼꼼하게 다지는 과정으로 이루어진다. 그래야 포장면이 평탄해지고 골재 맞물림이 좋아지는데 굵은 골재, 중간골재, 작은 골재가 골고루 배합된 밀입도 일반 아스팔트 포장이 경제적인 이유로 가장 널리 쓰여 왔다. 아스팔트 혼합물은 크고 작은 골재에 결합재인 뜨거운 아스팔트(180℃ 정도)를 부어서 잘 혼합시키는 과정을 거쳐 만들어지는 것으로 골재 품질이나 생산관리가 잘 된 공장과 전문기술인력이 필요하다. 혼합물을 공장에서 현장으로 운반하는 트럭, 노면위에 혼합물을 펼치는 피니셔, 다지는 롤러와 같은 중장비도 필요하다. 밀입도 일반 아스팔트 포장은 1970년대 이후 지금까지도 가장 널리 쓰이는 아스팔트 포장공법으로 값도 싸고 시공경험도 풍부하다. 그래서 우리나라 시가지도로나 지방도 국도에서는 대부분 밀입도 일반 아스팔트 포장을 적용해왔다. 경부고속도로와 같은 초기 고속도로에도 이 방식을 적용했다. 보통 토공부에서는 표층 13mm, 기층 19mm 혼합물이, 교량부에서는 10mm 골재혼합물이 사용되며 공극률이 3~5% 범위에서 유지되어야 좋은 성능을 발휘한다.

밀입도 일반 아스팔트 포장의 가장 큰 장점은 포장을 마침과 동시에 차량이 다닐 수 있어서 포장 파손이나 도로 굴착시 유지보수가 빠르다는 것이다. 반면에 이 포장의 약점은 더운 날씨에는 아스팔트가 연화되면서 변형이 생기고, 특히 무거운 차량이 자주 다니는 곳에는 소성변형(U자형 바퀴자국패임)이 생긴다는 것이다. 햇빛 등에 오래 노출되다보면 아스팔트에 포함된 유분이 줄고 아스팔텐이라는 성분이 많아져 딱딱해 지면서 금이 가고, 골재가 떨어져 나가기 시작하는데 이를 노화라고 표현한다. 박리는 골재를 피복하는 아스팔트가 수분의 침투 등으로 분리되는 현상으로 포트홀 등으로 진행된다. 박리를 일으키는 요인으로는 포장체 내부체수, 다짐부족, 친수성골재사용, 골재건조불량, 연질골재 사용 등이다. 포장이 노후화되면서 승차감도 떨어지고, 균열, 소성변형 등이 발생하고 파손이 되어 구조적 기능을 상실한다. 밀입도 일반 아스팔트 포장에는 비올 때 생기는 물보라로 앞이 잘 보이지 않아 안전성이 떨어지는 문제도 있다. 따라서 무거운 차들이 많이 다니는 고속도로를 중심으로 여러 가지 문제점들이 발생하기 시작했다.

한국에서 이와 같은 밀입도 일반 아스팔트 혼합물의 성능을 개선하기 위해서 첫째, 개질재료를 아스팔트에 넣어 골재 연결 성능을 개선하는 방법(밀입도 개질 아스팔트)과, 둘째, 골재의 입형과 입도를 개선하는 방법(SMA)을 발전시켜왔다.

고속도로에서는 시멘트 콘크리트 포장이 65%를 점유

한국의 고속도로에서는 중부고속도로 건설을 기점으로 내구성이 강한 시멘트 콘크리트 포장 비중이 급격하게 늘어났다. 현재 고속도로에서는 전체의 65% 구간에 콘크리트 포장이 적용되고 있다. 초기 공사비가 아스팔트 포장에 비해 좀 비싸더라도 수명이 2배에 달하는 20년 내외이며 무거운 차량이 다녀도 변형이 되지 않는다는 장점 때문이다. 그런데 콘크리트 포장은 아스팔트 포장에 비해 시공이 어렵고, 굳기까지 오래 기다려야 하며, 신축이음매 부분이 파손되는 한계가 있다. 소음과 승차감도 콘크리트 포장이 아스팔트 포장보다 못하다는 평가가 일반적이다. 유연하게 거동하거나 빨리 굳는 특수한 콘크리트 포장이 개발되어 교량 등에 사용되기도 했지만 가격이 비싸다. 정리하면 포장에서 요구하는 덕목은 가격 대비 성능 즉 가성비가 좋아야 한다는 상식적인 것이지만 이 요구사항을 만족시키기가 의외로 간단치가 않다. 과거에는 싸고 오래가는 튼튼한 포장이면 되었지만 요즘에는 물이 튀지 않고, 소음이 작아야 하며, 파손 수리도 쉬워야 한다는 기능적 요구사항이 계속 추가되는 경향이다. 튼튼하게 만들기 위해서는 아스팔트의 점성을 높이고, 여러 가지 섬유를 섞어서 결합력을 높이게 하는 방향으로 발전하였다. 소음이나 물튀김을 줄이기 위해서는 포장표면을 거칠게 만드는 방법도 개발되었다. 홈이 많아야 그 사이로 빗물이 흐르거나 타이어 펌핑 소음이 흡수되는 것이다.

고속도로 아스팔트 포장의 기본은 SMA 포장으로 변화

아스팔트 포장의 유연함과 시멘트 포장의 튼튼함을 두루 갖춘 포장을 찾던 독일에서 1968년 SMA(Stone Mastic Asphalt) 포장이 적용되기 시작되었다. 밀입도 일반 아스팔트와는 달리 중간골재와 잔골재를 빼고 아예 큰 골재만을 아스팔트로 결합시키면 골재들의 맞물림만으로 압축력과 전단력에 저항한다는 것이 SMA로 대표되는 개립도 포장 개념이다. 아스팔트 바인더는 골재가 떨어지지 않도록 하는 기능만을 수행한다. 문제는 큰 골재들을 어떻게 단단히 결합시킬 것인가 인데, 일반 아스팔트를 부으면 줄줄 흘러내려 아스팔트 함량을 높이기가 어렵다. 아스팔트에 돌가루와 섬유를 섞으면 잘 흐르지 않으면서 아스팔트 함량도 높은 튼튼한 결합재료가 된다. 아스팔트, 돌가루, 그리고 섬유가 혼합된 까만 아스팔트 죽을 '매스틱' 이라 하니 끈끈한 매스틱으로 큰 골재를 결합시킨 것이 SMA 포장이라 하겠다. SMA와 같은 개립도 포장은 난이도가 좀 있는 포장이다. 표면이 매끈한 일반 아스팔트 포장과 달리 SMA 포장 표면은 좀 거칠어 보인다. 그러나 포장 내부의 빈 공간(공극)은 밀입도 일반 아스팔트와 비슷하다. 이런 이유로 SMA 포장은 일반 아스팔트 보다 가격은 비싸지만 내구성이 크고 변형에 저항하는 능력도 크다. 그리고 큰 골재 위주로 된 거친 표면사이로 빗물이 흐르기 때문에 기존 아스팔트보다 물 튀김 현상이 훨씬 덜하다. 거친 표면이 바퀴에서 발생하는 펌핑 소음을 흡수해서 일반 아스팔트보다 2~3 데시벨(dB(A)) 정도 소음이 낮아지는 효과도 있다. 도로 소음의 90% 가량은 차량타이어가 포장면과 마찰하는 과정에서 발생하는 펌핑 때문에 발생하니 속도가 빠를수록 소음이 커진다. 영동고속도로 수원 광교신도시 구간 4.5㎞ 방음터널 공사비가 무려 2,000억 원이라니까 소음을 줄일 수 있는 실용적인 포장공법이 확립된다면 큰 기여가 될 것이다. 현재 공사 중인 고속도로에 아스팔트 포장을 할 경우에는 SMA 포장을 적용한다. 최근에는 SMA 입도에 개질 아스팔트 바인더까지 적용된 PSMA가 고속도로의 주력 포장형식이 되었다. 이와 같이 고속도로 포장이 SMA 포장, 저소음·배수성포장, 콘크리트포장 등으로 고급화되면서 포장공사비 역시 과거보다 높아지고 있다. 최근 설계한 새만금~전주 고속도로의 경우 전체공사비의 9.2%가 포장공사비이다. 포장비가 올라가는 사이 도로건설비는 더 올라갔다.

저소음 배수성 포장(기능성 포장)의 확대

도로에서 물과 소음은 항상 큰 골치이다. 특히 포장의 가장 큰 적은 물이라고 해도 틀림이 없다. 비가 오면 대부분 포장표면 위로 물이 흘러내리기 때문에 물보라가 발생하여 시야가 제약되고, 수막현상으로 운전이 힘들어진다. SMA 포장은 빗물이 거친 포장면 사이로 흘러가서 밀입도 일반 아스팔트 보다는 이런 문제점들이 덜하나, 포장체 내부로는 물이 흐르지 않으니 큰 비가 오면 한계가 있다. 그래서 포장면 아래로 물이 흐르게 할 수 없을까 고민 끝에 구멍이 숭숭 뚫린 포장체 내부로 물을 침투시켜 외부로 배수시키자는 아이디어가 실현되었다. 큰 골재 (크다고 해봐야 1.5cm 이하)만 아스팔트로 결합시켜 포장 내부 공극률이 20% 정도 되는 아스팔트를 만들어 낸 것이 다공성(porous) 아스팔트 포장이다. 과거에는 주로 배수가 중요한 곳에 사용되어 배수성 포장이라고 많이 불렀지만 저소음·배수성 포장이 옳은 용어이다. 그런데 SMA에서 언급했듯이 큰 골재만 아스팔트로 단단하게 붙인다는 게 상당히 까다로운 기술이다.

이름이 의미하듯이 이 포장의 장점은 첫째 배수성이고, 둘째 저소음이다. 비가 오면 물이 포장면 아래로 빠져나가 도로 밖으로 흘러나가게 되니 배수성은 탁월하다. 그리고 타이어 펌핑에서 생기는 소음을 포장 공극이 흡수해주니 콘크리트 포장보다는 약 8~9데시벨(dB(A)), 밀입도 일반 아스팔트 포장보다는 약 4데시벨 정도 소음을 줄여준다. 그러나 단점이 없는 포장은 없다. 첫째, 골재 결합력이 약해지면 골재가 떨어져 나갈 확률이 높아지니 고도의 기술이 필요한데 대부분 비용이 올라간다. 둘째, 시간이 지나면서 먼지 같은 이물질이 포장공극을 막기 때문에 당초의 기능성 효과가 떨어지게 된다. 정기적으로 대형 진공청소기로 빨아내거나 수압이 강한 물을 이용하여 적정 공극률을 유지시키도록 하지만 시간이 흐르면서 이런 공극이 점점 메워지는 경향이 있다. 비가 많이 오는 일본에서는 저소음·배수성포장을 고기능성포장이라 부르며 고속도로의 기본포장으로 널리 쓰이고 있다.

우리나라에서는 1996년 경부고속도로에 양산~구포(800m) 구간에 처음 시험시공하였는데, 2007년 점검 결과 도로포장 기능은 양호했지만 투수기능은 현저히 낮아진 것으로 확인되었다. 국내 실정에 맞는 입도를 개발하여 중부고속도로(2004년), 동홍천~양양구간(2017년) 등 몇 구간에 시범도입을 하였지만 아직까지 저소음·배수성 포장은 전체의 0.4% 정도만을 점유하고 있다. 공극이 막혀 성능이 저하되는 것을 우려해 특수목적에 따라 제한적으로 사용하는 상황이니 본격적인 도입까지는 시간이 좀 더 걸릴 것이다. 참고로 일본과 한국에서 배수성 포장에 대한 기대성능을 조금 다르게 인식하고 있다. 일본에서는 배수기능 및 사고방지를 주요 기대효과로 인식하고 있는데 비해 한국에서는 배수기능 및 소음감소를 주요 기대효과로 인식하고 있는 것이다. 한국에서는 설계공극률을 20%~23% 사이에서 조절하고 있다. 배수성 포장 경험이 많은 일본에서는 두 가지 타입으로 구분하여 일반토공부에서는 설계공극률을 20%로 하고, 눈이 많이 내리는 지역에서는 보다 낮은 17%의 설계공극률을 적용하고 있다.

최근 들어 소음관련 민원에 대응하기 위한 목적으로 저소음·배수성 포장이 늘어나는 추세이다. 설계속도 140㎞/시로 건설되는 서울세종고속도로 설계에는 소음을 줄이기 위하여 저소음·배수성 포장이 전면 반영되었다. 서울시도 강변북로 뚝섬 구간 등에 적용이 확대될 전망이다. 그런데 저소음·배수성 포장의 내구성은 10여 년에 달하나 소음감소와 같은 기능성이 지속되는 시간은 이보다 짧다. 소음저감을 위해 대규모 방음벽을 세우는 대신 저소음 포장 대안을 택했는데, 수년 후 저소음 기능이 사라진 뒤에는 저소음 기능 회복 비용을 누가 부담할 것인지를 두고 갈등이 생길 가능성도 있다. 아직 장기공용성이 확인되지 않은 기술이 사회적 요구로 빠르게 확대되었다가 나중에 문제가 생기는 사례가 도로분야에서도 종종 발생한 바 있다.

지금까지 알아본 저소음·배수성 포장과 조금 다른 투수성 포장이 있는데 여기서는 포장층 아래 노반까지 물이 침투하여 서서히 증발한다. 환경친화적이란 장점으로 하중에 대한 부담이 적은 보도나 자전거도로, 그리고 주차장 포장에 투수성 포장 도입이 확대되고 있으나 쉽게 파손되는 사례가 있어 철저한 시공관리가 필요하다.

나. 아스팔트 포장 발전 과정

아스팔트 포장 문제와 해결 과정

한국의 도로에서 가장 널리 쓰이던 밀입도 일반 아스팔트 포장에서는 시대에 따라 균열, 소성변형, 포트홀이 주요 문제로 발생했다. 1970년대에 밀입도 일반 아스팔트 포장에서 발생한 주요 파손은 균열인데 교통하중에 비하여 두께가 얇은 것이 원인으로 밝혀져 포장두께를 상향 설계하여 대응하였다.

1990년에 대두한 소성변형의 주요 원인 세 가지에 대해서는 다음과 같이 대응하였다. 첫째 아스팔트의 고온저항성 부족은 개질 아스팔트를 도입하여 해결하였다. 둘째, 골재입도가 불량한 문제는 SMA로 대응하였다. 셋째, 지나친 아스팔트 함량 및 낮은 공극률은 적정공극률(3%~5%)을 유지하도록 설계하였다. 특히 1994년 경부고속도로 수원~청원 구간에 포설된 일반 밀입도 아스팔트에 전체적으로 발생한 소성변형 참사는 고속도로 주력 포장 형식이 시멘트 콘크리트 계열로 급격히 바뀌는 계기가 되었지만 연구개발도 촉발시켰다. 돌이켜보면 1994년 이전에는 아스팔트 혼합물에 대한 체계적인 연구가 빈약하였으며 모든 관련 기준과 규정은 미국, 일본의 것에 무분별하게 의존하였다고 봐야 한다. 대학교에도 아스팔트 포장 전공 교수가 거의 없던 시절이었다. 1990년 후반부터 국외에서 체계적인 교육을 받은 전문가 그룹이 형성되고 2000년대 한국형 포장설계법 연구 결과가 축적되면서 한국만의 독자적인 포장 품질체계를 확립하게 되었다. 2004년 3월 중부고속도로에 개통된 시험도로는 아시아 최초의 실물시험도로로서 한국형 포장설계법 개발뿐만 아니라 포장관련 연구를 수행하는데 중요한 역할을 하여 왔다. 1994년의 시련을 기술인력 확보와 연구개발로 극복하였다고 생각된다.

2000년 들어서는 포트홀이 주요 문제로 떠올랐는데 이번에는 공극률이 너무 큰 것이 주요 원인 가운데 하나였다. 시험실에서 배합설계를 할 당시에는 적정공극률이 구현 되었으나 막상 현장에서는 시공이나 품질관리 부실로 10% 이상의 과다공극률이 발생하기도 했던 것이다. 과다한 공극에 수분이 침투하면 박리가 발생하고 포트홀이 진행되니 시공품질을 철저하게 하는 수밖에 없고, 그러자면 공사비도 제대로 지불되어야 한다.

2010년부터는 도로포장의 개념이 단순히 교통하중을 지지한다는 개념을 넘어서 환경친화적이고 이용자 서비스 친화적인 방향으로 변화하고 있다. 현재 아스팔트 포장공법은 기층포설 및 다짐→택코팅 살포→표층 포설 및 다짐 과정으로 수행되고 있다. 유럽(독일, 네덜란드, 영국, 2002년)이나 일본(2009)에서는 아스팔트 복층 포설 장비를 사용하여 기층과 표층을 동시에 포설하고 다짐 작업을 수행하여 작업과정과 공기를 줄이고 있다. 공사원가도 7%~15% 절감하고 하자발생율도 10%~15% 감소한 것으로 알려지고 있다.

현재 국토교통부에서 만든 도로포장 관련 지침은 크게 5개 분야로 아스팔트 콘크리트 포장(11종), 시멘트 콘크리트 포장(3종), 도로포장 하부구조 시공(2종), 도로포장 구조설계 요령(5종), 통합지침(4종)이 있다. 이 지침들은 필요시마다 개별적으로 만들고 수정하다보니 내용이 흩어져 있고, 지침 간 상충, 일관성 및 연계성도 부족하다는 단점이 지적되어 왔다. 중복된 내용을 정리하고, 적용이 어려운 공법을 삭제하며, 새로운 공법을 반영하여 기존 시공관련 지침 20권을 3권으로 통폐합했고, 통합된 설계관련 지침도 발간된 것이다.

아스팔트 포장 변화

우리나라의 포장공법은 1970년대 이전은 간이포장[61]이나 침투식 머캐덤공법을 주로 사용하였으며, CBR 설계법을 기본으로 사용하였다. 1946년 시작된 국도1호선 포장공사는 전쟁 등의 이유로 수차례 연기 된 끝에 25년만인 1971년에야 완료되었다. 이 당시 국도나 지방도에 적용된 포장방식은 아스팔트 침투식 매캐덤 포장으로 두께가 15cm 정도였다.

매캐덤 포장은 지금은 우리나라에서 사라진 포장방식이라 익숙하지 않지만, 동남아시아 등지에서 널리 활용되는 방식이니 좀 더 상세하게 알아보기로 하자. 매캐덤 공법은 영국 기술자 J. L. MacAdam이 19세기에 고안한 포장공법으로 모든 공정이 도로공사 현장에서 이루어지며 특별한 중장비가 필요 없이 인력으로 만들 수 있으니 인건비가 싼 환경에서는 매우 경제적인 공법이다. 매캐덤 포장은 바닥에 굵은 돌을 깔고 그 위에 점차 작은 골재를 여러 층(보통 3개 층)으로 까는 방식이다. 아스팔트를 살포하여 롤러로 다지거나, 그 위를 다니는 차량의 무게로 다지는 것이 기본으로 환경에 맞추어 여러 층으로 포설할 수 있다. 한국에서는 기층에는 물다짐 매캐덤(water-bound macadam)공법, 표층에는 아스팔트 침투식 매캐덤(asphalt penetrating macadam)공법이 사용되었다. 굵은 골재를 깔아 기층을 만들고, 그 위에 잔골재(모래, 돌가루)를 덮은 다음 물을 뿌려가면서 롤러로 다지면 큰 골재의 간극이 잔골재와 물로 메워지고 맞물림이 좋아져 무거운 하중에도 견디게 되는 것이다.

---

61) 기층을 생략한 포장으로 구조적 성능이 약해서 쉽게 파손된다.

표층에는 잔골재를 깔고 아스팔트를 뿌려 롤러로 다지면 골재와 아스팔트의 접착력도 좋아진다. 우리나라에서도 과거 골재를 거의 인력으로 깔았는데 오늘날 동남아시아 국가 도로현장에서도 마을 주민들이 인력으로 돌을 깨고, 까는 모습을 종종 볼 수 있다. 하루 인건비가 1~2 달러에 불과할지라도 현지 실정에 적정한 도로건설 기술을 채택하면 실업자 구제와 지역경제활성화에 중요한 기여를 하게 된다. 한국에서 최초로 개통된 경인고속도로의 경우 ADB 차관이 활용되었다. 한국측은 협상과정에서 기층에 물다짐매캐덤공법을 제안하였으나 차관단에서는 고속도로에 간이포장공법은 적합하지 않다고 하였다. 밀입도 일반 아스팔트 포장이 채택되어 최종적으로 표층 2.5cm(아스팔트), 중간층 5cm(아스팔트), 기층 15cm(입도조정기층), 보조기층 37.5cm(막자갈)로 총 두께 60cm가 결정되었다.

1947년 오산비행장 포장에 미군이 들여와 사용한 아스팔트플랜트를 서울시 역청사업소로 옮긴 것이 한국 최초의 현대식 아스팔트혼합물 생산시설이라고 할 수 있다. 현대식 도로포장이 본격적으로 시작된 것은 경부고속도로 건설 때부터이다. 그 당시 시멘트 콘크리트 포장 기술이 초보적인 시기여서 국내 도로 포장에는 대부분 아스팔트가 적용되었다. 경인고속도로와 경부고속도로 공사용으로 아스팔트플랜트 10여 개소를 구축한 민간회사들은 현대식 포장장비도 대폭 확보하게 된다. 1969년 2월 14일[62] 경부고속도로 공사를 예정대로 마무리하기 위해 대일청구권자금과 시공업체자금 510만 달러를 투입하여 토공과 포장 장비 292대를 면세로 도입하겠다고 건설부장관이 발표한 것이다. 대한석유공사 울산정유공장(1964년 준공)과 극동정유 부산공장(1965년 준공)에서 생산하기 시작한 아스팔트 제품도 고속도로 포장공사에 사용하게 되었다. 아스팔트 플랜트, 시공장비, 아스팔트 국내생산 등의 여건을 갖추어가면서 경부고속도로 포장이란 값진 경험을 축적하게 된다.

경인고속도로 공사 경험을 바탕으로 경부고속도로 포장단면은 표층 2.5cm(아스팔트), 중간층 5cm(아스팔트), 기층 15cm(쇄석), 보조기층 40.0cm (막자갈)로 총 62.5cm가 결정되었다. 경인고속도로보다 보조기층이 2.5cm 두꺼울 뿐 동일한 구조이다.

---

62) 매일경제신문 1969년 2월 14일자.

기층 위에 포설된 아스팔트혼합물의 두께가 7.5cm(아스팔트 중간층 5㎝, 아스팔트 표층 2.5㎝)에 불과하여 요즘과 비교하면 구조 용량이 상당히 부족하였다. 이 외에도 포장기술의 미숙, 동절기 시공, 배수처리 미흡 등의 이유로 포장이 조기파손 되었다. 당초 5년 후에 덧씌우기를 보완한다는 계획과 달리 결과적으로 개통 1년도 안되어 포장이 심하게 파손되면서 덧씌우기 보수를 대대적으로 해야만 했다. 경인고속도로에서도 마찬가지로 포장이 조기 파손되었다.

이런 경험을 바탕으로 한국과 같이 강우가 집중되고, 계절적 온도변화가 심한 곳에서는 아스팔트 안정처리 기층을 사용하는 것이 유리하다는 판단에 이르렀다. 이후부터는 미국연방도로협회(AASHTO)에서 1972년 제정한 잠정설계지침을 적용하게 되었다. 1970년 12월 30일 개통된 호남선 대전~전주 구간에는 아스팔트 안정처리 기층을 적용하고 배합설계도 우리 기술로 개발하였다. 아스팔트 표층 5cm, 아스팔트 안정처리 기층 15cm, 막자갈 보조기층 30cm, 총 50cm 두께로 설계되었다. 아스팔트 안정처리 기층은 직경 40mm 정도의 골재와 아스팔트 혼합물을 포설하는 것으로 총 포장두께를 줄이면서도 포장체의 내구성이 높아졌다. 또한 표층과 기층 시공에 같은 장비를 사용할 수 있고 시공속도도 빠르다는 장점도 있었다. 실제로 호남고속도로에는 경부고속도로와는 달리 개통 4년이 지난 1975년부터 첫 덧씌우기가 시작되었다. 이 공법은 영동고속도로 신갈~새말 구간에도 채용되어 아스팔트 포장기술이 크게 발전하는 계기가 되었으며 이후 국도와 지방도, 시내도로까지 적용되었다. 영동고속도로 새말~강릉 구간의 경우 추운 겨울 도로가 얼어 부푸는 것을 막기 위해 국내 최초로 보조기층 밑에 동상방지층을 시공하였다.

경부고속도로 교통량이 증가함에 따라 양재~청원 구간 124.9km를 6~8차로로 확장하는 공사가 1991~1993년에 이루어졌다. 이때의 포장단면은 표층 10cm(아스팔트), 아스팔트안정처리기층 20cm, 보조기층 35cm(부순돌) 총 65cm로 시공되어 과거

---

63) 개질재(asphalt modifier)란 일반 아스팔트에 추가하는 고무 등으로 아스팔트 바인더의 성능을 향상 시킨다.

기준과 비교하면 구조적 용량이 한층 높아졌음을 알 수 있다. 고속도로를 이용하는 대형차 교통량이 많아지자 1979년에 도로설계하중을 DB18에서 DB24와 DL24로 올린 것에 대응하기 위한 것이었다.

　1994년 여름은 비가 내리지 않고 사상 최고수준의 무더위가 오랫동안 지속되었다. 도로포장면의 온도가 매우 높아지자 아스팔트가 연화되기 시작했다. 국도나 시가지 도로는 물론 고속도로까지 밀입도 일반 아스팔트 포장 표면위에 바퀴자국이 U자형으로 파이는 소성변형이 생긴 것이다. 게다가 6월 24일 시작된 철도파업으로 무거운 화물을 실은 트럭들이 대거 고속도로로 몰려들자 소성변형은 더욱 심해졌다. 승용차들까지 고속주행이 어려워지면서 사회문제로 떠오르게 되었다. 기술적으로 온도가 높아진 포장체 위로 무거운 차량들이 많이 통과하다 보니 포장공극률이 적정수준(3%~5%)보다 낮아진 것이다. 일반적으로 아스팔트 함량이 많으면 유연하고, 낮으면 딱딱해 변형이 적다. 따라서 아스팔트 함유량을 줄이고 다짐을 잘해주는 것이 소성변형의 해결방안이기도 하다. 그러나 딱딱할 경우 포트홀이 잘생기니 포트홀과 소성변형은 동시에 잡기 힘든 두 마리 토끼와 같다. 1994년의 소성변형 사태로 고속도로 밀입도 일반 아스팔트포장공법 개선 방안을 찾아야 했다. 표층의 경우에는 개질재[63]가 첨가된 개질 아스팔트를 사용하거나 SMA(Stone Mastic Asphalt)로 전환하는 계기가 되었다. 한국도로공사에서 한국 실정에 적합한 SMA 배합설계를 개발하여 1997년 경부고속도로 수원~청원 간 덧씌우기에 처음으로 적용하였다. SMA 포장이 소성변형 방지에 효과가 있다는 사실을 확인한 다음부터 신설 고속도로 아스팔트 포장에는 모두 SMA 포장을 시공하여 2000년대에는 SMA 포장이 고속도로 아스팔트 포장의 표준이 되었다. 2000년 개통한 서해대교 교면포장에도 SMA 포장공법이 적용되어 2017년 현재까지도 사용될 정도로 내구성도 우수하였다.

　최근 건설된 고속도로의 아스팔트 포장 단면은 상황에 따라 다르며 남쪽으로 갈수록 동상방지층 두께도 얇아진다. 서울양양고속도로 춘천-동홍천 구간 포장단면은 표층(5cm), 중간층(5cm), 기층(23cm) 보조기층(27cm), 동상방지층(45cm)으로 구성되었다. 동해선 울산~포항 구간은 표층(5cm), 중간층(7cm), 기층(18cm), 보조기층(28~31cm), 동상방지층(생략)으로 구성되었다.

다. 시멘트 콘크리트 포장 발전 과정

아스팔트 포장 위에 덧씌우기를 자주 한 결과 노면이 높아지는 등 유지 관리상의 문제가 발생하자, 내구성이 높아 수명이 긴 시멘트 콘크리트 포장으로 전환하기 시작했다. 콘크리트 포장은 아스팔트 콘크리트 포장보다 복잡한 장비와 높은 수준의 기술력이 요구되는 공법으로 초기 고속도로에서는 도입하지 못하였다. 우리나라 초기 콘크리트 포장은 1962~1963년에 영등포~김포를 연결하는 김포가도 12.4km 구간에 시공되었는데 콘크리트 슬래브 두께 20cm에 직경 9mm 철망으로 보강하였다. 1970년대 초 국도 7호선 삼척~묵호 구간에 무근콘크리트 포장을 시공한 사례가 있다.

고속도로에 콘크리트 포장이 최초로 적용된 것은 1981년 4월 개통된 남해고속도로 부산~마산 구간이다. 당초 기술적인 이유보다는 경제적인 이유로 시작된 것인데, 제2차 세계유류파동(1978~1980년)이 도로 포장재료 가격을 바꾸어 놓았다. 시멘트나 아스팔트 모두 제품 생산에 에너지가 많이 필요하긴 하나, 시멘트 가격이 6.5배 오른데 비해 원유에서 분리해야 하는 아스팔트 가격은 16.5배나 올랐으니 시멘트 콘크리트 포장이 상대적으로 유리해진 것이다. 남해고속도로 부산~마산 구간에 시험적으로 기층 시멘트 콘크리트(25cm)를 깔고 그 위에 표층 아스팔트(5cm)를 덧씌워 평탄성을 확보하였으니 일종의 합성포장을 시도한 것이다. 1km 구간에 대해서는 콘크리트 슬립폼 페이버로 평탄성을 확보한 완전한 콘크리트 포장을 시험시공하였다.[64]

1984년 6월에 준공된 88올림픽고속도로(대구~광주)에서는 국내 최초로 전 구간이 콘크리트 포장으로 시공되었는데 본격적인 기계화시공(슬립폼페이버)으로 콘크리트 포장이 확대되는 계기가 되었다. 콘크리트 슬래브 30cm, 보조기층 20cm, 동상방지층 17~25cm로 구성하되 줄눈간격은 5m로 하였다.

1987년에 준공한 중부고속도로(강동~남이) 전 구간에 본격적인 시멘트 콘크리트 포장이 적용되었다. 가장 큰 특징은 콘크리트 포장의 기층에 빈배합콘크리트(Lean

---

64) 강행언님 조언.

Concrete)[65]를 채택한 것으로, 콘크리트 슬래브 30cm, 빈배합콘크리트 기층 15cm, 그리고 보조기층으로 단면을 구성했다. 일부 구간에 대해서는 줄눈을 없애고 연속철근콘크리트(CRCP)[66] 포장을 적용하였는데 자동차 주행성과 도로의 내구성을 높이기 위해서였다. 이후 호남선 확장구간에도 콘크리트 포장이 적용되었다. 신갈~안산, 판교~구리 간 고속도로, 중앙고속도로 등과 같이 신설고속도로나 일부 국도 등에서 콘크리트 포장이 본격적으로 확대되었다. 경부고속도로 구미~동대구 60.8km 구간에는 콘크리트슬래브 30cm, 빈배합콘크리트 기층 15cm 단면을 채택하여 2003년 확장되었다. 정리하면 고속도로 최초의 시멘트 콘크리트 포장은 남해고속도로, 전 구간 콘크리트 포장은 88올림픽고속도로, 최초의 빈배합콘크리트 기층과 연속철근 콘크리트 포장은 중부고속도로에서 시작되었다는 것이다.

고속도로 연약지반 구간에는 아스팔트 포장을 적용하되, 일반 토공구간에는 시멘트 콘크리트 포장을 우선적으로 적용하기도 하여 고속도로의 신규 포장은 콘크리트가 압도적으로 많아졌다. 그런데 고속도로에서 폭설로 인한 교통차단이 증가하자 2002년부터 모래 대신 염화물을 살포하기 시작하면서 콘크리트 포장에도 문제점이 발생하게 되었다. 일부 구간 줄눈부와 슬래브 파손이 생겨나고 콘크리트 열화와 철근 부식도 발생하였다.

전통적으로 콘크리트 포장은 기능성보다 경제성을 강조하여 왔다. 콘크리트 포장은 아스팔트 포장에 비해서 오랜 기간 튼튼하기는 하지만 소음수준이 높고, 노면진동 및 평탄성이 떨어지며, 스폴링 및 스케일링과 같은 표면손상이 발생하여 이용자 친화성이 떨어진다. 결국 소음을 줄이고 주행쾌적성을 높이기 위해 골재노출 포장, NGCS, 2층 포설과 같은 선진 공법 적용이 필요하게 되었다. 유감스럽게도 국내 기능성 콘크리트

---

65) 물-시멘트비를 적게 하여 된 비빔의 콘크리트를 아스팔트 피니셔로 포설하고 롤러로 마무리하는 공법으로 콘크리트포장의 내구성과 노면평탄성을 향상시키는 효과가 있다.
66) CRCP는 1984년 경부고속도로 확장 시 양산, 대구에 소구간 도입한 이후, 중부고속도로 진천~ 경안(50.8km)에 본격 시공하였으나, 이후에는 소규모 시공 실적만 있다.

포장에 대해서는 선진국에 비해 60~80%[67] 정도의 기술수준이 확보되어 있다고 평가하고 있다. 현장에 적합한 기능성 콘크리트 도입, 적정 포장공법, 장비 및 시공기술 등이 부족하다는 것이다. 이는 결국 콘크리트 포장의 장점인 경제성을 훼손하게 된다.

결국 현 시점에서 지속가능과 소비자 친화적인 관점에서 콘크리트 포장이 밀리고 있다는 평가를 내릴 수가 있다. 2016년 들어 원유 가격이 25 달러까지 추락한 뒤 30~60 달러선을 오르내려 아스팔트 가격이 저렴해졌다. 단점이 개선된 아스팔트 포장공법이 계속 개발됨에 따라 앞으로 건설되는 고속도로 포장에는 아스팔트가 다시 선호되거나 콘크리트와 비슷한 비중을 차지할 가능성도 있다. 최근 건설된 고속도로의 시멘트 포장 단면은 아래와 같이 표층과 기층 두께는 동일하나 남쪽으로 갈수록 동상방지층 두께가 얇아지고 있다. 여주~양평 구간은 표층(30cm), 기층(15cm), 동상방지층(40~70cm)으로 구성되어 있다. 서천~공주 구간은 표층(30cm), 기층(15cm), 동상방지층(25~35cm)으로 구성되어 있다. 순천완주고속도로 구간은 표층(30cm), 기층(15cm), 동상방지층(15cm)으로 구성되어 있다.

노후 시멘트 콘크리트 포장 재포장

최근에는 경제수명을 다한 노후 콘크리트 포장을 어떻게 처리할 것인가가 중요한 이슈가 되고 있다. 전 구간 콘크리트 포장이 적용된 88고속도로가 완공된 지 30년이 경과하였으니 해가 갈수록 기대수명 20년을 넘긴 시멘트 콘크리트 포장 구간이 늘어나는 추세이다. 아스팔트로 덧씌우느냐, 콘크리트를 깎아낸 만큼 아스팔트를 씌우느냐, 아니면 콘크리트를 모두 걷어내고 다시 콘크리트로 포장하느냐의 대안이 있다. 중부고속도로는 최초 포장일로부터 벌써 30년이 경과하여 일반적인 콘크리트포장 기대수명을 훨씬 넘겼지만 2017년까지도 그라인딩과 같은 표면처리를 통해서 사용하여

---

67) 한국도로공사 도로교통연구원, 고속도로 기술과 정책 주요 현황과 개선방향, 2017.

왔다. 노후한 콘크리트 포장을 절삭하고 재시공할 경우에는 폐 콘크리트포장재에 대한 처리나 재활용방안에 대한 고민이 필요하며 무엇보다 콘크리트를 재포장하는데 상당기간 교통을 차단해야하는 어려움이 있다.

2018년 평창동계올림픽을 지원하기 위해서 영동고속도로 호법 JC에서 강릉 JC까지, 그리고 중부고속도로 하남 IC~호법 JC 구간에 대해서 전면적인 도로개량사업이 시행되게 되었다. 그런데 상당구간이 콘크리트 포장구간으로 되어 있어 이를 어떻게 재포장할 것인가가 고민이었다. 중부고속도로와 여주 JC~새말 IC 본선 구간은 콘크리트 포장 위에 10cm 두께의 아스콘을 덧씌웠다. 콘크리트 포장이 많이 파손된 구간은 보수 후 방수층을 설치하고 아스콘을 덧씌웠다. 영동고속도로 새말 IC~강릉 JC 구간은 원래 아스콘 기층 27cm와 아스콘 표층 5cm로 되어 있었다. 아스콘 표층 5cm를 덧씌우거나(46% 구간), 표층을 깎아내고 아스콘 표층 5cm를 다시 덧씌웠다(54% 구간)[68]. 콘크리트 슬래브 위에 8cm 두께로 아스콘 포장이 되어 있는 기존 교면포장에 대해서는 첫째, 아스콘 포장층만 파손된 경우는 두께 5cm 절삭 덧씌우기를 시행하고, 둘째, 콘크리트 슬래브까지 손상된 경우에는 방수층을 설치하고 두께 8cm 절삭 덧씌우기를 하거나, 콘크리트 열화부를 깎아낸 후 두께 11cm의 콘크리트를 덧씌웠다. 이는 콘크리트 포장위에 아스콘 덧씌우기를 시행한 호남고속도로지선의 분석결과를 따른 것인데 아스콘 두께가 10cm일 때 콘크리트 줄눈의 반사균열이 영향을 미치지 않으며, 기대수명은 약 10년 정도로 검토한 것이다. 과거 남해고속도로에서 기층 콘크리트(25cm)를 깔고 그 위에 표층 아스팔트(5cm)를 덧씌운 합성포장 경험에서도 배운 바 있다. 아울러 가능하면 노후 콘크리트의 열화를 방지하기 위해서는 절삭 덧씌우기보다는 비절삭 덧씌우기로 하는 것이 바람직한 것으로 검토되었다.

---

68) 이경하 외, 평창동계 올림픽 대비 도로개량 사업, 도로학회지 2017년 3월호.

라. 향후 포장 방향

포장 성능유지를 위해 꾸준한 유지관리 필요

고속도로 전체 공사비 가운데 포장이 차지하는 비중은 10%에 미치지 못하지만 수시로 보수가 필요하고, 정기적으로 재포장(아스팔트 10년, 콘크리트 20년 내외)이 필요하기 때문에 유지관리 단계에서는 가장 중요한 비중을 차지하고 있다. 고속도로에서는 포장유지관리시스템(PMS)을 개발하여 사용하고 있는데 포장표면에서 관측되는 파손(균열, 소성변형 등)과 평탄성을 중심으로 포장상태 평가지수를 구성하여 활용한다. 차량 주행속도가 빠를수록 포장의 평탄성, 그러니까 포장면의 균일함이 매우 중요해진다. 시멘트로 거칠게 포장한 도로 위를 빠른 속도로 달리는 것은 위험하고 불쾌하다. 아스팔트 포장에서 발생하는 소성변형은 바퀴로 전달되는 중량을 포장체가 견디지 못해서 발생한다. 골재 입도가 불량하거나, 아스팔트 함량이 부적정할 때, 과적차량이 많을 때, 그리고 더운 여름에 주로 발생한다.

포트홀이란 포장이 떨어져 나가 구멍이 뚫리는 현상을 말한다. 고속도로에서 2012년 23,678건이 발생하였으나, 예방적인 시공관리를 통해 2016년에는 14,179건으로 감소하였다. 부실한 재료(골재, 바인더)나 다짐불량 등의 이유로 수분이 침투한 상태에서 자동차가 지나갈 때 펌핑작용으로 재료가 분리되는 것이다. 배수가 잘 되지 않는 곳이나 여름철 집중호우 뒤에 자주 발생한다. 포장이 손상되면 빠르게 달리는 자동차가 경로를 이탈하거나 타이어가 파손되는 원인이 되기까지 한다. 콘크리트 포장도 여러 가지 이유로 줄눈부가 파손되기 시작하여 그 범위가 넓어지게 된다. 여기에 더하여 포장면이 균일하지 않으면 주행 시 불쾌감이 늘어날 뿐 아니라, 빗물이 고여 사고 가능성까지 높아진다. 포장면은 이용자 차량과 도로가 직접 만나는 도로의 민낯과 같으니, 주행쾌적성과 교통안전을 위하여 우수한 포장 평탄성을 유지하는 것은 도로관리자에게 큰 숙제이다.

포장 평탄성이 낮아지는 원인은 재료·시공·환경 등 광범위하지만 한국에서는 다음과 같은 사례가 많았다. 연약지반의 장기 침하, 구조물접속부의 부등 침하, 절토부와 성토부 경계에서 지반 부등 침하, 성토부 경사면의 침하, 소성변형, 포트홀, 포장 재료나 시공 불량, 저토피 지중구조물 동상 파손, 과도한 종방향 그루빙 등이다. 여기서 저토피 지중구조물 동상 파손이란 암거 등이 겨울에 추워지면서 포장면 아래 지반이 부풀어 오르면서 포장이 파손을 입는 것이다. 과도한 그루빙이란 주로 최근 개통된 콘크리트 포장에서 소음을 낮추고 주행성을 높이기 위해 주행방향으로 홈을 파게 되는데 이 폭이 특정 수치 이상 넓을 경우 특정 차량의 타이어 홈과 맞물려 차량이 횡방향으로 떨리게 되는 현상이다.

육안이나 분석을 통해 포장 상태를 분석할 수도 있지만 소비자는 주행 시 차량의 흔들거림에 따라 판단하기 마련이다. 주행 시 덜컹거림이 심해져 불쾌하다는 것은 포장수명이 얼마 안 남았다는 것을 의미한다. 도로 노면의 요철(울퉁불퉁한 정도)을 평가한다는 것은 포장의 공용 성능을 평가한다는 것과 같다. 여러 가지 요철 평가지표 가운데 평탄성이 널리 쓰인다. 1986년 세계은행이 IRI[69]를 제안하였는데 여러 나라들의 평탄성 지수를 객관적으로 비교할 수 있는 지표이다. 국내에서는 시공시에 PrI(Profile Index)를 보다 널리 활용한다. PrI는 일정 간격마다 기준치보다 큰 상하이동이 발생할 경우 이를 합하는 것으로 cm/km 단위로 표현한다.

새로이 개통한 도로에서 도로이용자가 주행평탄성에 대해 만족하지 못하는 경우가 종종 발생한다. 종방향 그루빙을 시공한 청원상주고속도로 일부 구간에서 차량밀림현상이 발생한 것도 한 사례다. 결과적으로 고기능성 표면처리(다이아몬드 그라인딩)공법을 신설포장에 적용하는 사례가 부쩍 늘어나고 있다. 현재 고속도로의 포장유지관리시스템(PMS) 기술은 운전자의 주행성을 고려하여 소성변형, 균열율, 승차감(IRI)만 측정하고 있어 남은 포장수명을 예측하거나 포장구조 상태를 평가하는데 한계가 있다. 선진국의 경우 미끄럼, 소음, 포장수명 예측 기능까지 추가하여 활용하는 단계에 있다.

---

69) IRI(International Roughness Index).

소금이 교면포장에 미친 영향

교량은 바닥판 자체가 콘크리트나 강판으로 이루어져 구조적으로는 포장이 없어도 자동차의 하중에 견딜 수 있게 설계되어 있다. 교면표장은 자동차의 주행성을 높이고 교량바닥판을 보호하기 위한 목적으로 실시하는데 토공부에 대한 포장과는 조건과 목적이 상당히 다르다. 교량바닥판과 잘 부착되어야 하고 보수공사가 쉽지 않으니 오랜 기간 지속되는 것이 바람직하니 다양한 교면포장 방식이 시도되어 왔다. 강상판인 경우에는 녹이 슬지 않도록 방수기능이 높아야 하고 반복적으로 발생하는 처짐에 대한 적응성도 높아야 하니 하층은 구스아스팔트, 상층은 개질아스팔트를 사용하는 경우가 일반적이다.

고속도로 교량바닥판의 90% 이상을 차지하는 철근콘크리트 바닥판에 대한 교면포장에는 아스팔트 계열과 콘크리트 계열 포장이 선택적으로 적용된다. 2016년 말 기준 고속도로 교면포장 통계를 보면 아스팔트계 59%, 콘크리트계 34%, 콘크리트 노출바닥판 7%로 그동안 아스팔트 계열 교면포장이 우세하였다는 것을 알 수 있다. 그런데 현재 건설 중인 고속도로 교면포장에는 아스팔트계 9.2%, 콘크리트계 84.4%, 콘크리트 노출바닥판 6.4%가 계획되어 있어 콘크리트 계열 포장 비중이 압도적으로 높아질 전망이다. 왜 이런 드라마틱한 변화가 일어나게 되었을까? 2002년 시작된 습염식 제설방식으로 늘어난 염화물 때문에 교량바닥판이 손상되기 시작한 것 때문이다. 최근 10년 동안 교량 바닥판을 개량하는데 사용된 예산은 고속도로 교량 유지보수 예산의 약 50%를 점유하고 있다.

1990년 이전까지 시공된 아스팔트계열 교면포장에는 콘크리트 바닥판과의 사이에 특별한 방수처리를 하지 않았다. 고속도로 연장에서 교량이 차지하는 비중도 높지 않았다. 그런데 교면포장 아래로 빗물이 스며들어 콘크리트 바닥판을 부식시키는 문제점이 발견되기 시작되어 방수층을 시공하기 시작했다. 1996년에 아스팔트 교면포장 하부에 침투식 방수공법을 처음 도입하게 되었다. 2002년 이후에는 방수성능이 보다 뛰어난 도막식과 시트식 방수공법이 도입되었다. 그런데 2002년부터 고속도로 제설방식이 모래살포에서 습염식(염화칼슘수용액 30% + 소금 70%)으로 바뀌게 되었다. 2004년 경부선 폭설과 호남선 폭설 때 고속도로가 차단된 사건 이후로 고속도로 제설에 쓰이는 염화물의 양은 크게 늘어나게 되었다. 아스팔트 포장 자체가 방수층이 아니기 때문에 방수층이 파손되면 바닥판으로 염수침투가 늘어난다. 침투한 염수가 교량바닥판의 철근을 빠르게 부식시킬 뿐 아니라, 얼었다 녹기를 반복하면서 철근을 감싸고 있는 교량바닥판 콘크리트를 들뜨게 하였고, 결과적으로 아스팔트 교면포장이 파손되는 일이 늘어나게 되었다. 겉보기에는 멀쩡해 보이는 아스팔트 포장면 아래 교량바닥판에도 광범위한 손상이 발생하는 경우도 종종 있었다.

대안으로 2000년 이후에 콘크리트 교면포장이 등장하게 되는데 신설도로에는 2000년, 유지관리 구간에는 2005년부터 적용되기 시작하였다. 콘크리트계 교면포장 기준(2003년)과 노출바닥판 교면포장 기준(2009년)을 마련하여 콘크리트 계열 교면포장이 본격적으로 확대되기 시작하였다. LMC[70]와 같은 콘크리트계 교면포장은 별도의 방수층이 필요 없고 내구성이 높으며 내부에 물이 고이지 않는 장점이 있다 하여 수많은 교량에 LMC 계열(인천대교, 거가대교, 예산대교 등)이나 HPC[71] 계열 콘크리트 교면포장이 확대되었다. 교통 소음을 낮춰야 하거나 강상판교량과 같이 특수한 경우에는 아스팔트계 포장이 계속 적용되고 있다.

고속도로 교면포장 파손 원인을 점검해 보면 콘크리트계 교면포장의 경우 부착강도가 부족하거나 재료관리가 미흡한 사례가 많다. 아스팔트계 교면포장의 파손원인은 주로 방수재 파손이다. 아스팔트계 교면포장의 방수성능을 높이기 위해서 아스팔트 교면포장을 2~3층 구조로 늘리거나 공극률이 낮은 수밀성 아스콘을 사용하기도 하지만 결국 현재 기술 수준에서 경제성 있는 교면포장 공법은 시멘트 계열로 방향을 잡은 것이라고 정리할 수 있다. 해외에서는 노출바닥판 교면포장이 적용되는 사례가 많은데 국내에는 아직 적용이 활발하지 못하다. 노출 콘크리트 바닥판도 장기간 공용시 파손이 잦아지니 크고 작은 보수를 해주어야 한다.

---

70) LMC(Latex Modified Concrete)는 일반 콘크리트에 라텍스를 첨가하여 내구성을 높인 콘크리트이다.
71) HPC는 일반 콘크리트에 광물질 혼화재를 첨가하여 내구성을 높인 콘크리트이다.

터널에서는 어떤 포장을 사용할까? 터널 포장은 눈과 비에서 보호되니 미끄럼을 걱정할 필요가 적고, 지반조건도 토공구간보다 양호하다는 이점이 있다. 그런데 터널은 항상 조명이 필요하고 또 터널에서 새어나오는 물에 대해서도 고민을 해야 한다. 하얀색인 콘크리트 포장이 조명을 반사시켜 밝게 해주고, 지반도 양호하며, 물에도 강하니 대부분 터널 포장에는 콘크리트 포장이 쓰인다.

5 도로안전시설 및 환경시설 분야

가. 도로안전시설

도로관리청에서 관리하는 도로안전시설은 시선유도시설, 조명시설, 방호울타리, 충격흡수시설, 과속방지시설, 도로반사경, 미끄럼방지시설, 노면요철포장, 긴급제동시설, 안개지역 안전시설, 횡단보도육교, 장애인안전시설 등으로 「도로안전시설 설치 및 관리지침」에 상세한 설치기준이 마련되어 있다. 교통관리 시설에는 교통안전시설, 도로표지, 도로명판, 긴급연락시설, 도로교통정보 안내시설, 차량감지체계, 과적차량검문소 등이 포함된다. 「도로교통법」에 따라 경찰청에서 관리하는 교통안전시설은 교통신호기, 교통안전표지, 노면표시 등으로 세부 설치 기준은 교통신호기 설치·관리 매뉴얼 등에 있다. 사실상 도로안전시설과 교통안전 시설의 구분이 명확하지 않은 경우도 있다. 이들을 상세하게 다루기에는 지면에 제한이 있으니 설치비용이 비싸고 도로횡단 구성에 영향을 미치는 차량 방호울타리에 대해 정리해보자.

차량 방호울타리는 주행 중인 차량이 길 밖, 대향차로 또는 보도 등으로 이탈하는 것을 방지하는 동시에 차량을 정상 진행 방향으로 복귀시키는 것을 주목적으로 한다. 차량 방호울타리의 종류는 노측용, 분리대용, 교량용이 있으며, 울타리 강도(재료)에 따라서 연성방호울타리와 강성방호울타리로 구분된다. 연성 방호울타리가 강성 방호울타리보다 완충효과가 높지만 차량이 도로 밖으로 벗어나 2차사고가 우려되는 구간에는 강성 방호울타리를 사용한다. 도로변에 절벽이나 계곡, 바다, 호수, 철로 등이 인접한 구간에는 노측용 방호울타리를 설치한다. 분리대가 있는 도로 가운데 왕복 4차로 이상인 고속국도나 자동차전용도로 구간, 선형 조건이 위험한 구간 등에는 중앙분리대용 방호울타리[72]를 설치한다. 2015년 기준 한국 고속도로에는 전 구간(4,196km), 국도에는 68%(9,493km) 구간에 차량용 방호울타리가 설치되어 있다. 참고로 중앙분리대용 방호울타리의 경우 고속도로에는 강성(콘크리트), 국도에는 연성(강재) 방호울타리가 주로 사용되고 있다는 것을 관찰할 수 있다.

1970년대 초기 경부고속도로에서는 가드레일, 가드케이블과 핸드레일이 차량 방호시설로 사용되었다. 가드케이블은 곡선반경 500m 이하인 곳, 성토고가 4.0m 이상인 종단구배 5% 이상인 곳, 벼랑, 저수지 등에 설치하였다. 가드케이블은 수시로 장력을 조절해야 하는 문제가 있었다. 핸드레일은 장대교에 주행차량의 안전을 위해 설치하였다. 초기에는 얕은 성토구간에는 가드레일을 설치하지 않았다.

속도가 빠른 도로구간 중앙에 설치되는 분리대용 방호울타리는 운전자의 안전은 물론 교통용량을 증대시키는 중요한 시설이다. 초기 경부고속도로에서는 분리대 연석과 식수를 통해 방호울타리 기능을 수행토록 하였으나 대형차가 중앙화단을 넘어가 반대방향 차량과 충돌하는 사고가 자주 발생하였다. 1980년대부터 미국에서 도입한 높이 81cm의 뉴저지형 콘크리트 방호울타리와 이를 개선한 F형 방호울타리를 사용하였다. 또한 헤드라이트 불빛을 가려주는 시설인 방현망(현광방지시설)을 방호울타리 위에 설치하였다. 2004년에 방호울타리와 방현망을 일체화해 구조적 성능을 개선한 높이 127cm의 월담방지형 방호울타리를 개발하여 신설구간에 적용하면서, 기존 방호울타리는 단계적으로 교체하였다. 한국의 콘크리트 중앙분리대

---

[72] 우리가 흔히 분리대용 방호울타리를 중앙분리대라고 부르지만, 분리대는 띠 모양의 공간을 의미하고, 중앙분리대는 대향차로 사이의 공간을 의미한다. 중앙분리대용 방호울타리가 정확한 표현이다.

용 방호울타리는 무근콘크리트에 직경 3.2mm 철망으로 보강하고 있다.

　방호울타리를 포함한 차량방호안전시설은 2005년 1월부터 의무적으로 실물충돌시험을 거친 제품만 사용토록 관련법규에 정의되어 있다. 차량 방호울타리는 설계 속도별 시설물의 강도에 따라 SB1(Safety Barrier)부터 SB7까지 9개 등급으로 구분된다. 성능시험[73]은 강도 성능 평가와 탑승자 보호 성능 평가 두 가지로 나누어 진행된다. 강도 성능평가는 트럭을 15도의 각도로 충돌시켜, 탑승자 보호 성능 평가는 승용차를 20도의 각도로 충돌시켜 진행한다.

　현재 고속도로에 설치된 중앙분리대용 방호울타리의 구조성능은 SB5-B등급(270KJ, 14톤/15도/85km/시)이다. 14톤 중량의 트럭이 시속 85km의 속도로 15도 각도[74]로 충돌할 때 중앙분리대용 방호울타리가 파손되지 않고 견뎌야하는 것이다. 그런데 이보다 강한 충돌이 발생하여 콘크리트 파편이 떨어져 날아가는 사고도 매년 몇 건씩 발생하고 있다. 고속도로 최고제한속도가 120km/시~130km/시로 한국보다 높은 유럽에서는 최소 290KJ 이상(H2) 성능이 요구되며, 대부분 철근으로 보강된 콘크리트 방호울타리를 설치하고 있다. 서울세종고속도로 구간 최고제한속도가 140km/시로 운영될 경우 SB6 등급(420KJ 이상)의 콘크리트 중앙분리대용 방호울타리가 필요하다. 단면이 커질 경우 보다 넓은 설치 공간이 필요하게 되니 구조성능은 높이면서도 크기가 적절한 경제적인 단면 개발이 필요하다. 모든 고속도로에는 당시 설계기준에 맞는 방호울타리가 설치되지만 공용 중에 기준이 상향되는 경우에는 단계적으로 교체나 보강을 하여야 한다. 2010년 7월 인천대교 출구 인터체인지 교량에서 고속도로가 가드레일을 뚫고 4.5m 아래로 추락하여 14명이 목숨을 잃은 사고 이후로 2012년 「도로안전시설설치 및 관리지침」을 개정해 노측용 방호울타리 설치기준을 강화하였다. 이를 만족시키기 위해서 재질과 지지구조가 강화된 여러 종류의 방호울타리가 개발되었다. 모든 가드레일을 일시에 교체하기에는 비용이 문제이다.

---

73) 국토교통부, 차량방호 안전시설 실물충돌시험 업무편람, 2016. 12.
74) 충돌각도는 강도성능 평가시험에는 15도, 탑승자 보호성능 평가시험에는 20도로 한다(국토교통부, 차량방호 안전시설 실물충돌시험 업무편람).

나. 대기오염과 소음 방지 대책

　도로이용자의 교통안전성을 높이기 위해 각종 도로안전시설을 설치한다. 반대로 자동차를 이용하지 않는 사람들이 입는 피해를 줄이기 위해 여러 가지 보호방안이 필요한데 아직 표준화된 대책이 확립되지 않아 개발과정에서 종종 집단 갈등이 발생하고 있다. 도로 주변에 거주하는 사람들은 도로가 제공하는 긍정적인 편익을 누리기도 하지만 피해도 입는다. 도로를 운행하는 차량이 발생시키는 대표적인 공해는 대기오염과 소음이다. 자동차에서 배출되는 대기오염 물질들은 사람의 폐나 기관지 등 호흡기 계통의 병을 유발한다. 1970~1980년대 한국에서는 석탄 그러니까 연탄이 가장 심각한 대기오염원이었으나 공동주택 보급과 대체연료 공급 확대로 완화된 바 있다. 자동차에서 배출하는 대기오염 배출량은 대도시 교통수단에서 가장 높다. 2014년 서울시에서 발생한 온실가스의 21.5%(954만 톤)를 수송부문에서 배출하였고, 여기에서 자동차 배출가스가 차지하는 비율이 78.6%를 차지하였다. 승용차 이용을 대중교통으로 전환하고, 시내버스 연료를 경유에서 천연가스로 대체하며, 차량의 배출가스 기준도 강화하는 등의 대책이 추진되어온 배경이다.

　도시 난방연료 해결 경험에서 배웠듯이 전기차 등 친환경차 비중을 높이는 방식으로 해결이 가능할 수는 있으나 풀어야 할 난제가 많다. 전기차는 1900년 자동차 초창기와 1970년 오일쇼크 때 내연기관과 두 번의 전투를 치렀으나 기반시설의 부족으로 후퇴하고 말았다. 이번 세 번째 시도에서는 자율주행차란 강력한 변화 원동력과 협업하여 승리 가능성이 과거보단 높아졌다. 문제는 도로와 협업이 되어야 하는데 이는 뒤에서 좀 더 자세하게 다루기로 하자. 대기 오염물질을 줄이는 방안은 바람과 빗물로 씻어 내는 것이 효율적이나 자연의 도움이 부족한 봄에는 미세 먼지까지 고민이 많다. 도로 방음벽에 화학소재를 붙여서 오염물질을 잡아들이고, 물청소를 정기적으로 시행하는 등의 노력이 진행될 것으로 예상된다. 도시부에서는 지하도로나 터널의 배기가스를 빼내기 위해서 환기탑을 설치하게 되는데 아무래도 배출구 쪽의 대기오염도가 증가하는 현상은 피하기 어렵다.

　고속도로 휴게소 주차장, 인터체인지 내부 빈 땅, 고속도로변 녹지대 등 80여 곳에서 41MW 규모의 태양광 발전시설이 운영 중이며, 2017년 말까지 19개소 19MW가 추가되면 99개소에서 60MW가 태양광에서 발전된다. 60MW는 김천시 인구의 약 61%(8.7만 가구)가 사용할 수 있는 양이다. 2025년까지 고속도로에서 사용하는 전력량만큼을 신재생에너지로 발전하여 에너지 생산율 100% 달성을 목표로 하고 있다. 한국도로공사에서 2016년 지불한 전기료는 586.6억 원인데 터널 연장이 지속적으로 늘어났기 때문이다. 태양광 발전 방식은 일정지분을 투자하는 지분투자형과 폐도, 성토부를 활용한 자산임대형으로 자산임대형의 비중이 높아질 것으로 보인다. 수소와 산소를 화학 반응시켜 전기와 고온의 물을 생산하는 발전방식인 연료전지도 2018년부터 시범사업에 들어갈 계획이다.

방음시설이 도로 건설에 미치는 영향

일반적으로 도로는 배수 등의 이유로 주변 토지보다 약간 높은 위치에 설치되기 때문에 초기 고속도로 방음벽 높이는 3m~4m 내외면 충분하였다. 그런데 개설된 도로변을 따라 각종 개발사업이 따라왔다. 일조권을 감안하여 도로 폭이 넓을수록 높은 건물을 지을 수 있게 되었다. 특히 도시화가 진행되고 주거문화가 아파트로 옮겨감에 따라 더 높은 건물들이 도로변에 가깝게 들어서게 되었다. 아파트 거주인구가 60%를 넘어가면서 소음과 관련한 집단민원 발생이 늘어나는 추세이다. 자동차가 주행하면서 발생하는 소음 종류에는 가속 주행 소음, 배기 소음, 경적 소음 등이 있다. 소음피해를 줄이기 위해서 다양한 대책이 확대되고 있다. 서울시 도로소음 종합대책에도 포함된 다공성포장 등 저소음 포장에 의한 소음대책도 점차 사례가 늘어나고 있다. 그러나 지금까지 한국에서 가장 널리 채택된 소음피해저감대책은 방음벽이다. 고속도로에는 약 900km에 방음벽이 설치되어 있고, 30km에 소음저감장치가 설치되어 있으며, 방음터널이 약 3km 설치되어 있다.

방음벽의 종류에는 소음 처리 방식과 재료에 따라 반사형, 흡음형, 투명형, 칼라형이 있다. 일반 방음벽을 기본으로 하되 경관이 중시되는 곳에 투명방음벽을 사용한다. 「도로설계기준」에 의하면 방음벽 기초 설치목표는 공용 개시후 토공부는 10년, 구조물 구간은 20년으로 하고, 방음판은 토공과 구조물 구간 모두 10년 후를 설치

목표로 한다. 최근에는 방음벽에 예술적인 그림을 많이 그려 넣어서 도로의 생활환경을 개선하려는 시도가 많다. 서울외곽순환고속도로 동판교(판교 JC~성남 IC) 600m 구간을 방음터널로 덮는데 400여억 원이 들어갔다. 광교 신도시를 통과하는 영동고속도로 1.8㎞ 구간에 설치한 방음벽 공사비가 1천 억 원이다. 분당수서고속화도로가 판교신도시를 지나가는 1.98㎞(매송~벌말) 구간을 콘크리트 박스와 방음벽으로 덮는데 약 1,500억 원이 들어갈 전망이다. 세종시 대평동~소담동 구간(2.8㎞), 용인~서울고속도로, 부산해안순환도로 영도구간 등 수많은 구간이 방음터널로 덮여지고 있다. 도로 1㎞ 당 건설공사비가 약 200억 원~400억 원 정도라는 것을 감안하면 배보다 배꼽이 클 지경이다. 이 때문에 애초부터 지하도로나 터널로 도로를 계획하는 경우도 많다. 서울 강남순환도로를 지상이나 고가로 건설하고 방음터널을 만들었다면 건설비가 훨씬 높아졌을 것이다. 해외에서 방문한 공무원들에게 한국 도로에서 가장 인상적인 시설을 물으면 이구동성으로 터널, 그 가운데 방음터널을 꼽는다. 도로 소음 저감대책에는 포장, 최고제한속도 낮추기 등 여러 가지 대안이 있음에도 공사비가 가장 비싼 시설 일변도의 대책은 여러모로 정상이 아니며 지속가능한 도로의 미래도 아니다.

  도로를 확장할 경우에 증가한 소음방지 시설 비용은 도로공급자 측에서 담당하게 되어 방음벽 설치비용이 늘어난다. 중부내륙고속도로 창녕~현풍(15.48㎞) 확장공사 사업비가 기본설계 시 1,008억 원이던 것이 실시설계 결과 2,545.89억 원으로 증액되어 예비타당성 재조사[75]를 받게 되었다. 기본설계 단계에서는 환경 공사항목이 50.1억 원이었으나 환경영향평가 결과를 반영한 실시설계에서는 169.5억 원으로 늘어났다. 이 가운데 137.6억 원이 방음벽 비용으로 포장공사비 83억 원보다 높았다. 주변 정온시설 40개 중 37개소에서 예측소음도 기준을 상회하여 2m~8m 높이의 방음벽 12.5㎞가 추가된 탓이다. 기본설계 이후 축사 5개소, 양계장 1개소, 사찰 2개소, 가옥 5개소가 새로 생겨 이를 고려해야 했다. 결과적으로 타당성 재조사 결과 B/C비는 0.47, AHP 분석결과는 0.360으로 나타나 사업추진의 타당성을 확보하기가 어려워졌다.

---

75) KDI 공공투자관리센터, 중부내륙고속도로 창녕~현풍 확장공사 타당성재조사 보고서, 2017. 7.

방음벽 설치로 얻어지는 장점도 많지만 단점도 여러 가지 있다.

하나, 도로에 설치하는 방음벽은 조망을 제한하고 도로의 미관을 저해한다. 특히, 높이가 10m 이상 되는 방음벽은 미관상 악영향이 커서 해외에서는 높은 방음벽의 설치는 매우 제한적이다. 서울외곽순환고속도로에는 최고 높이 26m에 달하는 방음벽이 설치되어 있고 점차 높은 방음벽이 요구되고 있다.

둘, 강한 바람이나 지진으로 방음벽이 파괴되면 도로를 차단하는 걸림돌이 될 수 있다. 방음벽이 햇빛을 막아 눈이 녹지 않거나 배수에 지장을 주기도 한다. 자동차에서 화재가 발생하면 방음벽이 주변지역으로 화재를 옮기는 매개체 역할을 하니 주거지역 30m 이내에 설치되는 방음벽은 내연처리가 필요하다.

셋, 방음벽도 오래되면 이런 저런 문제를 일으킨다. 제설용 염화물이나 자동차 배기가스 등으로 금속재 방음벽이 부식되는 것이 대표적이다. 한번 부식이 생기면 금방 확산되고 복구도 어렵다. 눈이 많이 오거나 해안가에는 부식에 강한 금속이나, 비금속 방음벽도 대안이겠으나 이 또한 장기적으로 어떤 문제가 생길지 알기 어렵다.

넷, 도로에 접근하기가 어려워져 시설물 점검 작업이 힘들어진다. 영동고속도로 광교신도시 구간에 방음벽을 설치할 때 유지관리전용도로를 별도로 설치하였다. 마찬가지로 방음터널 내부에서 차량고장이나 교통사고가 발생할 경우 이용객이 도로 밖으로 신속하게 대피하는 것도 쉽지 않다.

다. 도로지능화

지능형 교통체계(ITS)는 지난 20년 동안 성숙해온 개념으로 「국가통합교통체계효율화법」 제2조에 의하면 "첨단교통체계(ITS)는 도로의 소통 능력 향상과 자동차 운행의 안전 및 효율을 높이기 위하여 기존의 도로교통에 전자·정보·통신의 첨단 기술을 접목시킨 차세대 도로교통체계이다"라고 정의하고 있다.「교통체계효율화법」(1999년)은 2009년도에「통합국가교통체계효율화법」으로 개정되었다.

2015년말 현재 모든 고속도로 4,194km(100%), 일반국도 2,823km(20.7%), 지자체도시부도로 7,589km(10.6%) 등 총 14,606km(16.3%)에 ITS가 구축되어 기본 교통정보 제공, 유고관리, 고속도로교통관리, 자동단속 등의 서비스가 제공되고 있다. 국토해양부(국가교통정보센터, 국토관리청센터), 한국도로공사, 44개 지방자치단체 등 총 69개 기관이 교통정보센터를 운영 중에 있다.

1993년 시작된 고속도로 교통관리시스템은 2017년 8월 기준 광통신망 3,989km, 차량검지기 2,608개소, CCTV 5,558개소(터널내 3,640개 포함), 가변전광표지(VMS) 1,253개소, 교통량조사장비 266개소, 하이패스기반 교통정보시스템 1,011개소, 도로기상정보시스템 52개소로 구성된다. 고정식 축중기 444개소, 이동식 축중기 170개소가 설치되어 과적차량을 확인한다. 폐쇄식 영업소는 333개소가 있는데 총 3,111개 차로가운데 하이패스 차로는 1,162개 차로(입구 723개, 출구 439개)이다. 개방식 영업소는 16개소가 있는데 총 274개 차로 가운데 하이패스 차로가 133개소이다.

장비나 시스템 자체가 중요한 것이 아니라 기존 도로시스템 운영효율을 높여야 가치가 있다. 이용자의 80%가 하이패스를 통해서 멈추지 않고 요금을 지불한다. 210km 구간에 대해 갓길 가변차로제를 운영하고 있으며, 경부고속도로와 영동고속도로에 버스전용차로제가 운영된다. 교통혼잡구간에 대해 진입제어를 실시한다. 우회도로와 통행소요시간을 실시간으로 제공하고, 각종 교통위반을 자동으로 단속한다. 휴게소 관련 모든 정보를 제공하고, 위험한 구간에서 교통상황에 맞춰 최고제한속도를 가변적으로 운영한다. 각종 돌발상황을 실시간으로 파악하여 운전자에게 알려주고 신속대응팀을 파견한다. 고속도로 교통관리시스템은 앞으로 다가올 전기자동차나 자율주행자동차란 혁신적 변화를 지원하는 핵심 요소가 될 것이다.

라. 도로교통안전

한국의 도로교통사고 사망자수는 1991년에 최대치 1만 3,429명을 기록한 후 13년 만인 2004년에 절반 이하인 6,563명으로 감소하였다. OECD 국가 중 교통사고 사망자수를 절반 이하로 빠르게 감소시킨 나라가 되었고 2016년에는 4,292명까지 줄어들었다. 그러나 2010년 이후 감소세가 둔화되었으며 선진국들의 감소속도를 따라가지 못해 차이가 다시 벌어지고 있다. OECD 국가와 2014년 통계를 비교하면[76] 한국의 교통안전 수준을 국제 관점에서 파악할 수 있다. 자동차 1만 대당 사망자수는 2.0명으로 OECD평균인 1.0명보다 두 배 높고 순위는 29위이다. 인구 10만 명당 사망자수는 9.4명으로, OECD 평균인 5.6명에 비해 1.68배 높고 순위 역시 28위에 해당한다. 자동차 10억 주행·km당 사망자수는 15.5명을 기록하고 있다. 모든 지표 측면에서 선진국 클럽인 OECD 내에서 아직 하위권인 셈이다.

도로교통공단 통합DB에 의하면 2014년 한 해 동안 발생한 교통사고는 1,129,374건으로 4,762명이 사망하고 1,792,235명이 부상한 것으로 집계되었다. 2014년 자동차보험에서의 후유장해보상금 지급 현황을 보면 자동차보험에서 보상한 부상자 156만 8,219명 중 약 1.1%인 1만 6,594명이 후유장해가 발생되었으며 평균 노동력 상실률은 약 17.78%로 분석되었다.

1962년 이후 교통수단과 교통시설 등이 증가하는 등 교통환경이 크게 변화하자 교통안전과 관련된 법령과 제도 정비가 시급해졌다. 「도로법」과 「도로교통법」이 1961년 제정되어 교통안전에 관심을 두고 시설을 설치하고 운영을 시작하게 되었다. 1970년대~1980년대에는 교통안전에 대한 의식이 높아지며 「교통안전법」 및 「교통사고처리특례법」 구체적인 교통안전법령들이 만들어졌다.

1979년에 「교통안전법」이 제정되어 국가적으로 종합적인 교통안전대책 추진이 가능해졌다. 국가·지방 교통안전기본계획을 5년 단위로 수립하고 이를 집행하기

---

[76] 국토교통부, 종합교통업무편람, 2017.

위해서 국가와 시·도지사는 매년 국가교통안전시행계획과 지방교통안전시행계획을 수립·시행하도록 하게 되었다. 1990년대에는 세부 법령 등을 개정하여, 안전벨트 착용의무화 및 어린이 보호구역 지정 등 교통사고 피해 최소화를 위한 방안을 마련하였다. 2000년대에는 「교통안전법」을 전면 개정하였으며, 「교통약자의 이동편의 증진법」 등을 제정하여 교통약자에 대한 배려를 강화하였다.

교통안전관리 기구와 관련하여서는 1962년 교통부에 안전담당관이 설치되었으며, 내무부에 교통안전위원회가 설치·운영되었다. 1981년에는 「교통안전법」에 의거 국무총리를 위원장으로 하는 교통안전정책심의위원회를 설치하였다. 1995년 이후 국무총리실은 교통안전정책의 종합추진체계를 국토해양부 등 개별부처 업무로 환원시켰다가, 2009월 국무총리실에 안전관리개선기획단을 설치하여 안전정책에 대한 정부의 종합 조정업무를 다시금 강화시켰다.

한국은 교통안전 법제 정비, 조직, 예산, 민간단체 등 전반적인 교통안전 틀을 잘 갖추어 최악의 교통사고 국가로부터 단기간에 탈출하였다. 한국 교통안전체계는 핵심 교통안전 분야에 대한 법제 정비 및 지속추진, 교통안전 취약분야 개선사업 적기 추진, 단속분야에 신기술의 적용으로 요약될 수 있다. 한국 산업특성상 교통안전분야에 정보통신기술(ICT) 접목 노력이 활발하였다.

제3장

도로 관련 법제와 재원

제3장
도로 관련 법제와 재원

1 도로 관리 체계

가. 공공도로 분류

한국의 공공도로는 「도로법」상 고속국도[77], 일반국도, 특별·광역시도, 지방도, 시도, 군도, 구도로 구분하며, 「농어촌도로정비법」상 면도, 이도, 농도로 구분한다.[78] 우리 도로망은 전국의 주요 도시를 연결하는 고속국도 및 일반국도가 주축을 이루고, 각 도내의 지역 생활권을 연결하는 지방도 및 군도, 시가지 내 가로 등이 상호 연계되어 있다.

도로관리청이란 도로에 관한 계획, 건설, 관리의 주체가 되는 기관으로서 도로의 구분에 따라 국토교통부장관이나 행정청(자치단체의 장)이 된다(도로법 제2조). 고속

---

[77] '고속국도'는 도로법상 법정명칭인 반면, '고속도로', '선'은 일반명사이다. 예를 들어 서울부산간 고속도로의 경우 경부고속국도, 경부고속도로, 경부선이란 여러 명칭이 혼용되어 사용되고 있다.
[78] 국토의 계획 및 이용에 관한 법률에 의한 도시계획도로는 「도로법」과 「농어촌도로정비법」에 의한 도로의 종류에 포함되지 않는다.

국도[79]와 국도의 경우 국토교통부장관이 도로관리청이며, 특별시도·광역시도의 경우 특별시장·광역시장, 지방도의 경우 도지사, 시도의 경우 시장, 군도의 경우 군수가 각각 도로관리청이 된다. 고속도로는 권한이 위임되어 한국도로공사가 관리하고, 일반국도의 84%(시외구간)는 지방국토관리청이 관리한다. 국가지원지방도(국지도), 광역도로, 혼잡도로 등 특별히 지정되는 일부 지자체 관리도로는 국가가 공사비, 용지비의 일부를 지원한다. 도로현황조서에 의하면 2016년 전국 도로법상 도로 108,780km 가운데 중앙정부에서 관리하는 고속국도(4.08%)와 일반국도(12.85%)는 전체 도로연장의 16.9%(18,145km)이며, 지방자치단체에서 관할하는 광역시도 18.9%(20,581km), 지방도 16.7%(18,121km), 시도·군도 47.5%(51,663km)가 83.1%를 차지한다. 여기에 59,109km에 달하는 농어촌 도로까지 포함하면 전체도로연장 166,636km에서 지방자치단체에서 관리하는 도로의 비중은 89.12%까지 올라간다. 일반국도 가운데 43.8%(5,981km)와 지방도의 87.1%, 시·군도의 79%가 왕복 2차로 도로이다.

한국의 도로관리 체계

구분		계획 주체	건설(관리) 주체	재원
고속국도		국토부장관	국토부장관 (도로공사사장)	공사비 : 국고/한국도로공사/민간 용지비 : 국고
일반국도	시외	국토부장관	국토부장관	국고
	시내	시장	시장	지방비
특별·광역시도		특별·광역시장	특별·광역시장	지방비
지방도		도지사 (시구역 : 시장)	도지사 (시구역 : 시장)	지방비
시·군·구도		시·군·구 지자체장	시·군·구 지자체장	지방비

---

79) 한국도로공사는 「도로법」에 의한 권한대행의 범위 내에서 고속국도관리청이 된다. 국가배상법이나 민법과 같은 법률의 적용에는 고속국도관리청의 지위가 인정되지 않는다(박신, 도로법해설(p.107), 2009).

구분	계획 주체	건설(관리) 주체	재원
국도대체우회도로	국토부장관	국토부장관	공사비 : 국고 용지비 : 지방비
국가지원지방도	국토부장관	도지사 (시구역:시장)	공사비 : 국고 용지비 : 지방비
대도시권 교통혼잡도로	국토부장관	지자체장	공사비 : 국고/지방비 용지비 : 지방비
농어촌도로	지자체장	지자체장	지방비
도시계획도로	지자체장	지자체장	지방비

자료 : 국토교통부, 제1차 국가도로종합계획(2016~2020), 2016. 8 / 주 : 일부 보완(p.15)

나. 관리 조직과 재원

중앙정부부처 도로업무 담당조직은 내무부 건설국 도로과(1948년 11월 4일)로 출발하여, 내무부 토목국 도로과(1955년 2월 17일)로 변화하였다. 건설부가 발족하게 되면서 1962년 건설부 국토보전국 도로과로 시작하여 1968년 7월 24일 도로계획과, 국도과, 지방도과, 고속도로과로 구성된 도로국이 최초로 설립되어 현재와 같은 도로건설 조직이 구성되었다. 이후 건설부는 건설교통부, 국토해양부를 거쳐 2013년 국토교통부로 정부조직이 개편되었고, 2015년 12월 현재의 도로국 5개과(도로정책과, 간선도로과, 도로투자지원과, 도로운영과, 첨단도로안전과)로 자리 잡았다[80].

「도로법」제85조 비용부담의 원칙에 의해서 도로관리청이 국토교통부장관인 도로(고속국도, 국도)에 관한 것은 국가가 부담하고, 그 밖의 도로에 관한 것은 해당 도로의 관리청이 속해있는 지방자치단체가 부담하는 것으로 규정하고 있다. 국토교통부에서 집행하는 도로예산의 대부분이 고속도로와 국도에 사용되고, 일부가

---

81) 국토교통부, 도로업무편람, 2016(2016년 서울세종고속도로팀 추가됨).

국가지원지방도나 대도시권 혼잡도로에 지원되는 구조이다. 결국 지방자치단체 영역에 있는 고속국도와 국도는 국비, 지방도는 도비, 시도·군도·구도는 해당 자치단체가 부담하는 것이 원칙이다. 농어촌도로에 대해서는 행정안전부에서 일부 지원을 받는다. 고속도로와 국도는 법률, 계획, 조직, 예산에 관한 체계가 잘 갖추어져 있다고 할 수 있으나, 그 이외의 도로는 아무래도 법제와 예산 분야 체계성이 결여되어 있다.

「도로법」과 「국가통합교통체계효율화법」은 중앙정부에서 관할하는 고속국도와 국도 위주로, 「농어촌도로정비법」은 농·면·이도 중심으로 계획·사업·관리계획이 마련되어 있다. 「도로법」상 지방도 이하 시도·구도·군도 등급 도로와 농어촌도로를 체계적으로 계획·건설·관리하는 종합체계는 없는 실정이다. 현재 지방자치단체 관리도로에 지원되고 있는 국비는 지역발전특별회계상 행정안전부가 직접 편성하는 지역교통환경개선사업에 국한되어 있으나[81], 현실적으로 각 지방자치단체마다 관할 도로의 신설 및 유지관리에 많은 지방비를 함께 투입해오고 있다. 가장 많은 도로예산이 투입된 2009년에는 총 22.90조 원 가운데 고속도로와 국도에 각각 5.57조 원(24.3%)과 6.17조 원(26.9%)이 투입되어 가장 높은 비율을 차지하였다. 그 외에 특별시도 1.36조 원(5.96%), 광역시도 1.77조 원(7.7%), 지방도 3.36조 원(14.6%), 시도 2.67조 원(11.7%), 군도·구도 1.45조 원(6.3%), 농어촌도로에는 0.65조 원(2.9%)이 투자되었다. 전체 도로재원의 51.2%가 고속도로와 국도에 투자되었으며, 농어촌도로를 제외한 97.1%가 「도로법」상 도로에 투자된 것이다.

---

81) 한국건설관리공사, 지방자치단체 관리도로 제도개선방안 연구(한국지방행정연구원), 2017.

2 도로 관련 법률[82]

가. 도로 관련 법률 종류

　법치주의 국가에서 도로를 안정적으로 건설하고 유지관리하기 위해서는 관련 법률을 잘 정비하는 것이 가장 중요하다고 할 수 있다. 1960년대에 도로망을 적극적이고 효율적으로 정비하려고 보니 시대에 뒤떨어진 기존 도로법령으로 인하여 많은 제약이 발생하였다. 이와 같은 배경 아래 1960년대에는 도로 관련 법령들이 활발하게 제정 및 개정되었다. 1961년 12월 27일 「도로법」 제정 이후 도로 건설, 재원, 운영, 조직 등과 관련한 법규는 시대의 변화에 맞추어 지속적으로 제·개정하여 왔다. 한국의 도로 관련 법률을 분류해보면 다음과 같다.

　하나, 도로시설의 건설 및 관리와 관련되는 법률은 「도로법」, 「사도법」, 「유료 도로법」, 「한국도로공사법」, 「농어촌도로정비법」, 「주차장법」 등이 있다.

　둘, 도로교통체계 구축 및 운영과 관련한 「국가통합교통체계효율화법」, 「국토기본법」, 「국토의 계획 및 이용에 관한 법」, 「도시교통정비촉진법」, 「대도시권광역 교통관리에 관한 특별법」 등이 있다.

　셋, 안전한 도로를 만들기 위한 「도로교통법」, 「교통안전법」이 있다.

　넷, 도로 건설 재원은 통상 일반회계에서 조달하지만 우리나라에서는 특별회계와 유료도로 통행료에 많이 의존하며, 최근 들어 민간자본의 역할도 커지고 있다. 이와 관련하여 「유료도로법」, 「교통시설특별회계법」, 「교통에너지환경세법」, 「사회 기반시설에 대한 민간투자법」이 있다.

---

[82] 국토교통부, 도로업무편람(2016) 및 국가법령센터 참고.

나. 「도로법」

도로법 변천과정

「도로법」[83](1961년 12월 27일 제정)은 국가나 지방자치단체가 관리하는 공공도로에 관한 기본법으로 자동차 증가와 사회변화를 반영하여 수십 차례 일부 개정과 2차례의 전부 개정을 거쳐 2017년 7월 최근 개정되었다. 현재의 「도로법」은 시대별로 다음과 같은 주요 개정을 거쳐 확립되었다.

하나, 1970년 8월 10일(법률 제 2232호) 개정에서는 1급 국도와 2급 국도를 통합하여 일반국도로 하고, 일반국도의 상위도로로 고속도로를 새로 규정하였다. 고속국도의 건설 및 관리에 관하여 필요한 사항은 따로 법률로 정하도록 하여 제정된 「고속국도법」(1970년)에서는 「도로법」에 규정한 것 이외에 특별히 고속도로에 필요한 노선의 지정, 교차방법, 접도구역, 통행제한, 도로의 유지관리 및 보전 등에 관하여 필요한 사항 및 자동차전용도로 지정과 관리방법도 규정하였다.

둘, 1995년 12월 6일 개정에서는 중요한 지방도에 대해서 국가가 재정지원을 하도록 하여 도로의 고급화를 도모하였다. 지방도 중 중요도시·공항·항만 등 주요 교통유발시설을 연결하며 국가기간도로망을 보조하는 도로에 대하여 이를 국가지원지방도로 지정하도록 하였다. 국가지원지방도와 국도대체우회도로에 대해서는 국고에서 건설비용의 일부를 보조하도록 하였다. 1996년 중앙정부 예산에 국가지원지방도 예산 600억 원이 처음 반영되었고, 1999년에는 2,760억 원으로 늘어났다.

셋, 도로를 체계적으로 정비하기 위해서 개별 법률에 분산되어 있던 내용을 「도로법」으로 통합하는 작업도 진행되었다. 1999년 2월 8일 개정에서는 「도로정비 촉진법」에 포함되어 있던 도로정비계획 관련 사항을 보완하여 「도로법」에 통합시키고 「도로정비촉진법」은 폐지하였다. 한편 토지이용 효율을 높이고 도로부지 확보비용을 절감하기 위해서 입체적 도로구역을 지정할 수 있도록 하였다. 도로관리청은 토지에

---

83) 국토교통부, 2015 도로법해설, 2015.

대한 소유권을 확보하지 않고도 지상 또는 지하 공간에 도로를 건설할 수 있고, 토지소유자는 입체적 도로구역의 위 또는 아래에 위치하는 토지를 이용할 수 있도록 한 것이다.

넷, 2004년 1월 20일 개정에서는 하급의 도로관리청이 도로정비기본계획을 수립하는 때에는 반드시 상급의 도로관리청과 미리 협의하도록 하여 도로 상호 간의 연계성을 확보할 수 있도록 하였다. 2009년 5월 27일 개정에서는 국도 중 일부에 대한 신설·개축과 수선 및 유지에 관한 업무를 도지사 또는 특별자치도지사가 수행할 수 있도록 하였다.

다섯, 2010년 3월 22일 개정에서는 행정구역을 기준으로 하는 도로투자의 한계를 극복하기 위하여 도로의 지선개념을 도입하였는데, 고속국도 또는 국도의 본선과 그 인근의 도시 등을 연결하는 도로 등을 고속국도 또는 국도의 지선으로 지정할 수 있도록 하였다. 기간도로망의 기능유지를 위하여 특별시·광역시·특별자치도 또는 시지역의 국도 중 일부 구간을 지정국도로 정할 수 있도록 하였으며, 국도대체우회도로와 지정국도는 국토해양부장관이 도로관리청이 되도록 하였다. 노선 중복이 가져오는 혼선을 방지하기 위해서 새로 건설된 국도 또는 국도대체우회도로가 사용을 개시하면 기존 국도는 국도로서의 사용을 폐지하도록 하였다. 국토해양부장관은 지방자치단체의 장이 도로관리청인 도로 중 대도시권의 주요 간선도로로서 도시권의 교통혼잡을 개선하고 물류의 흐름을 원활하게 하기 위하여 개선이 필요한 구간에 대하여 각 권역별로 5년마다 개선사업계획을 수립하고, 개선사업에 소요되는 비용의 일부를 지원할 수 있도록 하였다. 도시부 혼잡도로에 대한 중앙정부의 투자가 늘어나게 된 것이다.

여섯, 2014년 1월 14일에는 2008년 3월 21일에 이어 「도로법」 전부 개정이 있었다. 국토해양부장관은 도로망의 효율적인 확충 및 관리 등을 위하여 10년마다 국가도로망종합계획을 수립하도록 하였다. 도로망에 대한 국가의 책무를 명시하기 위해 도로관리청은 도로에 관한 계획 및 도로의 건설·관리 시 사회적 갈등 최소화, 환경에 대한 영향 최소화 등을 고려하는 조항을 신설하였다. 복잡해진 고속국도 및 일반국도의 노선을 적기에 지정·변경하기 위하여 지금까지 대통령령으로 정하도록 한 것을 앞으로는 국토해양부장관이 고속국도와 일반국도의 노선을 지정하여 관보에 고시하도록 하였다. 지금까지 고속국도에 대한 노선지정은 「고속국도법」에 규정되어 있었으나 이번 개정에서 「도로법」에 통합됨으로써 1970년 이래 존속하던 「고속국도법」이 폐지되었다.

현행 「도로법」 주요 내용

2017년 1월 17일 개정되고 7월 18일 부로 시행된 현행 「도로법」은 10개 장 118개 조와 부칙으로 구성되어 있다. 제1장 총칙, 제2장 도로에 관한 계획의 수립 등, 제3장 도로의 종류 및 도로관리청, 제4장 도로구역 및 도로와 관련된 사업의 시행, 제5장 도로의 사용 및 관리, 제6장 도로의 점용, 제7장 도로의 보전 및 공용부담, 제8장 도로에 관한 비용과 수익, 제9장 보칙, 제10장 벌칙으로 구성되어 있다. 주요 내용을 정리하면 다음과 같다.[84]

하나, 「도로법」 제정 목적(제1조)은 "도로망의 계획수립, 도로 노선의 지정, 도로공사의 시행과 도로의 시설 기준, 도로의 관리·보전 및 비용 부담 등에 관한 사항을 규정하여 국민이 안전하고 편리하게 이용할 수 있는 도로의 건설과 공공복리의 향상에 이바지함" 이라고 규정하고 있다.

둘, 국가도로망종합계획의 수립(제5조)에서는 "국토교통부장관은 도로망의 건설 및 효율적인 관리 등을 위하여 10년마다 국가도로망종합계획을 수립하되, 국가도로망종합계획은 「국토기본법」 제6조에 따른 국토종합계획, 「국가통합교통체계효율화법」 제4조에 따른 국가기간교통망계획과 연계" 하도록 하고 있다.

셋, 도로건설·관리계획의 수립(제6조)에서는 "도로의 원활한 건설 및 도로의 유지·관리를 위하여 도로관리청이 매 5년마다 소관도로에 대하여 도로건설·관리계획을 수립" 하도록 하고 있다. 다만, 시청 또는 군청 소재지를 연결하는(제15조 2항)

---

84) 도로법에 대한 구체적인 내용은 '2015도로법해설(국토교통부, 2015년)' 이나 '도로법해설 (박신, 2009)'을 참고하기 바란다.

국가지원지방도에 대해서는 국토교통부장관이 도로건설·관리계획을 수립한다.

넷, 도로의 종류(제10조)는 "고속국도, 일반국도, 특별시도·광역시도, 지방도, 시도, 군도, 구도" 7가지이고 등급은 나열한 순서이다.

「도로법」상의 도로와 구별하여야 할 도로로 「농어촌도로 정비법」에 따른 농어촌도로, 「사도법」에 따른 사도가 있는데, 이러한 도로는 「도로법」상의 도로가 아니어서 「도로법」의 적용을 받지 않는다.

도로에 관한 모든 내용을 법률로 규정하는 것은 불가능 하니 법률에서는 개괄적·일반적 내용만 규정하고 개별적·구체적 내용은 시행령, 시행규칙, 조례, 기술기준과 같은 하위법령에서 정하게 된다. 「도로법」의 하위 법령 가운데 시행령에는 「도로법시행령」, 「일반국도 노선지정령」, 「국가지원지방도 노선지정령」이 있다. 「도로법시행령」의 하위 시행규칙에는 「도로법시행규칙」, 「도로의 구조·시설기준에 관한 규칙」, 「도로유지보수 등에 관한 규칙」, 「도로와 다른 도로 등과의 연결에 관한 규칙」, 「도로표지규칙」이 있다. 5개의 시행 규칙 아래 총 17개의 운영과 관리에 관한 규정과 지침이 있다.

도로법에 부속된 법령 부령 훈령 예규

대통령령	부 령	훈 령·예 규 등
도로법시행령	1. 도로법 시행 규칙	1. 도로관리심의회 설치 및 운영 규정 2. 도로정책심의회 운영 세칙
	2. 도로의구조 시설 기준에 관한 규칙(법 제48조, 제50조)	3. 환경친화적인 도로건설 지침 4. 도로안전시설 설치 및 관리 지침 5. 보도설치 및 관리 지침
	3. 도로유지보수 등에 관한 규칙(법 제31조)	6. 국도유지보수 운영 규정 7. 국도유지건설사무소출장소 운영 세칙 8. 도로교통량 조사 지침 9. 도로관리 무기계약근로자 관리 규정 10. 차량의 운행제한 규정 11. 도로터널 방재시설 설치 및 관리 지침

대통령령	부 령	훈령·예규 등
도로법시행령	4. 도로와 다른 도로 등과의 연결에 관한 규칙 (법 제52조)	12. 접도구역 관리지침 13. 교차로에서의 영향권 산정 기준 14. 도로점용시스템 세부 운영 규정
	5. 도로표지 규칙(법 제 55조)	15. 도로명 안내체계 표지 제작 설치 지침 16. 도로표지 제작·설치 및 관리 지침 17. 고속국도 표지 제작·설치 지침

자료 : 국토교통부, 도로업무편람, 2016

다. 기타 도로 관련 법률

「사도법」

「사도법」(법률 제872호, 1961년 12월 제정, 1962년 1월 1일 시행)은 국가나 지방자치단체 이외의 개인이 도로법의 적용을 받지 않고 도로의 설치, 관리, 사용 및 구조에 관한 사항을 규정하고 있다. 8차에 걸쳐 개정되었으며 법률 제13434호(2015년 7월 24일 일부개정, 2015년 10월 25일 시행)가 적용되고 있다. 주요 내용은 다음과 같다.

하나, 사도법의 제정 목적(제1조)은 "사도(私道)의 설치, 관리, 사용 및 구조 등에 관하여 필요한 사항을 규정함으로써 교통 발전에 이바지" 하고자 함이다.

둘, "사도개설자는 사도를 이용하는 자로부터 사용료를 징수(제10조)할 수 있다. 이 경우 대통령령으로 정하는 바에 따라 미리 시장·군수·구청장의 허가를 받아야 한다."

고속국도법

「고속국도법」(1970년)은 고속국도에 관하여 「도로법」에 규정한 것 이외에 그 노선의 지정, 도로의 유지관리 및 보전 등에 관하여 필요한 사항을 규정하였다. 도로망의 정비와 적정한 도로관리를 위해 도로에 관한 계획의 수립, 노선의 지정 또는 인정, 관리, 시설기준, 보전 및 비용에 관한 사항을 규정함으로써 교통의 발달과 공공복리의 향상에 기여함을 목적으로 한다. 고속국도는 자동차 교통망의 중추를 이루는 중요한 도시를 연락하는 자동차 전용의 고속 교통에 공하는 도로로서, 노선번호·노선명·기점·종점·중요 경과지 기타 필요한 사항을 포함하여 대통령령으로 그 노선을 지정하였다. 고속국도의 관리청은 건설교통부장관이었으며, 건설 교통부장관은 그 권한의 일부를 한국도로공사로 하여금 대행하게 할 수 있었다. 「고속국도법」은 「도로법」으로 통합되어 2014년 7월 15일 폐지되었다.

한국도로공사법

「한국도로공사법」은 1969년 제정된 뒤 2015년 12월 최근 개정되었다. 전문 21조와 부칙으로 구성되어 있으며, 시행령이 있다. 동 법의 목적은 "한국도로공사를 설립하여 도로의 설치·관리와 그밖에 관련 사업을 하게 하여 도로의 정비를 촉진하고 도로교통의 발달에 이바지" 하기 위함이다. 한국도로공사는 법인으로 설립(제2조)하고 도로의 설치·관리에 관한 규정에는 자본금, 주식발행, 등기에 관한 사항과 업무, 도로법상의 특례, 손익금처리, 사채발행, 보조금, 공익서비스 등 세부 사항이 포함되어 있다.

유료도로법

1963년 11월 제정된「유료도로법」은 2017년 3월 최근 개정되었다. 유료도로의 개설, 허가, 건설, 관리에 관한 사항을 규정하고 있는데 설치기준(편익 및 대체도로)과 통행료징수(편익 범위 내에서 건설·관리비용의 원리금총액 내)가 주요 내용이다. 재정고속도로와 민자고속도로, 지자체 유료도로 등 폭 넓게 관련되니 주요 내용을 정리해보자.

하나, 이 법의 목적(제1조)은 "유료도로의 신설·개축·유지 및 관리 등에 관한 사항을 정함으로써 교통의 편의를 증진하고 국민경제의 발전에 이바지" 하고자 함이다.

둘, 유료도로의 정의(제2조)는 "이 법 또는「사회기반시설에 대한 민간투자법」제26조에 따라 통행료 또는 사용료를 받는 도로"를 말한다.

셋, "도로관리청은 유료도로를 신설하거나 개축(제4조)하여 통행자로부터 통행료를 받을 수 있다." 대상은 첫째, 해당 도로를 통행하는 자가 그 도로의 통행으로 인하여 현저히 이익을 얻는 도로, 둘째, 그 부근에 통행할 다른 도로(유료도로는 제외한다)가 있어 신설 또는 개축할 그 도로로 통행하지 아니하여도 되는 도로이어야 한다. 다만 고속국도, 관광목적도로, 연도교/연륙교는 예외로 하여 통행료를 받을 수 있다.

넷, 유료도로관리청은 해당 유료도로의 통행으로 인하여 시간과 비용 면에서 통상적으로 얻는 이익의 범위에서 유료도로(고속국도는 제외한다)의 통행료(제14조)를 정하여야 한다.

다섯, 둘 이상의 유료도로를 관리하는 유료도로관리청 또는 유료도로관리권자는 해당 유료도로를 하나의 유료도로로 하여 통행료를 받는 통합채산제(제18조)를 운영할 수 있다.

여섯, 수납한 통행료는 건설원리금상환과 도로의 신설·개축·유지·수선 등의 용도로만 사용한다(제23조).

농어촌도로정비법

행정안전부에서 관할하는 「농어촌도로정비법」은 1991년 12월 제정되었고 2017년 7월 최근 개정되었다. 33개 조문과 부칙으로 구성되어 있다. 중요 내용은 다음과 같다.

하나, 이법의 목적(제1조)은 "농어촌도로의 개설, 확장 및 포장과 보전에 관한 사항을 규정함으로써 농어촌지역 주민의 교통 편익과 농수산물의 생산·유통을 향상시켜 농어촌지역의 생활환경 개선과 경제의 활성화에 기여" 하고자 하는 것이다.

둘, 농어촌도로란 「도로법」에 규정되지 아니한 도로(읍 또는 면 지역의 도로만 해당한다)로서 농어촌지역 주민의 교통 편익과 생산·유통활동 등에 공용되는 공로 중 면도, 이도, 농도를 말한다(제2조).

셋, 제7조(도로정비계획의 수립)에서 "군수는 기본계획에 따라 5년마다 도로의 정비계획을 수립하고 사업계획이 확정되면 노선을 지정" 한다.

농어촌 도로의 정비는 「농어촌도로정비법」 또는 다른 법률에 특별한 규정이 없으면 군수가 하도록 하고 있다. 도로의 구조 및 시설기준에 관하여 필요한 사항은 「농어촌도로의 구조·시설기준에 관한 규칙」[85](행정안전부령)으로 정한다. 동 규칙(2015년)에서 설계속도는 면도 40km/시(구릉지)~50km/시(평지), 이도 40km/시, 농도 20km/시로 정하고 있다. 최소 차로 수는 면도 2차로, 이도 1차로, 농도 1차로 이상으로 하고 있다. 이도 및 농도를 1차선으로 설계할 경우의 차로 폭은 이도 5.0미터, 농도 3.0미터 이상으로 한다. 이 밖에 중앙분리대, 길어깨, 보도, 곡선반경, 곡선길이, 편경사, 정지시거, 종단경사 등을 규정하고 있다.

---

85) 행정안전부, 농어촌도로의 구조·시설기준에 관한 규칙, 2015.

「국가통합교통체계효율화법」

「국가통합교통체계효율화법」은 육상·해상·항공·대중교통 등 교통체계의 최상위법률이다. 동 법에서 국가기간교통시설은 지역간 간선교통기능을 수행하는 교통시설로, 도로의 경우는 「도로법」 제10조에 따른 고속국도와 일반국도를 말한다.

하나, "국토교통부장관은 국가의 효율적인 교통체계를 구축하기 위하여 20년 단위로 국가기간교통망계획을 수립(제4조)" 한다.

둘, "고속국도와 일반국도는 동법 제4조에 의해 국토교통부장관이 20년 단위의 국가기간교통망계획과 5년 단위의 중기교통시설투자계획을 수립(제4조)" 한다.

셋, 제5조(다른 계획과의 관계)에서 "국가기간교통망계획은 「국토기본법」에 따른 국토종합계획과 조화를 이루어야 하며, 「대도시권 광역교통관리에 관한 특별법」에 따른 대도시권광역교통기본계획, 「물류정책기본법」에 따른 국가물류기본계획, 그 밖에 다른 법령에 따른 교통·물류 관련 계획보다 우선하며 그 계획의 기본이 된다." 고 규정하고 있다.

사회기반시설에 대한 민간투자법 (약칭 : 민간투자법)

기획재정부가 관할하는 「민간투자법」은 1994년 3월 제정되었으며 2017년 3월 최근 개정되었다. 자세한 내용은 제4장 5절 민간투자제도에서 다루니 여기에서는 목적과 정의만 알아보자.

하나, 이 법의 목적(제1조)은 "사회기반시설에 대한 민간의 투자를 촉진하여 창의적이고 효율적인 사회기반시설의 확충·운영을 도모함으로써 국민경제의 발전에 이바지" 하는 것이다.

둘, 민간투자사업의 정의(제2조 5항)는 "제9조에 따라 민간부문이 제안하는 사업 또는 제10조에 따른 민간투자시설사업기본계획에 따라 제7호에 따른 사업시행자가 시행하는 사회기반시설사업"을 말한다.

「도로교통법」

경찰청 소관인 「도로교통법」은 1961년 12월 31일 제정되어 2017년 3월 최근 개정되었다. 총 14개 장과 166개 조항, 부칙 등 방대한 내용으로 구성되어 있다. 제1장 총칙, 제2장 보행자의 통행방법, 제3장 차마의 통행방법 등, 제4장 운전자 및 고용주 등의 의무, 제5장 고속도로 및 자동차전용도로에서의 특례, 제6장 도로의 사용, 제7장 교통안전교육, 제8장 운전면허, 제9장 국제운전면허증, 제10장 자동차운전학원, 제11장 도로교통공단, 제12장 보칙, 제13장 벌칙, 제14장 범칙행위의 처리에 관한 특례로 구성되어 있다. 「도로교통법」의 목적(제1조)은 "도로에서 일어나는 교통상의 모든 위험과 장해를 방지하고 제거하여 안전하고 원활한 교통을 확보"하는 것이다. 교통안전에 관한 사항이나 안전시설에서 관련하여 「도로법」과 관계가 깊다.

교통안전법

1979년 제정된 「교통안전법」의 목적(제1조)은 "교통안전에 관한 국가 또는 지방자치단체의 의무·추진체계 및 시책 등을 규정하고 체계적으로 추진함으로써 교통안전을 증진하기 위한 것"이다. 2017년 3월 최근 개정되었으며 7개 장 65개 조와 부칙으로 구성되어 있다. 「도로교통법」이나 「도로법」 등에서도 교통안전에 관한 사항을 규정하고 있으나, 교통수단을 총괄하여 국가적 차원에서 종합적인 교통안전시책과 시행이 필요하여 제정된 법률이다. 「교통안전법」의 가장 중요한 내용은 국가와 지방이 의무적으로 교통안전기본계획을 수립하고 이를 시행해야 한다는 것이다. 「교통안전법」 제15조에 국토교통부장관은 국가의 전반적인 교통안전수준의 향상을 도모하기 위하여 5년 단위로 국가교통안전기본계획 수립을 의무화하고 있다. 제17조에서는 시·도지사는 국가교통안전기본계획에 따라 5년 단위로 시·도교통안전기본계획을 수립하도록 하고 있다. 이상의 국가·지방 교통안전기본 계획을 집행하기 위해서 국가와 시·도지사는 매년 국가교통안전시행계획과 지방교통 안전시행계획을 수립·시행하도록 하고 있다.

「교통안전법」에는 도로시설 정비와 점검, 교통시설안전진단, 교통수단 안전운행 등 도로 건설 및 운영에 영향을 미치는 중요 사업 등이 규정되어 있다

한국의 도로교통사망자는 1991년 1만 3,429명으로 최대를 기록한 이후 계속 감소하여 2016년에는 4,292명에 도달하였다. 여기에는 교통안전기본 계획의 체계적인 집행이 큰 기여를 한 것으로 평가된다. 제8차 교통안전기본계획 (2017~2021년)에서는 2021년 교통사고사망자수 목표를 2,796명으로 설정하고 있다. 교통사고 사망자의 95% 정도가 도로에서 발생하기 때문에 도로안전을 개선하기 위해 상당한 투자를 하고 있다.

제8차 교통안전기본계획에 필요한 투자는 총 13.5조 원으로 이 가운데 도로교통안전 부문에 총 7.3조 원의 투자가 필요하다. 계획의 실효성을 확보하기 위해서는 안정적인 투자재원 확보가 필수적인데 예산 확보의 불확실성이 존재하여 교통시설 특별회계 내에 교통안전계정 신설을 검토하고자 한다. 현재 도로, 철도, 교통체계관리, 공항, 항만 등의 계정으로 구분된 교통시설 특별회계에 교통안전계정을 신설하여 교통안전 재원을 안정적으로 확보하자는 것이다.

3 도로망 계획 체계

중앙정부에서 국가단위 도로망을 체계적으로 정비하기 위해서 각종 법률에 의해 장기계획(10~20년)과 중기계획(5년)을 수립한다.

가. 현행 중장기 도로망 계획 체계

> 도로관련 중장기 계획

도로에 관한 중장기 계획은 법률에 의해 수립되는 법정계획으로 다음과 같다.

하나, 국가기간교통망계획은 「국가통합교통체계효율화법」 제3조에 의해서 국토교통부가 매 20년마다 시행하는 육상·해상·항공·대중교통 등 교통체계의 최상위 종합계획이다.

둘, 국가도로망종합계획은 국토교통부장관이 「도로법」 제5조에 따라 매 10년마다 수립하는데 상위계획인 「국토기본법」에 따른 국토종합계획과 「국가통합교통체계효율화법」에 따른 국토기간교통망계획과 연계되어야 한다. 제1차 국가도로종합계획(2016~2020)은 상위계획과 시기를 맞추기 위해서 기존에 수립된 제2차 도로정비계획(2011~2020)을 보완하여 2020년까지만 수립되었고, 차기 계획부터는 10년 단위로 수립한다.

셋, 국가도로망종합계획의 하부계획으로 「도로법」 제6조에 의해서 도로관리청이 매 5년마다 고속도로와 국도·국지도에 대해서 도로건설·관리계획을 수립한다.

넷, 「도로법」 제8조에 의해서 국토교통부장관이 매 5년마다 대도시권 교통혼잡도로 개선사업계획을 수립한다.

다섯, 「농어촌도로정비법」 제6조에 의해 농어촌도로 기본계획이 수립되고, 기본계획에 따라 매 5년마다 농어촌도로 정비계획을 수립한다(제7조).

여섯, 「대도시권 광역교통 관리에 관한 특별법」 제3조에 의해 국토교통부장관이 20년 단위의 대도시권 광역교통기본계획과 5년 단위의 대도시권 광역교통시행계획을 수립한다.

도로 관련 중장기 계획

- 국가기간교통망계획(20년) : 국가통합교통체계효율화법 제3조
- 국가도로망 종합계획(10년) : 도로법 제5조
- 대도시권 교통혼잡도로 개선사업계획(5년) : 도로법 제8조
- 고속도로건설5개년계획(5년) : 도로법 제6조
- 국도 국지도 건설5개년계획(5년) : 도로법 제6조
- 고속도로 국도관리5개년계획(5년) : 도로법 제6조
- 농어촌도로정비계획: 농어촌도로정비법 제6조
- 대도시권광역교통기본계획(20년) : 대광법 제3조
- 대도시권광역교통시행계획(20년) : 대광법 제3조

국토교통부에서 관장하는 중장기 도로망계획은 2014년 7월 개정된 「도로법」에 따라 10년 단위의 국가도로종합계획(제5조)과 5년 단위의 도로건설·관리계획(제6조)으로 개편하게 되었다. 국토교통부에서 10년 단위로 국가도로종합계획을 수립하고, 이를 수용하여 관리청에서 5년 단위로 고속도로·국도·국지도 건설과 관리계획을 수립한다. 기존에는 도로관리청에서 10년 단위의 도로정비기본계획과 국토교통부에서 5년 단위로 국도/국지도 건설계획을 수립하였다.

추가로 도로법 제8조에 의해서 국토교통부가 매 5년마다 대도시권 교통혼잡도로 개선사업계획을 수립한다. 중기계획시 고속도로와 국도는 도로관리청이 계획수립권자이다. 국지도와 대도시권 교통혼잡도로는 도로관리청이 지자체장이기 때문에 예산을 지원하는 국토교통부장관이 계획수립권자가 된다.

```
┌─────────────────────────────────┐
│         국토종합계획              │
│   근거 : 국토기본법 제9조          │
│   수립 : 국토교통부, 매20년        │
│ 현행 : 제4차 국토종합계획수정계획   │
│        (2011~2020)              │
└─────────────────────────────────┘
              │
┌─────────────────────────────────┐
│        국가기간교통망계획          │
│ 근거 : 국가통합교통체계효율화법 제3조│
│   수립 : 국토교통부, 매20년        │
│ 현행 : 국가기간교통망계획 제2차     │
│       수정계획(2001~2020)        │
└─────────────────────────────────┘
              │
┌─────────────────────────────────┐
│        국가도로망 종합계획         │
│      근거 : 도로법 제5조           │
│    수립 : 국토교통부, 매10년       │
│ 현행 : 제1차 국가도로망 종합계획    │
│        (2016~2020)              │
└─────────────────────────────────┘
              │─────────────────────────┐
┌─────────────────────────────────┐   ┌──────────────┐
│         도로건설 관리계획          │   │   대도시권    │
│      근거 : 도로법 제6조           │   │ 교통혼잡도로  │
│ 수립 : 도로관리청, 매5년(고속도로+국도)│  │  개선사업계획  │
└─────────────────────────────────┘   │ (도로법 제8조, │
  ┌────────┐ ┌────────┐ ┌────────┐   │ 국토교통부,매5년)│
  │고속도로건설│ │국도·국지도건설│ │고속도로·│   └──────────────┘
  │ 5개년계획 │ │ 5개년계획  │ │ 국도관리 │
  │ 현행:제1차*│ │ 현행:제4차**│ │5개년계획│
  │(2016~2020)│ │(2016~2020)│ │        │
  └────────┘ └────────┘ └────────┘
```

주 : 국토교통부 자료 수정
* : 제1차 고속도로건설5개년계획(2016~2020)
** : 제4차 국도 국지도건설5개년계획(2016~2020)

국토교통부 장기 중기 도로계획 체계

나. 현재 시행중인 도로망 계획

제1차 국가도로종합계획(2016~2020)

「도로법」제5조에 따라 2016년 8월에 수립된 제1차 국가도로종합계획 (2016~2020)[86]은 다음과 같은 이유 때문에 목표연도를 2020년으로 설정하였다. 첫째, 상위계획인 제4차국토종합계획수정계획(2011~2020), 국가기간교통망계획(2001~2020)과 계획기간을 일치시키고, 둘째, 기존 제2차 도로정비기본계획 (2011~2020)의 수정계획 성격이므로 계획 목표연도는 2020년으로 한 것이다. 차기 계획부터는 10년 단위로 계획을 수립할 예정이다. 주요 내용은 2020년까지 고속도로 5,075km를 확보하여 전 국토의 78%, 인구의 96%가 30분 내 고속도로에 접근하도록 하는 것이다. 향후 5년간 건설에 47조 원, 관리에 25조 원, 총 72조 원(국고 37조 원)을 투자할 것을 목표로 하고 있다. 건설비 47조 원 가운데 고속도로 28.9조 원, 국도 13.6조 원, 지원도로 4.5조 원이 투자된다. 간선도로 혼잡구간 41%를 감축(3,899km→2,306km)하며 자율주행차와 전기차 활성화를 지원한다.

국토간선도로망 구축 현황

(단위 : km)

구분	계획연장	공용중	공사중	설계중	장래
계	7,341.8	4,603.6 (62.7%)	769.7 (10.5%)	456.2 (6.2%)	1,512.3 (20.6%)
고속도로	6,488.8	4,481.7	737.6	447.0	822.5
국고	5,393.4	3,889.8	477.9	203.2	822.5
민자	1095.4	591.9	259.7	243.8	-
자동차전용도로	853	121.9	32.1	9.2	689.8

주 : 2017. 5. 16 기준

---

86) 국토교통부, 제1차 국가도로종합계획(2016~2020), 2016. 8.

제1차 고속도로 건설5개년계획(2016~2020)

국가도로종합계획의 하위계획으로 2017년 1월 13일 고시된 제1차 고속도로건설 5개년계획(2016~2020)[87]에서는 2020년까지 신설사업 25개 노선과 확장사업 21개 노선을 계획하였다. 신설과 확장에 소요되는 43.26조 원을 계획기간에 조달하기가 어려우니 중점 추진노선과 추가 검토노선으로 구분하였다.

25개 신설노선 총 연장 840.9km에 소요되는 사업비는 35.62조 원으로 추산하고 있다. 이 가운데 우선순위가 높은 11개 사업은 중점 추진하고, 나머지 14개 노선은 추가 검토노선으로 분류하였다.

21개 확장 노선 총 394.6km에 7.64조 원의 사업비가 소요될 것으로 추산하고 있다. 이 가운데 우선순위가 높은 10개 사업은 중점적으로 추진하고, 나머지 11개 노선은 추가 검토하도록 계획하고 있다.

중점 추진 방향은 첫째, 혼잡개선을 위하여 순환고속도로, 지선고속도로, 지하고속도로를 건설하고 혼합구간은 확장사업을 추진한다. 둘째, 교통물류 지원을 위하여 국가산업단지, 공항, 항만 등 주요 물류거점시설과 연계하는 고속도로를 건설한다. 셋째, 저개발 지역에 대한 균형발전을 유도하기 위한 고속도로를 건설한다. 넷째, 미래(통일)를 지원하는 고속도로를 건설한다.

대도시 교통혼잡을 개선하기 위해서 순환도로는 수도권 제2순환(안산~인천), 광주순환(금천~대덕) 2개 노선, 지선도로는 울산외곽순환, 서울~양평, 서창~장수 3개 노선, 지하도로는 경인고속도로 지하화, 확장사업은 남해선(칠원~창원), 서해안선(서평택-매송-안산) 등 10개 노선으로 구성되어 있다. 재원별로 구분하면 강화~서울, 울산외곽순환, 서울~양평, 서창~장수, 광주순환 5개 사업(128.4km)은 재정사업으로, 경인고속도로 지하화와 수도권 제2순환(안산~인천) 2개 사업(26.9km)은 민자로 추진한다.

---

87) 국토교통부, 제1차 고속도로건설 5개년계획(2016~2020), 2017.

향후 5년(2016~2020)동안 고속도로 신설에 27.3조 원, 확장에 1.6조 원 등 건설에 총 28.9조 원에 달하는 투자가 필요한데, 재정고속도로에 16.1조 원(국고 6.5조, 도공 9.6조), 민자고속도로에 12.7조 원(국고 3.5조, 민간 9.3조) 투자를 계획하고 있다. 모든 사업의 투자규모와 시기, 재원 조달방식(재정, 민자) 등은 재정여건에 따라 향후 변동 가능하다.

제4차 국도 국지도 건설5개년계획(2016~2020)

「도로법」 제6조에 의해 2016년 8월 26일 국토교통부에서 고시한 제4차 국도·국지도 건설5개년계획(2016~2020)[88]은 일반국도 70개 구간, 국도대체우회도로 6개 구간, 국가지원지방도 43개 구간에 대한 신설 및 개량 계획을 포함하고 있다. 분야별 규모와 사업비를 보면 일반국도 신설 및 확장사업 23개 구간(연장 212.1km, 사업비 2.62조 원), 일반국도 시설개량사업 47개 구간(연장 411.5km, 사업비 3.07조원), 국도대체우회도로 신설 6개 구간(연장 42km, 사업비 0.89조 원), 국가지원지방도 신설 및 확장 13개 구간(연장 84.8km, 사업비 1.12조 원), 그리고 국가지원지방도 시설개량사업 30개 구간(219.6km, 사업비 1.58조 원)이다.

제4차 국토종합계획 수정계획(2011~2020)

과거 제1차 국토종합개발계획(1972~1981), 제2차 국토종합개발계획(1982~1991), 제3차 국토종합개발계획(1992~2001)은 10년이 계획기간이었다. 「국토기본법」 제5조에 의해 국토교통부 장관은 매 20년마다 국토종합계획을 수립하여야 한다. 제4차 국토종합계획(2000~2020)부터는 20년 계획으로 작성되었으며, 2011년 제4차

---

88) 국토교통부, 제4차 국도·국지도 건설5개년계획(2016~2020), 2016.

국토종합계획 수정계획(2011~2020)[89]이 만들어졌다. 수정계획에서는 경쟁력 있는 통합국토, 지속가능한 친환경국토, 품격 있는 매력국토, 세계로 향한 열린 국토를 목표로 제시하고 있다.

국가기간교통망계획 제2차 수정계획(2001~2020)

 국가기간교통망계획은 「국가통합교통체계효율화법」 제4조에 따라 수립하는 20년 단위 법정계획으로서, 육상·해상·항공 교통 등 국가교통정책과 도로·철도·공항·항만 등 국가교통 SOC투자계획을 종합 설정하는 교통에 관한 최상위 계획이다. 국가기간교통망 구축의 목표와 단계별 추진전략 및 추진계획을 마련하고, 이에 필요한 재원확보 방안 등을 수립한다. 계획 대상시설은 간선도로, 간선철도, 공항, 항만, 물류시설 등 국가의 주요 기간 교통·물류시설 등이다. 1999년 12월 최초로 국가기간교통망계획(2000~2019)을 수립한 후, 2007년 한차례 수정하였다. 국가기간교통망계획이 교통 분야 최상위 계획임에도 불구하고 도로·철도 등 개별 교통수단에 대한 마스터플랜으로서의 역할이 미흡하여 교통수단간 연계가 부족하고 투자효율성도 낮다는 문제가 지적되었고, 국토종합계획과 계획기간을 맞출 필요도 있었다. 이상의 문제점들을 개선하기 위하여 2010년 10월 제2차 수정계획(2001~2020)[90]을 확정 고시하였다. 당초 2000~2019년이던 계획기간을 2001~2020년으로 조정하여 국토종합계획 및 부문별 계획(도로, 철도, 공항, 항만 등)과 정합성을 높였다.

 국가기간교통망계획 제2차 수정계획(이하 제2차 수정계획)에 따른 10년(2011년~2020년) 간 총 투자소요 예상금액은 유지관리비를 포함하여 국고기준 185조 원이다. 제2차 수정계획에 따라 교통시설이 공급될 경우 2020년 말 기준 고속도로의 연장은

---

89) 국토교통부, 제4차 국토종합계획 수정계획(2011~2020), 2011.
90) 국가기간교통망계획 제2차 수정계획(2011~2020), 2011.

5,470km, 철도의 영업연장은 4,955km로 확충될 전망이다. 이 경우 통행시간 절감편익, 환경비용 절감편익 등 연간 20조 원의 비용절감 편익이 기대되고, 계획기간 중 총 393조 원의 생산유발효과와 총 350만 명의 고용유발 효과가 기대된다. 2020년 여객기준 수송분담률(인·km 기준)은 도로 69.3%, 철도 27.3%, 항공 3.2%, 해운 0.2%로 철도의 분담률이 2008년 대비 약 71.7%(11.4%p) 증가할 것으로 예측되었다[91].

국가기간교통망계획과 관련된 세부계획에는 10년 단위로 수립하는 도로·철도·항만·공항·물류 계획이 있고, 중기교통시설투자계획(기간교통망계획기간 중 매 5년 단위) 등이 있다.

다. 기 시행된 중장기 도로망 계획과 성과

국가도로망종합계획 이전에 도로분야 최상위 법정계획은 「도로법」 제22조에 의거 도로관리청에서 매 10년마다 만드는 도로정비기본계획으로 고속국도, 국도, 국도 대체우회도로, 국가지원지방도를 대상으로 한다. 국토종합계획을 실현하는 도로부문의 중·장기계획을 제시하고 지방도 등 하위 도로정비기본계획의 수립 지침을 제시하였다.

도로정비기본계획(1998~2011)

1998년 12월 수립된 (제1차)도로정비기본계획(1998~2011)은 간선도로(고속국도, 일반국도 등) 정비를 위해 최초로 수립된 장기(14년) 종합계획이다. 국토공간의 균형개발을 촉진하기 위해서 7×9 격자형 간선도로망이 제시되었는데 2020년까지

---

91) 2014년 기준 인·km 기준 수송분담률이 도로 82.1%로, 철도 분담률 27.3% 달성이 쉽지 않을 것으로 보인다.

전국적으로 균등한 도로망을 구축하겠다는 정책방향이 반영된 것이다. 주요 국도의 간선화, 입체화로 도로시설 수준을 향상시키겠다는 방향도 포함되었다.

도로정비기본계획 수정계획(2006~2010)

2005년 12월 도로정비기본계획 수정계획(2006~2010)이 발표되었다. 워낙 도로건설이 활발하기도 하였지만 도시부 교통혼잡이 심각해지는 등 도로환경이 빠르게 변화하던 시기라 정책을 미세 조정할 필요가 있었기 때문이다. 이 시기 특히 문제가 심하던 도시부 교통혼잡을 완화시키기 위해 도시부 도로에 대한 중앙정부의 투자 확대를 도모한 것이 특징이다. 구체적으로 대도시 순환고속도로 사업계획을 수립하고 도시부 혼잡도로 개선사업에 대한 투자를 늘리게 되었다.

추진실적[92]을 보면 총 4,099km 신설·확장계획 중 64%인 2,608km가 완료되었다. 당초 계획에서는 수정계획 기간 5년 동안 고속도로 1,149km를 신설하고 473km를 확장하겠다고 목표를 설정하였으나, 결과적으로 신설 559.6km(48.7%), 확장 116.1km(24.5%) 등 총 41.7% 실적을 달성하였다. 국도는 계획 1,515.1km 가운데 1,018.8km를 건설하여 목표의 67.2%를 달성하였다. 국도대체우회도로와 국가지원지방도 각각 186.9km(64.9%)와 221.9km(32.9%)가 완공되었다(제2차 도로정비기본계획, 2016). 1999~2009년 기간에 도로연장은 87,534km에서 104,983km로 고속도로는 2,040km에서 3,776km로 늘어났고, 국도는 12,418km에서 13,819km로 늘어났다. 제1차 도로정비계획 기간 중 간선도로망 위주의 투자로 대도시권 교통혼잡비용이 계속되었다. 확장하는 과정에서 도로의 직선화, 입체화 등 고규격도로 사업위주로 투자되어 과다투자, 중복투자, 그리고 환경훼손의 논란이 확대되었다. 2005~2009년 기간 동안 고속도로 총 차량주행거리는 연평균 4.8% 늘어났으나

---

92) 국토해양부, 제2차 도로정비 기본계획(2011~2016), 2011. 6.

일반국도의 주행거리는 변동이 없었다. 그리고 접근도로의 미비로 관광지나 철도역 등 주요 목적지까지 접근시간이 단축되지 않고 있었다. 국가도로와 지자체 등 도로관리 주체별로 연계성이 부족하다는 한계가 있었다.

도로정비기본계획(2011~2020)

2011년 6월 발표된 제2차 도로정비기본계획(2011~2020)[93]에서는 기존 전국 간선도로망(7×9)을 근간으로 하여 수도권고속도로망(7×4+3R)을 지선화하여 통합함으로써 총 연장 7,266km로 확대된 국토간선도로망(7×9+6R) 수정안을 만들어 냈다. 7개의 남북축과 9개의 동서축, 그리고 6개의 순환고속도로를 목표로 하고 있는 것이다. 수도권 제2외곽순환고속도로, 부산·대구·광주 외곽순환고속도로 건설 추진계획을 작성하였다. 포화상태에 달한 대도시 간선도로에 환경친화적인 도로건설 대안으로 떠오른 지하도로 건설과 운영을 활성화하는 정책방향도 설정되었다. 환승시설이나 물류거점과의 연계성을 강화하는 도로건설 방향도 설정되었다. 총 69.9조 원에 달하는 투자소요(국고 기준)가 필요할 것으로 추산되었다. 그러나 제2차 도로정비기본계획은 목표연도(2020)에 이르기 전에 도로법 개정에 따른 수립된 제1차 국가도로망종합계획(2016~2020)으로 대체되게 되었다. 제1차 국가도로종합계획(2016~2020)은 제2차 도로정비기본계획(2011~2020)의 수정계획인 셈이다. 제1~제2차 도로정비기본계획은 한국 간선도로망 발전에 커다란 성과를 가져왔다. 1998년~2020년 동안 목표한 고속도로는 계획대비 63.6%가 착공하였다(계속사업 준공 포함 시 71.8%). 2001~2015년 국도·국지도 제1~제3차 5개년 계획의 추진실적은 계획대비 70.5% 착공하였다. 최종적으로 목표하고 있는 국가간선도로망 7,266km의 58%인 4,193km가 2015년 말까지 개통·공용 중이다.

---

93) 국토해양부, 제2차도로정비기본계획(2011~2020), 2011.

국가간선도로망 확충으로 지역 간 평균 이동시간이 42% 단축되고, 이동시간의 편차가 39% 개선되었다. 간선도로망 접근성이 향상되어 30분 내 고속도로 접근 가능지역이 국토의 14.3%에서 70.7%로 확대되었다. 인구 5만 이상 180개 시군구 중 74%인 134개 시군구에 IC가 설치되었다. 국가간선도로망은 주요 국가산업단지의 산업 활동과 전국 물류단지와 연계되어 원활한 물류활동을 지원하였다. 평균적으로 물류단지에 연계된 고속도로 노선은 1.7개, 국도 1.3개이다. 지난 30여 년간(1981~2014) 도로투자를 통해 생산유발 418.8조 원, 고용유발 525만 명, 부가가치유발 166조 원 등 효과가 있는 것으로 추산되었다.

라. 도로사업 수행 절차

도로사업 수행과정

　국토종합개발계획(20년)과 지역개발계획, 국가도로망 종합계획(10년)과 같은 상위 중장기 계획을 토대로 고속도로·국도·지방도·군도·농어촌도로 등 도로 종류별 건설계획(5년)을 수립한다. 국가 단위의 도로의 경우 도로정책을 반영하여 중장기 도로망계획이 만들어지면 이제부터 각 노선별로 실행과정에 들어가게 되는데 여기서부터는 예산이 수반된다. 도로사업을 효율적으로 추진하고 시행착오를 예방하기 위해서 타당성 조사, 기본설계, 실시설계를 단계별로 수행하여 시공에 들어가게 된다. 도로가 만들어지기 위해서는 도로망계획→대상도로선정→예비타당성조사→타당성조사(타당성평가)→기본계획→기본설계→실시설계(설계ＶＥ 포함)→도로구역결정→용지보상→시공→운영이란 길고 복잡한 절차를 거치게 된다. 기본설계까지의 과정을 계획단계, 실시설계를 포함한 이후의 과정을 건설단계라고 보면 된다. 이 모든 과정에 있어서 정부나 발주기관에서 만든 법령과 규칙, 지침, 훈령 등을 준수하여야 한다.

도로 설계와 시공시 필요한 설계기준, 시방서, 지침

　도로 기술기준의 최고위에 있는 「도로의 구조 및 시설에 관한 규칙」은 국토교통부에서 제정한 부령으로 「도로법」에서 위임한 것이다. 그런데 이것은 도로의 구조와 시설에 관한 최소기준을 정하고 있는 것으로 실제 도로를 설계하고 시공하는 데에는 매우 복잡하고 상세한 규정을 따라야만 한다. 설계단계에서 지켜야 하는 것이 설계지침이고, 시공과정에서는 표준시방서를 따라야 한다. 이외에 한국도로공사나 서울특별시, LH공사 등 공사발주량이 많은 기관에서 자체공사에 적용하기 위해 만든 전문시방서가 있다. 마지막으로 개별 시설 기준이나 절차에 대해 기술한 훈령/예규/지침이 있다. 정말 헤아리기 어려울 만큼 많은 규정들이 있는데 다행히도 국가건설기준센터[94]에서 체계적으로 정리를 해두고 있다. 2017년 9월 기준으로 도로와 관련된 기준, 시방서, 지침 등에 대해 찾아보았다.

　하나, 설계기준 22개 가운데 도로설계와 관련된 기준은 도로설계기준, 강구조설계기준, 건설공사 비탈면 설계기준, 공동구설계기준, 도로교설계기준, 도로교설계기준(한계응력설계법), 콘크리트구조설계기준, 터널설계기준 등이다. 현행 설계기준을 공통사항, 시설물편, 사업분야편 3분야로 구분하여 18개 설계기준코드로 정리하였다.

　둘, 표준시방서 21개 가운데 도로공사와 관련된 시방서는 도로공사 표준시방서, 도로교 표준시방서, 터널 표준시방서, 콘크리트 표준시방서, 토목공사 표준시방서, 가설공사 표준시방서, 강구조공사 표준시방서, 건설공사 비탈면 표준시방서 등이다.

　셋, 전문시방서 9개 가운데 고속도로공사 전문시방서, 일반국도 전문시방서, LH전문시방서, 서울특별시 전문시방서 등이 관련이 있다.

　마지막으로 훈령·예규·지침 979개 가운데 도로분야가 121개이고, 건설정책(207개), 교통물류(77개), 국토도시(163개), 환경(37개) 등도 도로와 상호 관련이 있을 수 있다.

---

94) 국가건설기준센터(http://www.kcsc.re.kr).

도로분야 훈령·예규·지침이 121개라고 하지만 시기가 다른 개정판까지 중복 포함된 것이니 현재 적용되는 숫자는 이보다 작다. 기술자들에게 익숙한 몇 가지 지침을 나열해 보면 도로포장 통합지침, 도로교통량 조사지침, 국고보조 도로건설사업 시행지침, 도로안전시설 설치 및 관리지침, 도시지역 지하도로 설계지침, 자동차전용도로지정에 관한 지침, 회전교차로 설계지침, 보도설치 및 관리지침, 도로터널 방재시설 설치 및 관리지침 등이니 어느 것 하나 소홀히 다루기 어렵다. 도로를 계획하고 건설하는 과정에서 지켜야 할 법률, 평가, 설계기준, 시방서, 지침, 훈령 등 헤아릴 수 없는 규정들을 지켜야 하는 것이다. 도로법에 의해 국토교통부 장관이 만든 부령인 도로 관련 규칙 5개에서 파생된 대표적인 훈령·예규는 다음과 같으나 간접적인 것까지 집계하면 그 수가 훨씬 늘어난다.

도로법 시행령 상 부령(규칙)과 훈령·예규

부령	훈령·예규 등
1. 도로법 시행규칙	○ 도로관리심의회 설치 및 운영 규정 ○ 도로정책심의회 운영 세칙 ○ 도로교통정보 제공업무 위탁기관 지정
2. 도로의 구조·시설 기준에 관한 규칙	○ 환경친화적인 도로건설 지침 ○ 도로안전시설 설치 및 관리 지침 ○ 보도설치 및 관리 지침
3. 도로 유지보수 등에 관한 규칙	○ 국도유지보수 운영 규정 ○ 도로교통량 조사 지침 ○ 건설공사 차량 과적방지 지침 ○ 차량의 운행제한 규정 ○ 도로터널 방재시설 설치 및 관리 지침
4. 도로와 다른 도로 등과의 연결에 관한 규칙	○ 접도구역 관리지침 ○ 교차로에서의 영향권 산정 기준 ○ 도로점용시스템 세부 운영 규정
5. 도로표지규칙	○ 도로명 안내체계 표지 제작 설치 지침 ○ 도로표지 제작, 설치 및 관리 지침 ○ 고속국도 표지 제작, 설치 지침 ○ 사설안내표지 설치 및 관리 지침

자료 : 국토교통부, 도로업무편람, 2016

마. 타당성조사 제도

타당성조사 관련 수행 지침

「국가재정법」 제38조에 의한 '예비타당성 조사 수행 지침'은 분석 기준, 방법 등 조사의 기본 원칙을 규정하고 있다. 총괄 지침의 경우 경제성 분석 기간, 사회적 할인율 등 예비타당성 조사 수행과정에서 공통적으로 적용되는 기준을 규정하고 있으며, 부문별 세부지침은 도로, 철도, 공항, 항만, 수자원, 정보화, R&D, 기타 재정 등 사업부문별로 수행방법 및 기준 등 세부사항을 규정하고 있다.

「건설기술진흥법」 제47조에 의한 '건설공사 타당성조사 지침'은 발주청이 건설공사에 대한 타당성조사를 시행할 때 작성할 항목과 타당성 분석방법 등을 세부적으로 규정하고 있다. 도로분야에 대한 타당성조사 세부항목은 기초조사, 수요 예측, 시설물 계획 및 규모의 적정성, 비용산정, 편익추정의 5개 항목이며, 타당성조사 종합분석은 경제성 분석, 재무 분석, 정책적 분석, 종합 결론의 4개 항목으로 구성되어 있다.

「국가통합교통체계효율화법」 제18조에 의한 '공공시설 개발사업에 관한 투자평가 지침'은 공공교통시설의 신설·확장 또는 정비사업이 포함된 국가기간교통망계획, 중기투자계획 등을 수립하거나 공공교통시설 개발사업 시작 전 해당 계획 또는 사업의 타당성 평가를 위한 지침이다. 교통수요, 비용 및 편익 등의 산정과정, 투자평가항목, 평가기준 및 평가방법 등 타당성 평가를 위해 필요한 사항들을 제시하고 있다.

도로사업 예비타당성 조사 도입 과정

1990년대에 다수의 도로 건설을 동시에 추진하다보니 개별 도로사업에 대한 투자재원이 감소하는 현상이 발생하였다. 결과적으로 총 공사기간이 연장됨에 따라 투자비가 장기간 매몰되는 비효율이 발생하게 되었다. 투자재원의 제약 아래 효율성이 높은 도로부터 단계적으로 건설하기 위한 평가 방안이 필요하게 되었다.

이 배경에는 당시 도로 건설이 지역발전에 미치는 효과를 학습한 정치권에서 특정지역 도로에 대한 투자요구가 늘어나자 도로 투자가 경제 논리보다는 정치적인 의사결정에 휘둘린다는 우려도 있었다. 사업주무부처에서 수행하는 기존 타당성조사는 사업추진을 기정사실화하고 기술적인 검토나 예비설계에 치중하여 결과의 객관성에 의문도 제기되었다. 사실 예비설계안이 나와야 구체적인 경제성 분석이 가능하긴 하지만 기술부문에 대부분의 노력이 투여되고 있었다. 도로를 포함한 대형 SOC 시설에 대해서도 동일한 의문이 제기되어 재정운용의 큰 틀에서 정책적·경제적 관점에서 사전검토의 필요성이 높아져갔던 것이다. 예비타당성조사는 기존의 타당성조사의 문제점을 보완하여 위해서 도입된 것이다[95]. 따라서 예비타당성 조사는 본격적인 타당성조사 이전에 국민경제적인 차원에서 사업의 추진여부를 판단하자는데 그 기본적인 취지가 있다. 이런 배경에서 1999년 5월 「예산회계법」[96] 시행령 개정으로 예비타당성 조사가 도입됨에 따라 예비타당성 조사→타당성조사→기본설계→실시설계→보상→공사의 순서로 사업예산이 편성되게 되었다. 예비타당성 조사의 목적은 대규모 재정사업의 타당성에 대한 객관적이고 중립적인 조사를 통해 재정사업의 신규투자를 우선순위에 따라 결정하여 예산 낭비를 방지하고 재정운영의 효율성을 제고하기 위한 것이다.

예비타당성 조사

「국가재정법」 제38조(예비타당성 조사)에 의해 총사업비가 500억[97] 원 이상이면서 정부재정 지원규모가 300억 원 이상인 모든 사업에 대해 예비타당성 조사를 실시한다. 대상 사업은 국가직접시행사업, 국가대행사업(공공기관투자사업), 지방자치

---

95) KDI공공투자관리센터, 2016년도 KDI 공공투자관리센터 연차보고서, 2017. 4.
96) 예산회계법은 2007년 1월 「국가재정법」으로 대체되어 폐지되었고, 현재 예비타당성 조사는 「국가재정법」 제38조에 근거한다.

단체보조사업, 민간투자사업 등 정부 재정지원이 포함되는 모든 사업을 대상으로 한다. 예비타당성 조사의 수행은 한국개발연구원(KDI) 공공투자관리센터(PIMAC)에서 총괄하되, 국가연구개발(R&D)사업의 경우에는 한국과학기술기획평가원(KISTEP)에서 총괄한다. 수행기간은 원칙적으로 6개월로 하되 예외를 둔다.

예비타당성 조사의 유형에는 일반적인 예비타당성 조사 이외에도 일괄 예비타당성 조사, 사업계획 적정성 검토, 시범적 예비타당성 조사가 있다.

예비타당성 조사는 기획재정부에서 「국가재정법」 제38조 제5항의 규정에 따라 매년 공고하는 예비타당성 조사 총괄지침·운용지침에서 정한 방법과 절차에 따라 수행한다. 예비타당성운용지침은 예비타당성 조사의 대상사업 선정기준·조사수행기관·조사방법 및 절차에 관한 세부사항을 규정한다. 예비타당성 조사 절차는 기본적으로 경제성 분석, 정책적 분석, 지역균형발전 분석을 수행한 다음 종합평가를 수행하는 것이다. 2017년도 지침을 따라 도로사업 예비타당성 조사를 수행할 경우 경제성 분석, 정책적 분석, 지역균형발전 분석, 종합 평가의 순서를 따른다.

타당성조사 및 평가

「건설기술진흥법」 제47조(건설공사의 타당성 조사)에 의해 총공사비가 500억원 이상으로 예상되는 건설공사(확장, 개량보수 포함)의 경우 타당성조사를 수행하게 된다. 건설공사 타당성조사란 건설공사의 계획 수립 전 경제, 기술, 사회, 환경 등 종합적 측면에서 적정성을 검토하여 시설 투자의 효율성을 증대하기 위해서 시행하는

---

97) 2017예비타당성 조사 운용지침 참고. 공공기관 예비타당성 조사 사업대상 규모는 2016년 총사업비가 1,000억원 이상이며, 국가의 재정지원금액과 공공기관 부담금액의 합계액이 500억 원 이상으로 상향조정. 1999년 도입부터 2017년 현재까지 총사업비 500억 원 이상인 사업이 대상이었으나 경제규모가 커진 것을 감안해 예비타당성 조사 대상사업 규모를 1,000억 원으로 상향시키는 제도 개편을 추진 중이다.

조사이다. 타당성조사시 발주청은 건설공사의 공사비 추정액과 공사의 타당성이 유지될 수 있는 공사비의 증가 한도를 제시해야 하며, 타당성조사의 세부 조사항목은 국토교통부장관이 관계 중앙행정기관의 장과 협의하여 정하고 고시하게 된다.

「국가통합교통체계효율화법」 제18조(타당성 평가)에 의거하여 공공교통시설의 신설 확장 또는 정비사업이 포함된 국가기간교통망계획, 중기투자계획 등을 수립하거나 공공교통시설 개발사업을 시작하기 전에 해당 계획 또는 사업의 타당성을 평가하게 된다. 공공기관의 장 및 교통시설개발사업 시행자가 타당성 평가를 수행한 경우 앞서 살펴본 타당성 조사를 수행한 것으로 간주한다. 타당성 평가는 계획타당성평가와 본 타당성평가로 구분된다. 계획타당성평가는 중기투자계획에 포함될 예정인 공공교통시설을 대상으로 개략적으로 실시하고, 본 타당성평가는 개별 사업계획 수립이나 기본설계 추진단계에 구체적으로 실시하며 재무분석이 추가된다. 타당성평가는 국토교통부에서 「국가통합교통체계효율화법」에 따라 정한 교통시설투자평가지침(2017년)의 방법과 절차를 따라 수행한다. 단, 사업비 및 편익산출의 원단위 자료는 물가상승 및 가치변화에 따라 변화한다.

예비타당성 조사와 타당성조사

예비타당성 조사와 타당성조사는 이름은 비슷하나 목적, 적용시기, 평가대상, 평가방법 등에서 차이가 있다.

예비타당성 조사는 「국가재정법」 제36조에 의해 기획재정부에서 총사업비 500억 이상이면서 국고 재정지원 300억 이상인 투자사업을 대상으로 효율적인 예산편성 등 재정운영을 도모하기 위한 목적으로 시행한다. 타당성조사는 「건설기술진흥법」 제47조(건설공사의 타당성 조사)에 의해 총공사비가 500억 원 이상으로 예상되는 건설공사(확장, 개량보수 포함)를 대상으로 시설 투자의 효율성을 증대하기 위해서 시행한다.

현행 법령상 타당성 조사는 「국가재정법」에 따른 예비타당성 조사, 「건설기술진흥법」에 따른 타당성조사, 「지방재정법」에 따른 지방투자사업 타당성조사로 구분된다.

타당성재조사

타당성재조사란 재정당국이 사업추진 과정에서 타당성을 객관적으로 재조사하여 재정지출의 효율성을 제고할 목적으로「국가재정법」제50조(총사업비의 관리)에 의거하여 2003년 도입된 제도이다.

예비타당성 조사 통과 후 예산이 반영되어 추진되는 사업 중 개발계획이 취소되어 큰 폭의 수요량 감소가 명백하거나 당초 계획대비 사업비가 20% 이상 증가될 가능성이 있는 등 일정 요건에 해당하는 사업에 대해서 타당성재조사를 수행하고, 그 결과를 국회에 보고하도록 규정하고 있다. 타당성재조사는 기본적으로 사업추진과정에서 사업의 타당성을 다시 검토하는 과정으로 예비타당성 조사의 조사방법을 동일하게 적용하여 분석을 수행하게 된다.

타당성재조사에서는 개요 및 재조사의 주요 쟁점, 사업계획의 적정성 검토, 경제성 분석, 정책적 분석에 대한 내용을 조사하게 되고, 이를 종합적으로 검토하여 종합평가를 통한 사업의 타당성 및 대안을 제시하게 된다.

민간투자사업 적격성조사

민간투자사업 적격성조사는 민간투자사업 추진의 타당성을 검토하는 조사이다. 해당 조사는 3단계의 검토가 이루어지며, 1단계에서는 사업추진의 타당성 판단, 2단계 민간투자 적격성 판단, 3단계 민간투자실행대안 구축으로 구성되어 있다. 사업추진의 타당성 판단 단계에서는 민간제안사업의 추진 타당성을 판단하는 과정으로 예비타당성 조사, 타당성조사와 유사한 성격을 갖고 있다. 민간투자 적격성판단 단계는 해당 사업을 재정사업으로 시행할 경우와 민간투자사업으로 시행할 경우에 대해서 투자가치성을 비교하는 과정이다. 마지막 단계인 민간투자실행방안 구축에서는 한국개발연구원 공공투자관리센터에서 민간투자사업을 효율적으로 수행할 수 있는 추진방안을 제시하게 된다.

4   도로 투자 재원

가. 개요

최근 왕복 4차로 고속도로를 새로 건설하는데 1km당 평균 건설비용이 399억 원, 국도는 262억 원이 들어간다[98]. 고속도로에 대한 용지보상비는 전체건설비의 10% 내외이다. 그러나 도시부 도로 건설단가는 용지비에 따라 변동이 심하다. 미국 보스턴 빅딕과 일본 도쿄 야마테 터널의 경우 1km당 평균 사업비가 1조 원을 기록한 바 있다. 한국에서도 1km당 평균건설공사비 기록이 점점 올라가겠지만 도심지 지하도로 건설사업비 같은 경우 1km당 사업비가 수천억 원을 넘는 사례가 늘어날 것으로 전망된다.

한국 도로에 대한 투자주체는 중앙정부, 지방정부, 한국도로공사, 민간회사로 구분된다. 이 가운데 중앙정부의 예산이 가장 큰 비중을 차지한다. 2000년대 들어 도로 건설과 관리에 투입된 예산은 연간 15.7조 원~22.8조 원 정도인데, 국토교통부에서 1년에 사용하는 도로예산(건설과 관리)은 매년 9조 원 내외이다. 국가 GDP에서 도로투자가 차지하는 비중이 제1차 경제개발계획 기간 중에는 0.15%에 불과하던 것이 제2차~제7차 경제개발계획 기간에는 평균 1.4%를 유지했고 1997~2000년에는 2.15%까지 올라갔다. 도로 투자 재원 가운데 민간자본 투자는 1994년부터 시작되었다.

도로 투자 재원은 해외 재원과 국내 재원으로 구분된다. 구체적으로는 해외무상원조, 해외차관, 일반회계, 특별회계, 민간자본 등이다. 한국은 1950~1960년대에 해외

---

98) 국토교통부, 도로업무편람, 2016.

무상원조로 도움을 받았고, 1970년대에는 해외차관에 많이 의존했다. 특히 1970년대에 건설된 고속도로는 30%가 넘는 비중이 해외차관에 의존했으나 1980년대 들어 재정투자액이 늘어나면서 해외차관비중은 점차 줄어들었다. 도로종류별로 고속도로와 국도에 50~60% 정도가 투자되고 나머지는 지자체 관할 도로에 투자된다. 도로건설 및 관리재원에 관련되는 법률은 「교통시설특별회계법」과 「교통에너지환경세법」, 「민간자본유치법」, 그리고 지역발전특별회계의 근거법률인 「국가균형발전특별법」이 있다.

도로 종류별 투자실적

(단위 : 억 원)

구 분	계	고속국도	일반국도	특별시도	광역시도	지방도	시도	군도·구도	농어촌도로
1998	132,884	35,554	38,507	9,461	10,503	10,937	9,366	18,556	-
1999	157,376	47,050	49,996	7,389	11,619	12,733	15,888	8,704	3,997
2000	148,136	46,374	52,448	2,085	10,101	14,073	9,636	8,392	5,028
2001	167,247	45,505	58,131	3,661	11,691	18,559	11,884	11,132	6,684
2002	165,436	38,977	59,999	6,876	9,798	16,096	15,345	12,664	5,682
2003	175,524	40,279	63,467	6,835	12,302	20,549	15,826	10,240	6,026
2004	170,598	44,441	56,212	6,983	13,050	18,950	13,864	11,140	5,958
2005	169,896	50,295	51,349	6,875	12,260	22,062	13,464	10,167	4,424
2006	157,895	44,328	43,756	5,706	15,335	21,270	12,402	10,435	4,263
2007	178,085	55,010	45,786	7,169	12,536	25,674	17,767	9,751	4,392
2008	194,093	50,706	46,378	7,847	9,700	30,954	28,067	14,190	6,251
2009	228,989	55,729	61,643	13,644	17,659	33,554	26,709	14,507	6,543
2010	192,452	42,382	63,409	9,179	21,834	21,764	18,243	10,750	4,892

자료 : 국토해양부, 한국의 길,(2012)

나. 중앙정부 도로예산과 재원

국토교통부 도로분야 예산 추이

중앙정부의 도로투자는 1988년까지 일반회계 자원으로 시행되어 왔다. 1968년에 도로 유관세입 중 휘발유세와 자동차통행세를 도로사업에 투자하도록 하는 「도로정비촉진법」과 「도로정비사업특별회계법」을 제정하였다. 1960년대부터 중앙정부의 도로투자 추이를 분석하여 보면 1960~1967년, 1968~1988년 일반회계 기간, 1989~1993년 도로특별회계 기간, 1994년~현재 교통시설특별회계 적용기간으로 구분된다.

1968년을 전환점으로 도로부문의 사업투자액이 급격히 늘어났다. 1968년에는 교통부문에서도 특히 도로부문의 투자를 당초의 300억 원 규모에서 821억 원 규모로 대폭 증액한 수정계획을 수립하였다. 1970년 301.5억 원 가운데 60.5%인 182.5억 원이 고속도로분야에 집중되었다. 1979년 972.3억 원이던 도로예산은 1980년 1,247.5억 원으로 1천억 원을 돌파했고 꾸준히 증가하여 1988년 6,645.7억 원으로 늘어났다.

1988년 도로특별회계가 도입되자 중앙정부 도로예산은 크게 증가하기 시작했다. 특별회계 도입 첫해인 1989년 1.25조 원으로 전년도 대비 1.88배나 늘어난 것을 시작으로 1992년에 2.17조 원으로 2조 원을 돌파하였으며, 도로특별회계가 마지막으로 적용된 해인 1993년에는 2.73조 원에 이르렀다. 1994년부터 교통시설특별회계가 적용되기 시작하여 2.86조 원이 투자되었고 1995년에 3.35조 원, 1996년에 4.19조 원, 1997년에 5.19조 원에 도달하였다. 특히 1998년 5.92조 원에서 1999년 7.17조 원으로 1.21배 증가하였는데 이는 IMF 외환위기를 극복하기 위해서 도로사업 투자를 적극적으로 늘린 결과이다. 도로특별회계를 도입하기 이전인 1988년과 비교하면 11년 동안 무려 10.78배 증가한 것으로 물가상승률을 감안하더라도 눈부신 성장세였다.

2000년대에 들어서자 투자성장세는 눈에 띄게 둔화되었다. 최소 7.34조 원(2006년)부터 최대 9.41조 원(2009년) 사이에서 부침을 거듭하였으나, 10년 단위로 보면 2000년 7.53조 원에서 2010년 7.78조 원으로 제자리걸음이었고, 물가상승을 고려하면 내리막 경향을 보였다. 도로투자를 늘리기 위해 많은 노력을 하였으나 중앙정부 투자가 감소하는 것을 막을 수는 없었다. 반면 이 시기에 고속도로 연장이 획기적으로 확장된 배경에는 민간부문과 한국도로공사에서 투자를 확대하였기 때문이다. 2003~2005년까지 자동차교통관리개선특별회계 가운데 일부(4,949억 원~1,263억 원)가 국도시설 안전개선에 투입되었다. 2006~2008년에는 국가균형발전특별회계가 지자체 도로건설사업 지원(국가지원지방도건설, 대도시권 교통혼잡도로)에 투입되었다. 2009년부터는 중앙정부 세입예산은 교통시설특별회계를 광역·지역발전특별회계(2015년 이후 지역발전특별회계)가 일부 보조하고 있다.

정부의 SOC 투자는 과거 경제성장을 견인하였으며 경제위기 극복을 위한 정책적 수단으로 활용되어 왔다. 1997년 IMF 외환위기와 2009년 글로벌 금융위기 극복을 위해 SOC 분야에 상당한 투자가 이루어진 바 있으며, 당시 일자리 창출과 내수회복에 크게 기여한 것으로 평가되고 있다.

2011년부터 2015년까지 중앙정부 도로예산은 7.26조 원(2011년)과 9.09조 원(2015년) 사이를 유지하여 미약하게 회복세를 보이는 듯 했다. 그러나 2015년 9.09조 원을 정점으로 2016년 8.28조 원, 2017년 7.35조 원으로 급속하게 줄어들었다. 2017년 세출예산은 교통시설특별회계 도로계정 세입예산 7.82조 원에도 못 미치는 것으로 국도예산이 23.9%(8,338억 원)나 감소하였다. 2017년 8월 29일 확정된 2018년 국토교통부예산 정부안에서 도로투자 예산이 5.42조 원으로 전년대비 무려 19.36%나 감소하게 되었다. 2018년 5.42조 원은 20년 전인 1997년 예산(5.19조 원) 수준으로 후퇴한 것으로 물가상승률을 고려하면 심각하여 국도 등은 완공위주 사업에 집중해야 할 상황이다. 참고로 2006년부터 2018년 사이에 정부재정이 224.1조 원에서 429조 원으로 1.91배 증가하는 동안 국토교통 SOC 예산은 16.5조 원에서 14.7조 원으로 오히려 감소하였다. 같은 기간 도로예산도 7.34조 원에서 5.42조 원으로 감소하였다. 최근 용지보상비 등 도로건설비의 상승으로 투자액에 비하여 실제 건설 가능한 도로연장은 더욱 줄어들게 되었는데 투자액까지 줄어들고 있는 것이다.

최근 10년의 고속도로 투자추이

　2006년부터 2015년까지 10년 동안 고속도로 건설에 투자된 총 금액은 46.2조 원으로 연평균 4.6조 원이다. 2015년에 6.8조 원으로 가장 많고, 2011년에 2.9조 원으로 가장 낮았다. 이는 도로공사 투자, 민간투자, 그리고 재정고속도로와 민자고속도로에 대한 국고지원을 모두 합친 것이다. 주체별로 보면 국고에서 21.2조 원(재정건설 보조 12.7조 원, 민자건설 보조 8.5조 원), 한국도로공사에서 15.7조 원, 민자사업자가 9.3조 원을 투자하여 국고 비율이 45.9%를 차지하고 있다. 나머지 54.1%는 한국도로공사(34.0%)와 민간사업자(20.1%)가 조달한 것이다. 요약하면 10년 동안 총 고속도로투자금액의 45.9%는 중앙정부, 34.0%는 한국도로공사, 20.1%는 민간사업자가 조달한 것이다.

　한국도로공사에서 조달한 투자금액은 1.3조 원에서 1.7조 원 사이였으며 중앙정부의 재정고속도로 지원도 0.9조 원에서 1.5조 원 사이였다. 비교적 일정한 투자가 유지된 재정고속도로와는 달리 민간투자는 변동성이 컸다. 민간사업자의 투자액은 0.2조 원부터 2.1조 원까지 변동하였으며, 이에 따른 민자건설국고보조도 0.1조 원부터 1.4조 원 사이에서 변동하였다. 2015년 한해 6.8조 원이 고속도로에 투자된 데에는 고속도로 총 투자액의 51.5%에 달하는 3.5조 원이 민자고속도로 사업에 투자되었기 때문이며, 세부적으로 민간투자 2.1조 원(30.9%)과 민자건설국고보조 1.4조 원(20.6%)이다. 2011년에 가장 적은 투자가 이루어진 것은 민간투자(0.1조 원)와 민자도로국고지원(0.4조 원) 모두 최저를 기록하였기 때문이다.

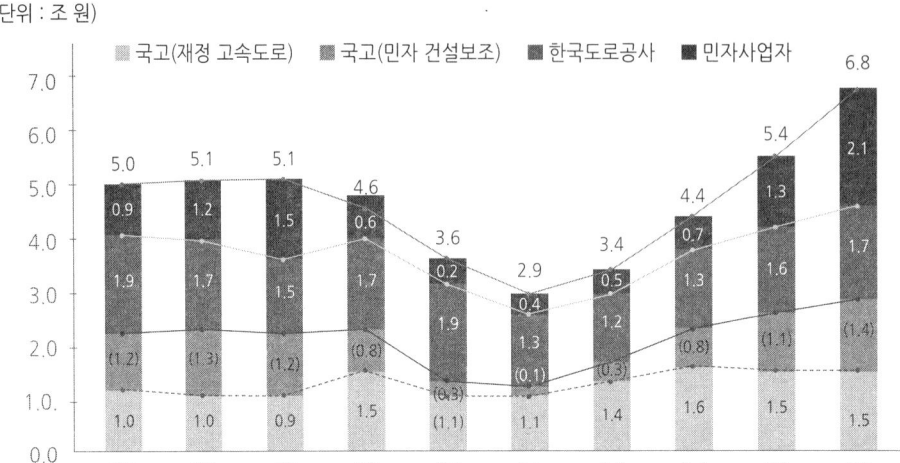

주체별 고속도로 투자금액 및 투자비중 추이

국가재정운영계획(2017~2021)

　기획재정부에서는 매년 가을 당해를 포함해 향후 5년간의 국가재정운영계획을 수립하여 발표한다. 2015년을 고점으로 도로분야 재정투자가 감소한 것은 2014년 발표된 국가재정운용계획(2014~2018)에서 예견된 결과이다. 2014년 계획에 따르면 연도별로 도로투자를 8.47조 원(2014년), 8.86조 원(2015년), 7.98조 원(2016년), 7.01조 원(2018년), 6.13조 원(2019년)으로 연평균 7.8%씩 감축하도록 되어 있다.

　2016년 발표한 국가재정운용계획(2016~2020)에서는 8.34조 원(2016년), 7.41조 원(2017년), 6.71조 원(2018년), 6.31조 원(2019년), 6.28조 원(2020년)으로 연평균 6.8% 감축하도록 되어 있다.

2017년 이후의 재정투자는 2017년 10월 발표한 국가재정운용계획(2017~2021)에서 가늠할 수 있다. 연도별 도로투자는 7.41조 원(2017년), 5.44조 원(2018년), 5.12조 원(2019년), 4.85조 원(2020년), 4.74조 원(2021년)으로 연평균 9.4%씩 감소하게 되어 있다. 계획수립연도별로 2018년에 대한 도로예산 투자계획을 추적해보면 7.01조 원(2014년), 6.81조 원(2015년), 6.71조 원(2016년)으로 해마다 조금씩 낮아지긴 했지만 2017년 계획에서는 5.44조 원으로 대폭 낮아졌다는 것을 확인할 수 있다. 2018년 정부예산안 규모가 429조 원으로 사상 규모로 편성된 가운데 2018년 도로예산이 근래 최저치인 5.44조 원으로 편성된 것은 2017년 들어 도로분야에 대한 정부의 투자의지가 특별하게 낮아졌다는 것을 시사한다.

같은 기간 SOC분야 투자금액은 22.14조 원(2017년)에서 16.22조 원(2021년)까지 연평균 7.5%씩 감소하게 되어 있다. 철도투자 역시 연평균 13.1%씩 감소하게 되어 전통적인 육상교통시설에 대한 투자가 확실한 내리막 추이로 돌아섰다. 1970년 이후 정부가 GDP의 1~2% 수준으로 지속적으로 투자해온 SOC 시설이 이제는 선진국 수준으로 충분하다는 의견과 아직은 양과 질적인 측면에서 부족하다는 대립된 의견 가운데, 현재는 충분하다는 의견이 힘을 얻은 결과가 반영된 것으로 해석된다.

SOC 분야 투자계획

(단위 : 조 원)

구분	2017년	2018년	2019년	2020년	2021년	연평균증가율(%)
SOC 전체	22.135	17.716	17.009	16.515	16.218	-7.5%
도로	7.409	5.442	5.120	4.849	4.737	-10.6%
철도·도시철도	7.144	4.714	4.456	4.275	4.074	-13.1%

자료 : 대한민국정부, 2017~2021년 국가재정운용계획, 2017. 10

다. 지방정부의 도로예산과 재원

중앙정부와 지방정부 예산 구조

2010년부터 2015년 사이 한국 중앙정부 예산은 291.8조 원부터 384.7조 원까지 연평균 4.3%씩 꾸준히 증가하여 GDP대비 23.1%에서 24.7%까지 서서히 증가하고 있다. 같은 기간 지방정부 예산은 183.2조 원부터 234.0조 원까지 연평균 5.0% 증가하여 중앙정부 예산 대비 60% 수준을 유지하고 있다[99]. 그런데 지방정부의 예산에는 중앙정부 지원 예산이 포함되어 있고, 중앙정부 예산에는 지방정부 이전액이 포함된 것이다. 2015년의 경우 중앙정부 예산 375.4조 원, 지방정부 예산 220.7조 원으로 총 596.1조 원이지만 여기에는 중앙정부에서 지방정부 이전액 119.4조 원이 중복 계상된 것으로 이를 제외하면 전체 재정은 476.6조 원이 된다. 2015년을 예를 들면 중앙정부 예산이 375.4조 원인데 여기에서 119.4조 원을 지방정부에 이전하여 중앙정부가 직접 사용한 예산은 255.9조 원(53.7%)이었다. 반면에 지방정부가 자체 확보한 예산은 101.3조 원에 중앙정부 이전액 119.4조 원을 더해 실제 지방정부가 사용한 예산은 220.7조 원(46.3%)이다.

중앙정부 지원(양여금에서 교부세, 국토교통부 지원)

그럼 지방도로 재원은 어떨까? 지방자치단체 일반회계의 세입예산은 크게 자체재원과 의존재원으로 나누어진다. 자체재원으로는 지방세, 세외수입, 지방채가 대표적이다. 의존재원은 국가로부터 지방자치단체가 받는 재원으로 국고보조금, 지방

---

99) 건설산업연구원, 지역 SOC 예산 변화의 결정요인과 정책적 시사점, 2017.

교부세, 지방양여금이 있다. 기초지방자치단체는 국가보조금 이외에 시·도로부터 시·도비보조금을 받고 있다. 지방교부세는 국가가 징수한 내국세의 15%를 지원하여 지자체 재원부족을 채워주는 것이다. 지방양여금이란 1991년 「지방양여금법」에 의해서 신설된 재원으로 국가가 징수하는 국세 중 일부를 일정한 기준에 따라 지방자치단체에 양여하여 특정목적사업 수요에 충당하도록 하는 것이다. 지방양여금제도의 목적은 지방자치단체의 재정기반을 확충하고 도로정비사업 등을 추진함으로써 지역 간의 균형 있는 발전을 도모하기 위한 것이다.

지방양여금 지원 사업이 시작되자 지방정부의 도로정비사업이 활발해지기 시작했다. 1991년 신설 당시에는 총 5,570억 원 전액이 도로정비사업(직할시도, 지방도, 군도, 농어촌도로)에 사용되었다. 당시 중앙정부 도로예산 1.96조 원의 28.4%에 달하는 금액이었다. 이후에 지원 대상사업이 도로정비사업, 농어촌지역개발사업, 수질오염방지사업, 청소년 육성사업, 지역개발사업 등 5개로 늘어나게 되었다. 2001년에는 지방양여금 규모가 4.11조 원으로 증가하였는데 이 가운데 도로정비(1.91조 원)·지역개발사업(0.76조 원)은 국고보조금 성격을 가지고 있었다. 당시 지방양여금 제도에는 도로예산과 같이 용도가 명시되어 있어 도로투자가 활발하였던 것이다.

그런데 2004년 12월 「지방양여금법」이 폐지되고 「지방교부세법」이 개정됨에 따라서 2005년부터는 지방양여금제도가 폐지되었다. 양여금은 도로예산과 같이 용도가 법률로 정해지는 반면에, 교부세는 지방자치단체가 자율적으로 사용할 수 있다는 차이가 있다. 과거 양여금으로 투자되던 도로정비사업과 지역개발사업이 「지방교부세법」에 따라 집행되게 되자 도로에 대한 투자금액이 줄어들게 되고 타 용도로 전환되게 된다. 지방양여금 재원은 지방교부세, 국고보조금, 국가 균형발전특별회계로 재편되었다. 「국가균형발전특별법」에 의해서 기획재정부 장관이 지역발전특별회계를 관리·운용하는데 지방관리도로와 관련된 사업은 행정안전부의 지방도 이하 위험도로 구조개선사업과 지역교통안전환경개선사업 정도이다.

지방자치단체 입장에서 보자면 특히 도농복합시는 행정구역내에 도로법상의 고속국도와 일반국도, 국지도와 지방도 시도와 군도, 그리고 「농어촌도로정비법」상 면·이·농도, 「국토계획법」상 도시계획도로, 그리고 지자체장이 노선을 인정·고시하지는 않았지만 공용되는 관내 모든 도로가 포함되어 있다[100].

2016년 국토교통부 도로예산 가운데 국도(국대도 포함) 3조 4,925억 원, 국가지원지방도 4,951억 원, 혼잡도로 950억 원, 광역도로 663억 원으로 지자체지원에 6,564억 원이 투자되었다.

지방정부 도로예산 감소 추이

그럼 지방자치단체에서 사용하는 도로예산은 얼마나 될까? 2008년 지방자치단체 도로예산 총계는 9.05조 원으로 전체 예산 161.2조원의 5.6%를 점유하였다. 2009년 세계경제위기 극복을 위한 추경 반영으로 정점인 9.91조 원에 도달한 이후 급속하게 하락하게 되었다. 2013년에는 7.56조 원으로 3.6%를 점유하던 도로예산이 2015년 6.82조 원(2.9%)까지 해마다 도로예산 총액과 비중이 줄어들었다. 2016년 세출예산 250조 원 가운데 도로예산은 약 6.8조 원으로 비중은 2.7%에 불과해 2008년과 비교하면 절반 아래로 줄어들었다.[101] 대도시 도로예산 역시 유사하여 2013년 서울시, 부산시, 울산시의 도로예산 비중이 각각 3.6%, 6.5%, 6.7%이던 것이 2016년에는 각각 2.5%, 3.0%, 5.7%로 해마다 줄어들고 있다.

대도시 도로예산 추이

(단위 : 억 원)

도시	2008	2009	2010	2011	2012	2013	2014	2015
서울	11,734	13,002	12,408	9,131	8,464	10,131	10,050	10,942
부산	5,833	6,833	7,633	5,039	6,312	7,721	6,031	5,582
대구	2,544	2,539	2,631	1,981	2,321	2,580	1,923	1,925

---

100) 한국지방행정연구원, 지방 SOC 생산성 분석 및 발전방안, 2015.
101) 한국건설관리공사, 지방자치단체 관리도로 제도개선방안 연구, 2017.

도시	2008	2009	2010	2011	2012	2013	2014	2015
인천	3,285	4,529	3,891	2,520	2,979	3,399	2,869	2,590
광주	1,916	1,711	1,889	1,670	1,635	1,601	1,780	1,498
대전	1,078	1,051	1,119	1,099	1,065	1,035	933	1,178
울산	1,551	2,398	1,791	1,988	2,815	2,554	2,827	2,691
지자체 도로예산 총계	90,466	99,105	90,039	76,433	77,386	75,593	66,618	68,246

자료 : 한국건설관리공사, 지방자치단체 관리도로 제도개선방안 연구, 2017. 부록에서 발췌 정리

 지자체 도로예산이 정점이던 해는 2009년으로 약 9.9조 원에 달했다. 2010년은 지방정부의 사회복지 예산 비중이 SOC예산비중을 추월한 해로, 그 차이는 점점 벌어져 2015년에는 사회복지 예산비중이 SOC예산비중의 2배를 넘어서게 된다. 사실 SOC예산 투자는 2008년부터 낮아지기 시작했지만 2009년만 경기회복을 위해 일시적으로 회복했고, 이후 확실한 하락세로 들어선 것이다. 1980년대 이후 도로건설수요가 급증하였지만 중앙정부 지원이나 자체재원으로는 도로건설 사업비가 부족했던 지방정부에서는 지방채를 발행해서 조달해왔는데 2000년에는 누적된 도로건설 지방채규모가 3.7조 원이었다. 누적 지방채 규모는 중앙부처의 지방양여금 지원이 폐지된 2005년(3.9조 원)부터 2011년(7.2조 원)까지 크게 늘어나다가 이후 2015년(4.7조 원)까지 감소하였다. 2005년부터 지방채를 늘려 지방양여금 감소분을 메꿔왔지만 결국 부채를 관리해야 하는 지자체에서 도로투자를 우선적으로 줄인 결과로 해석된다. 지방정부의 교통시설투자추이를 살펴보면 1990년대 말 지하철건설 투자의 감소로 동기간 감소하지만 2000년대 들어 전반적으로 증가되고 있다.

 지자체 전체 예산에서 수송 및 교통 예산이 차지하는 비중은 2008년 12.0%이었으나 2009년 12.5%로 일시적으로 높아졌다. 2009년 미국발 글로벌 금융위기로 경기가 침체되자 경기부양을 목적으로 일시적으로 투자를 늘린 것이다. 그러나 그 비중은 2010년 11.0%에서 2015년 8.0%까지 지속적으로 떨어지게 된다. 중앙정부 경우와 유사하게 지자체 SOC예산도 2018년에 20%가 급감하고, 이후에도 2021년까지 연평균 7.5%씩 줄어들게 될 전망이다. 중앙정부 예산이 400.5조 원에서 429조 원으로

늘어나는 와중에서 지자체 SOC예산은 20%가 줄어드는 것이니 상대적인 박탈감은 클 수밖에 없다. 도로도 SOC와 비슷한 패턴의 감소를 보이지만 SOC가 50% 감소할 때 도로는 93.1%가 감소하였다. SOC제약이 생기자 도로예산을 줄여서 대응한 것이라고 하겠다.

지방자치단체 수송 및 교통/도로 부문 예산 및 전체예산 중 비중

구분		2008년	2009년	2010년	2011년	2012년	2013년	2014년	2015년
수송 및 교통	금액 (조원)	19.30	22.24	20.20	18.28	19.11	18.79	18.44	18.79
	비중 (%)	12.0	12.5	11.0	9.9	9.6	9.0	8.4	8.0
도로	금액 (조원)	9.05	9.91	9.00	7.64	7.74	7.56	6.66	6.82
	비중 (%)	5.6	5.6	4.9	4.1	3.9	3.6	3.0	2.9

자료 : 월간건설산업, 지방정부의 SOC 예산 추이와 지역별 특성, 2017. 11

라. 교통시설특별회계

교통시설특별회계 도입 경과

특별회계란 국가의 회계 중 특정한 세입으로 특정한 세출을 충당하는 것을 말한다. 특별회계는 특정한 사업을 운영할 때, 특정한 자금을 보유하여 운용할 때, 특정한 세입으로 특정한 세출을 충당함으로써 일반의 세입·세출과 구분하여 계리할 필요가 있을 때 법률에 의해 설치될 수 있다. 특별회계 예산의 형식과 내용은 특례가 인정되지 않는 한 일반회계 예산에 준하게 되어 있다. 도로투자재원을 안정적으로 확보하기

위해서 설정된 특별회계의 역사는 제법 길다. 도로사업특별회계를 지원하는 법률은 「도로사업특별회계법」(1988년), 「도로등교통시설특별회계법」(1993년 12월), 「교통시설특별회계법」(1995년 12월)으로 변화하였다.

1980년대 들어 자동차등록대수가 연평균 20%씩 증가하였지만 도로 공급 속도가 따라가지 못하자 교통혼잡이 심각해졌다. 1988년까지 일반회계에서 조달하던 도로시설 투자재원으로는 급증하는 도로물량 건설 재원을 확보할 수가 없어 특단의 조치가 필요하게 되었다. 1988년 제정된 「도로사업특별회계법」에 근거하여 1989년부터 도로사업특별회계를 운영하기 시작했다. 이때의 주요 재원은 원인자 부담 원칙에 의거하여 도로와 관련된 휘발유 특별소비세의 90%, 경유 특별소비세, 승용자동차 특별소비세다. 부족액은 일반회계에서 추가로 지원을 받았지만 그 비중은 미미하였다. 특별회계 도입효과는 즉시 나타나 1988년 6,645억 원에 불과하던 중앙정부 도로예산이 1989년 1.25조 원으로 늘어났고 1993년 2.73조 원으로 늘어났다. 1993년 도로사업특별회계는 2.10조 원으로 77%를 담당하였고, 재정투융자특별회계[102]에서 0.6조 원, 일반회계에서 184억 원만을 담당하였다.

1994년에 교통시설 건설을 위한 목적세인 「교통세」를 휘발유와 경유에 부과하였으며, 교통시설에만 투자할 수 있도록 용도를 지정함에 따라 교통시설의 투자재원은 안정적으로 확보될 수 있었다.

기존의 도로사업특별회계를 교통시설특별회계로 확대하여 현재 도로 계정 이외에 철도, 도시 철도, 공항, 항만, 교통체계관리의 계정을 두고 있다. 1995년 도로예산 3.37조 원 가운데 3.35조 원(99%)을 교통시설특별회계에서 담당하였다. 1996년부터는 「교통세」세원인 휘발유 특별소비세와 경유 특별소비세를 종가제에서 종량제로 변경하였다. 최초 도입 시에는 특정목적에만 활용이 가능한 목적세의 특성상 비효율이 발생할 우려가 높음을 고려하여 10년간 한시적으로 도입하고자 하였으나, 한 번 도입된 목적세의 폐지에는 많은 반대가 발생함에 따라 현재까지 추가로 연장되어 운용되고 있다.

---

102) 한국도로공사 출자와 융자 금액.

이러한 교통시설특별회계는 전체 교통시설 투자재원의 약 70%를 차지할 정도로 큰 비중을 차지하여 1990년대 이후 교통시설에 대한 투자재원은 크게 증가하였다. 이렇게 증가한 투자재원을 바탕으로 하여 1990~2000년대에는 도로건설이 활발하게 이루어졌다.

현행 「교통시설특별회계법」과 특별회계(2017년 3월 30일 시행)

「교통시설특별회계법」은 도로, 철도, 공항 및 항만의 원활한 확충과 효율적인 관리·운용을 위하여 교통시설특별회계를 설치함을 목적으로 제정되었다. 교통시설특별회계는 도로·철도·교통체계관리·공항·항만 계정으로 구분되는데, 항만계정 이외에는 국토교통부장관이 운용한다. 교통시설특별회계의 세입 가운데 가장 큰 비중을 차지하는 것은 일반회계로부터의 전입금인 교통·에너지·환경세의 1천분의 800(「교통·에너지·환경세법」)에 해당하는 금액이다. 도로계정은 이 가운데 일부를 사용하는데 「교통시설특별회계법 시행규칙」 제2조에 도로계정은 1천분의 430이상 490이하로 규정하고 있다.

교통·에너지·환경세는 「교통·에너지·환경세법」(2015년 12월 31일 시행)에 의해서 부과된다. 동 법은 도로·도시철도 등 교통시설의 확충 및 대중교통 육성을 위한 사업, 에너지 및 자원 관련 사업, 환경의 보전과 개선을 위한 사업에 필요한 재원을 확보함을 목적으로 한다. 법에 의해서 휘발유는 리터당 475원, 경유는 리터당 340원을 부과한다. 교통세 도입 이후 교통투자는 GDP 대비 1%대에서 2.3%~2.5% 수준을 유지하였고, 연평균 6.5조 내외의 중앙정부 도로투자는 관련 산업을 부양하였다. 총 도로연장은 1993년 61,296km에서(1990년 56,715km) 2002년 96,037km로 57%나 증가하게 되었다. 특히 4차로 이상 도로연장은 1990년 4,823km에서 2004년 18,290km로 3.8배 증가하였다. 국회예산정책처[103]에서는 10년(1993년~2002년) 동안 도로부문에 투자된

---

103) 국회예산정책처, 교통분야 도로부문 주요정책·사업평가, 2006. 12.

중앙정부 사업비 약 64.8조 원으로 이로 인한 생산유발효과는 144.8조 원, 사업비 대비 총 생산유발효과는 2.23배라고 평가하였다. 또한 고용자수는 총 127만 명, 고용유발 효과는 283만 명으로 추산하였다.

교통시설 특별회계법」(2017년 3월 30일 시행) 상 도로계정 관련 내용

제3조(계정의 구분 및 관리·운용)
① 교통시설특별회계는 도로계정, 철도계정, 교통체계관리계정, 공항계정 및 항만계정으로 구분한다. 항만계정 이외는 국토해양부장관이 운용한다.

제4조(도로계정의 세입 및 세출)
① 도로계정의 세입
 1. 일반회계로부터의 전입금
 2. 출자 및 융자로 인한 수입금
 3. 다른 회계로부터의 예수금(預受金) 및 전입금
 4. 차입금
 5. 「공공차관의 도입 및 관리에 관한 법률」에 따른 차관 수입금
 6. 「공공자금관리기금법」에 따른 공공자금관리기금으로부터의 예수금
 7. 도로법과 유료도로법에 따른 수입금 중 국고 수입금
 8. 그 밖에 도로의 건설·정비 및 관리·운영으로 인한 수입금

제8조(일반회계로부터의 전입)
 1. 「교통·에너지·환경세법」에 따른 교통·에너지·환경세의 1천분의 800에 해당하는 금액
 2. 「개별소비세법」에 따라 승용차에 부과하는 개별소비세액은 도로계정의 세입으로 함

제9조(각 계정 간의 재원 배분 등)
① 각 계정 간의 재원의 배분에 관한 사항은 국토교통부장관 및 해양수산부장관이 기획재정부장관과 협의하여 국토교통부와 해양수산부의 공동부령으로 정한다.
② 재원 배분은 「국가통합교통체계효율화법」 제6조에 따른 중기 교통시설투자계획에 따라 적정하게 이루어지도록 하여야 한다.
※ 교통시설특별회계법 시행규칙 제2조에 도로계정은 1천분의 430이상 490이하로 규정

마. 해외 원조와 차관

이제는 한국이 해외국가에 대한 차관을 공여하는 입장이 되었지만 재정이 빈약한 1960년대부터 1980년대까지 해외 원조와 차관은 도로확대에 큰 힘이 되었다. 미국의 국제협력처(ICA)와 국제개발처(AID) 등에서 1954년부터 1962년까지 무상원조한 1,508만 달러는 당시 소중한 도로 투자재원이었다. 1960년대 후반은 높은 경제성장률을 보이던 시기였지만, 고속도로의 건설에 필요한 대규모 비용을 국내 자본만으로 조달하는 것은 무리였다. 경인고속도로 건설재원의 30%는 아시아개발은행(ADB) 차관 도입으로 확보할 수 있었다. 하지만 경부고속도로는 국내 자본만으로 건설해야 했는데, 해외의 투자기관과 노선에 대한 이견 발생으로 차관도입이 무산되었기 때문이다. 이후 1970~80년대에 건설된 고속도로에는 대부분 국제부흥개발은행(IBRD) 차관이 도입되어 건설되었다. 1960년대까지도 어려웠던 차관도입이 1970년대부터 가능해진 배경에는 한국군의 베트남 파병이 있었다. 미국의 지원으로 1970년대부터 대규모 차관이 도입되어 주요 고속도로가 활발하게 건설되었다. 호남고속도로 전주~순천 구간 사업비 156.9조 원의 33.8%, 남해고속도로 부산~순천 구간 사업비 222.73억 원의 43.8%, 영동고속도로 새말~강릉 구간 사업비 134.96억 원의 34.0%, 그리고 동해고속도로 강릉~묵호 구간 사업비 74.36억 원의 72%가 외자로 조달되었다. 호남고속도로 대전~전주 구간과 영동고속도로 신갈~새말 구간은 협상과정이 길어져 내자로만 건설되었다. 이 기간 고속도로 건설에 투입된 외자금액은 총 5,983만 달러로서 당시 건설된 고속도로 총 사업비 755.77억 원의 약 35%를 차지한다[104].

물류수송을 확대하기 위해서 기존 간선도로 포장이 시급하였다. 1971년 6월 29일 IBRD로부터 5,450만 달러의 차관도입협정이 결정되어 기간도로 포장사업이 시작되었다. 차관도로사업을 효율적으로 수행하기 위해서 1972년 2월 5일 발족한

---

104) 국토해양부, 2011 도로백서, 2012.

도로조사단에서 차관도로에 대한 타당성조사, 기본설계, 실시설계, 시공감독 업무를 1982년 12월 30일까지 담당하였다.

정부는 IBRD와 ADB로부터 6차례에 걸쳐 약 8억 달러의 차관을 들여와 1992년까지 국도, 지방도에 대한 포장사업을 추진하였다[105]. 차관금액은 차관도로 건설이 시작된 첫해인 1974년 73.6억 원으로 건설부 도로예산 393.46억 원 가운데 18.7%를 점유하던 것이 점점 올라가 1977년에는 76.7%(530.96억 원)까지 올라갔고 1979년까지도 54.3%(527.68억 원)를 점유하였다. 1980년대에도 매년 452억 원~1,363억 원에 달하는 차관도로건설비가 투자되어 건설부 도로투자의 20%~50%를 점유하였다. 1983년에는 1,363.63억 원이 투자되어 도로투자의 39.9%를 점유하였다. 1990년대 들어서도 1,318억 원(1990년), 2,941억 원(1991년), 2,027억 원(1992년)으로 금액은 늘어났지만 이 시기 중앙정부 총 도로투자액이 2조 원을 돌파하여 비중은 10% 내외로 낮아졌다. 1992년 IBRD 6차 사업을 끝으로 차관도로사업은 종료되었고, 2012년까지 도로차관 상환을 종료하게 된다. 국도에 집중된 차관도로 사업으로 1974~1992년 사이에 국도의 수준이 크게 올라섰다. 2000년대 들어 한국은 해외에 무상원조와 차관을 공여하는 국가로 변신하였다. 개발도상국 공무원들이 한국의 도로발전을 탐구하는 과정에서 한국의 도로재원 조달방법에 대한 관심이 높다. 경제규모가 작은 초기 개발단계에는 무상원조와 해외 차관에 의존하다가 경제규모가 커짐에 따라 정부재정, 민간자본으로 비중이 옮겨가는 한국의 재원확보 과정을 그들은 매우 흥미로워하였다. 도로건설을 각종 해외차관에 많이 의존하고 있는 그들에게 필자가 강조한 것은 자동차가 본격적으로 늘어나기 이전에 유류세에 기반한 교통시설특별회계와 같은 제도를 도입하여 도로재정을 튼튼하게 하라는 것이다.

---

105) 국토교통부, 도로업무편람, 2016.

5 민간투자제도

가. 민간투자제도 도입과 변천

민간투자제도란 전통적으로 정부가 건설하고 운영하던 도로와 같은 사회기반시설(SOC)을 민간의 재원으로 건설하고 민간이 운영하는 제도이다. SOC에 대한 민간투자는 자체적으로 고용과 기술발전에 기여하면서 간접적으로 다른 분야의 생산 활동을 지원하는 효과가 있다. 1980년대 후반부터 교통혼잡으로 인한 국가물류비가 크게 증가하자 뒤늦게나마 교통인프라 투자금액을 크게 늘렸으나 세수에만 의존해서는 투자비를 적기에 마련한다는 것이 매우 어려운 상황이었다. 교통세 도입으로 도로분야 투자재원이 크게 증가하였음에도 불구하고 전국에 걸친 방대한 도로건설수요를 적기에 만족시키는 데에는 한계가 있었다. 특히 1990년대 들어 자동차 증가와 지방자치제[106]의 확대로 여가, 교육, 복지에 대한 투자 수요가 빠르게 증가하여 SOC투자 재원을 늘리는데 제약이 되었다. 규모가 부쩍 커진 민간 부문의 투자를 사용자부담원칙 적용이 가능한 SOC사업으로 유도할 필요가 있었다. 당시 급성장하던 민간부문의 창의성과 효율을 공공부문에 접목하자는 취지도 있었다. 요약하면 공공부문의 영역이던 SOC시설에 민간의 돈과 효율성을 접목하여 이용자들에게 인프라서비스를 보다 빠른 시기에 제공하자는 것이 민간투자제도의 도입 배경이다.

KDI보고서[107]에서는 한국 민간투자제도 변천과정을 관련법 개정에 따라 제1기(1960~1994년 8월), 제2기(1994년 8월~1999년 3월), 제3기(1999년 4월~2004년 12월), 그리고 제4기(2005년 1월~2017년 현재)까지 네 기간으로 구분하고 있다.

---

106) 1961년 5월 중단된 지방자치제도는 1991년 부활되어 의회의원은 선출하였으나, 단체장은 아직 임명직이었다. 1995년 6월 27일 단체장과 지방의회 의원을 모두 선출하면서 정착되었다.
107) KDI 공공투자관리센터, 2016년도 KDI공공투자관리센터 연차보고서, 2017. 4.

제1기는 민간투자사업이 개별법(「도로법」·「항만법」 등)에 의해 산발적으로 추진되던 시기이다. 제2기는 「사회간접자본시설에 대한 민간자본 유치촉진법」, 제3기는 「사회간접자본시설에 대한 민간투자법」, 제4기는 「사회기반 시설에 대한 민간투자법」이 적용되던 시기이다.

1994년 8월 「사회간접자본시설에 대한 민자유치촉진법」이 제정되어 민간투자제도가 공식적으로 시작되었다. 주로 교통인프라에 대한 수익형사업(BTO)이 정부고시 사업으로 추진된 것이 특징이다. 고속도로에 대해서는 이미 사용자부담원칙에 의해 전국적인 유료 고속도로망이 운영되고 있었던 상황이라, 당시 재정사업으로 추진 중이던 4개 고속도로(인천공항, 천안~논산, 대구~부산, 서울외곽) 건설사업을 정부고시 민자사업으로 전환하여 1995년부터 민자고속도로 사업이 시작됐다. 그런데 1997년 전체 SOC 재정투자 대비 민간투자의 비중이 1.2% 정도로 기대만큼 민간투자가 활성화되지는 못했다. 1995년 이후 이자율이 10%가 넘었고 변동성도 커서 민자사업 수익성이 불확실하였기 때문이다. 1998년 IMF 외환위기 시에는 이자율이 최고 25%에 달하기도 하였다. 민간투자사업 실적이 기대에 미치지 못하였고, IMF 외환위기를 극복하기 위한 수단의 하나로서 민간투자사업을 활성화시킬 필요성이 높았다.

1999년 12월 「사회간접자본시설에 대한 민자유치촉진법」을 「사회간접시설에 대한 민간투자법」으로 개정하면서 내용을 대폭 보강하였다. 민간투자 활성화를 위해서 정부가 지원과 역할을 확대한 것이 특징이다. 정부고시사업에 이어 민간제안 방식도 추가되었다. 민간투자 활성화 방안의 하나로 최소운영수입보장(Minimum Revenue Guarantee : MRG)[108] 제도를 도입하게 되었다. 실제교통량에 제한 없이 20년~30년에 걸쳐 정부고시사업은 90%, 민간제안사업은 80%까지 수입을 보장해 주었다. 우선

---

[108] MRG란 민간자본이 건설한 시설의 실제 운영 시 통행료 수입이 협약한 수익의 일정비율보다 적으면 사업자에게 사전에 약정한 최소수입을 보장해 주는 제도이다. 민자사업을 활성화시키는 장점이 있으나, 사업자의 도덕적 해이로 과다수요추정을 할 경우 국가예산 부담이 늘어난다는 단점이 있다.

1994년 「사회간접자본시설에 대한 민자유치촉진법」으로 추진된 4개 고속도로 사업을 MRG 대상에 포함시켰다. 서울춘천고속도로, 서수원평택고속도로가 민자사업으로 추가 제안되는 등 민간제안사업이 활성화되게 되었다. 그러나 MRG가 적용된 도로가 개통되면서 정부부담 보전액이 커지는 등 논란이 생기자 2003년 5월 MRG 보장기간과 비율을 축소시키게 되었다.

2005년 「사회간접시설에 대한 민간투자법」을 「사회기반시설에 대한 민간투자법」으로 개정함에 따라 큰 변화가 생겨나게 되었다. 학교시설 등 사회적 인프라시설을 대상으로 하는 임대형사업(BTL) 방식이 도입되었다. 공모형 인프라펀드도 도입되었고, 논란이 되어온 최소운영수입보장(MRG)은 단계적으로 축소·폐지하였다. 2006년 1월부터 민간제안사업에 대한 MRG를 폐지하였고, 정부고시사업에 대해서는 보장기간을 10년, 보장상한을 65%~75%로 낮췄다. 2009년 10월부터는 정부고시사업에 대해서도 MRG를 폐지하면서 모든 민자고속도로 사업에서 MRG는 완전히 사라지게 되었다. MRG가 사라지는 과정에서 신규 민간투자 제안건수도 대폭 줄어들게 되었다. 신규 제안은 줄어들었지만 당시까지 체결된 협약에 의해 착공 건수와 투자액은 늘어났다. 2005년을 기준으로 전반기 10년(1995~2004년) 동안 6건이던 민자도로 착공건수가 후반기 11년(2005~2015년)동안 13건으로 2.2배 늘어났다. 민간 분야 투자액은 2011년 3,556억 원에서 2015년 2조 5,479억 원으로 7.2배 증가하였다. 민자도로에 대한 국고지원액도 2011년 4,151억 원에서 2015년 1조 7,346원으로 4.2배 증가하였다. 최근 도로분야 정부예산이 빠르게 줄어들게 되자 민간투자를 활성화시킬 필요가 있었다. 2015년 4월 제3의 새로운 민자사업방식(BTO-rs, BTO-a) 도입으로 주춤했던 민간투자사업 제안이 활발해지기는 했지만 협약은 저조한 상황이다.

나. 현행 민간투자제도

2005년 「사회기반시설에 대한 민간투자법」 개정 이후 법과 시행령이 꾸준하게 개정되었고 민간투자사업기본계획이 계속 변경되어 현재의 민간투자제도에 이르고 있다. 민간투자사업의 추진절차는 정부고시사업과 민간제안방식 두 가지이다. 첫째, 정부고시사업은 재정투자사업 중 사업성이 우수하고 정부보다 민간이 추진하는 것이 더 효율적일 것으로 예상되는 사업을 정부가 선정하여 '민간투자시설사업기본계획'을 수립·고시하고, 예비타당성 조사를 거쳐 민간투자대상사업을 지정한 다음 민간사업자를 공모한다. 둘째, 민간제안사업은 민간사업자가 공공투자사업 중 수익성이 있다고 판단되는 사업을 자체적으로 발굴하여 주무관청에 제안한다. KDI 공공투자관리센터에서 민자적격성조사를 통해 판단 후 협상대상자 선정을 추진한다. 대부분의 수익형 민간투자사업(BTO)은 민간제안사업 형태로 추진된다. 민간투자사업은 수익자부담원칙, 수익성원칙, 사업편익의 원칙, 효율성원칙이란 네 가지 일반원칙(민간투자기본계획 제4조)을 준수하여야 한다.

한국에서 가능한 민간투자사업 추진방식은 BTO, BTL, BOT, BOO, BLT BTO, 혼합형방식 등이 있으나, 지금까지 모든 도로사업 민간투자는 통행료를 통해 수익을 창출하는 BTO 방식으로 추진되어 왔다. BTO란 민간이 도로를 건설(Build, 신설·증설·개량)을 완료함과 동시에 시설 소유권을 국가 또는 지방자치단체에 이전(Transfer)하고, 일정기간 시설을 운영(Operate)하여 투자비를 회수하는 것이다. 민간투자사업 가운데 수익률은 높은 편이지만 불확실한 장래 수요에 따라 수익률이 변동하는 만큼 민간이 부담하는 위험도 높은 편이다. 과거 MRG제도가 이 위험을 분산시켜준 것이니 만큼 MRG가 사라지자 사업제안도 줄어든 것은 예견된 일이었다.

2015년 4월 정부는 민간투자사업기본계획을[109] 개정하여 제3의 새로운 민자사업방식(BTO-rs, BTO-a)을 도입하였다. 정부와 민간이 사업위험을 분담하자는 취지로 첫째, 위험분담형(BTO-risk sharing) 방식은 정부와 민간이 사업위험을 분담(사업 성격에 따라 분담비율 조정)하여 고수익·고위험 사업을 중수익·중위험 사업으로 변경하는 것이다. 둘째, 손익공유형(BTO-adjusted) 방식은 정부가 최소사업운영비(민간투자비의 70% 민간투자비의 30% 이자 등)를 보전하고 초과이익이 발생하면 이익을 공유하는 방식이다. 2015년 이후 제안된 9개 노선의 민자고속도로 사업은 모두 BTO-rs, BTO-a 방식이다. 2017년 민간투자기본계획에 의하면 2017년 현재[110] 진행되고 있는 도로분야 민간투자계획은 37건으로 총투자비 22.5조 원이 소요되는데, 이는 전체 민간투자사업 가운데 금액 기준 51.8%를 차지한다. 여기에서 총 투자비는 민간투자비에다가 정부에서 지원하는 건설보조금과 토지보상비를 합한 것이다. 순수 민간투자비는 17.5조원으로 총 투자비의 78%를 점유하고 있다. 도로사업 37건은 국가관리사업 12건, 국고보조 지자체관리사업 9건, 지자체관리사업 16건으로 구성되어 있다. 2017년에는 22건의 사업에 대해서 총투자비 2.9조 원이 집행될 계획이다. 2015년과 2016년에는 신규로 지정된 도로사업이 없었으나 2017년에는 1건이 신규사업으로 지정되었다.

2017년 도로분야 민간투자 사업 현황

(단위 : 조 원)

사업추진단계	사업수(개)	총투자비 (민간투자비)	2017년투자비 (민간투자비)
준공	7	7.3 (5.9)	1.5 (1.2)
공사	8	4.1 (3.0)	0.9 (0.6)
신규 착공	4	2.9 (2.2)	0.2 (0.2)
실시계획 승인	5	5.4 (4.4)	0.2 (0.2)
실시협약 체결	12	2.8 2.1)	-
신규사업 지정	1	0.07 (0.01)	-
합 계	37	22.5 (17.5)	2.9 (2.2)

자료 : 민간투자사업기본계획, 기획재정부공고 제2017-99호

---

109) 기획재정부에서 매년 수립하는 민간투자사업기본계획은 「사회기반시설에 대한 민간투자법」 제7조 제2항 및 제8조에 따라 사회기반시설의 분야별 민간투자 정책방향 및 당해 연도 투자 계획을 포함한다. 2015년 4월 20일 제32조부터 제33조의2를 개정 및 신설하여 제3의 방식을 도입하였다.
110) 기획재정부, 2017년 민간투자기본계획, 2017.

중앙정부에서 직접 관리하는 민자고속도로사업은 2017년 말 기준 총 24건으로 총 투자비 41조 원으로 총 연장 1,041.7km를 건설할 계획이다. 이 가운데 17개 노선이 운영되고 있는데 2017년에만 6개 노선이 운영을 시작하였다. 2017년 상반기에 남해고속도로3지선, 수도권제2외곽순환고속도로 인천~김포, 포천~양주 구간, 상주영천고속도로(93.9km), 구리포천고속도로(44.6km)가 개통되었고, 2017년 하반기에 제2경인고속도로 안양~성남구간(21.8km)이 개통되었다. 2018년 상반기에 옥산오창고속도로(12.1km)가 개통된다.

다. 최소수입보장(MRG)제도 변천과정

민간투자제도의 부침에 커다란 영향을 미친 최소수입보장(MRG)제도는 1999년 도입되었다가 2006년과 2009년 단계적으로 폐지되었다. 폐지된 지 상당한 기간이 경과하였음에도 불구하고 과거 협약에 의해 짧게는 2019년(용인서울고속도로)부터 길게는 2038년(부산울산고속도로)까지 민자도로 운영에 영향을 미치게 되는 MRG제도의 변천과정을 좀 더 자세히 추적해 보자.

1997년 11월 시작된 IMF 외환위기는 한국 경제구조를 근본적으로 바꾸어 놓았으며 교통분야도 예외는 아니어서 교통수요 증가율에도 큰 영향을 미치게 되었다. 2000년 국내 최초의 민자도로 사업으로 개통된 인천국제공항고속도로의 실제교통량이 예측치와 큰 차이를 보였고, 2002년 개통된 논산천안고속도로 교통량마저 예측치에 미달하면서 2002년 정부의 손실 보전액이 1,063억 원이나 되었다. 2003년 5월 다음과 같이 MRG 보장기간과 비율을 축소시키게 되었다. 첫째, 실제교통량이 예측치의 50%에 미달한 경우에는 MRG 지원을 배제하는 조항을 신설하였다. 둘째, 20~30년이던 MRG 기간을 15년으로 줄였으며, 보장상한도 다음과 같이 매 5년마다 10%씩 줄이도록 하였다.

하나, 정부고시사업 : 90%(1~5년), 80%(6~10년), 70%(11~15년)
둘, 민간제안사업 : 80%(1~5년), 70%(6~10년), 60%(11~15년)

　동시에 자금재조달[111]을 통하여 기존 MRG 보장수준을 낮추고 통행료를 인하하는 조치가 시작되었다. 1998년 최고 25%에 달하던 이자율이 IMF 외환위기가 종료되면서 2000년대 초반에는 5% 수준에서 안정화된 상황이라 조달금리를 현실화 할 필요가 있었다. 2004년 민간투자사업 기본계획에서 자금재조달의 정의와 공유원칙을 제시하였고, 2007년 자금재조달의 범위를 출자자변경까지 확대하였다. MRG 보장상한을 인천공항고속도로는 90%에서 80%(2004년 4월)로, 논산천안고속도로는 90%에서 80%(2005년 2월)로, 대구부산고속도로는 90%에서 77%(2008년 5월)로 낮추었다. 서울외곽순환고속도로(2011년 5월)는 MRG를 90%로 유지하였으나 통행료를 5,900원에서 4,800원으로 인하하였다. 서수원평택고속도로에 대한 MRG는 2014년 10월에 폐지하였다. 재구조화 과정에서 부산대구, 서울외곽, 서수원평택, 평택시흥 고속도로 통행료도 인하하였다. 이후 개통된 민자고속도로의 통행량도 협약대비 80% 이상에 달했는데, 2014년의 경우 평택시흥고속도로 87.9%, 용인서울고속도로 83.5%, 서수원평택고속도로 79.8%였다.

　2006년 1월부터 신규 민간제안사업에 대한 MRG를 폐지하였고, 정부고시사업에 대해서는 보장기간을 10년, 보장상한을 65~75%로 낮췄다. 2009년 10월부터는 정부고시사업에 대해서도 MRG가 폐지되었다. MRG가 축소되어가는 과정에도 누적협약이 늘어남에 따라 2006년도 민간투자비중은 재정투자의 17.4%를 차지하게 되었다. 정부의 MRG 부담액이 높아진 배경에는 도덕적으로 해이한 사업자가 의도적으로 교통수요를 과다하게 추정한 때문이라는 의심이 있었다. 「건설기술관리법」을 개정(2007년 5월)하여 교통수요 부실 예측 기술자에 대한

---

111) 조달금리 인하, 자본금 감자 등에 따라 발생하는 이익을 사업자와 정부가 공유하여 MRG 축소 및 통행료 인하 등에 활용되었다.

벌칙(업무정지 또는 부실벌점)을 도입하기도 하였지만, 이미 민자고속도로 사업의 매력은 낮아져가고 있었다.

2015년 12월 기준 운영 중인 10개의 민자고속도로[112] 가운데 9개 노선에 MRG 약정이 적용되어 2015년까지 총 2.89조 원이 MRG로 지급되었다. 노선별 누적지급액 순서는 인천공항(1.29조 원), 부산대구(5,489억 원), 논산천안(5,263억 원), 부산울산(2,242억 원), 서울외곽(1,811억 원) 순이다. 2015년에 지불된 MRG 액수는 인천공항(982억 원), 부산대구(848억 원), 논산천안(442억 원), 부산울산(390억 원), 서울외곽(297억 원) 순서이다. 2016년에는 총 5,300억 원정도가 MRG로 지급되었다.

민자고속도로의 통행요금 인하를 위해 정부에서는 관리기간 연장, 사업재구조화, 자금재조달, 관리기간연장+사업재구조화 등의 대안을 검토하였다. 운영기간 연장이란 기존 30년이던 운영기간을 10~20년 연장하는 것이고, 자금재조달이란 실시협약(변경실시협약 포함)에서 정한 내용과 다르게 출자자 지분, 자본구조, 타인자본 조달조건 등을 변경하는 것이다. 2006년 민간제안사업에 대한 MRG가 폐지된 이후, 후발사업인 평택시흥고속도로(2007년 7월 협약체결, 2013년 3월 개통)부터는 MRG 약정 없이 협약이 체결되었다. 서수원평택고속도로는 재구조화를 통해서 MRG가 폐지(2014년 10월)되었다. 만약 MRG 약정이 있는 9개 노선의 실시협약을 해지하여 정부가 매입한다면 소요비용이 11.8조 원으로 추산하고 있으나 현실적으로 어려운 대안이다.

MRG는 협약에 의해서 실제교통량이 예상교통량에 미달할 경우에 그 차액의 일부를 보전해주는 것이니 교통량이 중요하다. 2015년 기준 민자고속도로 실제 통행량은 협약대비 최고 91.9%(평택시흥), 최저 55.8%(부산울산) 수준이며 10개 노선 전체평균은 75.3%이다. 노선별로 보면 평택시흥(91.9%), 용인서울(90.2%), 서울외곽(86.8%), 서수원평택(83.8%), 인천대교(79.9%), 서울춘천(79.8%),

---

[112] 2017년 말 기준 17개 노선 운영 중. 2016~2017년 사이에 수원광명, 광주원주, 부산신항, 인천김포, 상주영천, 구리포천, 제2경인(안양~성남) 구간 개통.

논산천안(65.5%), 인천공항(61.4%), 부산대구(57.8%), 부산울산(55.8%) 순이다. 1995년에 협약을 체결한 4개 고속도로(인천공항, 천안논산, 대구부산, 서울외곽)의 평균은 67.9%로 전체 평균보다 7.4% 낮으니 MRG부담이 특히 컸고, 이는 그 당시 수행한 교통량예측 결과의 신뢰도가 낮았다는 것을 의미한다.

인천공항, 부산대구, 서울외곽, 용인서울, 서수원평택, 평택시흥고속도로는 자금 재조달을 시행하여 당초 90%이던 MRG 조건을 낮춘 것이다. 2015년 MRG 적용노선 9개 가운데 6개 노선에서 MRG가 발생하고 있는데, 용인서울과 서울춘천 고속도로는 교통량이 높아 MRG가 발생하지 않았고, 서수원평택고속도로는 2014년 10월에 MRG를 폐지하였기 때문이다. 2017년 이후에도 통행료분쟁으로 자금재구조화 노력이 진행되고 있어 MRG 지급액은 점차 줄어들 것으로 예상된다.

민자고속도로 사업별 MRG (2015년 기준)

사업명	MRG 기간	실제통행량/협약교통량 (2015년)	MRG 조건 (MRG 보장축소)
인천공항	20년('00-'20)	61.4%	협약수입 80% 미달분(90%→80%)
논산-천안	20년('02-'22)	65.5%	협약수입 82% 미달분(90%→82%)
부산-대구	20년('06-'26)	57.8%	협약수입 77%미달분 (90%→77%, 통행료 조정)
서울외곽	20년('08-'28)	86.8%	협약수입 90% 미달분 (통행료조정)
부산-울산	30년('08-'38)	55.8%	타인자본원리금 + 자기자본수익률 6% 미달분
서울-춘천 (MRG 미발생)	15년('09-'24)	79.8%	1~5년 : 협약수입 80% 6~10년 : 협약수입 70% 11~15년 : 협약수입 60%
인천대교	15년('00-'20)	79.9%	협약수입 80% 미달분
용인-서울 (MRG 미발생)	10년('09-'19)	90.2%	협약수입 70% 미달분

자료 : 국토교통부, 민자도로 바로 알기, 2015 / 주 : 자료를 바탕으로 후속 자료 보완

6 유료도로 체계와 통행료

가. 재정고속도로 통행료 변화

2017년 기준 한국도로공사에서 관리하는 재정고속도로의 1km당 평균통행료는 63원인 반면, 거가대교는 1,220원으로 20배에 가깝다. 건설원가가 비싸기 때문이긴 하지만 최근 들어 각종 유료도로에 대한 통행료가 공정하지 않다는 불만들이 높아지면서 통행료를 재조정하는 움직임이 활발하다. 통행료 산정과 관련된 비용과 수입 정보를 객관적으로 비교하여 유료도로 요금체계를 표준화할 필요가 있다. 통행료 산정 기준에는 도로건설비, 유지관리비, 예측교통량, 투자이윤 등이 영향을 미친다. 통행료를 받아 회수하고자 하는 범위가 재정도로는 건설비와 운영비가 포함된 투자비인 반면, 민자도로는 투자비에 투자이윤까지 포함된다.

고속도로에서 통행료를 받기 시작한 것은 1968년 12월 21일 동시에 개통된 경인고속도로 영등포~가좌(23.2km) 구간과 경부고속도로 서울~오산(45.4km) 구간이었다. 당시 차종을 8종으로 구분하고 거리비례요금제를 채택하였다. 현재 한국 고속도로 통행료는 원가 상환주의 원칙에 따라 건설비, 유지관리비, 국민경제 영향 등을 종합적으로 고려하여 책정된다. 당초에는 당해 고속도로의 건설비, 개축비, 유지수선비, 관리비 등에 소요된 자금의 원리금이 다 거두어질 때까지 통행료를 징수하게 되어있어서 고속도로 노선마다 통행료 징수기간도 달랐다. 그러나 고속도로 유지관리 정책에 일관성을 부여하고 고속도로 건설재원의 원리금을 조속히 회수하고자 통행료 징수기간을 전 노선이 통일 되도록 하는 통합채산제를 1980년 5월 20일부터 실시하고 있다.

1997년에는 당초 거리비례요금제이던 고속도로통행료 산정방식이 최저요금제로 바뀌었다가, 2004년 이부요금제로 변화되었다. 이부요금제란 기본요금과 거리비례요금제로 구분하여 건설비는 기본요금으로 회수하고 유지관리비는 거리주행요금으로 회수하는 것이다. 이부요금제 도입 이후 3차례에 걸쳐 고속도로 통행료가 인상되었는데 2006년에 4.9%, 2011년에 2.9%, 2015년에 4.7%가 인상되었다. 가장 최근인 2015년 10월 29일 인상 결과가 반영된 요금은 소형차를 기준으로 기본요금 900원[113], 그리고 1km당 44.3[114]원을 합산한 것이다.

재정고속도로 차종별 km당 통행료 추이 (거리주행요금)

(단위 : 원)

연도	승용·소형화물 (1종)	소형버스, 중소화물 (2종)	대형버스, 중대화물 (3종)	대형화물차 (4종)	특대화물차 (5종)
1971	3.5	8.1	11.2	14.0	17.0
1981	17.0	15.6	37.3	36.1	36.1
1991	27.0	30.0	46.0	60.0	60.0
2002	38.1	40.1	41.2	71.0	72.4
2006	40.5	41.3	42.9	57.5	68.0
2015	44.3	45.2	47.0	62.9	74.4
2015/1971	12.66	5.58	4.20	4.49	4.38

2015년 10월 29일 4년 만에 승용차의 고속도로 1km당 주행요금 41.4원에서 44.3원으로 7% 올랐다. 1971년과 2015년을 비교하면 승용차 통행료는 12.66배 오른 반면 대형차 이상은 4배 정도로 훨씬 덜 올랐다. 고속도로 수송효율을 높이고 산업도로 기능을 유지하기 위해 버스와 화물차에 대해서 정책적인 배려를 해온 결과이다. 이 기간 35배 오른 소비자물가지수(1970~2015년)에 맞추어 통행료가 올랐다면 고속도로

---

113) 고속도로의 대부분을 차지하는 폐쇄식에 대한 기본요금이며 개방식의 경우 720원이다.
114) 왕복 4차로 보다 넓은 구간은 1.2배를 곱한다(왕복 4차로가 44.3원/km이면, 왕복 6·8차로 구간은 53.16원).

1km당 주행요금은 130원/km 정도가 되었을 것이다. 고속도로 통행료가 자본 논리에 의해 결정되지 못한 이유는 물가상승을 억제하기 위해서 물가당국이 강력한 통제를 계속해왔기 때문이다. 2016년 말 한국도로공사 부채 27.5조 원의 대부분은 건설로 인한 부채이다. 정부가 대부분 소유하고 있는 한국도로공사의 자본금은 32조 701억 원이니 부채비율은 85.79%이다. 현재 고속도로 통행료 수준은 원가보상률의 83% 수준이다. 원가는 건설비와 운영비를 합친 것이다. 통행료수입(4.04조 원, 2016년)은 총 예산(10조 6,528억 원)의 40% 수준이다. 고속도로유지관리비(1.6조 원)와 시설개량(1.09조억 원), 차입금이자(1.13조 원) 정도를 충당한다. 고속도로 건설비 3.28조 원 가운데 국고보조를 제외한 1.85조 원과 원금상환 2.97조 원 등은 신규 차입금(4.20조 원)에 의존해야 한다. 아직까지 한국도로공사 부채의 질은 양호하여 신규 건설 부담만 통제하면 채무상환에는 이상이 없다.

재정고속도로 승용차 평균통행료는 1km당 63원

이용자가 재정고속도로를 이용하면서 지불하는 통행료에는 기본요금과 거리비례요금제가 혼합되어 있어서 장거리를 달릴수록 1km당 통행료는 낮아지는 구조이다. 1km당 주행요금은 왕복 4차로인 경우 44.3원인 반면, 왕복4차로 이상인 구간은 20%가 할증된다. 전국 고속도로가운데 6차로 이상 연장이 24%(983km)를 차지하니 이를 감안하면 1km당 고속도로를 달리는 승용차들이 지불하는 주행요금은 1km당 평균 46.4원이라는 계산이 나온다[115]. 이를 바탕으로 400km를 달리면 19,460원(900원+400km×46.4원)을 지불하니 1km당 48.7원이 되지만, 40km를 주행할 경우에는 2,756원(900원+40km×46.4원)을 지불하니 1km당

---

115) 승용차로 전국 재정고속도로를 모두 주행할 경우 내야하는 평균 거리비례요금이라고 생각해도 된다.

68.9원이 된다. 2016년 고속도로 승용차 평균 주행거리[116]가 55.7km이니 1대당 3,484원(900원+55.7km×46.4원), 1km당 63원 정도를 통행료(기본요금+거리주행요금)로 지불한다는 추산이 나온다. 이는 전국 고속도로를 평균하여 환산한 수치이고, 노선별로 비교할 경우에는 기본요금(폐쇄식: 900원, 개방식: 720원)에 주행요금(44.3원/km, 4차로 이상 할증 20%)을 반영하여 정확히 환산하는 것이 공평하다.

현재 우리나라 고속도로 통행료 1km당 63원은 유료고속도로를 운영하는 다른 국가들에 비하면 낮은 편에 속한다. 대형차의 경우 다른 나라보다 훨씬 낮다. 중국도 1km당 0.5위안(85원)이니 소득수준을 감안하면 우리보다 훨씬 비싸다. 대부분 고속도로를 단기간에 건설하기 위해서 금리가 높은 자본을 동원하였기 때문이다. 중국의 유료고속도로는 정부가 대출하여 상환하는 정부상환형(최장 20년 운영)과 기업이 투자하여 건설하는 민간투자형(전체 50%로 최장 30년 운영) 두 가지 방식으로 건설된다. 사실상 민자도로나 마찬가지인 셈이다. 일본도 고속도로 통행료가 한국보다 5배~10배 비싸다. 재정고속도로 건설비의 40%~50%[117]를 국가에서 지원한 우리나라와는 달리 일본은 100% 차입금으로 조달했기 때문이다. 일본 6개 고속도로공단 누적채무가 45조 엔에 달할 정도이니 공공에서 관리는 하지만 사실상 민자고속도로와 유사한 자본구조를 가지고 있다고 보아야 한다. 우리나라 민자고속도로는 교통수요가 높은 대도시 위주로 건설된 반면, 일본은 교통량이 적은 지역간 고속도로까지 국가 재정지원 없이 건설하였으니 결국 통행료가 비싸질 수밖에 없었다. 일본이나 중국과 달리 미국은 과거 연방고속도로망 건설 당시에 건설비의 90%를 연방정부가, 10%를 지방정부가 부담하여 단기간에 6.6만km를 건설하여 아직까지도 대부분 무료로 운영되고 있다. 어떤 방식이 우수하다고 단언하기는 어려운 것이 모두 당시 재정여건 등을 고려하여 생겨난 결과이기 때문이다. 이상의 논의에서 우리나라 재정고속도로 통행료가 다른 나라 유료고속도로보다 저렴한

---

116) 한국도로공사, 고속도로교통통계, 2016.
117) 2013년까지 한국도로공사에서 시행하는 공공고속도로 건설비의 50%를 국고에서 보조하였으나 2014년부터 40%로 낮아졌다.

이유가 건설비 국고보조에 있다는 것을 알 수 있다. 미국과 독일의 고속도로 통행료가 무료인 이유는 우리 국도나 시도와 마찬가지로 고속도로 건설비를 모두 공공자금으로 조달했기 때문이다. 해외 사례를 살펴본 이유는 차입금이 많아지면 공공고속도로의 통행료도 높아진다는 것을 인정해야 한다는 것이다. 종합하면 한국도로공사에서 운영하는 재정고속도로의 통행료가 이웃한 일본이나 중국 고속도로에 비해 상당히 싼 이유는 우리 고속도로를 건설하는데 정부재원 즉 국민의 세금이 많이 투입되었기 때문이다. 거기에 차입금의 이자도 굉장히 낮아 건설부채의 질도 우수하다. 여기서 한 마디 더하자면 고속도로 국고지원에는 자동차 소유자들이 낸 세금이 큰 몫을 하고 있다는 것이다. 대표적인 것이 유류세로 자동차 이용자가 낸 세금이 투입되어 고속도로 통행료가 낮아진 것이라고 생각하면 될 것이다. 낮은 통행료대신 비싼 유류비를 지불하는 셈이다. 건설비의 얼마를 국고(국민의 세금)에서 지원하는지, 몇 년에 걸쳐 건설부채와 유지비를 회수할 것인지, 건설부채의 질, 물가에 미치는 영향 등을 종합적으로 고려해서 통행료가 결정되는 것이다. 재정고속도로는 1980년부터 통합채산제를 채택하여 경부·경인고속도로와 같이 45년이 넘도록 통행료를 받는 노선이 늘어나고 있다.

나. 재정고속도로와 민자고속도로 통행료 차이

그동안 민간투자는 부족한 재정을 보완하여 상당한 기여를 하였고, 도로에 대한 재정투입이 감소하는 장래에도 비중이 늘어날 가능성이 크다. 국토교통부[118]에 의하면 2014년 말 완공 사업을 기준으로 한국도로공사에서 건설하는 재정고속도로는 완공까지 10년 7개월이 소요된데 비하여 민자고속도로는 평균 8년 정도가 소요되었다.

---

118) 국토교통부, 민자도로 바로 알기, 2015.

10개 노선 건설로 21만 명의 고용, 52조 원의 생산유발, 14조 원의 부가가치 효과도 있었다. 따라서 고속도로를 조기 개통하여 국가편익이 늘어나고 사회·경제적 파급효과가 개선된다는 당초 목적 중 일부는 달성되었다고 볼 수 있다.

그런데 도로가 신속하게 뚫렸다는 기쁨은 잠시였고, 정부와 국민에게 부담이 생겨나기 시작했다. 예측수요 증가 및 물가상승률을 반영하여 정부가 사업시행자에게 지급해야 하는 재정지원금(MRG)이 매년 증가되었다. 국민은 재정고속도로보다 상대적으로 비싼 통행료를 부담하여 심기가 불편하였다. 2014년까지 완공된 민자고속도로 10개소의 평균통행료가 재정고속도로보다 1.82배가 비싼 것이다[119]. 반면에 최근 협약을 체결한 개통 이전 11개 도로의 통행료는 재정고속도로보다 1.26배 비싼 수준이다. 노선별로 보면 인천공항고속도로는 2.28배가 비쌌고, 논산천안고속도로는 2.09배, 부산대구고속도로는 2.33배, 서울외곽(일산~퇴계원 구간)순환고속도로는 1.71배이다. 공교롭게도 민간투자사업 초기에 협약된 4개 고속도로의 통행료가 가장 비싸고 이 비율도 자금재조달을 통해 통행료를 낮춘 이후의 수치이다. 서울춘천 고속도로가 1.79배, 인천대교가 3.1배로 역시 비싼 축에 든다. 반면에 MRG가 축소된 부산울산(1.18배), 용인서울(0.86배), 서수원평택(1.23배), 평택시흥(1.04배) 고속도로는 통행료 과다 논쟁에서 비교적 자유롭다. 중앙부처에서 시행하는 민자고속도로뿐 아니라 지방자치단체에서 시행한 민자도로에서도 통행에 대한 불만은 계속되고 있다.

재정고속도로와 민자고속도로 간에 통행료 차이가 왜 날까? 첫째, 재정고속도로는 정부가 건설보조금을 40%(2013년까지는 50%) 지원하지만 민자고속도로에 대해서는 평균 17% 정도 지원하니 투자 원금이 차이가 난다[120]. 둘째, 재정고속도로는 통합채산제로 투자회수기간이 제한이 없지만 민자고속도로는 30년이다. 셋째, 재정고속도로는 원가의 82% 수준의 통행료를 받고 있지만 민자고속도로는 투자원금

---

119) 재정고속도로와 민자고속도로에 따라 해마다 통행료 인상률이 변화하니 상대적인 크기 정도로 참고 하는 것이 좋다. 통행료는 소형차가 전 구간을 주행했을 때 기준으로 산정된 것이다.
120) 재정과 민자 고속도로간 입체교차로 개수나 구조물 품질 등까지 고려하면 투자원금 차이는 적을 수 있다.

100%에 수익까지 회수해야 한다. 넷째, 재정고속도로는 물가에 미치는 영향을 우려하여 통행료가 2006년 4월 이후 이후 단 2회 인상되었지만 민자고속도로는 협약에 의해서 매년 물가상승률을 통행료 인상에 반영해주어야 한다. 마지막으로 조달금리가 재정고속도로는 2%~3% 정도지만 민자고속도로는 투자금의 80%를 차지하는 타인자본 이자율이 훨씬 높다. 타인자본 가운데 20%~15%를 차지하는 후순위차입금[121]의 이자율은 10%를 넘는다. 그러니까 총 투자비 가운데 얼마가 외부자본으로 투자되었는지, 이자율이 얼마나 되는지, 그리고 교통량이 얼마가 되는지가 통행료 수준에 영향을 미친다. 그리고 민자고속도로는 대부분 통행료 징수기간이 30년으로 재정고속도로보다 짧다. 정리하면 교통량이 같다면 민자고속도로 통행료가 재정고속도로보다 비싼 것은 당연하다. 이와 같은 이유로 교통수요가 높은 대도시 주변 노선을 위주로 민자고속도로사업이 추진되어 온 것이다. 재정고속도로는 지역균형발전을 지원하기 위해서 교통수요가 낮은 지역에 확장되어 왔다. 정부의 선의를 왜곡해서 의도적으로 교통량을 부풀려 MRG를 챙기거나, 터무니없이 높은 고이율의 투자금으로 재무투자가가 배당 대신 이자를 챙겨가는 것은 민자고속도로사업의 그림자라 할 수 있다.

민자고속도로 사업에서 기대하는 수익률은 이자율에 따라 달라진다. 이자율이 높던 시기에 추진한 인천공항고속도로의 실질수익률은 9.7% 정도였으나 이자율이 낮은 최근에 개통한 수원광명고속도로의 실질수익률은 4.95%까지 낮아져가고 있다[122]. 상식적으로 민자고속도로의 수익률은 시장이자율보다 높아야 하지만 과도한 차이는 경계할 필요가 있다. 과거 고금리 금융환경에서 조달했던 자금을 저금리 대안이 있으면 갈아타서 이자 부담을 줄이는 노력은 가계와 마찬가지로 공공에도 필요할 것이다. 한국의 이자율이 10%가 넘던 1990년대 후반에 민자고속도로 사업으로

---

121) 서울외곽순환(20~48%), 천안논산(6~20%), 인천공항(13.9%), 대구부산(12~40%), 인천대교(9.31%), 서수원평택(8.9%) 등. 후순위차입금은 통행료와 MRG에 직접 미치는 영향은 없지만 민자법인의 재무상태를 악화시켜 도로의 운영차질을 가져오니 간접적으로 영향을 미친다고 볼 수 있다.
122) 국토교통부, 민자도로 바로 알기, 2015.

10%를 넘는 수익률을 확보하기란 쉽지 않았을지 모른다. 이후 이자율은 2000년에 5.16%, 2015년에는 1.65%까지 지속적으로 낮아졌다. 과거와는 다르게 가계와 기업 모두 자금잉여 상태에 있어 장기적인 저금리상황에 들어선 것이다. 최근 경기 호전에 따라 이자율은 완만하게 높아져 2020년 예상금리는 3.0% 내외에 머물 전망이다. 시장이자율이 낮아지면 상대적으로 민자고속도로의 사업성이 높아져 투자여건도 개선된다. MRG가 없음에도 불구하고 2015년 이후에 민간투자사업 제안 건수가 늘어나는 데에는 낮은 이자율과 함께 정부의 새로운 위험분담 방식이 영향을 미친 것으로 보인다. 이 정도면 한국도로공사에서 운영하는 재정고속도로와 민간자본을 유치해서 건설한 민자고속도로 간에 통행료 차이가 날 수 밖에 없는 이유에 대해서는 설명이 되었을 것이다. 그럼 민자도로들 간에는 왜 통행료가 차이가 나는지 이유를 찾아가 보자.

민자고속도로 노선 간 통행료 차이

2002년 말에 개통된 논산천안고속도로와 최근 2017년 6월에 개통된 상주영천고속도로는 둘 다 민자고속도로이고, 연장 면에서도 우리나라 민자도로 가운데 2위와 1위를 차지한다. 그러나 승용차 기준 1km당 통행료는 논산천안고속도로가 116원으로 상주영천고속도로 71.3원보다 꽤 비싸다.

상주영천고속도로는 5년에 걸쳐 총 2.06조 원이 투입된 국내 최장(94km)의 민자고속도로이다. 이 고속도로를 이용하면 상주~영천 간 이동거리가 기존 119km에서 94km로 25km 짧아진다. 서울에서 울산, 포항, 부산 방면으로 가는 가장 빠른 경로이다. 전체 구간을 승용차로 달리는데 통행료가 6,700원이니 1km당 통행료는 71.3원으로 재정고속도로 환산통행료[123] 100원보다는 1.31배 비싸지만, 주행거리가 짧아지면서

---

123) 동일한 거리에 재정고속도로 통행료 산정방식을 적용하여 산정한 수치임.

실제 지불하는 통행료는 기존 경부고속도로 119㎞를 이용하는 것보다 싸다. 통행거리 단축에 따른 유류비 절감과 통행시간비용 감소효과를 뺀 총 통행료만으로도 재정고속도로보다 유리하니 장거리 이용자가 불만을 가질 이유가 별로 없다. MRG도 없어서 추후에 국고에서 비용을 부담할 위험도 없다. 만약 교통량이 낮게 나온다면 사업자가 그 부담을 떠안을 가능성도 있으나 초기 교통량도 상당하다.

상주영천고속도로보다 먼저 건설된 논산천안고속도로는 조금 사정이 다르다. 논산천안고속도로(82.1㎞)는 총 건설비 1.60조 원 가운데 민간자본 1.16조 원이 투입되어 2032년까지 30년 동안 운영된다. 수도권에서 호남권으로 가기 위해서 경부고속도로 대전~천안 간 68.2㎞ 구간과 호남고속도로지선 논산~대전 간 54.0㎞를 경유하는 총 122.2㎞ 구간을 과거에는 이용하였으나, 거리가 40㎞나 짧아진 논산천안고속도로를 택하게 되었다.

통행료와 관련된 논산천안고속도로의 이슈는 세 가지로 첫째, 총 통행료 9,400원(1㎞당 116원)은 재정고속도로 환산통행료 6,300원(1㎞당 52원)보다 2.09배 비싸다. 둘째, MRG 0.53조 원을 지급하였다. 민간사업자는 개통 후 2015년까지 13년 동안 통행료 1.30조 원 등 총 2.10조 원의 수익이 있었다. 셋째, 고금리 자기차입금으로 2015년까지 수익금중 이자지급에 0.99조 원을 지급하였다. 그러니까 벌만큼 벌었는데도 아직도 비싼 통행료를 받는다는 것이 불만의 요지이다. 천안논산고속도로(주)[124]에서는 유류비와 통행시간까지 고려하면 민자고속도로를 이용하는 것이 더 싸다고 홍보하여 장거리 이용자들은 납득하고 이 경로를 주로 이용한다. 그러나 충청남도 권역 내 단거리 구간 이용자들에게는 당연히 통행료가 비싸다는 불만이 있다. 대전~천안 간은 경부고속도로를 이용하고 논산~대전 간은 호남고속도로지선을 이용하면 통행시간은 길지만 총 통행료는 줄어드니 상주영천고속도로와는 조금 다른 구조인 것이다. 당초 투자자로 참여한 건설사 등으로부터

---

[124] 고속도로 명칭은 논산천안고속도로로 변경되었지만 관리회사 이름은 천안논산고속도로(주)를 쓰고 있다.

2005년 경영권을 확보한 민간사업자가 2005년 고금리 차입금 3,037억 원을 들여왔다. 결과적으로 논산천안고속도로(주)는 대주주에게 수익금 배당보다는 차입금 이자 명목으로 2014년까지 9,861억 원을 지급한 것이다. "2013~2029년 후순위 차입금 금리는 연 20%에 달하고 이는 맥쿼리가 차지한다."[125]

이제 논산천안고속도로도 주말정체에 시달리고 있어서 서해안 고속도로와 경쟁하기도 한다. 호남 지방과 수도권을 오갈 때 서해안고속도로를 이용하면 통행료가 제법 절약된다. 서해안고속도로와 논산천안고속도로 사이로 서부내륙고속도로(평택~부여~익산)가 들어서게 되면 운전자들은 어느 경로로 갈까 또다시 고민할 것이다. 논산천안고속도로의 비싼 통행료를 유지하는 것보다 재정고속도로 수준으로 낮추는 것이 합리적인 경로선택에 기여할 것으로 생각된다. 고속도로 노선별 통행료 차이가 경로선택에 영향을 미치게 되고 이는 또 다시 도로망의 효율적인 운영에 영향을 미치게 된다.

건설비, 정부보조, 부채의 질, 교통량이 통행료를 결정

이상의 사례에서 보듯이 재정고속도로와 민자고속도로, 또는 민자고속도로 간 통행료 차이에 영향을 미치는 요소는 크게 다음의 네 가지로 정리할 수 있다.

하나, 재정고속도로가 민자고속도로보다 정부 재정보조 비율이 높다.

둘, 재정도로는 통행료가 원가의 83% 수준밖에 되지 못할 뿐 아니라 통행료 인상폭도 물가상승률에 훨씬 못 미친다. 반면에 민자도로는 민간 투자원리금에 일정한 이윤이 확보되도록 포함하여 통행료를 설정하고 매년 물가상승률에 따라 인상[126]할 수 있다. 최근 10년(2005~2015년) 동안 재정고속도로의 통행료가 13%

---

125) 전북일보 2017년 6월 1일자.
126) 서수원평택고속도로 자금재조달(2009년)시 통행료 인상 주기를 1년에서 3년으로 조정, 통행료 인상폭을 3년 누적 7.37%(연평균 2.4%)로 제한하여 물가리스크를 완화시킴.

오를 때 민자고속도로 통행료는 27% 올랐다. 물론 민자도로는 통행료징수기간이 보통 30년으로 정해져 있지만 재정도로는 통행료징수기간이 정해져있지 않고 통합채산제를 채택하고 있다는 점을 감안해야 한다.

셋, 부채의 질이다. 먼저 건설에 선투자를 하고 장기간에 걸쳐 투자비를 회수하는 과정이므로 건설비를 먼저 조달해야 한다. 한국도로공사의 경우 우량공기업으로 장기채 조달비율이 2~3%이고 2016년에는 1.9% 수준이다. 반면에 민자도로 사업자는 높은 사업리스크로 조달금리가 높다. 초기에는 선순위 7~9%, 후순위 11~13% 정도였다. 이자율이 낮아진 최근 신규사업은 5% 정도에 조달한다. 결국 고금리 후순위채에 대한 이자로 민자법인 수익의 대부분이 상환된다. 총 기대수익이 높아지지 않음에도 재무적 투자자(FI)가 민자법인에게 고금리 후순위채를 발행하는 이유는 초기 현금흐름을 높이기 위함이다. 지분투자만 했을 경우에는 초기 10년 이상 배당을 통한 현금유입이 없기 때문이다. 후순위채 이자율이 높더라도 정해진 수익률 범위 내에서 투자금을 회수하기 때문에 정부나 국민의 명시적인 추가부담은 없다고 보인다. 그러나 현실적으로 민자법인이 재무적 투자자에게 고금리 후순위채 이자를 장기간 지급하게 되면 당기순이익이 과도하게 감소해서 자본잠식 등 재무적 부실에 빠질 가능성이 높아진다. 민자법인이 시설을 정상적으로 운영하기 어려운 상황이 올 수 있으며, 이익이 없기 때문에 기업이 법인세를 낼 수 없는 결과도 가져오게 된다. 건설투자자(CI)들이 건설을 마치자마자 자본지분을 팔아버리는 이유도 장기적인 배당을 기다리기보다 다른 건설사업에 투자하기 위함이다.

넷, 교통량이다. 교통량에 따라 통행료수입이 변동하는 구조이니 계약 시 매우 중요한 수치이다. 문제는 미래 교통량 예측에 존재하는 불확실성으로 위험부담이 있는 것이다. 같은 교통량이라면 투자원금이 많은 민자도로 통행료가 재정도로보다 비싼 것이 당연하다. 단순하게 투자비가 2배인 도로라도 교통량이 2배가 많다면 통행료는 같아질 수 있다. 그래서 민자도로는 교통량이 많은 수도권이나 대도시에서 주로 시행되고 가능하면 단거리교통량을 줄이도록 교차로 개수나 연결 구조를 제한한다. 그럼 교통수요가 낮지만 지역균형발전 등으로 꼭 필요한 도로는 어떻게 해야 하나. 100% 국비를 투입하여 국도(자동차전용도로)로 건설하거나, 일부 재정지원을 하여 재정고속도로를 건설한다. 결국 민자도로의 핵심은 교통량에 달려있는데 나름 정교한 교통수요모형을 사용하기도 하나 안타깝게도 정확하게 장래교통량을 예측하는 기술은 아직 없다. 초기 민자도로 사업에서는 교통량의 불확실성과 사업성을 감안하여 민간투자자를 유치하기 위해 MRG를 도입하였다. 1990년대에는 교통량이 폭증하여 아무리 도로를 만들어도 부족하였고 재원도 모자라던 시절이었다. 사람이 하는 것이라 실수든 고의든 미래 예측은 불확실한 것을 인정하더라도 공교롭게 대부분의 민자도로구간에서 교통량이 과다 추정, 그러니까 목표연도에 실현된 교통량이 당초 예측교통량보다 낮게 나왔다[127]. 1990년에 339.5만 대이던 자동차등록대수가 10년 만에 1,041.3만 대로 증가하던 시기에 예측한 교통량은 교통량 증가세가 둔화된 2000년대 중반에 실현된 교통량과 비교하여 현저하게 높았다. 사회경제 환경 변화를 감안하더라도 사업자의 도덕적 해이로 수요를 과다하게 추정하여 국가 예산에 부담을 준다는 의심이 있었다. 「건설기술관리법」 개정(2007. 5)을 통해 교통수요 예측 부실자에 대한 업무정지 또는 부실벌점 등 벌칙을 도입하기도 하였지만 이미 늦었다. 결국 민자도로 손실보전액이 매년 급증하자 2006년(민간제안사업)과 2009년(정부고시사업) 두 차례에 걸쳐 MRG를 완전히 폐지하기에 이르렀다.

마지막으로 건설비 역시 통행료에 중요한 영향을 미친다. 용지비는 국고에서 부담하니 건설비 논의에서 제외하자. 건설비를 낮추는 중요한 요소가 경쟁이다. 비경쟁이었던 초기 민자사업의 낙찰률은 논산천안 96.9%, 부산대구 88.9%, 서울외곽 91.6%, 서울춘천 88.7%로서 상당히 높았으니 건설을 담당한 건설투자자는 많은 이익을 남겼다. 반면에 업체 간 경쟁이 있었던 후기 민자고속도로 사업의 낙찰률은 평택시흥 67.0%, 안양성남 60.0%, 구리포천 70.6%로 비경쟁보다 20%정도 낮았으니 이번에는 부실공사까지 우려해야 할 정도다. 최근에 건설한 도로일수록 교량, 터널, 방음벽 등의 비중이 높아서 건설비가 비싸다. 건설 시기에 따라 과거 싸게 지은 도로는 통행료가 싸고, 최근 비싸게 지은 도로는 통행료가 비싸야 정상일 텐데 현실은 반대다.

---

127) 2000년대 초에 개통한 재정고속도로에서는 과소예측이 되어 얼마 후 확장 공사에 들어가야 하는 경우도 있었다.

통행료 1만 원짜리 거가대교와 통행료 없는 새천년대교

2018년 후반이면 승용차로 거가대교 8.2㎞를 건너가는데 1만 원을 내야하는데, 신안군 1,004개 섬에 들어가는 새천년대교 7.1㎞를 건너가는 데는 왜 무료인가라는 뉴스가 나올지도 모른다. 현재 거가대교 통행료는 승용차 1만 원, 중형차 1만 5,000원, 대형차 25,000원, 특대형차 30,000원이다. 경부고속도로 전 구간 화물차 통행료가 31,000원이라는 것과 비교하면 화가 날만 하다. 재정고속도로에서 대형차 통행료는 승용차보다 1.5배 비싼데 비해 거가대교는 2.5배가 높아서 차종별로도 화물차가 불리한 셈이다. 통행료 징수기간도 40년으로 전국 유료도로 가운데 가장 길다. 물론 왕복 2차로의 새천년대교와 왕복4차로 거가대교와는 교량의 용량이나 규모면에서 단순비교가 어렵다. 하나는 산업과 관광의 핵심을 활용하게 위해 민간자본으로 빠르게 지은 것이고, 다른 하나는 산업기반이 없는 만큼 국고를 투입하여 느리게 만들어 간 것이다. 그리고 거제도와 연결되는 신거제대교가 멀기는 하지만 존재한다. 즉 거가대교는 선택이 가능한 대체경로이고 새천년대교는 단일 경로란 차이가 있다. 새천년대교와 같이 교통수요가 낮은 기존 연도교와 연륙교는 2차로 규모로 지어졌고 무료이다. 서천과 안면도를 연결하는 보령해저터널도 통행료가 없는 국도이다. 거가대교는 인천대교와 여건이 비슷한 반면 새천년대교는 낙후지역을 연결한다는 차이가 있는 것이다.

민자고속도로 통행료 조정 동향

우리나라 최초의 민간투자사업으로 2000년에 개통된 인천공항고속도로(40.2㎞)의 소형차 통행료가 2015년 9월 1일부터 7,600원에서 6,600원으로 인하되었다. 민간투자사업 기본계획에 따른 자금재조달 방식을 통해 통행료 인하 분을 새로운 재무투자가가 부담하면 통행료 징수기간을 10~20년 늘려주는 방식이다. 인천공항고속도로와 마찬가지로 대구부산, 서울외곽, 용인서울, 서수원평택, 평택시흥고속도로에 대해서도 자금재조달이 시행된 바 있다.

서울양양고속도로 전 구간 150.2km를 가는데 통행료는 1만 1,700원이다. 구간별로 보면 민자가 투입된 서울~춘천 구간(61.4km) 통행료는 6,800원으로 1km당 110.75원이다. 재정고속도로인 춘천~양양구간(88.8km) 통행료는 4,900원으로 1km당 55.18원이다. 동일한 경로 상에 있지만 민자고속도로 구간 통행료가 재정고속도로 구간보다 2배 정도 비싸다. 강원도의 서울양양고속도로 통행료 인하 요구는 결국 서울~춘천 구간 민자고속도로의 통행료를 내려달라는 요구나 마찬가지다.

구리포천고속도로는 본선 44.6km와 지선 5.94km 지선 등 왕복 4~6차로 도로로 사업비 2.87조 원이 투입됐다. 구리포천고속도로 본선 모두를 승용차로 달리면 통행 요금은 총 3,800원(85.2원/km)이다. 총사업비의 절반 이상인 1.5조 원 규모의 자금재조달을 한 차례 실시해 요금 인하요인도 생겼는데, 실시협약 당시보다 요금이 1,000원 가까이 올랐으니 불만이다. 서울외곽순환고속도로 일산~퇴계원 구간(36.4km)의 경우 2011년 5월 자금재조달로 당초 5,900원이던 통행료를 4,800원으로 낮추었으나 1km당 요금이 남쪽 재정구간보다 1.7배 비싸다. 국토교통부에서 다시 자금재조달을 실시해 4,800원인 요금을 최대 2,900원까지 낮추는 방안을 마련 중이나 통행료를 낮출 경우 수익 감소분을 보전하기 위해서 운영기간 연장이 따를 가능성이 크다. 금리가 낮은 현시점에서 새로운 사업자에게 일정 기간 운영권을 연장해주는 방식이다.

중앙정부에서 전국에 추진하는 민자고속도로 24곳이 모두 개통될 경우 총 연장은 1,041.7km에 달한다. 그러나 이용자는 고속도로 소재 지역과 건설시기에 따라서 통행요금에 차이가 발생하는 것을 쉽게 수용하지 못하고 있는 것이다. 건설비, 재원, 교통량에 근거한 통행료 산정 기준을 표준화 할 필요가 있다.

민자도로에 대한 지방정부의 고민

지방자치단체에서 운영하는 민자도로에서도 중앙정부에서 관리하는 민자고속도로와 비슷한 고민이 이어지고 있다. 2016년말 기준 전국 유료도로 총 67개 노선 4,586.5km 가운데 한국도로공사(28개 노선, 3,872km)와 민자회사(12개 노선, 546.9km)에서 관리하는 고속도로 4,419km를 제외하면, 지자체에서 관리하는 유료도로는 26개 구간 167.6km에 달한다. 시도별로 보면 서울특별시 3개소(우면산터널, 용마터널, 강남순환로), 부산광역시 6개소(광안대로, 을숙도대교, 백양터널, 수정산터널, 부산항대교, 거가대교), 대구광역시 2개소(범안로, 앞산터널), 인천광역시 3개소(문학터널, 원적산터널, 만적산터널), 광주광역시 3개소(제2순환도로 3개 구간), 대전광역시 1개소(천변도시고속화도로), 울산광역시 1개소(울산대교), 경기도 4개소(서수원~의왕, 일산대교, 제3경인, 수석~호평), 강원도 1개소(미시령터널), 경상남도 2개소(마창대교, 창원~부산)이다. 도시고속도로 노선도 몇 개 포함되어 있지만 대부분 건설비가 비싼 터널이나 교량위주의 단거리 구간으로 비싼 통행료와 관련된 민원이 끊이지 않고 있다.

경기도가 관리하는 서수원~의왕 간 고속화도로, 일산대교, 제3경인 고속화도로는 실시협약에 의해 소비자물가지수 인상에 맞추어 통행요금을 인상하도록 되어 있다. 통행료를 인상하자니 이용자들의 불만이 늘어나고, 통행료를 동결하자니 민자도로 수입감소분을 도민 세금으로 보전해주어야 하는 어려움이 있다.

서울양양고속도로가 2017년 6월 30일 개통되면서 미시령터널을 관리하는 강원도에도 어려운 과제가 생겨났다. 동홍천 IC에서 갈라지는 44번 국도는 동홍천~양양 구간이 개통되기 전에는 서울~동홍천 구간을 이용하는 교통량을 독점하였다. 그러나 동홍천~양양 고속도로 구간이 개통되면서 44번 국도는 경쟁 환경에 노출되게 되었다. 결과적으로 통행시간이 1시간 빠른 고속도로로 많은 교통량이 전환하게 되어 44번 국도 끝자락에 있는 미시령터널 교통량도 뚝 떨어지게 되어 민간사업자의 수익도 대폭 줄어들게 되었다. 44번 국도변 상권 침체와, 줄어든 통행료 보전에 대한 강원도의 고민은 깊을 수밖에 없다. 사실 미시령이 포함된 44번 국도의 교통수요는 현재 심각한 주말정체에 시달리는 서울~춘천 고속도로 구간의 용량을 6~8차로로 늘려줘야만 회복될 것으로 생각한다. 각각 왕복 4차로인 44번 국도와 고속도로 동홍천 IC~양양 JC 구간이 합쳐져서 동홍천 IC~서종 IC 간 2차로 고속도로로 이어지니 차로수 관점에서 심한 불균형이다. 도로용량은 한쪽이 남든지 아니면 다른 한쪽이 모자라는 것이 명확하지만 요일별 통행변동성이 커서 경제성 확보가 쉽지 않다는 문제가 있다.

가장 논란이 많은 민자도로 구간은 인천공항과 육지를 연결하는 영종대교와 인천대교일 것이다. 인천시·경제청·옹진군은 영종·용유·옹진군 거주 주민에게 공항고속도로와 인천대교 통행료를 지원해오고 있다. "2004년 5억 원이던 지원액수가 인구 증가로 2015년부터는 매년 107억 원(인천대교 52억 2,200만 원·인천공항고속도로 54억 8,700만 원)에 달하여 2016년까지 총 641억 원이 지원되었다"[128]. 무료 이용 교량이 없어서 조례에 따라 2019년까지 지원이 계속될 예정이다.

  인천시에 속한 영종도와 육지 간을 영종대교와 인천대교가 연결하고 있지만 2006년부터 제3연륙교 건설이 구상되고 있었다. 제3연륙교는 청라지구와 영종도를 단거리(4.66㎞)로 연결하니 영종지구와 청라지구는 물론 인천시 입장에서 반가운 시설이 될 수 있고, 이런 이유로 영종·청라 지구 택지개발 사업 당시 제3연륙교 사업비를 확보한 바 있다. 사실 인천 청라지구에서 영종지구 사이에 있는 바다는 직선으로 5㎞ 밖에 되지 않지만 남쪽 인천대교나 북쪽 영종대교를 경유해서 돌아가면 거리도 멀고 통행료도 비싸니 교류가 제한되고 있다. 사업비가 확보된 만큼 5~7년이면 교량이든 해저터널이든 설계하고 만들 수 있으니 사업비나 기술적인 장애는 크지 않다. 가장 큰 걸림돌은 제3연륙교가 실현된 이후 기존 영종대교와 인천대교의 통행량이 감소하여 발생하는 손실보전금을 누가 보전해 줄 것인가이다. 신설 노선이 가져오는 현저한 통행량 감소의 손실분을 제3연륙교 건설 당사자인 인천시가 전담하느냐, 아니면 협약당사자인 국토교통부도 분담하느냐의 문제인 것이다. 기존 두 교량이 혼잡하지도 않은 상황에서 국토교통부가 손실보전금을 분담할 가능은 낮아 보인다. 인천공항 제2터미널이 2018년 1월 개장되고 미뤄졌던 영종도 개발이 활성화될수록 제3연륙교 필요성은 높아갈 것이다.

---

128) 기호일보 2017년 6월 25일자.

다. 통행료 기타 이슈

명절 고속도로 통행료 무료화

많은 수요자들이 반기는 가운데 2017년 추석 명절 3일간(명절 전날· 당일·다음날) 고속도로 통행료 무료화가 시행되었다. 대선공약이던 고속도로 통행료 무료화를 정부에서 시행하기 시작한 것이다. 재정고속도로에 대한 통행료 보전은 없지만 민자도로 운영자에게는 120억 원을 보조해줘야 한다. 당연히 득과 실이 있다.

중국 고속도로 통행료는 1㎞당 0.5위안(85원)으로 우리나라의 두 배 정도 된다. 중국 1인당 GDP 가운데 도로 통행료가 차지하는 비중은 2%로 미국·일본 등을 제치고 세계 최고를 기록할 정도이니 통행료가 부담인 것은 분명하다. 명절 때 2,000㎞ 쯤 가야 사람은 왕복 34만 원가량 지불해야 하니 큰 금액이다. 일본 고속도로 통행료는 한국보다 5배 이상이다. 유류비는 우리나라가 가장 비싼 편이다. 높은 유류비와 상대적으로 저렴한 통행료 구조 때문에 한국의 고속도로 교통량은 통행요금보다 유류비에 더 민감하다.

어찌되었던 중국정부에서는 2012년 10월 1일(건국기념일)부터 국내여행을 촉진하여 내수경기 활성화를 유도하기 위해 춘절, 청명절, 노동절, 국경절 등 4대 주요 연휴 기간에 7인승 이하 소형차량(오토바이 포함)에 대해 통행요금 무료화정책을 추진하게 되었다. 어떤 효과가 일어났을까? 일단 자동차 여행객이 큰 폭으로 증가하였고 통행료 면제에 대한 정치적 지지가 높아졌다. 단위 거리당 통행료가 우리보다 비싸고 통행거리가 길어 직접적인 통행료 절감효과가 크다는 것을 감안하면 이해가 가는 부분이다. 부정적 영향은 이 기간 교통혼잡과 교통사고가 큰 폭으로 증가했고 당연히 고속도로 관리기업의 수입도 2~3% 줄어들었다. 교통혼잡 등으로 늘어난 유류비와 운행비용 등이 통행요금 면제액과 맞먹는다는 비판도 있다.

이상의 유료도로 통행료 면제정책 사례가 우리에게 시사하는 것은 첫째, 고속도로 통행료의 일시적 면제는 장점과 단점이 공존하며, 둘째, 우리 고속도로에서는 통행료

부담이 유류비보다 덜하기 때문에 다른 나라보다는 기대효과가 낮다는 것이다. 국민의 부담으로 건설한 고속도로 통행료 면제정책은 일회성보다는 충분한 이용자의 공감대 아래 체계적으로 시행되는 것이 바람직하다.

유료도로 서비스는 공평하게

도로의 개설 시기나 위치에 따른 서비스 차이로 유료도로 이야기를 마무리해보자. 도로와 같은 보편적 서비스는 사람과 지역에 따른 차별이 없어야 한다. 국가 재정으로 지은 도로가 지속적으로 특정한 지역에 편중되었다면 이는 보편적 서비스라고 하기 어렵다. 도로를 무료로 이용할 경우 도로 개설 편익은 도로 이용자들에게 돌아가고 소음이나 배기가스 등 외부불경제는 도로를 이용하지 않는 사람들에게 부담된다. 이는 통과교통비율이 높은 장거리 도로에서 더욱 그렇다. 따라서 이용자가 통행료를 지불하는 수익자 부담원칙이란 제법 합리적인 논리를 바탕으로 한국 유료도로 시스템이 존재해왔다. 현재 민자도로에 대한 불만은 민자도로 통행료 체계가 불평등하고, 제공하는 서비스에도 문제가 있다는 것이다. 통행료 체계는 지역적으로 불평등할 뿐 아니라 시간적으로도 불평등한데, 공교롭게도 개발이 늦어져 낙후된 지역에서 불평등 현상이 집중적으로 발생하고 있다. 잘 나가는 지역은 일찍이 국가재정을 투입하여 값싸게 도로를 이용하게 되었다. 도로가 만들어내는 편익에 자극 받은 저개발 지역의 노력으로 늦게나마 도로가 공급되게 되었는데 이제는 정부에 돈이 없다고 민간자본으로 짓는단다. 그나마 빨리 개통하는 것이 없는 것보다 낫다고 기뻐하며 기다렸는데, 정작 지불해야하는 통행료가 잘 사는 지역보다 비싸니 정서적으로 견디기 어려운 것이다. 즉, 사람과 지역에 따른 차별이 없어야 할 보편적 서비스가 공간과 시간 차이에 의해서 문제가 생긴 것이다. 수도권에 집중적으로 건설되는 민자고속도로를 공간별로 분류해 보면 상대적으로 낙후된 수도권 서쪽과 북쪽에 많다. 이들 지역은 때를 잘못 만나서 통행료가 비싼 민자고속도로에 의존해야 한다.

민간의 창의력과 효율성을 기대하고 민간자금을 빌려다 썼는데 비싼 통행료 외에도 도로망의 질이 낮고 돌발상황에 대한 대처가 미숙한 문제점들이 생겨나고 있다. 도로망의 질이 낮은 원인은 건설비 절감에서 비롯된다. IC 1개소를 만드는데 300억 원 이상이 들어가고 단거리 교통량이 많아져 톨게이트를 만드는데도 비용이 올라간다. 그러다보니 교통량이 많은 도시부에 건설되는 민자고속도로에서는 연결로 개수를 가능하면 줄이려 하는 경향이 곳곳에서 발견되고 결과적으로 도로망의 품질이 떨어지게 된 것이다. 공공성을 높이지 않으면 민자도로를 비롯한 유료도로사업에 대한 저항은 줄어들지 않을 것 같다.

서울세종고속도로 민간사업에서 재정사업으로 전환

서울세종고속도로는 중부고속도로와 경부고속도로 사이로 구리~성남~안성~세종을 연결하는 연장 129km(6차로) 고속도로이다. 총 사업비는 7.5조 원(토지보상비 1.5조 원 포함)으로 수도권의 동부지역을 남북으로 연결한다. 서울세종고속도로가 국내 최초로 설계속도 140km/시로 건설되는 과정에서 기술 수준을 한 단계 도약시킬 것으로 기대된다. 자율주행 구현이 가능한 미래 도로교통기술을 구현한다면 관련 산업 파급효과도 기대된다. 현재 경부고속도로는 한강 남쪽에서 막혀있고, 수도권 서부권고속도로(평택~서수원~광명~서울~문산)는 모두 민자로 건설되고 있다.

한국개발연구원(KDI)에서 2016년 검토결과 재정보다 민자사업 적격성이 더 높지만 재무적 타당성이 낮아 통행료인상이나 추가 재정지원이 필요하다고 판단되어, 2015년 11월 경제관계 장관회의를 통해 이 사업을 민자로 추진하기로 결정했다. 사업의 시급성을 고려해 구리~안성 구간 71km는 도로공사가 먼저 시행한 뒤 민자사업으로 전환하는 방안을 추진했다. 안성~세종 구간(58km)은 민자사업으로 2020년 착공, 2025년 말 개통 계획이었다. 구리~성남 구간은 2016년 말 착공하였고, 성남~안성 구간은 2017년 말 착공하였다. 그러나 민자고속도로의 공공성 강화가 2017년 대통령선거 당시 주요 공약으로 포함되었다. 결국 국토교통부는 2017년 7월 서울세종고속도로 전 구간을 한국도로공사가 시행하되, 건설비 국고보조는 10%로 대폭 낮추도록 결정하였다. 국책사업으로 전환한 이유는 새 정부의 고속도로 공공성 강화 공약을 이행하기 위한 차원이다.

한국도로공사가 건설비의 90%를 부담함에도 불구하고 예상통행료는 민자로 추진 시 9,250원에서 7,710원으로 낮아진다. 통합채산제 때문에 다른 재정고속도로와 똑같은 요율이 적용되기 때문이다. 한국도로공사의 부채비율이 단기적으로 높아짐에도 불구하고 장기적으로 낮아질 것으로 전망하는 이유는 예상교통량이 하루 10만대로 높기 때문이다. 이용자들은 이를 사례로 삼아 기존 민자도로 통행료를 내려달라고 요구할 가능성도 있다. 수익성이 높은 사업에 대한 참여 기회를 잃은 민간투자회사들의 불만도 공공성을 높이는 방법으로 극복해야 한다.

서울세종고속도로의 재정고속도로 전환은 구리포천고속도로와 연계되어 북으로 연결가능한 공공성 높은 재정고속도로가 확보된다는 의의도 있다.

제4장

도로가 바꾼 세상

제4장
도로가 바꾼 세상

 한국의 공간 구조와 사회를 변혁시키는데 도로만큼 큰 영향력을 발휘한 물리적 시설은 없다는 개인적 생각을 뒷받침하는 근거를 찾아가 보고자 한다. 10만km가 넘는 도로가 만들어지는 과정에서 얼마나 많은 토지와 비용이 투입되었으며 이렇게 만들어진 도로가 어떤 변화와 성과를 가져왔는지 알아보자. 도로에서 발생하는 편익을 그동안 어떻게 평가를 해왔는지 알아보고, 이러한 편익을 만들어내기 위해 지불해야 하는 혼잡비용, 물류비용, 환경비용 등에 대해서도 정리를 해보았다.

1 도로의 역할

가. 도로 수송실적

 2016년 12월 말 기준 「도로법」상 도로 연장은 총 108,780km(미개통 8,352km 포함)이다. 도로 등급별로는 고속국도 4,438km, 일반국도 13,977km, 특별·광역시도 20,581km, 지방도 18,121km, 시·군도 51,633km로 이루어져 있다. 이 도로는 얼마나 많은 사람과 화물을 수송할까? 국토교통부 교통통계연보[129]에서 전국 수송실적을 종합적으로 집계하고 있는데, 2015년 국내 교통수단 이용자 중 도로가 분담하는 비율은 87.6%(명)~82.8%(명-km)이다. 화물 수송분담률(2014년 기준)은 91.3%(톤)~75.9%(톤-km)이다.

2015년 1년 동안 국내 교통수단 이용자는 총 310.29억 명인데 수단별로 도로 271.94억 명(87.6%), 철도 12.69억 명, 지하철 25.23억 명, 해운 0.15억 명, 항공 0.28억 명으로 도로가 87.6%를 담당하였다. 철도, 지하철 수송량은 최근 10년 동안 꾸준하게 늘어나는 추세였지만, 2013년 이후부터는 보합세이다. 총 누적 주행거리 4,648.54억 명-km 가운데 수단별로 도로 3,850.18억 명-km, 철도 403.43억 명-km, 지하철 280.28억 명-km, 해운 7.57억 명-km, 항공 107.06억 명-km로 도로가 82.8%를 담당하였다. 도로의 누적 주행거리 분담률이 명(승객 수) 분담률보다 4.9% 낮은 이유는 장거리 이동 시 철도와 항공기 이용 비율이 높기 때문이다.

승용차 증가와 도시철도 확대, 그리고 KTX 운행(2004년)으로 큰 타격을 받았음에도 불구하고 버스와 택시로 대표되는 여객 자동차 수단은 아직도(2015년) 99.0억 명을 수송하고 있어서 도로시설 이용자의 36.4%, 전체 교통수단 이용자의 32%를 점유한다. 세부 수단별로 고속버스 0.34억 명, 시내버스 56.0억 명, 시외버스 2.27억 명, 전세버스 3.52억 명, 택시 36.83억 명이다. 그동안 지속적으로 하락하던 여객 자동차 수송인원은 대중교통 활성화 정책 등에 힘입어 최근 보합세에 있어 최악의 상황에서 탈출한 것으로 보인다. 세부 수단별로 볼 때 고속버스와 시외버스의 역할은 작아진 반면 시내버스와 전세버스의 비중은 커져서 총량은 일정하게 유지되고 있다.

KTX의 개통으로 가장 큰 영향을 받은 고속버스 이용자는 2001년 0.42억 명에서 계속 줄어들다가 2013년 이후부터는 0.35억 명을 유지하고 있다. 2003년 44.09억 명에서 2015년 55.99억 명까지 시내버스 이용자가 꾸준하게 증가한 배경에는 서울시

---

[129] 공로 화물 통행량은 2010년까지 영업용 화물만 포함하였으나 2011년부터는 비영업용 화물까지 포함하고, 공로 수송분담률에서 여객은 2010년까지는 승용차 비포함, 2011년부터는 승용차 포함한다 (국토교통부, 2016 국토교통통계연보, 2016).

준공영제 도입(2004년 7월 1일), 환승할인 확대, 전국 지자체 대중교통 우선 정책 시행 등이 있다. 시외버스 이용자도 2001년 3.53억 명에서 2011년 2.22억 명까지 꾸준히 감소하였으나, 2012년부터 상승추세로 전환되었다. 전세버스 이용자는 2003년 1.40억 명에서 2015년 3.52억 명으로 지속적으로 증가하였다. 전세버스 업체 수와 보유 대수가 빠르게 증가한 원인은 1993년 면허제에서 등록제로의 전환이다.

다음으로 보행을 포함한 시도별 육상교통 통행수단별 분담률[130]을 알아보자. 전국 평균 승용차 35.7%, 버스 20.5%, 철도 8.2%, 택시 6.8%, 기타 28.8%로 기타에는 도보, 자전거, 오토바이 등이 포함된다. 실질적으로 철도를 제외한 91.8%의 이동이 도로에서 이루어지고 있다는 것을 알 수 있다. 승용차 분담률은 대중교통 분담비율이 높은 서울특별시(20.0%), 부산광역시(30.2%), 인천광역시(34.6%), 대구광역시(37.2%), 경기도(37.1%)를 제외하고는 40~50%를 기록하고 있다. 인구밀도가 낮은 강원도의 승용차 분담률이 51.1%로 가장 높다. 시도별 버스 분담률은 승용차와 반대로 인구밀도가 높은 지역이 높고 낮은 지역은 낮아서 서울시가 26.3%로 가장 높고 강원도(9.2%)·제주도(9.6%)가 가장 낮다. 택시 분담률은 제주도가 17.8%로 가장 높고, 경기도(4.5%)가 가장 낮으나 대부분 지역에서 5.0~10.0%를 점유하고 있다. 철도 분담률은 서울특별시(26.3%), 부산광역시(10.6%), 인천광역시(7.9%), 대구광역시(6.1%), 대전광역시(3.5%), 광주광역시(1.4%) 등 대도시와 경기도(6.2%), 충청남도(1.5%)를 제외한 지역에서 1% 이하이다. 짧은 거리를 움직이는 도보·자전거·오토바이로 이루어지는 기타 통행 분담률은 28.8%로 승용차 다음으로 높은 비중을 차지하고 있으며 지역적으로 24.8(서울특별시)~37.4%(전라남도)로 고밀도 지역에서 낮고, 저밀도 지역에서 보다 높은 경향을 보이고 있다.

종합하면, 인구 고밀도 지역에서는 철도와 버스 등 대중교통 분담률이 높아져 왔고, 인구 저밀도 지역에서는 승용차 등 개인 교통수단 위주로 여객 수송 구조가 정착되어

---

[130] 한국교통연구원 국가 교통 DB센터에서 집계한 자료에 근거한 것으로 2014년 기준 자료이다. (국토교통부, 종합교통업무편람, 2017).

왔으며, 여건에 따라 택시가 대중교통과 개인교통수단 사이에서 균형을 잡고 있다. 향후에도 인구 저밀도 지역에서는 기존의 대중교통수단을 확대하는 것보다 도로를 기반으로 하는 개인교통수단 중심으로 대응하되, 수요 감응형 소형 대중교통수단을 보완하는 것이 효율적일 것으로 생각된다. 인구 저밀도 지역 도로에서는 승용차·버스와 기타 교통수단이 같은 공간에서 공존하고 경쟁하는 현 상황이 지속될 가능성이 높으니 이를 감안한 도로시설 공급 전략이 필요할 것이다. 반면에 도시부 도로에서는 버스뿐 아니라 BRT, 트램과 같은 신교통수단이 확대되고 보행자와 자전거, 친환경 교통수단을 위한 교통공간이 확대되는 추세이니 승용차가 점유하는 공간 비중은 서서히 낮아질 것이다. 승용차 보유대수 증가와 함께 대중교통 수단도 확대되면서, 승용차의 평균 주행거리[131]는 45.9km/일(2006년)에서 33.2km/일(2015년)로 9년 동안 27.66%(연평균 3.07%) 짧아졌다. 모든 종류의 자동차 평균 주행거리 역시 57.6km/일에서 39.8km/일로 줄어들었다. 이상과 같이 고작 10만여 km에 불과한 개통 도로를 2,200만 대가 넘는 자동차가 이용하고 있으니 한국에 도로가 충분하게 공급되어 있다는 일부 주장에는 동의하기 어렵다. 수요-공급 관점에서 가장 중요한 지표가 도로 1km당 자동차등록대수라고 생각하는데, 2016년 말에 도로 1km당 자동차등록대수가 200대를 넘어서게 되었다. 주요 국가와 상대 비교를 위해 2013년 기준 IRF(세계도로연맹) 통계[132]를 참고해 보자. 33개 OECD 회원 국가 중 한국(182대/km)보다 도로 1km당 자동차등록대수가 많은 나라는 포르투갈(253대/km) 밖에 없으니 한국이 32위이다. 한국 바로 위인 이탈리아(147대/km)와는 차이가 크다. 스웨덴(9대/km), 호주(19대/km), 미국(38대/km)은 말할 것도 없이 국토가 그리 크지 않고 경제수준이 높은 일본(63대/km), 독일(76대/km), 영국(79대/km)과 비교해도 한국의 km당 자동차등록대수가 2배~3배 정도 높다. 다른 어떤 지표로 왜곡을 시도하더라도 한국의 도로는 세계 최고 수준으로 과로[133]하고 있어 제대로 유지관리를 할 틈이 없으며 약간의 돌발 상황

---

131) 교통안전공단, 연도별 일평균 주행거리 추이.
132) IRF, world road statistics, 2015 자료로 국토교통부, 도로업무편람, 2016에 수록.
133) 도로가 밤낮으로 쉴 틈 없이 자동차에 시달리니 정비할 여유조차 없이 과로한다는 표현을 해 보았다.

에도 혼잡이 확산된다. 도로 용량이 조금만 늘어도 잠재 수요가 여유 용량을 금방 채워버리는 소위 수요 과잉-용량 부족 상태인 것이다. 당분간 도로 증가 속도보다 자동차 증가 속도가 더 빠를 것이니 이 차이는 더 벌어지게 될 것이다. 도로를 늘리든지, 자동차등록대수를 줄이든지, 자동차 이용을 줄이든지 해야 하지만 어떤 방향을 선택해도 부작용은 생기니 참 어려운 숙제다.

나. 도로에 사용된 토지 면적

도로 면적 3,144㎢로 국토 면적의 3.1%를 차지

도로 108,780km(미개통 8,352km 포함)를 만드는데 많은 건설비가 투입되었지만 소중한 토지자원도 많이 필요하다. 국토교통부 도시업무편람에 의하면 2015년 대한민국 국토 면적 100,295㎢에 인구 5,153만 명이 거주하는데, 이 가운데 91.79%가 도시지역에 거주한다. 도시지역 면적은 17,614㎢로 국토 면적의 16.6%를 차지한다.

지목별로 보면 산지가 63.8%, 농지 19.6%, 기타(하천 포함) 7.5%, 그리고 도시적 용지 7.4%로 구성되어 있다. 여기에서 도시적 용지란 대지·공장용지·공공용지로 구성된 것으로 면적 7,494㎢이다. 공공용지는 학교·도로·철도용지로 구성되며 3,587㎢ (3.6%)를 점유한다. 국토의 3.0%를 차지하는 대지면적(2,983㎢)이나 0.9%를 차지하는 공장용지(923㎢)보다 공공용지(학교·도로·철도)가 차지하는 면적이 더 넓다는 것을 알 수 있다.

장황하게 우리 국토의 토지이용 관련 수치를 나열한 이유는 과연 도로가 얼마나 넓은 토지를 점유하고 있는지 궁금해서이다. 국토교통부 지목별 토지현황 자료[134]에

---

134) 국토교통부, 2016 국토의 계획 및 이용에 관한 연차보고서, 2016.

의하면, 2015년 말 기준 도로 면적은 3,144㎢로 국토 면적의 약 3.1%를 점유하고 있다. 2001년에 2.4%, 2010년에 2.9%를 점유하였으니, 2001~2015년 사이에 연평균 0.05%씩 점유율을 높여온 것이다. 2015년 1년 동안 도로사업을 위해서 취득한 도로 면적은 38.5k㎡로 국토 면적의 약 0.38%에 해당하며, 도로용지를 매수하기 위해 지불한 비용은 2.78조 원에 달했다. 참고로 철도용지는 140.6㎢로 국토 면적의 0.13%를 점유하여 도로의 4.5% 수준이다. 요약하자면 도로는 우리나라 국토 면적의 3.1% 국공유지의 9.4%(우리나라 면적에서 국공유지가 차지하는 비율은 32.9%)를 점유하고 있다는 것이다.

우리나라의 지가 총액[135]은 GDP 대비 4.0배(2017년 기준 한국은행)로 여타 선진국보다 높은 수준이다. 높은 토지 가격은 도로 개발사업의 비용 증가로 이어지는데 특히 대도시권에서는 이런 경향이 뚜렷하다. 주로 교통수요가 높은 대도시에 건설되는 민자고속도로의 경우 사업 기획 단계부터 토지 매입 시기 사이에 용지비가 크게 올라 국가 재정에 부담이 높아지고 있다.

도로 지역 도로율과 주차장

도시에서 도로가 차지하는 비율은 도로율이란 지표를 통해 파악이 가능하다. 도로율(Street Ratio)[136]은 도시의 기반시설 확충 수준을 평가하는 척도로, 일정 지역 면적에 대한 도로의 점유 면적 비율을 말한다. 「도시·군계획시설의 결정·구조 및 시설기준에 관한 규칙」에서는 다음과 같이 용도지역별 도로율 기준을 제시하고 있어서 한국 도시가 목표로 하는 도로율을 가늠할 수 있다.

---

135) 국토교통부에 의하면 2017년 공시지가 총액은 4,778.5조 원.
136) 도로율 = (도로점유면적 ÷ 시가화 면적) × 100(%), 도로율 산정시 대상 도로는 폭 4m 이상 도로이며, 시가화 면적은 주거지역, 상업지역, 공업지역 면적의 합계를 의미한다.

하나, 주거지역 15% 이상 30% 미만 (간선도로의 도로율은 8~15%).
둘, 상업지역 25% 이상 35% 미만 (간선도로의 도로율은 10~15%).
셋, 공업지역 8% 이상 20% 미만 (간선도로의 도로율은 4~10%).

2015년 기준 서울시 도로연장 8,215km가 점유하는 도로면적은 84㎢로서 도로율이 22.43%에 달한다. 대구시의 도로율은 23.5%이고, 부산시와 울산시 도로율은 각각 20.9%, 17.35%이다.

자동차 평균주행거리가 짧아지면 자동차가 주차장에 세워져 있는 시간도 그만큼 길어진다. 하루에 고작 45.9km를 주행하니 대략 95%의 시간은 집, 회사, 상가 주차장에 세워져 있어야 한다. 자동차가 증가함에 따라 주차장도 함께 늘어나야 되는데 우리나라 지방 대도시의 주차장 확보율은 이제야[137] 100%에 도달하여 충분한 수준은 아니다. 주차장 보급률 100%는 자동차등록대수 1대 당 주차장 1면이 확보되었다는 의미로 모든 자동차가 주차장에서 나오지 않을 때에만 총량으로 충분한 수준이다. 현실적으로 승용차로 이동하자면 집에도 사무실에도 상가에도 주차장이 필요하다. 도시 외부에서 방문하는 자동차도 있다. 미국 로스앤젤레스 카운티의 경우 자동차등록대수가 560만 대인데 1,860만 대[138]에 달하는 주차장이 공급되어 있다고 하니 차량 한 대당 주차장 3.3면이 보급된 셈이다. 도로면적보다 넓은 면적을 주차장이 차지하고 있는 형편이니 한국 도시가 이런 방향을 따라갈 수는 없다. 2017년 서울시 전체의 평균 개별공시지가는 1㎡ 당 243.4만 원, 경부고속도로가 통과하는 서초구의 공시지가는 302.8만 원이다. 도로나 하천은 거래가 되거나 세금을 낼 이유가 없으나 공시지가를 발표하지 않지만 서울시 평균 지가를 적용하여 환산하면 서울시 도로가 점유하고 있는 토지 가격은 약 200조 원이 된다. 도로율의 비중이

---

[137] 서울시 주차장 확보율은 2006년에 100%를 넘어섰다.
[138] 1,860만 대(거주지 노외주차 550만, 비주거 노외 960만, 노상주차 360만)의 주차장이 차지하는 면적이 14%(노상주차, 노외주차 포함)로 200mile² 공간을 차지한다. 도로면적은 140mile²이다.

상업지역〉주거지역〉공업지역〉녹지지역 순이라는 것을 감안하면 토지 가격은 200조 원을 넘어갈 가능성이 높다.

주차장은 어떨까? 대부분 건물 부설주차장이긴 하지만 주차장[139] 1면 당 건설비용을 5천만 원으로 잡는다면 서울시에 주차장 400만 면을 지금 공급한다면[140] 약 200조 원 정도가 소요될 것으로 추산된다. 주차장 1면이 차지하는 면적[141]을 30㎡라 가정하면 총면적은 120㎢ 정도 되니 도로가 점유하는 면적 84㎢ 보다 넓다. 만약 도로와 주차장을 모두 평면에 깔아 놓는다면 200㎢가 넘어 서울시 면적 1/3을 점유해야 한다는 산술계산이다. 다행히 공동주택 내 지하주차장 비중이 높아 지상 공간 점유율이 낮다는 점이 위안일 정도이다. 한국에 등록된 자동차 2,200만 대가 주차하기 위해서는 서울시 면적보다 조금 넓은 면적이 필요할 것이다. 과연 이렇게 넓은 토지를 도로와 주차장이 점유할 만큼 가치가 있는가에 대해서 생각해 볼 필요가 있다. 지방부 도로가 자동차 이동 기능을 높이도록 발전해 왔다면, 도시부 도로는 이제 공공 공간으로서의 기능이 보다 중요해지고 있다. 서울시청 앞 대형 교차로가 광장으로 변화한 것이 대표적 사례이다.

---

139) 주차장의 설치 및 관리는 1979년 개정되고 2014년 최근 개정된 「주차장법」을 따른다. 주차장의 종류는 노상주차장·노외주차장·부설주차장으로 구분된다. 특별시장, 광역시장, 시장·군수 또는 구청장은 주차장의 효율적 설치 및 관리·운영을 위하여 주차장 특별회계를 설치할 수 있다(법 제21조의 21항).
140) 서울시에서 공영주차장 1면 건설비가 대략 6천만 원 수준이다. 부지 가격이 포함되지 않는 아파트 지하주차장도 1면에 4천만 원 정도가 소요된다.
141) 순수 면적은 12.75㎡(2.5m×5.1m) 이나 통로, 램프, 기둥을 합하면 1면당 30~33㎡가 필요하다.

다. 공간적 거리와 시간적 거리

　국가 교통망의 중추인 도로는 국가 경제의 생산과 소비 활동을 지원하는 대표적인 사회간접자본(SOC)이며, 기업이 생산 활동에 무료나 저가로 활용하는 생산 투입요소이다. 지난 60년간 주요 산업시설에 고속도로 IC와 산업도로가 연결되어 제조업 성장을 지원하고 국민 경제활동을 지원하여 국가 경제 성장에 주도적 역할을 수행하였다. 국토에서 공간거리와 시간거리를 대폭 단축하여 전국의 1일 생활권화를 실현하면서 국내 여객·화물 수송량의 80% 이상을 분담하게 되었다. 국민과 지역 대부분이 간선도로에 빠르게 접근하도록 하여 지역 균형 발전에 기여하였고 낙후지역이 줄어들었다. 국민의 소중한 시간을 다른 가치 있는 활동에 활용하도록 하여 레저문화 확산 등 새로운 문화가 생겨났다. 멀리 떨어진 가족·친지·지인 간의 교류를 촉진시켜 사회통합에도 기여한다. 명절 때마다 형성되는 거대한 고향방문 행렬은 사회구성원들의 마음을 하나로 묶는 단단한 띠가 되었다. 전국 어디나 균등한 접근성을 제공하여 지역 균형 발전과 지역평등에 기여한다.

　도로는 기본적으로 사람과 재화를 빠르게 이동시키는 서비스를 제공한다. 유료도로에 통행료를 지불하고 유류세도 내야 하니 공짜는 아니지만 얻는 편익이 비하면 거의 무료에 가까운 생산요소이다. 사람에게는 이동시간을 줄여주고 기업에게는 유통비용을 줄여주게 되니 시장이 넓어지는 효과도 있다. 결국 간선도로망이 제공하는 이동성과 지역 도로가 제공하는 접근성이 결합하여 대규모 시장과의 접근성이 좋아진다. 이런 지역에는 기업과 사람이 몰리게 되어 장기적으로 토지이용이 크게 변화하게 되니 경쟁력이 높아지는 것이다. 국가 단위의 간선도로망에 투자하여 국가경쟁력을 높이고, 도시 간선도로망을 확충하여 도시경쟁력을 높여온 이유이다. 같은 도시라도 지역에 따라 도로망과 지하철망이 인구나 면적에 비해서 촘촘하게 공급된 곳은 토지 가격이 높다. 서울의 강남과 다른 지역을 비교해보면 쉽게 이해가 될 것이다. 반대로 인기가 높은 지역에 도로나 도시철도가 후행적으로 따라오기도 하지만 개발이 정착된 이후에는 쉽지 않다. 한마디로 정리하면 도로가 모이는 곳에 돈과 힘이 모이는 것이다.

간선도로의 힘은 통행시간 단축

도로가 생기면 왜 힘이 생길까? 전통적으로 교통시설의 발전은 시간 단축효과를 가져왔다. 역사적으로 성공한 제왕들은 정보나 물류가 전달되는 속도, 즉 통행시간을 통제하는 것이 권력의 핵심이라는 것을 잘 알고 있었다. 정보를 빠르게 전달하기 위해 봉화나 역참을 개발하였고 병력과 물자를 빠르게 이동시키기 위해 도로와 운하를 만들고 이들이 만나는 지점에 수도와 대도시를 발전시켰다. 로마시대 이후 도로시설과 교통수단 발전이 정체된 기간에는 해상 교통을 발전시켰다. 항로에서 가까운 해안이나 강가에 항구가 만들어지고 모든 부가 집중되었다. 내륙에 있는 도시나 국가는 수송력이 떨어져서 힘을 쓸 수가 없었다. 지리적 중심은 시간의 중심이 되지 못하였으며 대도시는 해안가나 강 하류에 집중되었다.

19세기 이후 내륙 교통수단이 발전하게 되면서 이제는 수로가 없는 내륙에도 힘이 생겼다. 교통수단 특성상 해안이나 강가를 따라 선형으로만 이동하던 해상 교통수단에 비해 내륙 교통수단은 새로운 강점을 가지고 있었다. 기반 시설이 종횡으로 확대될수록 네트워크 효과가 생겨 더 넓은 지리적 공간이 짧은 시간적 공간으로 편입된 것이다. 이제는 지리적 중심이던 국토의 중앙이 새로운 시간의 중심으로 떠오른 것이다. 통신 기술의 발달로 정보의 신속한 이동이란 측면에서 도로의 기능은 약화되었지만, 사람이나 물류의 빠른 공간적 이동, 즉 통행시간 단축이 교통시설의 핵심가치란 방정식은 여전히 유효하다. 도로는 내륙의 항로에 해당하고 도로가 만나는 교차로는 항구의 역할을 수행하게 되었다. 사실 도로나 항로 모두 '로' 자가 포함되어 있다. 고속도로는 내륙 거점 항로가 되었고, IC는 내륙의 대형 항구가 되었다. 시간거리를 가장 크게 줄일 수 있는 고속도로 IC 주변 지역이 새로운 거점으로 번창하는 이유이다.

과거에는 공간거리가 중요하였으나 교통수단의 발달로 시간거리가 중요하게 되었다. 시간거리는 장거리와 단거리를 연결하는 교통시설이 얼마나 밀집되었느냐에 달려있다고 보아도 크게 틀리지 않는다. 도로가 생기는 지역에는 시간거리가 짧아진 만큼 특정 지역과의 통행시간 감소 혜택이 생겨난다. 여러 개의 도로가 집중되면 짧은 시간에 교류할 수 있는 공간이 넓어진다. 통행시간 단축이 도로의 가장 큰 편익이 됨에 따라 부동산 가격은 시간거리가 짧아진 만큼 오른다.

서울 강남과 같이 간선도로와 지하철, 도시고속도로가 풍부한 지역은 지역에 밀집한 업무·상업시설은 물론 국토의 동서남북 어디로든 고속도로를 통해 빠르게 이동할 수 있다. 지리적으로는 북쪽에 치우쳐 있지만 시간적으로는 전국 주요 시설과의 접근성이 가장 우수한 지역이지 않을까 생각된다. 고속철도 수서역과 영동대로에 들어설 GTX역은 강남지역 시간 경쟁력에 또 다른 날개를 달아줄 것으로 전망된다.

　서울외곽순환고속도로 IC 주변지역에 수많은 물류센터가 집결하고 있다. 화물 배송 시간을 짧게 하려면 환적 시간과 화물 운송시간을 줄여야 한다. 물류비용이 싸지려면 시간거리를 줄여야 하는데 외곽순환고속도로가 물류비용을 줄일 수 있는 전략거점이라는 것을 업주들은 경험적으로 알고 있다. 화물은 자체적으로 금전 가치를 지니고 있는데 도로에서 운송되는 소형 화물은 중량당 가치가 높으니 수송시간을 줄이자는 것이다.

2　도로 투자효과

가. 도로 투자효과 추정 사례

고속도로의 경제적 가치

　도로는 공공재이지만 노선의 종류와 등급에 따라서 공급의 주체가 다르다. 고속도로나 국도와 같이 전국을 연결하는 장거리 노선은 모든 국민이 함께 소비하는 국가 공공재 특성이 강하여 중앙정부가 시설과 서비스를 공급한다. 반대로 시·군도나 지방도와 같이 노선 길이가 짧은 도로는 특정 지역 주민이 주로 소비하는 지방 공공재 특성이 강하여 지방정부에서 시설과 서비스를 공급하는 것이 합리적이다. 이와 같이 중앙정부가 도로 공급 권한을 독점하지 않고 지방정부와 나누게 되면 지방정부가

지역에 필요한 도로사업을 선별하여 투자함으로써 지역 경쟁력을 높일 수 있다. 그런데 도로 노선이 서로 인접한 행정구역에 걸쳐 있거나, 도시 내 도로라도 전국 도로망의 구성요소로서 중요한 역할을 하는 경우도 많아 정확한 구분은 쉽지 않다. 중앙정부에서 우회국도, 국가지원지방도, 광역도로, 혼잡도로를 선정하여 예산을 지원하는 이유는 이 도로들이 지방 공공재이면서 국가 공공재의 성격을 갖기 때문일 것이라고 생각한다.

국가 단위의 도로나 지방 단위의 도로 모두 유사한 효과를 발생시키니 도로사업이 가져오는 경제적 효과를 추정하는 방법이 서로 다르지는 않으나 도로망이 광역화할수록 네트워크 효과 등을 고려하여야 한다. 도로사업의 경제적 효과를 기존 문헌을 통해서 정리해 보자.

지속성장 관점의 고속도로망 구축 연구[142]

국토연구원에서 한국 고속도로 사업효과를 종합적으로 분석한 바 있다. 고속도로가 없던 1968년 전국 도로망을 기준 네트워크로 설정하고, 1970년부터 2010년까지 10년 단위로 구축된 고속도로망 5개를 비교 네트워크로 설정하였다. 총 6개의 기준/비교 네트워크에 2010년의 교통수요를 배정하여 그 결과를 비교함으로써 추가된 도로망의 성과를 추산하였다. 신규 도로사업으로 인한 직접편익을 추정한다는 것은 신규 도로가 더해진 새로운 도로망을 이용함으로써 기존 도로망을 이용할 때보다 얼마나 비용(통행시간, 차량운행비, 교통사고비용, 환경비용)이 감소하는지를 화폐가치로 환산해 내는 것이다. 신규 사업으로 새로운 이익이 생겨나는 것이 아니라 기존에 지불하던 비용이 줄어드는 정도를 화폐가치로 추정하는 것이라고 이해하면 된다.

분석 결과 2010년의 교통수요가 1968년 당시 고속도로가 전혀 없는 도로망을 이용하는 상황이라면 1년에 119.7조 원을 추가로 지불해야 하는 것으로 나타났다. 세부

---

142) 국토연구원, 지속성장 관점의 고속도로망 구축효과 연구, 2012.

적으로 보면 통행시간 증가에 103.5조 원, 차량운행비 증가에 12.4조 원의 추가 지불이 발생한다는 것이다. 지역 간 교통수요가 동일하다는 전제에서 고속도로망이 없다면 우리가 지불해야 할 비용을 추산한 것이다. 이는 고속도로 구축으로 인구 1인당 246만 원의 교통비를 매년 절감할 수 있다고 해석이 가능하다.

이와 같은 절감효과는 지역 간 통행시간이 크게 단축되어서 발생한 것이다. 40년 동안 전국 지역 간 이동시간 평균이 5시간에서 3시간으로 40% 단축되어 효율성이 높아졌으며, 지역별 이동시간 편차도 61분에서 39분으로 36% 단축되어 형평성이 높아졌다[143]. 서울, 부산, 광주와 같은 대도시가 국토 외곽에 분산되어 있어 효율적인 자원 이용에 약점이 있었으나 통행시간 단축으로 교류가 활성화 되면서 크게 개선 되었다. 고속도로망 구축으로 국가 2대 성장 축인 경부축과 호남축의 통행시간이 각각 6.5시간, 6.7시간씩 단축되었다. 고속도로 IC에서 30분 이내에 접근할 수 있는 지역도 크게 늘어났다. 1970년에는 경부선과 경인선 주변 등 국토의 14% 만이 혜택을 받았으나 1990년에는 35.4%, 그리고 2010년에는 국토의 63.4%[144]가 혜택을 받게 된 것이다. 인구기준으로 하면 전 국민의 90%가 30분 이내에 고속도로에 접근할 수 있게 되었다.

그럼 고속도로망 구축으로 발생한 간접효과는 얼마나 될까? 고속도로 투자로 인한 생산량 증가를 화폐가치화하기 위해 성장회계접근법[145]을 통해 분석한 결과, 지난 40년(1970~2010년) 동안 고속도로 투자(77.3조 원)로 인한 전국 산업 성장효과는 93.0조 원으로 투자대비 120.4%의 효과를 얻은 것으로 추정되었다. 다만 10년 단위로 볼 때 1980년대 127.9%, 1990년대 124.8%, 2000년대 117.8%로 경제규모가 커질수록 산업 성장효과가 감소하는 추세였다.

---

143) 2015년에는 평균 이동시간과 이동시간 편차가 각 178분과 37분으로 소폭 개선되었다.
144) 2015년에는 70.7%로 증가하였다.
145) 총 경제성장(생산액 성장)을 생산요소로 분해하는 방법의 하나로 실질생산액(X) = F(실질생산액, 노동투입량, 자본, 중간 투입물, 고속도로 스톡, 기술진보)이란 생산함수식을 설정하여 생산한 것이고, 수식에서 실질 생산액 증가에 대한 고속도로 스톡의 기여도를 성장회계접근법을 통해 산정한 것이다.

고속도로 투자가 지역경제 성장에 미치는 효과를 분석한 결과, 지난 21년(1989~2010년) 동안 고속도로 투자(65.6조 원)로 인한 지역경제효과는 48.1%로 투자 대비 73.31%로 나타났다. 투자효과는 수도권이 24.9조 원으로 가장 높고 경상권 8.8조 원, 충청권 5.3조 원, 호남권 4.8조 원 강원권 4.3조 원 순이었다. GRDP 증가 기여율(%)은 수도권 38.03%, 경상권 13.36%, 충청권 8.06%, 호남권 7.38%, 강원권 6.49%이었다.

국토의 동서화합 효과도 확인되었는데 교류가 적던 경남-전남 교류가 고속도로 개통으로 평균 통행시간이 89분(281분에서 192분으로) 단축되면서 대폭 활성화되었다. 지난 40년(1970~2010년) 간 자동차 보유대수가 146배, 국내총생산 144배가 늘어났으며 이는 도로투자에도 영향을 미쳤다. 도로연장은 2.6배, 고속도로 연장은 7.1배, 고속도로 이용차량은 195배 늘어났다. 경부고속도로 주변 신도시 및 택지 개발 경부고속도로 수도권 구간 주변에는 신도시와 택지지구들이 줄줄이 들어서 있다. 경부고속도로라는 편리한 교통망의 이점 때문에 정부의 신도시 개발과 지자체·민간 건설사들의 택지지구 개발이 지속적으로 이루어진 것이다. 분당 신도시를 시작으로 판교, 수지, 죽전, 구성, 기흥, 광교, 영통, 동탄, 오산, 안성, 평택 등으로 이어지며 거대한 선형도시를 형성하고 있다.

수원, 성남, 용인의 인구가 각각 100만 명을 넘어서고 있으며, 강남구, 서초구, 화성시, 오산시, 평택시까지 포함하면 도합 500만여 명에 육박하는 인구가 경부고속도로 주변에 집중되어 있다. 그 뒤로도 천안 60만 명, 청주 85만 명, 대전 150만 명, 대구 250만 명, 울산 120만 명 등 대도시들이 계속 이어져 있다. 구미, 경산, 경주 등의 중형 도시와 지방 소도시, 경부선과 연계되어 있는 포항시를 포함하면 경부고속도로 주변에 거주하는 사람은 서울·부산을 제외해도 1,300~1,400만 명이다.

중장기 도로계획의 기대 효과

제2차 도로정비계획(2011~2020)에서 총 70조 원의 도로투자를 통해서 계획 도로망이 건설될 경우 총 113조 원의 직접효과가 있을 것으로 산출하였다. 세부적으로 주행시간 단축(95.5조 원), 차량운행비용 절감(17.0조 원), 환경비용 절감(378억 원), 교통사고비용 절감(121억 원)의 순이다. 간접효과로는 매년 건설부문 생산유발 효과 14.9조 원, 부가가치유발 효과 5.9조 원, 수입유발 효과 1.1조 원이 기대되며, 도로정비사업에 따른 신규 고용 창출 효과가 매년 11만 명에 달할 것으로 추산하였다.

제2차 도로정비기본계획(2011~2020) 기대 효과

직접효과	총 113.0조 원 : (1) 주행비용 절감 : 17.0조 원 (2) 주행시간 단축 : 95.5조 원 (3) 교통사고비용 절감 : 121억 원 (4) 환경비용절감 : 378억 원
간접효과	(1) 생산력 확대효과 　- 건설부문 생산유발 효과 : 14.9조 원/년 　- 부가가치유발 효과 : 5.9조 원/년 　- 수입유발 효과 : 1.1조 원/년 (2) 도로정비사업에 따른 신규 고용창출 효과 : 11만 명/년

자료 : 국토해양부, 제2차 도로정비기본계획, 2011. 6

제1차 고속도로 건설 5개년계획(2016~2020)에서는 향후 5년 동안 고속도로 건설에 총 28.9조 원을 투자할 계획이다. 이 투자로 지역 간 평균 이동시간이 2015년 187분에서 2020년 174분으로 13분 단축될 것으로 추산하였다. 30분 이내 고속도로 접근 가능 면적도 70.7%(2015년)에서 78.2%(2020년)로 개선될 전망이다. 동서축 간선도로 509km를 확충하여 동서축 연계성 개선과 지역 간 통행수요 처리 개선이 기대된다.

고속도로 투자의 직접효과는 연간 약 2.84조 원 규모로 통행시간 절감비용이 2.42조 원/년, 차량운행비용이 0.42조 원/년이다. 총 28.9조 원의 투자로 기대되는 경제적 파급효과는 85.5조 원으로 추정되는데 세부적으로 생산유발효과 64.9조 원, 임금유발효과 20.6조 원, 고용유발 효과 29만 명이다.

나. 도로의 자산가치

2016년 회계연도 국유재산 규모는 총 1,044조 원에 달하는데 이 가운데 56.2%인 587.21조 원을 국토교통부가 보유하고 있다. 뒤를 이어 기획재정부가 11.1%, 국방부가 9.3%를 보유하고 있다. 왜 이렇게 국토교통부가 보유하고 있는 국유재산이 많은 걸까? 도로, 하천, 댐 등 사회기반시설을 포함한 재산 평가가 2012년부터 처음으로 도입되었기 때문이다. 2017년 국토교통부 예산은 국가예산의 5%에 불과한데도 해마다 재산은 계속 늘어나고 있다. 타 부처의 예산은 휘발성인 대신 국토부의 예산은 SOC 규모 축적으로 남아있는 자산 축적형인 셈이다.

도로의 자산 가치도 도로의 경제적 가치라고 볼 수 있다. 2011년 고속도로와 국도를 포함한 도로의 총 가치는 215.2조 원으로 전체 국유재산의 24.9%를 점유하였다[146]. 서울~목포 간 국도는 땅값 1조 원, 시설물 가치 5.3조 원이었고, 경부고속도로의 경우 땅값 1조 원에 시설물 가치 11조 원이었다. 전체 도로연장의 20%(21,628km)를 점유하는 고속도로와 국도의 가치가 이 정도라면 전체 도로의 가치는 수 배에 달할 것이다.

기획재정부에서 매년 회계연도 국가결산을 하면서 국가자산 톱 5를 종류별로 공개한다. 당해 연도 국가자산도 포함된다. 2017년 4월 4일 발표한 2016 회계연도 국가결산에서 자산 가치가 가장 큰 고속도로는 경부고속도로(10.95조 원)였다. 이어 서해안고속도로(6.54조 원), 남해고속도로(6.29조 원), 통영·대전중부고속도로(5.37조 원), 당진·영덕고속도로(5.28조 원)가 상위권에 이름을 올렸다. 땅값까지 포함하면 경부고속도로 자산가치는 12조 원을 넘어간다. 이들 5개 고속도로의 총 연장 1,637km의 자산가치가 34.42조 원이니 1km당 약 210억 원 수준의 자산가치를 보유하고 있는 것으로 보인다. 2016년 경부고속도로 통행료 수입은 1조 44억 원으로 한국도로공사 전체 통행료 수입 4.04조 원의 24.8%를 차지한다. 영동고속도로, 서해안고속도로, 남해고속도로가 각각 10.1%, 8.3%, 7.4%를 담당한다. 2016년

---

146) 서울신문, 2012년 2월 14일자.

한국도로공사 총자산 59.58조 원 가운데 유료도로관리권이 49.87조 원으로 83.7%를 차지하는 이유이다.

2016년 고속도로 자산가치

순위	도로명(연장, km)	장부가액(조 원)	비고
1	경부고속도로(416.1)	10.95	서울~부산
2	서해안고속도로(336.7))	6.54	서울~목포
3	남해고속도로(273.1)	6.29	부산~순천
4	통영·대전 중부고속도로(332.5)	5.37	하남~통영
5	당진·영덕 고속도로(278.6)	5.27	당진~영덕

자료 : 기획재정부

간단히 말해서 고속도로는 매년 113조 원에 달하는 직접효과를 발생시키고 있으면서 약 100조 원에 달하는 자산가치를 유지하고 있는 것이다. 90% 정도가 공작물의 가치이니 매몰비용이라고 폄하할 수도 있을 것이나 수년 안에 없어질 시설이 아니다.

3 도로 투자사업의 편익

가. 도로 사업의 편익

홍성웅[147]은 사회간접자본의 기능으로서 생산성 향상, 국민 생활의 질 향상, 민간투자 유도, 물가 안정, 기술혁신과 산업구조 개선, 지역경제의 활성화, 사회적 통합, 국토환경의 형성 8가지로 정리한 바 있다. 도로는 공공재로서 긍정적 효과와 부정적

---

147) 홍성웅, 사회간접자본의 경제학, 박영사, 2005.

효과가 함께 나타난다. 도로는 기본적으로 사람과 재화를 문전에서 문전까지 빠르게 이동시키는 서비스를 제공하여 통행시간을 절감하고 공공 공간 형성 등의 부수적인 효과를 가져온다. 도로는 개인과 기업, 지역, 그리고 국가 경제활동을 지원한다. 개인의 통행시간과 차량운행비용이 줄어들고, 기업의 물류비용이 줄어들면, 지역에 산업이 발전하여 일자리가 생기고, 국가경쟁력이 올라간다.

도로사업으로 발생하는 편익에는 교통 측면의 편익인 직접편익과 교통 개선으로 인한 사회적 편익인 간접편익으로 구분할 수 있다. 직접편익으로는 차량운행비용 절감, 통행시간 절감, 교통사고 감소, 환경배출 감소, 쾌적성 증가, 정시성 향상, 안정성 향상 등 도로이용자가 얻는 편익을 들 수 있다. 교통으로 인한 쾌적성, 정시성 등의 효과는 개인의 선호가 개입되어 화폐 가치화하는데 어려움이 있다.

간접편익은 도로 영향권에서 생활하는 모든 사람에게 발생하는 파급효과로 지역개발 효과, 시장권 확대, 산업구조 개편 효과 등이 있다. 이와 같은 효과가 실현되기 위해서는 도로 이외 분야에 대한 투자가 병행되어야 하니 계량화에 어려움이 따르고, 투자의 구축 효과 등으로 편익으로 고려하는 데에는 어려움이 있다. 도로 주변 토지 소유자의 개발이익 상승도 큰 관심이다. 평화시대에 경제·사회 활동 지원이 중요하지만, 전시에는 병력과 물자 수송에서 핵심적인 기능을 수행한다.

공공재의 특성 중 하나가 환경비용, 물류비용, 사고비용, 혼잡비용과 같은 사회적비용이 발생한다는 데 있다. 일단 만들어진 도로의 성능이 시간에 따라 저하되는 것을 예방하기 위해 상당한 보수비용을 지속적으로 투입해야 한다는 점도 문제이다. 도로가 제공하는 커다란 편익에도 불구하고 여기서 발생하는 부정적 비용을 극복한 잘 사는 나라는 훌륭한 도로시스템을 갖추었고, 못 사는 나라는 열악한 도로에 의존하고 있다. 시간과 공간에 대한 경험을 바탕으로 도로가 제공하는 긍정적 효과가 부정적 효과를 압도하기 때문에 도로 건설과 유지관리에 많은 비용을 지불하고 사회적 비용도 부담하고 있는 것이다. 다만 어떤 효과가 얼마나 있는지에 대한 사회적 공감이 제대로 이루어져 있지 않다는 점이 문제이다.

도로는 한국 경제적 도약의 핵심 요소로서 생산을 지원하고 소비를 촉진시켰다. 도로망이 개선되어 국토 접근성이 개선됨에 따라 산업화 시절 도시화가 촉진되었다. 2000년대 국토 전역에 간선도로망이 확장되면서 지역 균형발전에 기여하였고 국민

삶의 질도 향상시켰다. 1997년, 2003년, 2009년 경제위기 때에는 경기 개선이나 고용 확대의 수단으로도 활용되었다. 이동성 이외에 밀집한 도시에 소중한 공공 공간을 확보한다는 점에서 도로의 공간 기능도 매우 중요하다.

나. 직접편익

도로 사업에 대한 공공투자가 정당화되기 위해서는 사회적 편익과 기회비용의 차이인 초과 편익이 발생해야 한다. 공공투자 의사결정에 활용하기 위해서 비용편익분석을 시행하는데, 문제는 편익과 비용에 어떤 항목을 포함시키며, 또 어떻게 추정하느냐에 따라서 분석 결과가 달라질 수 있다는 것이다. 따라서 예비타당성 조사나 타당성 평가를 수행할 때에는 일관성 있는 분석이 가능하도록 국가에서 제공한 지침을 따라서 항목을 선정하고 가치를 평가한다.

국토교통부 교통시설투자평가지침(2017)에 따르면 도로투자사업 편익분석에 직접편익만 포함시키고 간접편익은 포함시키지 않는다. 직접편익 항목은 통행시간 감소와 차량운행비 감소이다. 환경(교통사고, 대기, 온실가스, 차량 소음) 항목은 도로와 철도 공통으로 반영된다.

도로투자사업에 따른 편익분석 항목

구분	편익분석 항목	비고
직접편익	- 통행시간 감소 - 차량운행비 감소 - 교통사고비용 감소 - 대기오염 발생량 감소 - 온실가스 발생량 감소 - 차량소음발생량 감소	편익분석 반영
간접편익	- 지역개발 효과 - 시장권의 확대 - 지역 산업구조의 개편 등	편익분석 미반영

자료 : 국토교통부, 교통시설투자평가지침, 2017

기획재정부에서 주관하는 예비타당성 조사에서는 도로·철도표준지침(제5판)을 따르도록 하고 있는데, 직접편익으로 통행시간·차량운행비용·교통사고·환경비용 절감 편익을 산정하도록 하고 있다. 국토교통부에서 수행하는 타당성 평가와 항목이 동일하다. 직접편익에 포함되는 통행시간이나 사람의 생명, 대기의 질은 시장에서 거래되지 않고 개인의 선호가 개입되어 있어서 가치 평가에 어려움이 있으니 지침을 따라서 일관성 있게 산정해야 한다. 예비타당성 조사나 타당성 조사에서 동일한 원단위를 사용하고 있다. 그러나 철도 부문 평가 시에는 각종 특수 편익을 고려하도록 하고 있다. 철도사업에 반영되는 직접편익 항목은 통행시간 절감(도로-철도 전환 포함), 철도화물 통행시간 절감, 통행시간 신뢰성 향상, 선택 가치 편익, 교통 쾌적성 등으로 참으로 다양하다.

도로 철도 부문 사업 시행에 따른 편익 항목

구분	편익 항목
공통편익	- 차량운행비용 절감편익 - 통행시간 절감편익 - 교통사고 감소편익 - 환경비용(공해 및 소음) 절감편익
사업특수 편익	- 주차비용 절감편익 - 공사 중 교통혼잡으로 인한 부(-)의 편익 - 철도부문 사업으로 인한 도로공간 축소에 따른 부(-)의 편익

도로 시설에 추가 가능한 직접편익 항목

도로사업을 포함한 교통시설 평가에서 화물 수송 관련 편익은 여객 교통에 비해서 상대적으로 낮게 반영되고 있다. 대형 화물차가 시급을 다투는 수십억 원 가치의 화물을 싣고 빠른 경로로 간다 해도 증가하는 직접편익은 화물차 운전자의 시간단축 편익 정도이다. 그런데 수송시간이 짧을수록 가치도 높아지는 화물이 있는데, 예를 들어 활어와 같은 신선화물, 소형택배나 우편물 등이다. 사실 소규모 화물이 있는 경우에 대중교통보다 승용차를 선호하는 행태도 제대로 반영되지 않고 있다. 화물 수송의 91.3%(톤 기준)를 담당하는 도로사업을 평가하는데 화물수송 시간에 대한 편익이 반영되지 않는다는 것은 도로사업에 대해 편익분석이 우호적이지 못하다는 것을 의미한다. 직접편익에서 차지하는 비중이 가장 높은 항목이 통행시간 절감인 만큼 시간을 다투는 육송 화물에 대한 시간가치를 부여하여 통행시간 절감을 직접편익 항목으로 추가한다면 도로사업의 타당성이 높아지겠으나 아직 이루어지지 못하고 있다. 사람보다는 물류가 주로 이동하는 산업단지 진입도로와 같은 교통시설 투자사업이 제대로 평가받지 못하는 이유에는 육송 화물에 대한 시간가치가 고려되지 않는 것도 포함된다. 화물 시간가치가 직접편익에 반영되지 않고 있는 이유는 현재 국가 교통 DB에서 제공되는 자료나 분석방법에 한계가 있어서라고 교통시설 투자평가지침에서 언급하고 있으니 도로분야에서 자료나 방법론을 구축하도록 노력할 필요가 있다.

 도로 화물과는 대조적으로 양곡·양회·비료·무연탄·광석·유류·잡화 7개[148]의 철도화물 품목에 대해서는 철도 수송 시 톤당 가치를 반영해준다. 신선화물이나 소형 택배 같은 육송 화물보다 시간가치가 높아서라기보다는 단지 철도의 주력 운송 품목이기 때문이 아닐까 하는 의문이 든다. 참고로 철도사업에 대한 직접편익 항목에는 철도 이용자 편익 이외에 타수단 이용자 편익까지 포함시키고 있는데, 그렇다면 도로사업에서도 철도-도로 전환 수요 이용자 편익도 고려해야 하는지 의문이다. 많은 사람이 나름 합리적인 이유가 있어서 철도에서 도로로 옮겨왔을 텐데 편익분석은 반대로 하고 있는 셈이다.

 도로사업의 정시성과 쾌적성 항목도 고려할 만하다. 수도권과 같이 교통혼잡 때문에 통행시간 변동이 큰 지역에서 통행의 정시성은 꽤 중요하다. 경부고속도로

---

148) 국토교통부, 교통시설 투자평가지침, 2017.

버스전용차로제가 수도권 남부 통근자들로부터 인기를 얻는 이유는 빠르기에도 있지만 통행의 정시성이 높아서이다. 철도에서는 당연히 통행시간 신뢰도 향상 항목을 직접편익에 포함시킨다. 도로에서 전환되는 교통량에 대한 통행시간 신뢰도까지 덤으로 포함시킨다.

도로 내에서도 쾌적성이란 관점에서 보면 이용자가 콘크리트 포장보다 아스팔트 포장을 선호한다는 경향이 뚜렷하나 이 선호가 편익으로 고려되지 않는 한 대안 선정에 영향을 미칠 도리가 없다. 쾌적성 이외에도 포장의 종류에 따른 환경(소음, 분진), 안전성 등의 편익이 반영된다면 경제성 분석에 어떤 영향을 미칠지 궁금하다.

다. 간접편익

간접편익은 도로투자에 따라 영향권에서 생활하는 모든 사람에게 발생하는 파급효과이다. 도로시설로 투기가 발생하여 지가가 상승하였다면 금전적 편익에 불과하다지만, 접근성이 개선되어 장기적으로 토지의 생산성이 증가된다면 이는 중요한 파급효과이다. 이와 같은 효과가 실현되기 위해서는 도로 이외 분야에 대한 투자가 병행되어야 하고, 계량화에 어려움이 있어서 지역경제 파급효과 정도를 산출하여 참고로 활용하고 있다. 예비타당성 조사에서 사용하는 도로·철도 표준지침(제5판)에서 지역경제 파급효과는 생산유발 효과, 부가가치유발 효과, 고용유발 효과, 취업유발 효과를 도출하도록 하고 있다.

국토교통부 타당성평가지침(2017년)에서도 지역개발 효과, 시장권의 확대, 지역 사업구조의 개편을 간접편익으로 추정하되 편익분석에는 반영하지 않는다. 간접편익은 계량화가 어렵고 또 일부 직접편익과 중복된다 하여 편익분석에 반영하지 않지만 현실적으로 많은 이들이 공감하는 효과가 있고 이 때문에 경기 침체기에 정책수단으로 종종 활용되어 왔다. 직접편익을 근거로 산출되는 수치인 B/C, IRR, NPV 등에 근거한 경제성평가 만으로 도로투자 타당성을 따지는 데는 무리가 있어서 종합평가법을 도입하고는 있지만 경제성평가 결과에 대한 의존도는 매우 높다.

지역개발 효과

도로개통으로 인한 대표적인 간접편익이 지역개발 효과이다. 도로가 개통되어 이동성과 접근성이 개선되면 비교우위로 그 지역에 투자가 늘고 산업이 모여들며, 덩달아 주요 공공시설도 함께 입지하게 된다. 이는 결국 지역경제 활성화로 이어지며 지가를 끌어올리게 된다. 대한민국의 모든 구성원들이 새 길이 나면 인근 부동산 동향에 촉각을 세우고, 신규 아파트 분양 시에 가장 큰 홍보거리가 신설되는 도로나 지하철과 같은 교통호재이다. 어찌 보면 지역별 교통시설 투자 총액(스톡)이 구성원들의 부동산가격 인상에 일정 부분 기여하고 있다. 지난 50년 한국 부동산가격 상승이 도로투자 총액과 관계가 있다는 가정 아래 지역별 교통시설 스톡과 지가와의 관계를 분석해보면 흥미로운 결과가 나올 것이라고 생각한다. 이러한 지가 상승은 지역의 토지주들이 실질적으로 얻을 수 있는 경제적 가치이지만, 도로사업 평가 시 반영되지 않고 있다. 반대로 도로가 많아지다 보니 새로운 도로로 교통량이 전환하여 기존 도로변의 지가도 떨어지는 상황도 생기고 있다. 결국 도로투자로 교통량이 늘어나서 교류가 확대됨으로써 부동산 가격이 올라가는 것이다.

생산유발 부가가치유발 고용유발 효과

현재 국내에서 경제적 파급효과를 분석하기 위해서 생산유발 효과, 부가가치유발 효과, 고용유발 효과를 산출한다. 예비타당성 조사나 타당성 조사에서는 이상의 효과를 간접편익으로 분류하여 경제성 분석을 위한 편익산정에 직접 포함시키지는 않는다. AHP 분석에서는 경제적 파급효과와 지역개발 효과와 함께 활용되니 투자 결정에는 간접적으로 활용된다고 보아야 한다. 여기에는 한국은행에서 발표하는 생산유발계수, 부가가치유발계수, 고용유발계수가 활용된다[149]. 기존 도로투자 효과 평가 사례를 몇 개 참고해 보자.

하나, 2017년 6월 30일 개통된 서울양양고속도로에는 총 사업비 4.88조 원이 투입되었다. 강원연구원[150]에서 서울양양고속도로 개통으로 차량 1대 운행 시 통행거리 및 통행시간 단축에 따른 편익 35,186~45,795원이 발생하는 것으로 추정하였다. 경제적 파급효과는 전국(강원도)에 생산유발 효과 4.90조 원(3.27조 원), 부가가치유발 효과 1.98조 원(1.36조 원), 고용유발 효과 40,207명(29,491명)으로 추산되었다. 둘, 제1차 고속도로건설 5개년계획(2016~2020)에서는 5년간(2011년~2015년) 총 22.9조 원의 고속도로투자로 생산유발 효과 51.4조 원, 부가가치유발 효과 16.4조 원, 고용유발 효과 23만 명이 발생할 것으로 추산되었다. 셋, 국회 예산정책처에서 과거 10년(1993~2002년) 동안 도로부문에 투자된 중앙정부 사업비 약 64조 8천억 원으로 인한 효과를 추산한 결과, 총 생산유발 효과는 144.8조 원으로 사업비 대비 2.23배였다. 또한 고용자 수는 총 127만 명, 고용유발 효과는 283만 명이었다. 넷, 제2차 도로정비기본계획(2011~2020년)에서는 지난 33년(1981~2014년) 동안 도로투자를 통해 총 생산유발 효과 418.8조 원, 고용유발 효과 525만 명, 부가가치유발 효과 166조 원 등의 효과가 있는 것으로 추산하였다.

---

149) 생산유발계수란 최종 수요가 1단위 증가할 경우 유발되는 산업별 산출액을 말한다. 부가가치유발계수란 최종 수요가 한 단위 발생할 경우 국민경제 전체에서 직·간접으로 유발되는 부가가치 단위이다. 고용(취업)유발계수는 특정 재화를 10억 원 생산하기 위해 해당산업에 발생하는 직접적인 취업자 수 및 산업간 파급효과로 다른 산업에서 간접적으로 고용되는 취업자 수의 합이다. 직접적인 고용 효과만을 나타내는 취업계수를 보완한다.
150) 강원연구원 정책메모(육동한·김재진·이영주), 서울~양양 고속도로 시대 개막, 2017. 6. 16.

4 도로가 만들어 낸 일자리

가. 도로건설 단계 고용효과

건설산업 고용효과

도로가 건설되고 나면 각종 일자리가 생겨난다. 2000년대 들어 매년 15~22조 원의 도로 관련 예산을 투자하여 왔는데 여기에서 얼마나 많은 일자리를 만들어 왔을까? 도로를 건설하는 과정에 발생하는 고용에 대해서 알아보자. 도로산업은 공공재인 도로시설을 공급하고 공공서비스인 교통서비스를 제공한다. 도로교통분야 일자리는 도로시설을 만드는 건설업, 도로시설을 바탕으로 여객이나 화물을 실어 나르는 운송서비스업, 그리고 자동차나 부품을 만드는 제조업 등 2차 산업부터 4차 산업까지 여러 분야에 걸쳐 있다.

2015년 기준 전체 건설투자 206.2조 원에서 SOC 예산은 26.1조 원으로 12.7%를 차지하고 있다[151]. 전체 건설업 취업자는 182.3만 명이고 SOC 종사자는 12.7%인 23.15만 명을 차지한다. 합법 외국인 근로자는 전체 건설취업자의 2.72%인 4.95만 명이나 불법 근로자는 24.18만 명[152]이나 되어 통계 왜곡도 심하다. 2000~2016년 건설업 취업자 수는 12.2만 명 증가에 그쳐 타 산업에 비해 정체 상태에 있다. 건설 기술 인력은 36.9% 증가한 반면 건설 기능 인력이 3.9% 감소한 데에는 정보화와 기계화가 영향을 미친 것으로 보인다. 10억 원 당 고용유발계수는 10.2명으로 전 산업 평균 14.0명보다는 낮지만 제조업 부문보다는 높다. 기계화된 토목이 노동집약적인

---

151) 한국노동연구원, SOC 분야 고용영향 자체평가 개선방안 연구, 2016.
152) 한국산업인력공단(심규범 · 이의섭 · 김지혜 · 여경희), 2016년도 건설업 취업 동포 적정 규모 산정, 2015.

건축보다 고용유발계수가 낮은 것은 당연하다. 토목건설 내에서도 10억 원당 고용유발인원은 기타 건설 30.7명, 산업시설 건설 12.3명, 교통시설 건설 9.1명, 일반토목시설 건설 7.0명 순이다. 교통시설 건설에는 도로, 철도, 항만시설 건설이 포함된 것이다.

도로 건설은 노동집약적이며 다양한 전후방 연관 산업이 복합된 업무로 계획 및 설계, 건설하는 과정에 일자리가 필요하다. 도로 건설단계에서는 설계, 건설 등 직접적으로 고용되는 일자리가 생겨난다. 도로 건설 현장에 자재를 공급하고 지원하는 철근, 시멘트, IT, 식당 등 다른 분야에도 일자리가 생겨난다. 도로 이용단계에서는 자동차 정비소, 주유소, 휴게소, 유지관리, 요금징수, 경찰 등에서도 일자리가 생겨난다. 고속도로 인터체인지 주변에 공장, 놀이시설, 아웃렛, 물류창고가 들어서면서 여기에서 일하는 사람도 많아진다. 경제 용어로 고용유발 효과가 생겨나는 것이다. 과거에 경제가 어려울 때 이와 같은 경제적 효과 때문에 고속도로 건설과 같은 대형 프로젝트를 실시해왔다. 1930년대 미국 대공황 시기에 뉴딜 정책으로 대규모 인프라 사업을 추진한 것도 같은 맥락이다.

그런데, 요즘 건설사업이 예전만큼 일자리를 많이 만들어내지 못하는 것은 분명하다. 노동절약적 기술진보가 발생하면 적은 노동력 투입으로 많은 생산이 가능하여 노동생산성이 높아지나 고용계수나 고용유발계수는 반대로 떨어진다. 임금이 빠르게 상승하자 건설사업에서 장비를 기계화하고 업무를 정보화 하여 전보다 훨씬 적은 인원으로 사업을 수행한다. 공사현장에 가면 기능공은 찾기 어렵고 중장비만 돌아다닌다. 전산설계 도입으로 설계업무가 자동화되고 항공측량이나 GPS 측량으로 조사업무도 줄어들었다. 기술발전으로 생산자본이 노동력을 대체하게 된 것이다. 그나마 필요한 현장 근로자도 외국인 노동자가 대체하여 내국인 일자리 창출에 기여하는 능력이 더욱 떨어졌다. 한국은행[153]에서 발표하는 산업연관표 중 건설부문

---

153) 한국은행 경제통계시스템(http://ecos.bok.or.kr/).
154) 특정 재화를 10억 원 생산하기 위해 해당산업에 발생하는 직접적인 취업자 수 및 산업간 파급 효과로 다른 산업에서 간접적으로 고용되는 취업자 수의 합. 직접적인 고용 효과만을 나타내는 취업계수를 보완하기 위하여 한국은행에서 산업연관표를 이용하여 발표한다.

고용유발계수[154]를 보면, 교통시설건설 분야의 계수가 1985년 57.87에서 1990년 31.65로 대폭 감소하였고, 2000년 7.45, 2010년 7.9, 2014년 9.1로 하향 안정화 단계에 들어섰음을 알 수 있다.

전체산업의 평균 고용유발계수가 12.9명인 것과 비교하면 교통시설 건설을 통한 고용효과가 예전만 못할 뿐 아니라 산업 평균보다 낮다는 것을 알 수 있다. SOC 투자 금액을 늘리더라도 자동화, 기계화, 외국인 근로자 증가 등이 부(-)의 영향을 미쳐 고용효과가 점차 낮아지는 것이다.

한국노동연구원[155]에서 국토교통부, 농림부 등에서 수행한 중앙부처 29개 건설사업을 대상으로 가이드라인에 의해 산출한 결과 2017년 고용효과는 총 11.3만 명으로 재정지출 10억 원 당 10.2명의 고용효과가 있는 것으로 파악되었다.

도로 건설사업 고용 효과평가

2000년대 경제성장에도 불구하고 고용증대가 둔화되어 고용을 창출하기 위해서 고용영향평가제도가 도입되었고 2014년 하반기 예비타당성 조사부터 고용효과 분석을 도입하였다. 2013년에 이어 2016년 6월 PIMAC에서 재정투자사업 고용효과 분석을 위한 가이드라인을 제시하였다[156]. 고용효과는 고용유발 효과와 고용의 질 개선효과로 구분하여 분석·평가하도록 하고 있다. 건설기간 중 발생하는 고용유발 효과[157]는 사업 추진으로 발생하는 고용의 양으로 사업비를 바탕으로 지역 간 산업연관표(IRIO)를 사용하여 분석한다. 해당사업에서 추산한 고용유발 효과는 과거 5개년(2008~2012년) 간 수행된 예비타당성 조사 사업 고용유발 효과 평균 및 해당 사업 유형 평균과

---

155) 고용노동부 · KLI, 고용영향 자체평가 가이드라인, 2016. 4.
156) PIMAC 업무가이드라인, 재정투자사업평가의 고용효과 분석 반영, 2016. 6.
157) 인건비의 개념이 아닌 운영기간에 필요한 실제 인력으로 정규직과 사업 지원 서비스업 인력도 포함된다.

비교하도록 하고 있다. PIMAC 가이드라인에서 제시한 평가기준은 도로 3,838명, 철도 13,460명, 7,428명, 항만·공항 7,428명, 수자원 2,610명, 건축 등 1,813명이고, 전체 사업의 평균은 4,912명이다. 고용의 질 개선효과는 고용여건, 고용안전 등 7개 평가항목을 바탕으로 분석하도록 하고 있는데 여기에서 고용의 질까지 다루기에는 지면상 한계가 있다. 고용효과 분석 결과를 AHP에 반영하기 위해서 정책성 분석의 제2계층에 필수항목으로 신설하고 제3계층에 고용유발 효과와 고용의 질 개선효과를 신설하도록 하고 있다.

건설기간에 창출되는 고용유발 효과와 운영기간 직접고용효과는 별도로 고려하나 도로사업에서는 건설기간 고용유발 효과만 분석하는 것이 일반적이다. 보고서에서 제시되는 고용유발 효과분석 결과를 해석하는데 다음을 감안하여야 한다. 건설기간 동안 창출되는 고용효과는 본 사업의 건설이 완공되면 사라지는 일시적 고용이고, 운영기간 창출되는 직접 고용은 지속적이다. 도출된 고용인원은 실제 창출되는 총 고용인원이 아닌 고용효과 분석을 위한 고용인원이라는 것이다.

2016년 수행된 중부내륙고속도로(창녕-현풍) 확장사업(사업비 2,545억 원) 예비타당성 재조사에서 공사기간 동안 건설업, 제조업, 운수 및 보관업 등 창출되는 고용효과는 약 3,428명으로 추계하였다. 창출되는 고용의 질은 0.464로 전체 15개 산업 가운데 중간 정도인 8위이다.

2017년 수행된 호남고속도로(유성-회덕) 확장사업(사업비 1,400억 원) 예비타당성 조사에서는 약 750명의 고용효과가 도출되었고, 고용의 질도 중간 정도로 분석되었다.

고용효과를 파악하기 위해서는 직접·간접·유발 고용효과가 합산되어야 한다. 직접고용 효과는 사업비 가운데 인건비에 의해서, 간접고용 효과는 장비비·시설비·용역비에 의해서, 유발고용 효과는 임금지불에 따른 소비지출로 생겨나는 것이다. 고용노동연구원[158]에서 기존 산업연관표를 바탕으로 3년(2012~2014년)간의 피용자보수(직접고용보수/전체사업비) 평균치를 산정한 결과 24~31% 범위였다. 교통시설 건설업은 28%로 중간 수준이었다. 이상은 실제로 시행된 사업의 경험치에

---

158) 한국노동연구원, SOC 분야 고용영향 자체평가 개선방안 연구, 2016.

바탕을 둔 것이다. 직접고용은 인건비 비율에 사업비를 곱한 인건비 총액을 일인당 인건비로 나누어 추정한다. 후속과정을 통하여 유발고용과 간접고용을 추정한다.

장래의 사업은 어떨까? 도로 건설단계에서 인건비로 얼마나 지출되는지를 주변 건설 기술자들에게 탐문해 보았다.[159] 재료비:노무비:경비 비율이 대략 7:2:1이다. 이것은 견적서 금액이고 실제 집행되는 비용은 다를 것이다. 도로건설공사에서 예정가의 60~70%로 낙찰받은 공사는 공기를 줄여 인건비를 줄이던가, 재료비에서 빼야하니 부실로 이어지기 쉽다. 구조물 공사는 재료비가 빤하니 토공사에서 줄여야 한다. 인건비를 아껴야 하니 외국인 근로자를 채용하면서 내국인 고용은 줄어들고, 악순환은 끝이 없다. "싼 게 비지떡"이 되지 않도록 건설 사업도 제대로 값을 쳐 주어야 고용효과가 커지지 않을까?

나. 도로 운영단계 일자리

도로 운영단계 도로교통 분야 종사자[160]

한국자동차산업협회에서 통계청과 한국은행 자료를 바탕으로 2010년 기준 한국 자동차 제조와 관련 산업에 종사하는 인원이 국가 전체의 고용인원 가운데 7.3%인 175만 명이라고 발표하였다. 여기에서 납부하는 연 세금만 해도 38조로 국가 세수의 16%라는 것이다. 자동차 제조부문 종사자 28.65만 명은 완성차 제조 9.13만 명, 자동차 부품제조업 19.53만 명으로 구분된다. 생산자재 부문과 자동차판매·정비 부문에 각각 10.88만 명과, 23.10만 명이 종사하며, 도로부문과 직접 관련된 산업인 유통부문과 운수이용부문에 31.38만 명과 80.90만 명이 종사하고 있다. 이 발표

---

159) 본서가 공식 통계치 이외에 경험이나 탐문을 통해 대강의 이야기를 풀어가는 부분도 있음을 참고한다.
160) 한국자동차산업협회 보도자료, 자동차고용, 10년간 28만 명 늘었다, 2012년 10월 18일.

자료는 자동차 산업을 중심으로 여기에서 파생된 산업에서 고용하고 있는 일자리를 조사한 것으로 도로분야도 관련 산업으로 보고 있다. 시간이 좀 경과한 자료이긴 하나 운수이용, 유통, 자동차판매·정비 분야로 구분하여 세부 업종별로 고용인원을 포괄적으로 파악하고 있어서 본격적인 논의에 앞서 참고하면 좋을 것이다.

도로 운영단계 산업별 직간접 고용인원(2010년)

분야	고용인원	세부 종사인원(만 명)
운수이용 부문	80.90만 명	여객운수업(42.45), 화물운송업(23.30), 유료도로운영업(1.46), 주차장업(1.69), 육상화물취급업(1.71), 자동차임대/폐차업(2.07), 정류장업(0.029), 화물중계/대리업(0.74)
유통 부문	31.38만 명	석유정제처리업(0.22), 주유소운영업(6.64), 윤활유제조업(0.06), 운전학원(0.86), 금융광고(1.43), 도로건설유지(17.84), 보험업(3.34), 교통경찰 등(1.00)
자동차판매 정비 부문	23.10만 명	자동차 판매(6.15), 자동차 수리업(12.63), 자동차부품/부속품판매(4.35)

주 : 자동차산업협회 보도 자료 내용에서 도로 관련 내용 중심으로 재구성

대중교통 운수분야 종사자

2015년 한국 운수업체 수는 379,431개소이며 고용자 수는 109.6만 명이다. 우리나라 버스, 택시 종사자에 관한 사항은 「여객자동차 운수사업법」에 의해 규정되어 있는데 「자동차취체규칙」(1915. 7), 「조선자동차교통사업령」(1933. 9), 「택시업취체령」(1948. 7)을 바탕으로 1962년 「자동차운수사업법」이 제정되었다. 동 법은 1997년 「여객자동차운수사업법」으로 전문 개정되어 2016년 최근 개정되었다. 여객자동차운송사업은 노선여객자동차 운송사업과 구역여객자동차운송사업, 수요응답형자동차운송사업으로 구분되고 있다. 노선여객에는 시내버스, 농어촌, 버스, 마을버스, 시외버스가 포함되고, 구역여객에는 전세버스, 특수여객, 일반택시, 개인택시가 포함된다.

2015년 말 기준 시내버스는 업체 수 335개, 노선 수 7,589개, 면허대수 31,259대로 집계되고 있다.[161] 종업원 수는 77,003명이 고용되어 있다. 공항버스는 13개 업체에서 68개 노선, 588대가 운영되고 있다. 시내버스 준공영제를 추진하고 있는 대도시들에서 시내버스업체들에게 지원하는 재정지원 금액은 서울특별시 2,511억 원, 부산광역시 1,263억 원, 대구광역시 1,030억 원, 인천광역시 571억 원, 광주광역시 580억 원, 대전광역시 383억 원 등 약 6,250억 원으로 집계되고 있다.

전세버스는 2015년 기준 1,923개 업체에서 46,360대를 운영하고 있으며 48,406명이 고용되어 있다. 1993년 10월 면허제에서 등록제로 전환 이후 업체 수 및 차량 등록대수는 꾸준히 증가하였다. 1993년과 대비해서 2015년 업체 수는 357.4%, 차량 대수는 451%가 증가한 것이다. 전세버스의 용도도 크게 변화하였는데 2003년에는 통근·통학운행이 33.7%, 관광 등 일반 전세운행이 66.3%였던 것이 2014년에는 통근·통학운행이 69.9%(31,923대)로 관광수요 대응을 크게 추월하게 되었다. 이는 기존 시내·시외버스의 운송수요를 급격하게 감소시키는 원인으로 작용하게 되어 업계 간 심각한 갈등을 촉발하게 되었다.

택시[162]는 2015년 254,548대(법인 89,933대, 개인 164,617대)로 1995년 205,835대보다 약 5만 대 증가하였다. 종사자는 280,254명(법인 115,639명, 개인 164,617명)으로 법인택시 비율이 계속 낮아지고 있다. 택시는 2012년 연간 36.9억 명을 수송하여 수송분담률 11.4%를 담당하고 있다. 1995년부터 2012년까지 수송실적은 25% 감소했으나, 면허대수는 24% 증가해 1일 대당 수송실적이 65.5명에서 39.6명으로 감소한 것이 가장 큰 문제이다. 민선 지자체장 출범(1995년) 이후 택시 수요가 감소하는 상황에서도 개인택시면허를 과도하게 발급한 결과 수요-공급 균형이 깨지게 된 것이다. 월 소득도 158만 원(법인택시)~180만 원(개인택시) 수준으로 시내버스(299만 원)와

---

161) 국토교통부, 국토교통통계연보, 2016.
162) 전국택시운송사업조합연합회 홈페이지에 의하면 2017년 8월 택시대수 253,205대, 종사자 수 273,295명으로 법인택시가 소폭 감소하였으나 2015년 말과 큰 변화가 없다.

시외버스(276만 원)보다 훨씬 낮은 수준이다. 결국 택시는 사양산업으로 공급과잉 → 운송적자·저소득 → 불친절 → 수요 감소라는 악순환을 겪고 있다. 사업자는 수익 악화로 운전자에게 비용 전가, 불법 도급제 등 비정상적이고 변칙적인 경영 중에 있다. 택시 승객 감소에는 올빼미 버스 등 대중교통서비스 개선, 대리운전 비용 인하 등이 영향을 미쳐왔고, 우버와 같은 차량 공유 서비스의 영향은 대단히 클 것으로 생각된다.

1980년대 강남 유흥업소를 중심으로 제한적으로 시작된 대리운전은 휴대전화의 보급으로 수요자 요구형 교통서비스로서 급격하게 규모가 확대되었다. 한국 대리운전 시장은 해마다 규모가 성장하고 있어 최신 통계치 구득이 쉽지 않다. 국토교통부[163]에서 2014년 기준 대리운전 업체 3,851개, 대리기사 수 8만 7,000명으로 추산한 바 있다. 1일 이용자가 47만 명이니 대리기사 1인이 하루 평균 5.5회 운행한 것이다. 2016년 카카오 대리운전 앱이 등장하여 콜 기반 시장과 경쟁하면서 시장이 확대되어 왔다. 2016년 11월 기준으로 최소 1조 원에서 최대 3조 원 규모[164]이며 업체 수는 8,300여 개, 대리기사 수는 11만 명 이상으로 추정된다. 시장규모가 커져가는 대리운전을 제대로 관리하기 위하여 대리운전 제도에 대한 입법 발의가 있었으나 아직 법제화되지는 못하고 있다. 가장 큰 이유가 대리운전보다 시장진입이 어려웠던 택시업계의 반발이다. 일본과 미국에서도 시장이 형성되고 중국에서도 베이징 등 대도시를 중심으로 폭발적인 성장세에 있다고 하니 무시할 수 없는 고용시장이 되고 있다.

최근 우버 택시 도입을 두고 택시업계와 첨예한 논쟁이 있었는데 택시업계 사정을 자세히 들여다보면 이해가 된다. 장기간 회사택시를 운전하며 어렵게 개인택시 면허를 얻었으나 과잉공급으로 수익률이 낮아진 마당에 여기에 편리한 모바일 서비스가 진입한다면 대리운전 못지않은 파괴적 결과가 우려되기 때문이다. 사양산업 종사자를 보호할 것인가, 소비자의 편의를 위해 새로운 서비스 도입을 법적으로 허용할 것인가를

---

163) 국토교통부, 자가용자동차 대리운전 실태조사 및 정책연구, 2014.
164) 산업연구원 산업경제(김천곤), 대리운전서비스 시장의 이슈와 과제, 2016.

놓고 정책당국의 고민이 깊어지고 있다. 뉴욕 맨해튼에 운행되는 엘로우캡(노란택시) 13,500대의 면허 가격이 50% 감소한 배경에는 우버 진입으로 인한 수입 감소가 있었다. 종합적으로 한국 육상 운수업계 종사자는 대중교통 종사자 109.5만 명에 대리운전 11만을 합하여 100만여 명 정도로 추산된다.

자동차 제조업과 부품제조업

도로분야에서 직접 생겨난 일자리라고 하긴 어렵지만 자동차 제조업은 도로와 밀접한 관계에 있다. 자동차 제조 강국치고 고속도로가 발달하지 않은 나라가 없으니 고속도로는 자동차 산업 발전의 필요조건이라 말할 수 있다. 독일 제3제국 시절 국가 경제를 부흥시키기 위해 빼어든 핵심 카드가 아우토반 건설과 자동차 산업으로서 이는 독일 산업의 근간이 되었고 미국 일본 프랑스 이태리 등도 이 전략을 채택하였다. 자동차 산업은 생산단계, 유통단계, 이용단계에서 수많은 산업이 관련되어 있다. 수도권, 영남권, 호남권, 충청권 등 전국적으로 관련 산업체가 분포하여 지역 일자리 창출효과도 크다.

자동차부품 제조업의 고용은 2009년과 2014년 사이에 연평균 6.0%의 성장을 기록하였다.[165] 2016년 통계에 의하면 완성차 일자리는 비슷한 반면 부품업체 종사자는 약 33만 명으로 늘어나고 부품업이 고용을 견인하고 있다. 완성차는 생산설비 자동화와 생산기지를 해외로 이전하여 고용인원이 9만여 명 수준에서 정체 상태인 것으로 보인다. 완성차는 한번 팔면 그만이지만, 부품은 자동차를 생산할 때 한번 그리고 자동차 생애 주기 과정에서 계속 필요하다. 해외에서 팔린 자동차에 국내에서 생산한 부품이 들어간다.

2016년 말 기준 자동차 운행을 지원하는 자동차 관리사업자는 총 4.3만 개소이다. 자동차 관리사업 종사자는 약 13.6만 명에 달한다. 세부적으로 정비업 96,720명, 매매업 36,079명, 폐차업 3,028명, 성능점검업 1,033명으로 집계되고 있다.

---

165) 한국고용정보원(권혜자, 공정승), 자동차 부품 제조업의 고용변화와 인력수요 전망, 2016.

교통산업은 교통시설건설업, 운송서비스업, 운송장비제조업으로 구성

한국교통연구원[166]에서 추계한 2012년 기준 교통산업의 산출액은 총 413조 원으로 GDP의 29.99%를 차지한다. 부문별로 운송장비 제조업[167]이 약 245.2조 원(17.80%), 화물운송서비스업이 59.1조 원(4.29%), 창고 및 운송보조서비스업이 40.9조 원(2.97%), 여객운송서비스업이 44.6조 원(3.24%)을 차지한다. 운송장비제조업을 제외한 교통시설 건설과 운송서비스업이 GDP에서 차지하는 비중이 12.2%를 차지하고 있다. 운송장비 제조업은 자동차, 철도차량, 선박, 항공기 제조업 및 부품 산업이 포함으로 도로(자동차)분야가 178.97조 원(73%)을 점유한다.

운송장비 제조 이외에 도로시설 건설업이 14.6조 원(1.06%), 여객운송서비스업이 19.5조 원(1.41%), 화물운송서비스업이 29.1조 원(2.11%)를 차지하고 있다. 2000년대 후반 들어 교통 SOC에 대한 투자가 답보상태에 이르면서 교통시설 건설업은 물론 운송서비스업의 산출액이나 유발효과가 함께 감소하는 것으로 분석되었다.

다. 도로분야 해외 진출

1965년 11월 현대건설이 541만 달러에 수주한 태국의 파타니-나라티왓(Pattani-Narathiwat) 고속도로(2차로 99.7km)는 우리나라에서 수주한 최초의 해외 건설 사업으로 기록된다. 고속도로를 깔아본 적도 없던 현대건설이 해외 업체들과 경쟁을

---

166) 한국교통연구원, 교통산업이 국민경제에 미치는 영향, 2016.
167) 자동차, 철도차량, 선박, 항공기 제조업 및 부품산업 포함으로 2012년 총 245.2조 원으로 GDP의 도로분야가 178.97조(73%) 점유하고 있다..

이기고 수주하였으나 건설장비 사용 미숙과 국내와 다른 공사 환경에 애를 먹은 것은 당연하였다. 골재가 비에 젖어 아스콘 배합에 사용이 어려워지자 정주영 회장의 아이디어로 골재를 철판에 올려놓고 구웠다는 일화도 전해진다. 국내 고속도로 경험도 없이 수주한 첫 해외공사라 갖은 시행착오를 겪으며 1968년 2월에 종료하였으나 결과적으로 처절한 수업료를 내야만 했다. 이 경험은 즉시 경인·경부고속도로 건설에서 리더십을 발휘하는데 바탕이 되었고, 뒤이어 찾아온 중동 건설 붐에 올라타는 동력이 되었다.

1973년 1차 오일쇼크와 1978년 2차 오일쇼크가 터지면서 위기에 빠진 한국경제를 구원한 것은 중동지역 건설공사였다. 1973년 10월 제4차 중동전쟁으로 촉발된 제1차 오일쇼크로 배럴당 2.9달러이던 두바이 원유 값이 1974년 1월에 11.6달러까지 올랐다. 경공업에서 에너지 수요가 많은 중화학공업으로 산업구조를 전환하던 대한민국 경제에는 재앙이었다. 1973년 3.5%이던 대한민국의 물가상승률은 1974년 24.8%로 수직 상승했고, 1973년 3억 달러이던 무역수지 적자가 1974년 20.2억 달러로 치솟았다. 환율도 21.9% 올랐으며 서울의 자가용 승용차도 5만 4천여 대에서 4만 5천여 대로 줄어들었다. 오일머니가 늘어난 중동에서 대형 플랜트와 국토인프라 사업 발주가 늘어났다. 당시 국내 GDP 대비 건설투자가 15%인 상황에서 시공경험을 충분히 축적한 국내 건설사들은 중동의 오일달러 획득을 향해 나갔다.

1973년 삼환기업이 사우디아라비아에서 2,406만 달러에 수주한 카이바-알룰라(Khaiba-Al Ula) 고속도로(2차로 163㎞) 공사가 중동지역에서 최초로 수주한 건설공사가 되었다. 1980년 이란-이라크 전쟁으로 30달러를 넘어선 유가는 1981년 정점인 39달러까지 올랐다[168]. 해외 건설수주액은 1981년 137억 원(건설 비중 35%)으로 정점에 다다랐는데 당시는 생산력 높은 저임금과 공사의 질이 경쟁력이었다.

---

168) 1981년 당시 원유 값의 인상은 한국경제에 1차 오일쇼크보다 더 큰 충격을 2년간 주었다. 1980년의 실질 성장률은 마이너스 -2.1%, 물가상승률은 28.7%, 원화환율상승률 36.5%였다. 2016~2017년도 유가는 미국 세일가스 개발로 30~60달러 사이인데 35년 전인 1981년 원유 값과 비슷한 수준이다. 물가상승률을 감안하면 1981년의 원유 값은 한국경제에 치명타였다.

1982년 현대건설이 당시 동양에서 가장 긴 다리인 말레이시아 페낭대교(7,598m)를 수주하였다. 최초로 해외에 진출하여 건설 수출을 선도한 도로분야였지만, 최근에는 수주액도 줄고 다른 분야의 성장으로 해외 수주액에서 차지하는 비중이 대폭 줄어들었다. 우리가 가진 시공기술력 등의 장점을 중국과 같은 후발주자가 잠식하면서 이제는 특수교량과 터널을 중심으로 수주가 변화하고 있다.

도로부문 해외 수주 추이

구분	1966~1975	1976~1985	1986~1995	1996~2005	2006~2015	합계
수주건수	61	223	140	135	256	33,669.9
수주액 (백만달러)	0.541	6.600	4.213	3.910	23.102	39,000

자료 : 도로교통협회 홈페이지(www.kra.or.kr)

도로부문 수주를 대륙별로 살펴보면[169] 1965~2013년간 아시아 52.8%, 중동지역 42.2%, 중남미 0.3%를 점유하여 아시아와 중동 지역에 집중되어 있다. 2020년에는 세계 건설시장의 46%를 아시아가 점유할 것이란 글로벌 인사이트의 전망대로라면 아시아 시장의 비중은 상당기간 지속될 전망이다.

2015년까지 전체 해외 건설 누계 수주금액(7,200억 달러) 중 도로 수주는 5.5%에 해당하는 390억 달러 수준이다. 그러나 2003년 0.2조 원에 불과하였던 해외 도로건설 수주액은 2007년 5.3조 원에 이르렀고, 2012년에도 5.3조 원을 수주하였다. SK건설은 2008년 수주한 터키 보스포러스 해저터널을 2016년 개통하였다. 현대건설은 2012년 쿠웨이트 자베르 코즈웨이 해상교량(총연장 36km) 공사, 2013년 터키 보스포루스 제3대교, 2014년 칠레 차카오 교량공사를 수주한 바 있다. 2017년 대림산업·SK건설 컨소시엄은 세계 최장 현수교인 터키 다르다넬스 해협 현수교(가칭 1915차나칼레교, 주경간장 2,023m) BOT사업을 수주하였다. 싱가포르 해안 고속도로와 복층형

---

169) 해외건설협회 해외건설종합정보서비스(www.icak.or.kr).

고속도로 역시 국내 건설사가 연속해서 수주하고 있다. 이와 같이 2010년대에 해외 장대교량 건설과 지하고속도로 등에서 국내 건설사들이 좋은 수주실적을 보이는 데에는 그동안 국내에서 장대교량, 지하도로, 민자도로와 같은 고난도 사업에 참여경험이 축적되면서 충분한 시공실적과 경험, 그리고 파이낸싱 능력까지 갖추었기 때문으로 생각된다.

5　도로 비용

가. 총 교통비용

2014년 총 교통비용

2천만 대가 넘는 자동차를 포함하여 국민이 지출하는 교통비용이 얼마나 되는지 알아보자. 총 교통비용은 여객·화물 수송 활동에서 발생하는 직·간접적 비용만 아니라 혼잡, 교통사고, 환경피해를 모두 포함한다. 내부비용은 시장가격에 반영되어 개인과 기업이 직접 지불하는 비용이고, 외부비용은 시장가격에 반영되지 못한 비용이다. 국토교통부 종합교통업무편람에 제시된 2014년 한국의 총 교통비용[170]은 172.12조 원이다. 세부적으로 보면 중앙정부 투자 18.07조 원(도로 8.39조 원)과 민간비용 78.53조 원은 내부비용이다.

외부비용은 도로교통혼잡비용 32.38조 원, 교통사고비용 41.96조 원, 교통환경비용 33.56조 원 등이다. 여기서 도로 이외 시설투자비인 정부비용 10조 원과 기타 교통수단 교통사고 비용 0.2조 원 정도를 빼면 거의 대부분인 94%(162조 원)가 도로에서

---

170) 한국교통연구원, 2015년 국가교통조사 및 DB 구축사업, 2016.

발생하는 비용이다. 어떤 항목을 포함하고 산정기준을 어떻게 할 것인가에 따라 논란[171]의 여지도 있으며 도로분야로서는 꽤 억울한 면도 있어 보이니 세부 항목별로 정리해 보자.

총 교통비용 구성 및 2014년 추정치

(단위 : 조 원)

구분	내용	세부 내용
내부비용 (96.59)	정부비용 (18.07)	도로, 철도, 항공, 항만, 물류 (중앙정부 SOC 투자액) (도로 부문 중앙정부 지출 8.39)
	민간비용 (78.52)	가구비용(68.43)
		기업비용: 화물수송비(10.01)
외부비용 (107.91)	교통혼잡비용 (31.38)	도로교통혼잡비용(32.38) : 도로에서 100% 발생
	교통사고비용 (41.97)	도로교통사고(41.76) : 도로에서 99% 발생
	교통환경비용 (33.56)	도로에서 100% 발생 - 대기오염(14.23), 온실가스(15.22), 소음(4.12)

주 : 종합교통업무편람(2017) 교통비용추정(2014), p. 538 요약

민간 비용

시장가격에 반영되어 당사자 개인이 직접 지출하는 민간비용 78.2조 원은 가구비용 68.43조 원과 기업 화물수송비 10.01조 원으로 구분되어 있다. 가구비용은 차량을 구입하고 운영하는 비용과 대중교통에 지출한 비용으로 개인비용이라고도 한다. 기업비용은 화물에 대한 물류비 항목 중 화물수송비만을 포함한 것으로 우리가 알고 있는 물류비용의 일부이다. 민간비용에 대해서는 비교적 근거가 명확하니 추가적인 논의를 하지 않는다.

---

171) 2009년도 총 국가교통비용은 215조 원으로 산정한 바 있으며, 세부 내용이 2014년과 일부 다름을 확인할 수 있다.

정부 비용

도로 관련 정부비용은 정부에서 도로분야에 지출한 비용이다. 총 교통비용에서는 2014년 도로에 투자한 중앙정부 지출을 8.39조 원으로 계상하고 있는데 여기에는 국도와 고속도로를 중심으로 건설비용과 유지관리비용 등이 모두 포함된 것이다. 외부 비용은 모든 도로에 대해서 계산하는 반면 내부 비용은 중앙정부 지출만을 반영하고 있어 전체 지출액을 알아보는 것이 좋겠다. 제3장 도로재원에서 파악한 대로 지방정부 예산 6.6조 원과 한국도로공사와 민간의 고속도로 건설 투자 2.9조 원, 그리고 한국도로공사 시설 및 유지관리비 등을 합치면 약 20조 원 정도가 될 것이다. 도로 업무에 종사하는 정부, 공공기관, 경찰 등도 넓은 의미의 공공비용으로 포함 가능하다는 생각이지만 한편으로 도로에서 만들어낸 직업이니 도로의 긍정적 효과로 다루어지기도 한다. 정부비용을 도로시설 건설비와 도로보수비로 구분하여 알아보자.

도로시설 건설비

한국교통연구원[172]의 자료를 바탕으로 시기별 도로 건설비를 어림잡아 보았다. 첫째, 1980~1990년 기간 중 총 19.2조 원이 투입되어 도로 연장이 11,829km 증가하였으니 평균 건설단가는 16.24억 원/km이었다. 둘째, 1990~2000년 기간에는 총 103.3조 원이 투입되어 도로 연장이 32,241km 증가하였으니 평균 건설단가는 32.03억 원/km이었다. 셋째, 2000~2012년 기간에는 총 209.9조 원이 투입되어 도로 연장이 16,741km 증가하였으니 평균 건설단가는 125.3억 원/km이었다.

이상과 같이 평균 건설단가가 급하게 상승한 데에는 2가지가 영향을 미쳤다고 생각된다. 첫째, 인플레이션의 영향이다. 2010년을 기준으로 소비자물가지수에 의해

---

172) 한국교통연구원, 교통산업이 국민경제에 미치는 영향, 2016.

화폐가치의 변화를 계산해보면 1985년 0.342, 1995년 0.602, 2000년 0.782이다. 이 물가상승배수를 바탕으로 계산하면 기간별 평균 건설비는 1980년대 47.48억 원/km, 1990년대 49.12억 원/km, 2000년대 160.23억 원/km이다. 둘째, 도로의 고규격화로 평균 건설단가가 꾸준히 올라갔다. 도로 기하구조 최소설계기준이 상향되었고 2000년대 이후에는 환경, 안전, 경관 관련 비용 역시 영향을 미쳤다. 토지 가격 상승도 영향을 미치는데 도시부 도로에 대한 영향은 더욱 크다. 이상의 수치는 숲을 보기 위해 총괄적으로 평균을 내 본 것이니 경향을 이해하듯이 참고만 하기 바란다.

도로 건설비용을 좀 더 상세하게 알아보기 위해 도로업무편람을 찾아보았다. 2013~2015년 동안 신설된 왕복 4차로 고속도로 사업비용이 399억 원/km이고, 용지비는 41억 원/km(10.3%)이다. 고속도로 4개 차로를 확장(왕복 4/6차로를 왕복 8/10차로) 하는 비용은 311억 원/km이고, 용지비는 35억 원/km(11.2%)이다. 여기에는 IC와 JC, 교량, 터널 등 모든 공종을 평균한 것이다. 세부 공종별로 알아보면 왕복 4차로 고속도로 신설에 토공 262억 원/km, 교량 451억 원/km, 터널 246억 원/km가 들어간다. 터널이 교량은 물론 토공보다 건설단가가 싸다는 것은 놀라운 기술발전의 결과이다. 왜 최근에 지하도로 건설이 활발해지는지 이해가 될 것이다. 입체교차로는 연결로가 포함되니 공사비가 비싸다. 가장 기초적인 트럼펫 IC가 304억 원/개이고 더블트럼펫 IC가 426억 원/개이다. 고속도로와 고속도로가 만나는 JC 건설비용은 660억 원/개소를 넘어간다. 이제 왜 민자고속도로에 JC가 잘 만들어지지 않는지 이해되었기 바란다.

마찬가지로 국도를 신설하는 비용은 215억 원/km(용지비 41억 원/km), 왕복 2차로를 왕복 4차로로 확장하는 비용은 130억 원/km(용지비 16억 원/km)이다. 국도 신설시 공종별로는 토공 165억 원/km, 교량 409억 원/km, 터널 224억 원/km이다.

15년 전으로 돌아가서 2001년 도로업무편람을 찾아보니 신설된 왕복 4차로 고속도로 신설 비용이 도시부 283억 원/km(용지비 43억 원/km)이고 지방부 190억 원/km(용지비 16억 원/km)이다. 왕복 4차로 국도를 신설하는 비용은 145억 원/km (용지비 25억 원), 왕복 2차로를 왕복 4차로로 확장하는 비용은 127억 원/km(용지비 17억 원/km)이다. 공종별로 유의미한 수치가 나오기 위해서는 충분한 건설실적이 누적되어야 한다. 현수교나 사장교와 같은 특수구조물이 포함되면 건설비가 대폭 상승하게 된다.

도로보수비

도로 건설산업은 '선 주문, 후 생산'이란 특징을 갖고 있어서 재고가 없고 주문자(관청)가 요구하는 수준에 따라서 성능과 미관 등이 결정된다. 품질 하자가 발생한 경우를 제외하고는 일정 기간마다 보수를 하여야 제 성능을 발휘한다. 생산 후 판매하는 일반 제조업과는 차이점이다.

도로 총 연장이 증가함에 따라 보수 예산 역시 해마다 늘어나는 추세이다. 도로보수비는 도로 신설, 확·포장과 교량/터널 신설 등을 제외하고, 도로포장 및 구조물 보수, 안전시설 설치와 보수, 위험구간 개선 등 유지보수 예산으로 시행한 사업을 말한다. 도로현황조서[173]에 집계된 2015년 도로보수비는 총 2.77조 원에 달한다. 도로보수비는 포장(7,604억 원), 구조물(7,466억 원), 안전시설(5,041억 원) 순으로 많은 비용이 집행되었다. 도로종류별로 고속도로 3,730억 원, 일반국도 1조 1,710억 원, 특별·광역시도 2,565억 원, 지방도 2,653억 원, 시도 3,724억 원, 군도 1,670억 원, 구도 1,647억 원이 집행되었다.

나. 교통사고비용

통합 DB에 따르면 2015년 1년 동안 발생한 교통사고는 1,141,925건으로[174] 4,621명이 사망하고 1,809,461명이 부상하였다. 통합 DB는 경찰, 보험사, 공제조합 등에서 보유하고 있는 교통사고 정보를 「교통안전법」에 의거, 표준양식으로 수집하여 중복된 사고를 제외하고 구축한 국가 도로교통사고 정보 데이터베이스이다.

---

173) 국토교통부, 도로현황조서, 2017.
174) 인적 피해를 수반한 교통사고 건수로 단순 물적피해 교통사고 건수는 포함되지 않았다.

도로교통공단[175]에서 발표한 2015년 교통사고 총비용은 28.57조 원으로 GDP의 약 1.8%에 해당한다. 인적피해비용이 17조 원(59.5%), 물적피해 10.23조 원(35.8%), 교통사고처리 행정기관비용 1.35조 원(4.7%)이다. 미래의 노동손실 상실분을 현재가치로 추계하는 총 생산손실법에 의하여 도로교통사고의 사회적 비용을 추계한 것이다.

한국교통연구원에서는 2015년 육·해·공 전 분야에서 발생한 총 교통사고비용[176]이 약 49.5조 원으로 GDP의 3.17%에 해당한다고 추계하였다. 이 가운데 도로교통사고비용이 약 49.2조 원으로 99%를 차지하고 있다. 총 교통사고비용을 2가지로 구분하여 물리적 비용은 총생산손실법, 심리적비용은 개인선호성산출방법에 의하여 산출하였다. 사상자의 물리적비용(의료비, 소득손실, 물적 피해 등)이 약 26조 원, 사고 당사자와 가족의 심리적비용(PGS: Pain, Grief & Suffering)은 약 23.5조 원에 이르고 있다.

동일한 통합 DB를 사용하여 추계한 결과이지만 두 기관에서 강조하여 발표한 수치가 크게 달라 보인다. 자세히 살펴보면 한국교통연구원 추계치에는 심리적 비용이 포함된 것이고, 물리적 손실비용만 고려하면 26조 원으로 도로교통공단의 추계치 28.57조 원과 유사하다. 물리적 비용을 계산하는데 양 기관 모두 동일한 종합DB를 대상으로 총생산손실법을 적용하였기 때문이다. 비슷한 결과를 두 기관에서 경쟁적으로 발표하여 혼선을 줄 필요가 있으며, 나아가서 심리적 비용까지 포함한 49.5조 원을 교통사고 비용으로 보는 것이 사회적 합의에 이른 것인지 궁금하다. 물론 자극적인 내용을 좋아하는 언론은 높은 수치를 선호한다. 총 교통비용에도 이 수치가 사용되고 예비타당성 조사에서도 PGS가 포함된 비용을 원단위로 사용한다. 교통사고로 막히는 도로에서 가슴을 졸이고 분노하는 시간이나, 대형 교통사고로 온 국민이 긴 기간 슬퍼하고 다투는 것까지도 비용으로 고려하는 시기가 오게 되지 않을까?

---

175) 도로교통공단, 2015도로교통사고비용의 추계와 평가, 2016.
176) KOTI, 2015년 교통사고 추정, 2016.

외부비용 가운데 혼잡비용과 교통환경비용은 도로가 초래한 사회적 비용을 계량화하는 것이지만, 교통사고비용에는 사고 당사자 등이 부담하는 지출 비용과 경제적 손실이 포함되니 혼잡·환경 비용과는 개념이 조금 다르다고 볼 수 있다. 도로의 외부비용 항목과 금액은 끝없이 늘어나고 있다. 교통사고 사망자수는 계속 줄어드는데 교통사고비용은 반대로 점차 늘어나고 있다. 소득 증가에 따른 생명 가치가 달라졌기 때문인데 1991년에 비해 현재의 교통사고 사망자 수는 1/3 수준이다. 부모 세대와 자식 세대 간의 목숨 가치가 다르지 않을 텐데 화폐가치를 감안한 추정치도 나왔으면 한다. 교통안전분야에 종사한 많은 사람들의 노력을 늘어나는 교통사고 비용으로 꺾고 있지는 않는지 고민이 필요하다.

다. 국가물류비용

놀라운 물류세상

종종 인터넷을 이용하여 책을 주문하는데 택배료를 아끼기 위해 5만 원어치 이상을 주문한다. 내용이 기대에 못 미치는 책에는 게으름의 대가를 치르기도 하지만 변두리 사무실까지 3일 내외에 배달해주는 매력 때문에 끊기가 어렵다. 얼마 전 미국 대학에 졸업증명서를 인터넷으로 신청한 적이 있다. 증명서 5통 발급비용 50달러에 배송 비용 50달러였다. 놀랍게도 단 5일 만에 내 손에 전달되기까지 얼마나 많은 중간 경유지와 교통수단을 거쳤을까? 아마도 미니애폴리스에서 두어 군데 경유지를 거쳐 시카고나 시애틀 공항에서 출발하는 전용 화물기에 태워져 인천공항에 내려놓으면, 또다시 몇 번의 배송과정을 거쳐 마지막으로 배달원이 전화를 해서 전달해 준 것이리라. 이 모든 것이 직접 비행기를 타지 않고, 현지 지인에게 부탁하는 수고도 없이 단 50달러의 배송비로 해결되었으니 얼마나 놀라운 물류 세상인가?

철도는 단위 거리당 수송비용이 도로에 비해 훨씬 낮음에도 불구하고 문전수송이란 벽 때문에 좀처럼 화물 수송점유율을 높이지 못하고 있다. 경제 고도화로 다품종 소량 생산이 특징인 현대사회에서 중앙 집중 방식으로 분산 방식을 이기기가 점점 어려워지는 것이다. 소득이 높아질수록 오가는 물건의 가치가 높아지기 마련이고 비싼 물건일수록 비용보다 속도가 중요해진다. 반도체와 같이 비싼 물건일수록 무게가 가벼운 경우가 종종 있는데 이 경우에는 속도와 함께 안전도 중요해진다. 국제 물류에서도 값비싼 전자부품은 선박보다는 항공기로 수송하는 것이 가장 빠르고 덤으로 안전하기 때문이다. 굳이 유럽까지 철도를 연결하려는 시도도 선박보다 비용이 싸서가 아니라 비행기보다는 싸면서 선박보다 빠르게 수송할 수 있는 화물의 수송기회를 찾기 위한 것이다. 현실적으로 모든 화물을 퀵서비스와 같이 문전에서 문전으로 보내기에는 비용이 너무 들어간다. 수송비용을 줄이면서 시간까지 단축하기 위해 물류업계는 터미널, 집배송센터, 정보시스템 등 온갖 창의적인 방법을 동원한다. 그 대가로 발신지에서 목적지까지 갈아타기를 여러 번 거듭해야 한다.

국가물류비용

국가 총비용에는 기업이 부담하는 수송비용만이 포함된다고 하였고, 이는 물류비용의 일부라고 하였으니 국가물류비용에 대해서도 알아보자. 물류는 경제활동 과정에서 일어나며 제품을 공간적으로 이동시켜 부가가치를 높인다. 원료 구득부터 제품 생산, 그리고 소비자에게 도착할 때까지 포장, 수송, 보관, 하역, 정보와 같은 각종 물류활동이 일어나며 비용 감소를 추구한다. 산업 경쟁이 치열해지자 더 이상 생산 제조비용만을 줄이는 것은 한계가 있어서 제품 흐름과 관련한 비용을 가능한 줄여야 경쟁력이 있는 것이다. 국가물류비[177]는 화물의 수송·보관·하역·정보·일반관리비

---

177) 국가물류비는 한국교통연구원에서 국가교통 DB, 운수업 통계조사 등을 근거로 2년마다 발표하는데, 물류비를 구성하는 각 비용부문에서 지출된 총지출 액의 합계로 산정한다.

등 국민경제의 물류활동 과정에서 발생한 총비용을 더한 것이다. 홍갑선[178]에 의하면 국가물류비는 이미 이윤이 포함된 것으로 물류부문에서 발생하는 모든 부가가치라는 개념에 가깝다.

국내 물류비[179]는 2001년 83.66조 원에서 2013년 145.81조 원으로 연평균 4.74%(명목가치기준)와 1.91%(실질가치기준) 씩 증가해 왔다. 국내 GDP에서 차지하는 비중도 2001년 12.16%에서 2008년 10.20%, 20013년 10.20%로 조금씩 낮아졌다. 국제물류까지 포함할 경우 2001년 104.60조 원에서 2013년 177.42조 원으로 연평균 4.50%(명목가치기준)와 1.59%(실질가치기준) 씩 증가하여 국내물류비보다 증가율이 약간 낮다. GDP 대비 비중은 2001년 15.20%에서 2008년 16.71%, 2013년 12.41%로 감소하였다. 물류비 절대 규모가 커져왔음에도 불구하고 GDP 대비 비중이 낮아지는 것은 GDP 규모가 더 빠르게 성장한 결과이다.

홍갑선에 의하면 이와 같이 국가 경제규모가 커져온 데 비례하여 국가물류비가 증가하는 것은 자연스러운 일이다. 전년과 비교해서 국가물류비가 증가하였다는 것은 경제활동이 활발했다는 증거이지 국가경쟁력이 약화되었다고 말하기 어렵다는 얘기다. 다만 국가 GDP에 비해서 물류비의 비중이 낮은 것이 더 효율적이라고 얘기할 수 있으니 한국의 국가물류비 구조가 선진국형으로 발전하고 있다고 말할 수 있을 것이다. 이는 교통 SOC의 확충과 물류시설 확대에 힘입은 것이다.

최근 추계된 2014년 국가물류비는 192.1조 원으로 GDP 대비 12.9%, 국내물류비는 162조 8,321억 원[180]으로 GDP 대비 10.96%를 차지하고 있다. 한국의 GDP 대비 국가물류비 비중은 중국(16.7%)보다는 낮지만 미국(8.08%)보다는 높은 편이다. 국민 1인당 GDP가 높을수록 국가 GDP 대비 국가물류비 비율이 낮은 경향이 발견된다. 산업구조나 국토구조가 비슷한 일본과 비교하여 한국의 국가물류비가 GDP 대비

---

178) 홍갑선, 교통정책 어떻게 볼 것인가, 북북서, 2007.
179) 국토교통부, 도로업무편람, 2016.
180) 한국교통연구원, 2014년 국가물류비 추이분석 및 전망, 2016. 중 국내물류비 기준임, 국제물류 포함시 192.1조 원.

높다는 것은 아직 우리 물류체계에 대한 개선과 추가 투자가 상당기간 지속되어야 한다는 것을 시사한다.

도로의 역할을 파악하기 위해 항공이나 해운으로 이루어지는 국제물류비를 제외한 국내 물류비로 범위를 좁혀서 이야기를 풀어보자. 구성요소별로 보면 수송비 115.195조 원(국제물류비 포함 시 145.195조 원), 재고유지관리비 34.323조 원, 포장비 3.56조 원, 하역비 2.998조 원, 물류정보관리비 6.022조 원이다. 물류활동 과정에서 포장, 물류정보관리, 수송, 재고유지관리, 하역 등 부가가치 활동이 일어나게 되는데 부가가치 비중(부가가치/물류비용)이 2008년 66.76%에서 2014년 93.9%로 증가하고 있다. TON당 단위 물류비는 2003년 65,362원에서 2014년 77,624원으로 증가하였다. TON-km당 단위 물류비는 2003년 596원에서 2014년 642원으로 증가하였다.

물류비가 지속적으로 늘어나는 첫 번째 이유는 해마다 물동량이 크게 늘어났기 때문이다. 우리나라 국내물류비에서 가장 큰 비중을 차지하는 것이 수송비로 2001년 58.2조 원에서 2013년 100.99조 원으로 연평균 4.69%씩 증가하고 있다. 수송비에서 도로분야 수송비는 2001년 56.2조 원(96.5%)에서 2013년 96.8조 원(95.8%)으로 연평균 4.64%씩 증가하고 있는데 도로의 비중이 95%를 넘어 사실상 국내 수송비의 증가는 도로수송비의 증가라고 해석이 가능하다. 수송비가 국내물류비에서 차지하는 비중도 2001년 67.2%에서 2013년 69.3%로 완만하게 증가하고 있다. 2001년부터 2013년까지 2010년 불변가격으로 환산할 때 단위수송비(원/톤-km)가 수운(연평균 3.98% 증가)을 제외한 도로, 철도, 항공 수단에서 각각 연평균 2.25%, 2.33%, 3.25%씩 감소하였다. 단위 가격이 감소하였음에도 불구하고 총 수송비가 증가한 것은 물동량 증가로 해석할 수밖에 없다.

2003년의 경우 수송비(국제화물수송비 포함)가 차지하는 비중이 미국 63.4%, 일본 67.1%, 한국 81.4%로 한국이 가장 높았다. 미국은 고속도로 통행료가 무료이고 유류비도 낮아서 수송비 관점에서 경쟁력이 높다고 판단된다. 소형 택배 물량이 대폭 늘어난 원인도 있다. 2015년 16억 박스이던 택배박스는 2016년 20억 개를 넘어섰다. 평균 운임이 2,400원이니 연간 5조 원 시장이 된 것이다. 물류비는 한편으로 국가경쟁력에서 비용이기도 하지만 한편으로는 물류부문이 국가경제에 대한 기여도를 나타내는 지표이기도 하다. 도로가 개통되어 통행거리와 통행시간이 짧아지면 수송비가 줄어들고 이는 결국 국가물류비를 낮추는데 기여한다.

물류에서 고려해야 할 2가지 요소는 문전에서 문전까지 이동하는데 걸리는 비용과 시간이다. 정부 차원에서 도로 수송 비중을 줄이려는 갖은 노력에도 불구하고 TON 기준 91.3%, TON-km 기준 75.9%를 도로가 수송하는 이유는 무엇일까? 한국에서 화물 1톤을 1km 옮기는 TON-km당 운송비는 화물차 319원, 철도 60원, 항공 196원이다. 요즘 같은 정보화시대에 소비자가 바보 같은 선택을 하는 이유를 화물차가 외부불경제 비용을 지불하지 않거나 잘못된 보조금 정책 등에서 찾으면 곤란하다. 문전에서 문전까지 도착하는데 지불하는 비용과 걸리는 시간까지 반영된 합리적인 선택의 결과라는 생각이다. 속도를 돈과 바꾼 것이다. 석탄, 시멘트, 항만 컨테이너와 같이 단위 무게 당 가치가 낮은 물건은 저렴한 운송비용이 중요하니 철도를 이용하되, 환적을 억제하기 위해서 생산지에서 공장까지 철도로 연결하여 문전수송을 추구한다. 그런데 국내에서 발생되는 다품종 소량 생산 화물 비중은 계속 늘어나 **빠른 문전배송** 시간이 중요하다. 가장 빠르게 전달할 수 있는 방법은 퀵서비스로 대표되는 직접 전달 서비스를 이용하는 것이다. 화물 발송지에서 목적지까지, 문전에서 문전까지 가장 빠른 경로로 단 한 번에 전달해 준다. 물론 비용이 가장 비싼 방법이긴 하지만, 어쨌든 비용과 시간을 바꾼 것이다.

한국에서는 전국 주요 거점별로 화물의 연계수송체계를 구축하고자 1994년 7월 수립된 「화물유통체제개선 기본계획」에 따라, 수도권·부산권·중부권·영남권·호남권 등 전국 5개 거점에 복합물류터미널과 내륙컨테이너기지로 구성된 내륙물류기지 건설을 추진하고 있다. 국내에서 대표적인 물류거점시설은 복합화물터미널, 유통단지, 일반화물터미널, 집배송단지, 농수산물물류센터 등이다. 이 가운데 복합화물터미널과 유통단지는 전국적인 네트워크를 구성하고 있다. 이와 같은 국가 차원의 물류시설 대부분은 너무나 당연하게 IC 주변 지역에 위치한다. 시간을 줄일 수 있기 때문이다.

라. 교통혼잡비용[181]

2013[182]년도 전국의 지역간 도로와 7대 도시 도로에서 발생한 교통혼잡비용은 총 31.4조 원으로 GDP 대비 2.20%에 해당한다. 이 가운데 지역간 도로에서 36.3%(11.4조 원), 도시부(7대 도시) 도로에서 63.7%(20.0조 원)가 발생하였다. 당연하게도 이동성 위주의 도로보다 접근성 위주의 도로에서 교통혼잡비용이 높고, 같은 이유로 대도시의 교통혼잡비용이 가장 높다. 2013년 교통혼잡비용 31.4조 원(GDP 대비 2.20%)을 2001년 교통혼잡비용 19.45조 원(GDP 대비 3.06%)과 비교하면 교통혼잡비용 총량은 1.6배 증가하였으나 GDP 대비 비중은 낮아졌다. 이는 교통혼잡비용이 GDP의 몇 %를 차지하니 도로에 투자해야 한다거나, 철도 투자를 강화해야 한다는 과거의 주장은 수정할 때가 되었다는 것을 시사한다.

지역 간 교통혼잡비용을 도로 유형별로 구분해보면 고속도로 3.39조 원, 국도 5.48조 원, 지방도 2.54조 원으로 국도에서 가장 많은 교통혼잡비용이 발생하고 있다. 그런데 2000년과 비교하여 2013년 교통혼잡비용은 고속도로가 1.57배 증가한 반면, 국도는 1.07배, 지방도는 2.51배 늘어났다는 것은 무엇을 의미할까? 국도에 대한 투자가 잘 되어서 국도 혼잡이 억제되었다고 볼 수도 있지만, 상대적으로 지방도에 대한 투자가 부족하였다는 해석도 가능하다. 고속도로에도 많은 투자가 이루어져 용량이 크게 늘어났지만 소비자가 고속도로를 선호하여 그만큼 교통수요가 늘어났기 때문에 국도 혼잡이 악화되지 않았다는 해석 역시 가능하다. 세부적으로 살펴보면 지역균형발전 정책으로 전국 고속도로 연장은 늘어났지만 정작 수요가 많은 대도시 주변의 고속도로망에는 투자가 상대적으로 저조하여 고속도로 교통혼잡비용이 늘어났다는 해석도 가능하다. 지방도 교통혼잡비용 11.4조 원을 차종별로 분류해 보면 승용차가 6.09조 원으로 2000년보다 1.72배 증가한 반면 버스는 2.42조 원(0.97배 증가), 화물차 2.91조 원(1.29배 증가)을 점유한 것은 승용차 보유율 증가와 관련이 있을 것이다.

---

181) 도로업무편람 자료를 참고하였으나, 한국교통연구원에서 매년 교통혼잡비용 추이분석을 한다.
182) KTDB(www.ktdb.go.kr).

2013년도 대도시 교통혼잡비용 20.0조 원을 도시별로 구분해 보면 서울(8.41조), 부산(3.90조), 인천(2.78조), 대구(1.65조), 대전(1.22조), 광주(1.02조), 울산(6.17조) 순이다. 전년 대비 서울특별시 4.6%, 부산광역시 0.27%, 인천광역시 9.74%, 대구광역시 5.79%, 울산광역시 -0.13% 증가한 것으로 나타났으나, 해마다 변동 폭이 커서[183] 큰 의미를 부여하기보다는 장기적인 변화 추이가 더 신뢰성이 높다고 생각된다.

　그럼 교통혼잡을 어디까지 줄여야 할까? 교통혼잡은 꼭 나쁜 것인가? 그만큼 그 지역의 경제가 활성화되고 접근성이 좋아서 자동차가 몰리기 때문이니 마지막 혼잡까지 없애려고 과도한 비용을 투입할 필요는 없고 가능하지도 않다. 도시 경제가 파산한 미국 디트로이트시의 교통혼잡이 영에 가까워졌다고 해서 시장이 교통정책을 잘 집행한 것은 아니다. 교통혼잡의 유형에 따라서 처방도 달라져야 한다. 이동성과 접근성이 나빠서 생기는 혼잡은 병목지점을 개선하거나 우회도로를 만드는 등 도로용량을 늘려주면 된다. 반면에 이동성과 접근성이 좋아서 생기는 도심지 혼잡과 같은 곳에 대해서는 수요관리를 통해서 도로공간을 재구성할 필요가 있다. 사람과 대중교통에게 보다 많은 공간을 할애하여 접근성을 높이는 동시에 통과교통을 줄이고, 통과교통은 우회도로로 돌려야 한다. 인제~원통간 44번 국도는 서울양양고속도로가 개통하면서 이동성은 대폭 좋아졌지만 도로변 지역 경제는 엉망이 되어버렸다. 우회국도가 개설되면서 기존 도로망 주변 상권이 침체한 사례를 쉽게 찾아볼 수 있다. 과도한 교통혼잡은 제거해야 하지만, 일정 수준의 교통혼잡은 함께 살아야 할지도 모른다.

　외국과 마찬가지로 한국에서도 경제성장과 교통투자는 정비례의 관계에 있었다. 경제성장은 필연적으로 사람과 재화의 이동을 활발하게 하지만 혼잡이 과도해지면 경제가 효율적으로 작동하지 않는다. 우리나라의 경우 1980년대 황금성장기 시절 교통시설 투자에 소홀한 결과 1990년대에 혹독한 교통혼잡 대가를 치렀다. 교통시설 투자 없는 경제성장은 가능하지도 않지만 교통시설 투자를 열심히 한다고 경제성장이 담보되지는 않는다는 것도 사실이니 경제성장에 동조하는 적정 교통투자를 결정한다는

---

[183] 2012년에는 서울 5.0%, 부산 9.3%, 울산 9.8%가 증가하여 2013년 증가율과는 상당히 다름을 알 수 있다.

것은 참 어려운 일이다. 필요조건이긴 하지만 충분조건은 아닌 셈이다.

도로 종류별 자동차 이용현황[184]을 2015년 기준으로 알아보자. 도로 종류별로 하루에 통과하는 평균 자동차 대수는 고속도로 48,505대/일, 일반국도 12,651대/일, 지방도 5,732대/일이다. 같은 교통량이라도 주행속도가 빠를수록 총 주행 대/km가 높아지니 이를 감안한 주행 VKT(천대/km)를 비교해보면 된다. 도로 1km당 일평균 VKT(2013년)가 고속도로 48.5, 일반국도 12.6, 지방도 5.7이다[185]. 고속도로가 접근성은 가장 낮지만 이동성에 특화된 도로이기 때문인데, VKT 점유 비율로 보면 고속도로 46.2%, 국도 34.8%, 지방도 19.0%이다. 고속도로가 가장 짧은 연장에도 불구하고 전체 누적이용거리의 절반 가까이를 담당하고 있다는 이야기다.

마. 환경비용

2014년 국가 총 교통비용 가운데 대기오염비용 14.23조 원, 온실가스 배출비용 15.22조 원, 소음비용 4.12조 원이 도로에서 100% 발생한 것으로 추산하고 있다. 2000년대 후반 녹색성장이 한국경제를 구원할 희망으로 떠올랐다. 수송부문 특히 승용차가 에너지를 과도하게 사용한다 하여 다양한 승용차 억제책이 제안되었고 직접 유류를 사용하는 차량 소유자는 일종의 죄의식까지 가져야 했다. 2008년 리먼 사태로 시작된 경기 침체를 정부 주도로 극복하기 위해 경기부양을 실시하였다. 내수를 진작시키기 위한 것이었지만 이번에는 승용차 소비세를 감면시켜 승용차 구입을 장려하였다. 이후 경유와 휘발유가 적정 비중으로 팔리는 것이 정유회사에든 국가경제에는 도움이 되었는지 경유차의 비중이 슬슬 늘어나기 시작했다. 경유 신차 판매 비중이 50%를 넘어선 상황에서 2017년 봄 미세먼지가 심각해지자 정확한 인과관계도

---

184) 국토교통부, 2016도로교통량통계연보, 2016.
185) VKT를 km로 나누면 평균교통량이 나온다. 1km로 평균할 경우 동일한 수치가 나온다.

확인하지 않은 채 경유 요금을 올려야 한다는 주장이 나와 혼란을 겪기도 하였다. 자동차 시대가 가져온 대표적인 외부불경제인 대기오염과 온실가스 배출에 관한 정확한 수치는 확인하고 갈 일이다.

지난 10년(2004~2014년) 동안 한국에서 1년 동안 사용한 에너지 총량[186]은 1.67억 TOE(2004년)에서 2.14억 TOE(2014년)로 78% 늘었다. 대부분의 증가분은 산업분야(63.6%)에서 차지한 것으로 같은 기간 수송부분이 사용한 에너지 총량은 0.346억 TOE에서 0.355억 TOE로 2.6% 증가에 그쳤다. 수송부문에서 사용한 에너지 비중은 20.85%(2004년)에서 16.6%(2014년)로 감소하였다. 같은 기간 자동차 등록대수는 1,062만 대에서 1,575만 대로 증가하였으나 자동차 연비 개선과 평균 주행거리 감소가 영향을 미쳤다. 수송부문 에너지 가운데 육상 교통부문이 점유하는 비중은 2004년 80.0%에서 2014년 82.5%로 10년 동안 거의 변동이 없다. 요약하면 2014년 육상교통수단이 사용하는 에너지는 0.31억 TOE로 국가 전체에너지의 14.5%를 점유하고 있다는 것이다. 지난 10년 동안 자동차 대수가 늘어난 것을 감안하면 수송부문은 대중교통 확대, 자동차 연비 개선, 자동차 평균 주행거리 감소 등의 이유로 상당히 선방한 것으로 평가하고 싶다. 해외 주요국과 비교해도 인구밀도가 높은 한국의 교통부문 에너지 소비량 비중이 낮다. 땅이 넓은 미국은 국가에너지의 23.6%를 수송부문에서 사용하고 있다.

온실가스 배출량의 경우 2015년 도로분야에서 9천7백만 톤의 CO_2를 배출하여 수송부문 가운데 97.2%를 차지하고 있다 한다. 앞으로 전기자동차 비중이 늘어날 경우 에너지 사용량이 감소한다는 것보다는 친환경 에너지원의 비중이 늘어나는 것이고, 따라서 온실가스 배출량이 줄어드는 것으로 이해할 필요가 있다. 환경비용을 산출하는 구체적으로 방법까지 다루지는 않고 싶지만 아마도 전기차가 늘어나면 전기를 생산하는 발전소에서 배출하는 오염물질과 온실가스도 도로부문의 비용으로 환산하자고 할 것이 뻔하다.

---

[186] 국토교통부, 종합교통업무편람, 2017. 에너지경제연구원, 에너지통계연보, 2015. TOE(Ton of Oil Equivalent).

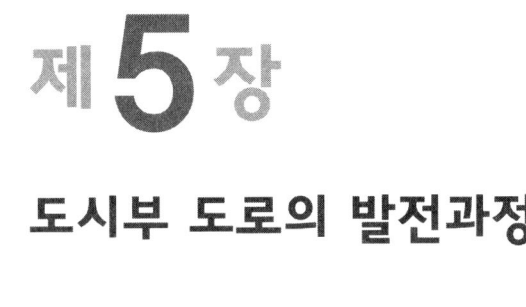

제 5 장

도시부 도로의 발전과정

제5장
도시부 도로의 발전과정

　지난 20세기 후반, 산업화 과정에서 한국 대도시들은 급속하게 팽창하였으나 2000년대 들어서면서 완만한 성장이 이루어지고 있다. 이 장에서 전국의 모든 대도시를 다룰 수는 없으니 수도권과 서울을 중심으로 지난 60년 도시화진행에 따른 교통 환경 변화를 넓게 들여다 본 다음, 도로분야로 좁혀서 주요 이슈들을 다루고자 한다. 서울은 도시 성장에 요구되는 기반 교통시설 공급과 운영정책 발전의 선두에 서서 다른 도시들을 선도하여 왔다. 지난 60년 간 압축 성장과정에서 수많은 갈등을 슬기롭게 극복해 왔으며 이는 지금도 현재 진행형이다. 서울은 인구 폭증으로 주택, 상하수도, 전력 등 모든 기반시설 부족에 시달렸다. 특히 교통수요의 증가와 통행거리 증가는 교통분야에 끊임없는 혁신을 요구하였다.

　도로의 생로병사를 추적하기 위해서는 도시공간 구조와 다른 교통시설과의 관계를 함께 들여다봐야 한다. 1950~1970년대에는 도시의 평면적 확산에 맞추어 도로도 수평적인 확산으로 대응하였다. 1980~1990년대에는 자동차의 폭발적 확산에 따라 도시고속도로로 대표되는 간선도로망 건설이 활발하였다. 1980년대 후반 수도권 팽창에 따른 광역교통 문제가 새롭게 대두되면서 순환도로망 건설을 통한 간선도로망 질을 개선하고자 하였다. 1990년대 들어 지하철망 완성을 계기로 대중교통중심도시로 전환을 모색하기 시작했고 적극적으로 승용차 이용을 억제하기 시작하였다. 2000년대 들어와서 지하철과 버스 위주로 대중교통 이용이 정착되자 대중교통 중심도시를 실현하기 위한 보행환경 개선이 주요과제가 되었다. 지상부 도로는 대중교통과 보행자에게 양보하는 대신 간선도로 확보는 지하도로로 방향을 잡았다.

1 수도권 도로망 형성과정

대도시 자동차 평균통행속도[187] 현황

자동차의 평균주행속도는 도시의 자동차 대수와 도로 공급량, 그리고 지하철 공급량 등 여러 변수에 영향을 받는다. 이 장에서 논의할 대도시 도로시설의 변화에 의해 영향을 받는 평균주행속도의 변화에 대해 알아보자. 2005년에서 2015년 전국 7대 도시에서 승용차 평균주행속도는 광주시에서만 32.6km/시에서 29.9km/시로 약간 낮아졌을 뿐, 다른 대도시[188]에서는 모두 빨라진 것으로 나타났다. 특히 부산시의 시간당 평균주행속도가 27.1km/시에서 36.7km/시로 가장 크게 개선된 것으로 나타났다. 버스의 속도는 모든 대도시에서 증가하였다. 대구시 버스 평균주행속도가 20.1km/시에서 30.4km/시로, 울산시 버스 평균주행속도는 24.4km/시에서 32.4km/시로 개선 폭이 가장 컸다. 2015년의 시간당 평균주행속도를 비교해보면 울산시에서 승용차와 버스가 각각 42.8km/시와 32.4km/시로 가장 높은 것으로 나타났다. 반면에 대전시는 승용차가 23.2km/시, 버스가 17.4km/시로 7개 대도시 가운데 평균주행속도가 가장 낮은 것으로 파악된다.

---

187) 통계청, e-나라지표 (http://www.index.go.kr/portal/stts), 광역시별 승용차 및 버스 평균주행속도.
188) 2005년 자료가 없는 인천시는 시대별 비교에서 제외한다.

대도시별 승용차 및 시내버스 평균 주행 속도 비교 (2005년, 2015년)

도시	2005년 속도(km/시)		2015년 속도(km/시)	
	승용차	버스	승용차	버스
서울	20.8	17.6	25.2	19.5
부산	27.1	24.1	36.7	28.5
대구	28.2	20.1	30.4	30.4
인천	-	-	24.8	31.0
광주	32.6	24.7	29.9	26.6
대전	22.6	17.0	23.2	17.4
울산	42.3	24.0	42.8	32.4

자료 : e-나라지표 광역시별 승용차 및 버스 평균주행속도

종합적으로 지난 10년(2005~2015년) 동안 한국 대도시에서 승용차와 버스의 평균주행속도는 꾸준하게 높아진 것으로 판단된다. 국토교통부 대도시권광역 교통 기본계획 변경(2013~2020년)[189]에서는 우리나라 대도시 평균주행속도를 2013년 36.4km/시에서 2020년까지 41.7km/시로 높일 것을 목표로 하고 있다. 이는 현재 37.4%인 대중교통분담률을 46.5%까지 높임으로써 달성될 전망이다. 자동차 통행수요 증가량 이상의 통행수요를 대중교통수단으로 전환시키려는 전략이라는 것을 알 수 있다. 한국교통연구원에서 추계한 2015년 도시별 교통혼잡비용은 서울시가 총 9.44조 원으로 6대 광역시 총 교통혼잡비용 총 11.86조 원에 근접하고 있다. 광역시별로는 부산(4.06조 원), 대구(1.77조 원), 인천(3.0조 원), 광주(1.06조 원), 대전(1.29조 원), 울산(0.67조 원)으로 나타나고 있다. 교통혼잡비용은 대체적으로 인구수에 비례하고 승용차 평균주행속도에 반비례하는데, 인천과 부산이 인구 대비 높은 교통혼잡비용을 치르고 있으며, 울산시가 가장 낮다는 점이 주목된다.

---

189) 국토교통부, 대도시권광역교통기본계획변경(2013~2020), 2014.

서울시 교통시설 현황

대한민국의 수도이자 인구가 가장 많은 서울특별시의 2016년 말 기준 인구는 1,019만 명(2017년), 행정구역 면적은 605.20㎢이다. 서울시에서 보유하고 있는 교통시설과 운영 현황[190]은 다음과 같다. 서울시 도로연장은 8,241km로 지난 40년간 연평균 약 1.1%씩 증가하여 왔다. 간선도로에 해당하는 광로(40m 이상) 연장이 235.2km, 대로(25~40m 미만) 연장이 725.3km를 차지하고 있다. 도로가 차지하는 면적은 84.88㎢로 도로율 22.66%에 해당한다. 여기서 도로율은 행정구역 면적에서 도로 면적이 차지하는 비율이 아니고, 시가화 면적(=행정구역 면적에서 공원, 하천, 녹지 등의 면적을 뺀 것)에서 도로 면적이 차지하는 비율을 나타내는 것이다. 참고로 철도용지 면적은 7.164㎢이다. 자전거도로 연장도 868.7km에 달한다.

2015년 서울시 도로 종류별 연장과 면적 현황

종류	분류기준	연장(km)	면적(㎢)
광로	40m 이상	235.2	10.608
대로	25~40m 미만	725.3	21.282
중로	12~25m 미만	901	15.047
소로	12m 미만	6,353.5	34.278
광장(93개소)	-		2.789

도로 위와 지하에는 가로수 30.6만 그루, 하수관거 10,615.7km, 상수관거 13,648.9km, 그리고 대부분의 도시철도 선로와 역사가 자리하고 있다. 2017년 5월 자동차 등록대수 310만 대 가운데 승용차와 화물차가 각각 262만 대와 34.3만 대를 점유하고 있다. 서울시 주차장 308,574개소에 확보된 주차면수는 총 3,983,291면으로 이 가운데 공영주차장이 202,676면(5%), 민영주차장이 3,780,615면(95%)을 차지한다.

---

190) 서울특별시 통계정보시스템(http://stat.seoul.go.kr).

다음은 각 교통수단별 분담률에 대해서 알아보자. 서울시에서 하루에 발생하는 총 3,269만(2014년) 통행 가운데 수단별로 승용차 22.8%, 버스 27.0%, 지하철·철도 39.0%, 택시 6.8%, 기타 4.4%를 분담하여 대중교통 분담률이 66.0% 수준이다. 이는 한국 대도시 가운데 압도적으로 높은 비율이다. 18년 전인 1996년에는 총 2,780만 통행 가운데 승용차 24.6%, 버스 30.1%, 지하철·철도 29.4%, 택시 10.4%, 기타 5.5%로 59.5%를 대중교통수단이 분담했다. 1996년에서 2014년까지 489만 통행이 늘어났지만, 버스·지하철·철도가 추가로 분담한 통행량은 503만 통행이나 된다. 늘어난 통행량보다 14만 통행이 더 많으니 서울시에서 증가한 통행량을 대부분 대중교통에서 흡수했다는 이야기가 된다. 이 기간 승용차 통행량은 683만에서 745만으로 비교적 소폭 증가하게 되었다. 그럼 오늘날의 서울시 도로교통 소통상황이 1998년에 비해 더 좋아졌다는 말인가? 천만의 말씀으로 통계의 착시이다. 이 기간 서울시를 왕래하는 경기도와 인천, 그러니까 수도권의 광역통행수요가 대폭 증가하였을 뿐 아니라 승용차 분담률도 높아서 서울시의 도로교통은 계속 악화되어 왔다. 서울시 교통문제는 광역적인 접근을 하지 않고는 해결의 실마리를 찾기가 어려워졌다. 서울시에서 2010년 발생한 지역 간 통행량[191]은 하루 342만 통행으로 이 중 81%에 해당하는 277만 통행이 경기도로 이동하였다.

그럼 300만여 대의 차량이 8,198km에 불과한 도로를 누비고 다니는데 얼마나 빨리 이동하고 있을까? 차종별 통행속도 조사(2015년)에 의하면 승용차 평균주행속도는 25.2km/시 (도심 17.9km/시, 외곽 25.4km/시), 버스는 19.5km/시로 나타나고 있다. 버스정류장에서 정차해야 하는 버스의 평균주행속도가 크게 나쁘지 않은 이유는 중앙버스전용차로(126km)와 버스환승센터의 확대 등 버스전용시설이 확대된 영향 때문이다. 시내버스 차량대수는 7,482대(2015년)로 2000년 8,551대에 비해 1,069대(12.5%)가 줄어들었다. 서울시에서 운영되는 도시철도 9개 노선 연장은 331.5km에 달하며 하루에 723.4만여 명(2015년)을 실어 나른다. 수송객수 기준으로 보면 베이징(934만 명), 도쿄(707만 명)와 맞먹는다. 총 연장 기준으로는

---

191) 국토교통부, 국토교통통계연보-국가교통조사, 2016.

베이징(460km), 런던(402km), 뉴욕(380km)에 이어 4위다. 그동안 서울 도시철도는 서울메트로(1~4호선)와 도시철도공사(5~8호선) 2개 회사로 운영되어 오다가 2017년 5월 31일 '서울교통공사'로 통합되었다. 한국 최대의 지방공기업이 된 서울교통공사는 총연장 300km, 운영 역수 277개, 보유차량 3,571량을 가지고 하루 평균 680만 명의 승객을 수송한다. 서울시메트로(9호선) 31.5km는 민간이 운영하는 도시철도이다. 여기에 분당선·신분당선·경의선·중앙선·공항철도·경춘선·의정부경전철 등 광역철도가 서울시계와 외곽을 연결하고 있다. 종합적으로 서울시계 내에서 지하철·광역철도가 하루에 실어 나르는 여객은 1,275만 명에 달하는 것으로 추산되는데 이는 총 통행량 3,269만 명의 39%에 해당한다.

2 서울시 도로교통 발전과정

가. 교통수단 변화

대중교통 주역은 전차에서 버스, 그리고 지하철로

서울시에서 1960년에 11,533대에 불과하던 자동차 대수는 버스와 택시를 중심으로 서서히 늘어나 1970년에는 60,422대에 이르렀다. 1950년대까지 서울시를 대표하는 대중교통수단인 노면전차는 기동성이 뛰어난 버스에 밀려 점차 쇠퇴하였다. 1965년에 서울시 교통수단별 수송분담률은 버스, 택시(합승포함), 전차가 각각 54.4%, 26.20%, 19.4%로 이미 버스가 대중교통수단의 선두에 있었다. 흥미로운 점은 그 당시 버스와 전차의 분담률 합계가 73.8%로 오히려 현재의 버스와 지하철·철도 합계분담률(66%)보다 높았다는 것이다. 1967년 신진자동차가 국산 버스를 생산하기 시작하여 버스 공급에도 탄력이 붙었다.

노면전차는 버스보다 느리고, 차량흐름을 방해하며, 승하차시 위험하다는 이유로 결국 1968년 11월 29일 운행이 중단되었다. 승객이 갑자기 늘어난 서울의 시내버스는 콩나물시루 버스가 되었다. 1974년 지하철 1호선이 개통되었으나 버스분담률은 73%까지 올라가 지배적인 교통수단으로 군림했다. 1984~1985년에 지하철 2·3·4호선 개통으로 1기 지하철이 완성되면서 지하철 수송분담률(1985년)은 16.5%로 올라섰다. 1990년대에 2기 지하철 5·6·7·8호선이 개통되자 지하철 수송분담률이 극적으로 높아지면서 버스분담률은 퇴조하기 시작한다. 1961년 도입되어 1970년대 중반 5만여 명에 달하던 버스안내원도 1989년을 마지막으로 사라졌다. 1998년에는 지하철과 버스의 수송분담률이 각각 30.8%와 29.4%로 비슷하게 되더니 지하철이 앞서나가기 시작했다. 현재는 지하철과 버스가 각각 35%와 27%를 분담하여 지하철이 대중교통의 중심이 되었다.

20년 동안 서울시 자동차 20배 증가한 후 광역교통화로 진행

이 기간에 서울시에 등록된 자동차 대수는 1970년 60,422대에서 1980년 20만 대, 1985년 45만 대(전국 100만 대), 1990년 120만 대로 늘어나 간선도로 곳곳이 막히게 되었다. 돌이켜 보면 60년대부터 현재까지 서울시 대중교통수단은 60~70% 수준의 분담률을 꾸준하게 유지하여 서울시 내부에서 증가한 교통수요가 도로에 가하는 압력을 안정적으로 흡수해 주었다. 서울시 도로에 큰 부담을 가한 악성 교통수요는 1980년대 후반 서울 외곽에 신도시들이 건설되면서 서울시계를 넘나들어야 했던 차량들이었다. 인구밀도 증가로 절대교통량이 늘어났을 뿐 아니라 통행길이까지 길어졌으니 기존 도로로는 감당할 수가 없었다. 서울시와 주변 신도시 간을 연결하는 광역도로망을 늘렸지만 개선된 도로시설은 또 다른 교통수요를 불러들여 도로시설을 다시 확장해야만 했다. 도로 공급만으로는 도저히 교통수요를 맞출 수 없다는 사실을 인지하고 승용차통행 감소정책도 실시하였지만 질 높은 대중교통시설을 공급하지 않는 한 승용차 수요를 전환시키기가 매우 어려웠다.

2014년 경기연구원 조사 결과 수도권 내 광역시·도간 하루통행량은 '서울↔경기↔인천' 533만 3천 통행, '경기↔서울↔인천'은 607만 3천 통행이라고 하니 수도권 인구 4~5인중 한명이 매일 광역시·도를 왕래하는 셈이다. 특히 출근시간대인 오전 6시부터 9시까지 경기도에서 서울로 향하는 통행량은 2010년 163만 명에서 2014년 175만 명으로 증가하였다. 결국 경기도와 인천시, 서울시 간 광역교통 문제를 해결하는 것이 국가적인 과제로 인식되어 '수도권광역교통청' 신설로 이어지게 되었다.

서울시 교통시설, 특히 간선도로는 아시안게임(1986년)과 서울올림픽(1988년)을 계기로 획기적으로 정비되게 되었는데, 이는 비슷한 대규모 국제 체육행사를 개최했던 외국 대도시들에서도 공통적으로 발견되는 현상이다. 1986년에는 서울의 동서를 연결하는 자동차전용 도시고속도로인 올림픽대로가 개통되었고, 동부간선도로 등 주요 간선도로가 본격적으로 정비되기 시작하였다. 1980년대 후반의 서울시 도로율은 약 19%로서 1970년대 약 11%에 비해 크게 증가했으나 늘어나는 자동차를 감당하기에는 역부족이었다. 가로망 확충사업을 대대적으로 실시했지만 도로시설 공급이 수요를 따라가지 못하면서 1990년대에 주요 간선도로의 교통체증은 더욱 더 심각해졌다. 도시고속도로, 순환도로, 한강교량, 신도시와 연결 고속도로망, 도시간선도로 확충 등 대형 도로사업이 계속 진행되었다.

지하철망이 확대된 1990년대에 들어서자 도심에 진입하는 차량을 억제하기 위해서 교통수요관리정책 도입으로 정책방향이 선회되기 시작했다. 건축물 소유자에 대한 교통유발부담금제도(1990년), 승용차 10부제(1995년) 실시, 남산 1,3호 터널 도심혼잡통행료(1996년) 도입 등이 대표적이다. 한강변 도시고속도로 확장과 내부순환로 건설 등 간선도로망 정비도 꾸준히 진행되었다.

2000년대에 들어서면서 환경, 에너지, 경제 등 다양한 분야에서 지속가능성을 높이는 것이 사회적 의제가 되었고 교통 분야에서도 이러한 개념이 도입되었다. 서울시에서는 교통수요관리정책의 강화, 대중교통체계 개편(2004년), 친환경 교통정책 수립(2008년), 보행환경 개선사업 등을 추진하였다. 보행/대중교통 중심으로 패러다임 변화가 이루어진 것이 2000년대 서울시 교통정책의 주요 특징이라 할 수 있다. 이러한 노력의 연장으로 고가도로를 철거하고, 대중교통전용지구 조성 등을 추진하였다. 서울시는 그동안 도심지로 차량이 빠르게 접근하는데 도움이 되었던 고가차도가 이제는 도시의 미관을 해치고 지역을 단절한다는 단점이 커져간다는 판단을 하고 상당수의 고가차도를 철거하였다. 2003년 서울 시내를 동서로 횡단하는 청계고가도로를 논란 끝에 철거한 것이 결과적으로 시민들의 호평을 받게 되면서 서울시에 있던 101개의 고가도로 가운데 18개의 고가도로가 2016년까지 철거되었다. 2017년에도 한남고가, 서울역 고가도로 등 8개가 철거되거나 보행로로 기능을 전환하는 등 고가도로 철거는 현재 진행형이다.

이와 같이 대규모의 변신을 거듭한 서울시 도로의 서비스수준은 얼마나 될까? 서울시의 2016년 차량통행속도 조사결과에 의하면 서울 시내 전체 도로의 시간당 평균통행속도는 24.2km/시로, 전년보다 1km/시 떨어졌다. 예상과 달리 도심 평균 통행속도가 19km/시로 1.1km/시 빨라진 것은 교통수요정책과 촛불집회 등으로 교통량이 전년도보다 2.8% 줄어들었기 때문이다. 도심과는 반대로 외곽도로·도시고속도로 통행속도는 계속 낮아졌다. 외곽도로 통행속도는 2015년보다 1.1km/시 낮아진 24.3km/시를 보였다. 도시고속도로 평균통행속도 역시 58.3km/시(2014년), 56.6km/시(2015년), 53.2km/시(2016년)로 해가 갈수록 꾸준히 느려지고 있다. 서울시 전체 평균통행속도가 감소한 주요 원인은 외곽지역 간선도로 교통혼잡으로 파악된다. 이 기간 서울시 인구는 꾸준히 줄어들었지만 수도권의 인구는 지속적으로 증가하여 장거리 광역교통 이동수요가 늘어난 것이 영향을 미친 것이다. 월요일 오전과 금요일 오후가 가장 막히는 이유는 출퇴근 통행이 집중된 데다가 주중에 지방에서 근무하는 사람들의 장거리 통행수요까지 더해지기 때문으로 짐작된다. 토요일 낮이 붐비는 이유는 주중에 이용을 자제했던 승용차 이용수요가 증가하기 때문이다.

지금까지 지난 60년 서울시의 교통여건 변화를 큰 틀에서 들여다봤는데, 다른 한국 대도시들에서도 약간의 시간차이는 있지만 비슷한 문제가 발생하였고 유사한 해결책을 시도하였다. 이제 도로시설 공급분야로 논의를 좁혀보자.

나. 도로의 변화

1960~1980년대 도시 성장에 따라 인구가 유입되고 승용차 대수가 늘어나 교통수요가 증가하자 서울시는 꾸준하게 도로를 확충해서 대응하였다. 서울시 도로 연장은 1960년 1,337km에서 2015년 8,222km로 6.15배 늘어났다. 같은 기간 자동차 대수는 11,411대에서 3,056,588대로 267.86배 늘어났다. 교통사고 역시 2,396건에서 40,792건으로 17배 늘어났다. 서울시의 도로가 가장 많이 늘어난 시기는 1965~1970년 사이로 5년 사이에 1,440km에서 5,292km로 3.7배 증가하였다. 이 시기에 도로연장이 집중적으로 늘어난 이유는 제3공화국 시기 돌격건설 방식으로 간선도로를 적극적으로 늘려갔고, 행정구역 확장으로 외곽도로 역시 크게 늘어났기 때문이다.

1970년대에 들어서도 택지개발지구 건설 등에 따라 많게는 한해 200km가 넘는 도로가 건설되었다. 1980년대에는 평균 100km/년, 1990년대에는 50km/년 수준으로 도로연장 증가속도가 둔화된 이유는 서울시의 도시개발 활동을 지원할 빈 땅이 더 이상 남아있지 않았기 때문이다. 요약하면 지난 40여년(1975~2013년) 동안 서울시의 도로연장은 연평균 약 1.1% 씩 늘어났고, 2016년 기준 총 연장 8,241km, 도로율 22.66%를 유지하고 있다. 도로연장이 늘어남과 동시에 도로포장률도 높아졌다. 1960년에 21.8%이던 것이 1975년에 50%를 넘어섰으며, 2000년에 89.4%, 2016년 도로포장률은 100%에 달한다.

다. 간선도로 확장

1960~1970년대 서울은 시역이 확대되고 인구와 차량이 빠르게 늘어남에 따라 도로의 정비와 확충도 빠른 속도로 진행되었다. 특히 '불도저 시장'이란 별명이 붙은 김현옥 제14대 서울시장(1966년 3월 31일~1970년 4월 15일 재임)은 "도시는

선이다"라는 구호를 앞세우고 도로 건설은 물론 각종 도시개발사업까지 의욕적으로 시행하였다. 1960년 244만 명이던 서울시의 인구는 1966년 379만 명으로 늘어났지만 주택·상하수도·전력·교통시설 등 모든 도시기반시설이 부족하였고, 특히 교통문제는 실로 심각하였다. 김현옥 시장이 부임한지 4일 만에 발표한 '서울특별시 교통난 완화책'에는 단기·중기·장기 계획이 포함되어 있다. 단기적으로 도로를 건설하고, 중기적으로 전차를 철거하며, 장기적으로 지하철을 건설하겠다는 것이었다.

1899년 11월 30일 아시아에서 두 번째로 건설되어 총 연장 46㎞까지 성장했던 서울시 노면전차는 1968년 11월 29일을 마지막으로 완전히 운행을 정지하게 되었다. 당시 국제적으로도 전차가 퇴역하는 추세였는데, 속도도 느렸고 차량이 노후화되었기 때문이다. 아직 전차를 대체할 만한 충분한 대중교통수단이 부족한 상황이었으나 지하철 건설을 위한 발전적 해체는 단지 시기의 문제였다. 장기대책에 포함된 지하철 1호선이 1974년 개통되었으니 전차 퇴역부터 지하철 출현까지 6년여의 공백이 있었다. 지하철 1호선은 가장 인기가 있던 초창기 전차경로(용산-남대문-종로-동대문-청량리)를 따라 건설되었다. 당시 여러 제약으로 전차가 달리던 노선의 땅을 파내고 지하철을 설치하는 개착식공법에 의존해야만 했으니 전차에서 지하철로 수단 교체까지 공백이 불가피하였다. 그렇다고 지하철 1개 노선이 전차의 모든 노선을 커버할 수는 없는 노릇이었다. 이 기간 대중교통서비스는 열악한 도로를 달리는 시내버스가 감당해야 했으니 콩나물시루 버스는 애교였고 지옥버스라도 타야만 했다. 1966년 3월 말 서울 인구를 수송할 교통수단은 승용차 1만 7,000대, 버스 1,370대, 노면전차가 전부였다. 강남·강북을 연결하는 한강교량은 제1한강교(현 한강대교), 제2한강교(현 양화대교), 광진교 3개뿐이었다. 간선도로 폭도 좁았지만 그나마도 주행속도가 20㎞/시 정도로 느리게 달리는 전차가 걸리적거렸다.

김현옥 시장의 단기 교통대책은 각종 도로시설을 건설하고 버스를 늘리겠다는 것이었다. 밀집된 도심의 도로망을 개선하는 것은 행정과 기술, 그리고 재정 측면에서 매우 어려운 도전이었다. 도심에서 외곽을 잇는 좁은 방사선 도로들이 짧은 기간에 넓은 간선도로로 확장되었다. 판잣집이 가득했던 청계천을 복개하여 광로를 만들고 그 위에 고가도로까지 올렸다. 태평로와 세종로도 광로로 확장되었다. 세종로지하도, 명동지하도, 사직·삼청 터널, 100개가 넘는 횡단육교, 남산 1·2호 터널 등 도로 입체화사업도 활발하게 시행되었다. 훗날 이 시기에 만들어졌던 대표적인 고가구조물인 삼각지로터리와 청계고가도로는 시대의 흐름에 따라 철거되었고, 서울역고가도로는 보행전용로로 변신하였다.

한강변을 동서로 연결하는 강변도로와 마포대교 건설도 이 시기에 시작하였으며 경부고속도로 개통에 맞추어 한남대교도 서둘러 완공되었다. 서울시사에 따르면 김시장 재임 기간 중 신설한 도로가 710㎞, 확장한 도로가 50㎞라고 정리하고 있는데 '한국도시 60년의 이야기'에서 손정목 선생은 김현옥 시장을 '도로시장'이라고 기억하고자 한다. 도로에 더해 여의도 윤중제, 세운상가, 한강종합개발 등 수많은 도시개발 사업까지 추진한 김현옥 서울시장을 서울 확장·개조기의 건설 CEO라고 부를 수도 있을 것이다. 나폴레옹3세 시절 프랑스 파리대개조 사업을 주도한 오스망 시장과 비교되는 건설시장이었다고 생각한다.

몇 개의 도로는 군사적인 동기로 추진되었다. 김신조를 비롯한 31명의 무장공비가 청와대 기습을 시도한 1·21사태(1968년) 이후 개발이 억제되었던 청와대 북쪽 지역을 개발할 필요가 있었다. 사직공원에서 자하문을 거쳐 청와대의 북쪽 북악산을 휘돌아가는 연장 10㎞의 산악도로가 불과 7개월 만에 만들어졌다. 방어 및 관광 목적으로 태어난 인왕스카이웨이(사직공원~인왕산~자하문, 2.3㎞)와 북악스카이웨이(자하문~돈암동, 7.7㎞)는 유료도로로 운영되었다. 이 길의 명칭은 1984년 인왕산길과 북악산길로 변경되어 오늘에 이른다. 이 때 폐쇄된 청와대 뒷산 북악산 산책로는 2009년이 되어서야 김신조루트 산책로로 시민들에게 개방되게 된다.

1968년 10월과 11월 2차례에 걸쳐 무장공비 120명이 울진·삼척지구 무장공비 침투사건을 일으켰다. 두 번의 무장공비 침투사건이 발생했던 다음 해인 1969년 3월 서울 요새화 계획이 발표되었다. 남산에 1·2호 터널을 굴착하여 교차지점에 대형 교통광장을 만들어 전시에 시민 30만 명을 수용하는 대피소로 활용하겠다는 구상이다. 1969년 4월 21일 한국신탁은행 자금으로 건설이 시작된 남산1호터널[192]과 2호터널은

---

192) 1994년 4차로로 확장되고 1995년 1.1일부로 통행료 징수가 폐지되었다가 1996년 11월 11일부터 혼잡통행료 명목으로 평일 요금을 징수한다.

김시장의 퇴임 이후인 1970년 8월 15일과 12월 4일에 각각 개통되어 유료로 운영되기 시작했으나 교통량이 적어 교통광장 건설계획은 백지화되었고, 1974년 서울시로 관리권을 넘기게 되었다. 이후 남산3호터널이 1978년 5월 1일 개통되게 되어 남산을 관통하는 터널은 총 3개가 되었다.

　1965년 총 연장 1,440㎞에 불과하던 도로는 1970년 5,292㎞로 5년 만에 3.7배 증가하였다. 1970년대 들어서 여의도와 강남이 개발되면서 서울시내의 도로연장은 크게 늘어나 1975년 5,769㎞, 1980년 6,610㎞에 달하였다.

라. 경부고속도로가 서울시 공간구조에 미친 영향

　경부고속도로는 1968년 2월 1일에 건설이 시작되어 1970년 7월 7일에 개통되었는데 건설과정과 이후에 서울시 도로교통시설과 공간구조에도 커다란 영향을 끼치게 되었다. 경부고속도로 시점은 지금의 한남대교 남단인데 문제는 서울시내에 도착하려면 한강을 건너고 남산을 지나야한다는 것이었다. 당시 지금의 서초구 구간인 말죽거리~한남대교 사이는 허허벌판이라 교통수요가 없었으니 서울 주요 지역과 연계도로를 만들어 주어야 경부고속도로가 제 기능을 발휘할 수 있었다. 결과적으로 경부고속도로 건설은 서울시 도로교통체계에 연쇄적으로 영향을 미치게 되었는데, 고속도로 용지 확보를 위한 영동지구개발, 한남대교와 남산1호터널, 강남고속터미널 이전과 남산3호터널, 그리고 강변도로 건설이 그것이다.

　당초 제3한강교(한남대교)가 착공된 것은 1966년 1월 19일 이었으니 경부고속도로 건설과는 인과관계가 없었던 것으로 보인다. 그보다는 유사시 한강 도강 용이나 아직은 불이 붙지 않은 강남 개발이 건설동기였다고 할 수 있다. 당초 너비 20m 왕복 4차로 교량으로 설계되어 김현옥 시장 재임 초기 기초공사 정도만 느리게 진행되고 있었다. 공사시작 3개월 만에 너비 26m 왕복 6차로로 설계변경 되었으나 예산이 제대로 확보되지 않아 공사는 지지부진하였다. 그러다가 1968년 2월 1일 경부고속도로 건설이 시작되자 상황이 급변하게 되었다. 경부고속도로가 개통되어도 서울시내와 연계도로가 마땅치 않은 것이다. 경부고속도로 서울~수원 구간은 1968년 12월 21일에 경인고속도로와 함께 개통된 상태였다. 1969년에 집중적으로 시비와 국비를 투입한 결과 1969년 12월 26일 공사가 완료되어 박정희 대통령이 개통테이프를 끊게 되었다. 남산1호터널도 1970년 8월 15일에 개통되어 서울시내에서 경부고속도로로 쾌속 연결이 가능하게 되었다. 타워호텔과 제3한강교를 잇는 너비 35m, 길이 1.8km 도로로 같은 날 준공되었다. 이렇게 태어난 제3한강교는 1985년[193] '한남대교'로 이름이 바뀌어졌고 몇 차례의 확장과 성능개량을 거쳐 오늘날 너비 51.2m 왕복 12차로란 거대한 다리가 되었다. 한남대교는 시작은 조용하였지만 경부고속도로 개통으로 주목을 받게 되었고 결국 한강에서 가장 큰 다리란 반열에 오르게 되었다. 강남개발을 촉진한 한남대교의 변천사는 서울개발 특히 강남개발 50년의 역사를 상징하고 있다. 가수 혜은이가 "강물은 흘러갑니다 제3한강교 밑을 …뚜룻뚜루뚜"라고 노래했던 '제3한강교'가 히트하던 1979년은 강남개발이 불붙던 시절이었다. 1960년에 250만 명이었던 서울의 인구가 1970년 550만 명, 1980년에는 836만 명으로 빠르게 늘어났으니 얼마나 많은 집과 상하수도, 교통시설 등이 건설되어야 했는지 상상하기조차 힘들다. 서울 주변에 신도시가 개발되기 이전인 1960년대 후반과 1970년대에는 서울시내의 시가화 면적을 확대시켜 유입인구를 수용하였다. 이 시기 대규모 택지를 확보하기 위해서 토지구획정리[194]와 한강변 공유수면매립[195] 방식이 동원되었다. 당시 미개발 상태이던 영등포의 동쪽 토지를 대상으로 1966년 영동 1·2지구 토지구획정리 계획이 발표되었다. 사업은 느리게 진행되었고 강북인구는 강남으로 이동하지 않았다. 그런데 경부고속도로 건설계획이

---

193) 한강종합개발계획을 하면서 한강상의 이름을 정리하는 과정에서 많은 한강교량 이름이 변경되었다.
194) 토지구획정리는 난개발지를 대상으로 공공에서 도로·공원·학교 등 공공시설을 건설하고 체비지를 확보한 다음 토지소유주에게 줄어든 토지(감보)를 돌려주는 방식이다.
195) 공유수면매립은 강변에 홍수방지용 제방을 건설하여 제방 안쪽에 생기는 공공 땅을 택지로 판매하는 방식이다.

발표되면서 제3한강교 남쪽에 길이 7.6km, 면적 9만 2천 평에 달하는 대규모 용지를 무상으로 확보해야만 했다. 경부고속도로 기공식 다음날인 1968년 2월 2일 313만 평에 달하는 영동1지구(1,273만㎡) 구획정리사업 시행공고가 내려지게 되었다. 1970년에 착수한 영동2지구(1,315만㎡)를 포함하여 영동지구 사업규모는 총 937만 평이나 된다. 오늘날 경제신분 상승의 종착지가 된 강남 일대 개발이 경부고속도로 건설과 함께 시작되었다는 사실은 기억할 필요가 있다.

고속도로 개통과 함께 고급 교통수단인 고속버스가 출현하게 되었다. 현재 강남구에 위치한 강남고속버스터미널[196]은 1976년 9월 1일 운영이 시작되었다. 그때까지 고속버스터미널은 동대문 등 강북 6개소에 흩어져 있었는데 교통부장관 행정명령으로 4월 22일(영업거리 200km 이상)과 7월 1일(영업거리 200km 이내)부로 강남고속버스터미널로 이전하도록 한 것이다. 문제는 이 일대가 전혀 개발되어 있지 않았고, 지하철 등 연계교통수단도 없었다는 것이다. 결국 도심에서 강남고속버스터미널을 최단거리로 연결하기 위해 잠수교와 남산3호터널이 1976년 7월 15일과 1978년 5월 1일에 각각 개통되었다. 40년 전 허허벌판 위에 세워진 강남고속버스터미널은 오늘날 지하철 3·7·9호선과 주요 간선도로가 연계되는 초대형 복합교통시설로 성장했다. 초기에는 경부고속도로 시점에 위치한 변두리 지역이었지만 이제는 고급 주거·업무 중심지로 부상하였다. 경부고속도로 양재~한남대교 구간도 도시고속도로화가 될 정도로 환경이 크게 바뀌었으니 터미널에 대한 변화의 압력도 거셀 수밖에 없다. 승용차 증가와 고속철도 개통으로 고속버스의 분담률이 크게 낮아지고, 주변 교통에 미치는 영향 때문에 종종 이전 논의가 제기되기도 하지만 중요한 광역교통시설의 입지결정은 치밀하게 다루어야 한다.

---

[196] 실질적으로 서울고속버스터미널(경부선, 영동선)과 센트럴시티(호남선)로 구분되어 있긴 하지만 합쳐서 강남터미널로 부른다.

3 대도시 도시고속도로 발전

가. 도시고속도로의 정의와 현황

　도시 광역화로 통행거리가 길어지게 되고 도시공간 구조도 다핵으로 개편되는 과정에서 공간구조의 골격을 이루는 간선도로는 크게 두 가지 방향으로 발전해 왔다. 첫째는 도시 중심과 외곽을 직접 연결하는 방사형 도로이고, 둘째는 도시 외곽을 연결하는 순환도로이다. 이런 유형의 간선도로는 용량도 높고 이동 속도도 빨라야 한다. 간선도로 중에서 신호등을 없애고 설계기준을 높여 많은 자동차가 고속으로 이동하도록 만든 도로가 도시고속도로이다. 도시고속도로란 용어는 널리 쓰이긴 하지만 「도로법」이나 도로계획도로에서 분류하는 도로의 종류에는 포함되지 않는다. 다만 「도로의 구조 및 시설에 관한 규칙」에서는 "고속도로 중 도시지역에 소재하는 고속도로는 도시고속도로로 한다." 하여 일반 고속국도와 기능과 위치에 따른 구분을 하고 있다. 도시고속도로는 도시 외곽에 위치한 지방지역 고속도로들을 서로 연결하거나, 도심지, 부도심지, 또는 도시 주요 교통유발시설들을 직접 연결시켜 도시 가로망 내부에 존재하는 통과교통량을 제거하는 기능을 수행한다. 도로의 물리적 형상은 일반 고속국도와 비슷하지만 인터체인지 간격이 짧고, 도시 내부에 위치하여 도시교통수요 특성을 가지고 있다.

　한국에서 다음 두 가지 유형의 도로를 도시고속도로라고 부를 수 있다. 첫 번째는 대도시 외곽에 건설되었던 지역간 고속도로 주변으로 도시화가 진행되면서 인터체인지 간격이 짧아지고, 단거리교통량 비중이 늘어난 경우이다. 경부고속도로 양재~한남대교 구간이나 호남고속도로 광주광역시 구간, 대구·대전·부산시 외곽의 오래된 고속도로 구간이 여기에 해당된다. 서울외곽순환고속도로도 계양~장수 구간 등이 도시고속도로화하고 있다고 보아야 한다. 두 번째는 올림픽대로나 내부순환로와 같이 당초부터 대도시 내부를 통과하도록 건설된 자동차전용도로[197]이면서 입체교차로를 통한 접근관리를 하고 있는 도로이다.

따라서 도시고속도로란 "도시지역에 위치한 자동차전용도로로서 접근관리를 통한 고속의 연속교통류처리를 목적으로 하는 도로"라고 정의할 수 있다. 우리나라 대도시(특별·광역시) 7곳에 지정된 자동차전용도로[198] 48개소 가운데 상당수를 도시고속도로라고 부르고 있음에도 불구하고 공식명칭에 도시고속도로란 단어가 포함된 곳은 단 3개소(갑천도시고속도로(대전), 서대구~성서 도시고속도로(대구), 도시고속도로중로1-323외2(대구)) 뿐이다.

우리나라에서는 대도시를 중심으로 여러 형태의 도시고속도로가 건설되어 왔다. 부산항 개항 101년이 되는 1977년 5월 23일 도시고속도로인 번영로(18.5km, 경부고속도로~부산항)가 착공되어 1980년 완공되었다. 사실 1969년 서울에 건설된 삼일고가로(청계고가로)도 기능적으로 도시고속도로라 할 수 있지만 이제는 사라져버렸다. 서울시에 건설된 초기 도시고속도로는 기존 도로 위에 고가도로를 건설하거나, 강이나 하천 제방을 따라 건설되었다. 새로운 도로부지가 별로 없었고 기존 시가지 도로교통으로부터 영향을 받지 않게 하기 위해서였다. 서울의 동부간선도로, 서부간선도로, 올림픽도로, 강변북로는 하천을 따라 건설된 반면, 청계천고가도로, 북부간선도로, 내부순환로는 기존 도로 위에 고가구조물 형태로 건설되었다. 이런 추세는 청계고가도로의 철거를 기점으로 변화하게 된다. 왕복 4차로 규모의 청계고가도로(5.65km)는 하루 10만여 대의 차량이 통행하는 간선 도시고속도로 기능을 수행하고 있었다. 하지만 도시고속도로로서 순기능보다는 반복적인 교통체증과 빈번한 교통사고, 자동차소음과 매연 등 주변 환경에 지속적인 악영향을 주는 역기능이 커지면서 도시민의 원성을 사게 되었다. 도시철도의 분담률이 늘어나자 결국 2003년 7월 1일 사라지는 운명을 맞이하게 되었고, 서울시 개발지를 통과하는 고가형태의 도시고속도로 건설은 더 이상 어렵게 되었다. 이후로 건설되는 강남순환로, 서부간선도로, 제물포로와 같은 도시고속도로 신설이나 개량사업은 대부분 지하도로 형태로 추진되게 된다.

---

197) 자동차전용도로이면서 평면교차로가 설치된 도로는 도시고속도로라고 부르지 않는다.
198) 2016년 6월 기준 전국 162개(1,692km) 도로구간이 자동차전용도로로 지정되어 있는데 이 가운데 특별·광역시도 48개소가 지정되었다(2016년 도로업무편람).

나. 서울시 도시고속도로

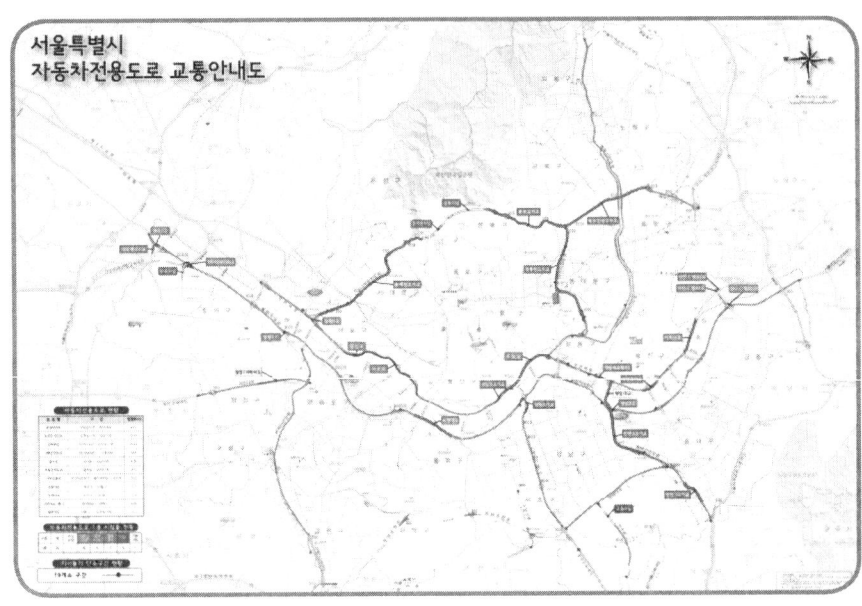

서울외곽순환고속도로 내부 도시고속도로망 (서울시 시설관리공단)

서울외곽순환고속도로 내부를 연결하는 서울시의 주요 도시고속도로는 내부순환로(30번)·서부간선도로·동부간선도로(61번)·북부간선도로·강변북로(70번)·올림픽대로(88번)·경부고속도로 시내구간·강남순환로(94번)이다. 재정이 취약하던 개발시대 초기에 하천제방을 따라 건설된 강변북로·올림픽대로·서부간선도로·동부간선도로 북부구간은 소득수준이 높아지면서 친수공간으로의 접근성을 제약한다는 불만이 높아갔다. 북부간선도로·내부순환로·동부간선로 한강 남부구간과 같이 기존 개발지를 통과하는 구간들은 주로 고가구조물로 건설되었다. 대표적인 고가형 도시고속도로인 내부순환로와 북부간선도로는 고건 서울시장이 관선시장 임기 때 착공하여 민선시장 임기 때 마무리 하였다. 가장 최근에 건설된 강남순환로는 이제 땅 위로는 물론 공중으로도 가지 못하여 지하에 건설되어야만 했는데, 여기에는 높아진 환경의식과 함께 경제적인 지하도로 건설기술이 발전한 것도 큰 몫을 차지한다고 보아야 한다.

서울시설공단에서 유지·관리하고 있는 자동차 전용도로는 11개 노선, 총 165.02km에 달하며, 여기에 민자도로인 강남순환도시고속도로 13.83km를 더하면 서울시 자동차전용도로(도시고속도로는) 연장은 총 178.85km가 된다.

강변도로와 강남도로

현재 왕복 8차로서 서울시 동서를 연결하는 최대의 간선도로인 올림픽대로와 강변북로는 태생이 동일한데, 강변도로가 그 모태이다. 강변도로는 홍수피해를 막기 위해 한강 남·북안에 건설한 너비 20m, 총연장 74.3km의 제방 위에 자동차 전용도로를 개설하는 것으로 시작되었다. 강변도로 건설을 가능하게 한 것은 1962년 시작한 한강개발사업으로 한강변에 제방을 쌓고 그 바깥을 매립하여 택지를 조성하는 공유수면 매립과 강변택지 조성 사업이 포함되었다. 1단계(1962~1971년)로 동부이촌동·서빙고동 지구부터 반포·압구정·구의·잠실 지구 등 총 19개소에서 약 396만㎡의 택지가 조성되었다. 2단계(1967~1976년)에 조성된 사업(348.4만㎡)에는 여의도 윤중제 축조(287만㎡), 중지 2도 개발(6.6만㎡), 그리고 강변 1·2로 건설(52.8만㎡)이 포함되었다. 한강제방과 그 위에 건설된 강변도로는 홍수피해와 교통난 완화에 크게 기여하였다. 한국 최초의 유료도로로 기록되는 강변1로는 제1한강교(한강대교)에서 여의도(현재의 노들로)까지 3.7km 구간에 1967년 3월 착공하여 1967년 9월 완공되었다. 영등포구 양화동에서 강동구 하일 IC까지 단계적으로 건설되었는데, 초기에 강변1로~강변5로라고 부르다가 한강 상류부터 강남1로~강남5로로 명칭이 변경(1972년 11월 27일)되었다. 5개 구간의 명칭은 1986년 3월에 강남로로 통합하였다가, 1986년 4월 29일 현재의 올림픽대로로 명칭이 변경되었다.

올림픽대로(서울특별시도 88번)

한강 남측의 동서방향 대동맥 올림픽대로는 연장 42.5km로서 서측(개화 IC)은 국도 제48호선 및 국도 제39호선, 벌말로, 김포한강로와 만나고, 동측(강일 IC)은 서울외곽순환고속도로와 교차하며 미사대로, 서울양양고속도로와 연결된다.

신호교차로가 있고 사고도 잦았던 기존 강남로(구 강변로) 구간을 개량하고 행주대교 남단까지 도로를 신설하여 김포국제공항과 연결하는 작업이 1982년부터 시작하여 1986년 5월까지 진행되었다. 1986년 아시안 게임과 1988년 하계 올림픽 참가자들을 김포공항에서 잠실 종합운동장까지 신속하게 수송한다는 취지로 올림픽대로라는 이름이 붙여졌다. 이 기간에 동작대교 상류 13.8km 구간(강동대교~동작대교)은 왕복 8차로 확장되었으나, 하류 22.2km 구간 (동작대교~행주대교)은 왕복 4차로만 신설되었다. 동작대교 IC에서 연결되는 기존 도로(강변남로[현충로~노들로]~공항대로)를 통해 김포국제공항까지 4차로 용량을 분배하려는 의도였고, 아직 교통량이 낮은 한강변에 장대교량 건설을 회피하자는 의지도 있었을 것이다. 하지만 자동차 대수가 급증하면서 올림픽대로 교통량이 몰려들었고 무엇보다 일산신도시 등 서부지역 개발로 장래교통량 역시 크게 늘어날 것으로 전망되었다. 결국 개통한지 2년도 되지 않은 1988년에 동작대교~행주대교의 하류 구간을 왕복 8차로로 넓히는 공사에 착수하여 5년 뒤인 1993년에 완공되었다. 길이 2,070m에 달하는 노량대교[199]도 이 때 건설되었다. 한강 상류 쪽 상습정체 구간인 반포대교-청담대교 구간은 2010년부터 왕복 10~12차로로 확장하는 공사를 시작해 2011년에 완료하였다. 강변북로에 비해서 올림픽대로는 대부분 제방 위에 건설되어 도로 폭과 곡선반경이 넉넉하였지만 동작대교~한강대교 구간만큼은 예외였다. 강변이 절벽이나 산지로 되어있어 제방을 만들 필요가 없었고 기존 강변도로인 현충로 및 노들길이 이미 자리를 차지하고 있었기 때문이다. 결국 이 구간의 도로용량은 노량대교 건설로 확보할 수밖에 없었다.

---

199) 한강을 횡단하지 않고 한강변을 따라 건설된 교량으로 1986년 5월에 왕복 4차로로 건설되었으며, 1993년 6월 8차로로 확장되었고, 현재 10차로로 운영되고 있다.

그럼 왜 이렇게 올림픽도로에 교통량이 집중되는 것일까? 첫째, 올림픽대로는 서울의 3대 도심 중 영등포와 강남을 직접 연결하며, 동쪽의 하남과 서쪽 일산·김포 양 끝단에서 개발이 지속되어 교통수요가 꾸준히 증가하고 있다. 둘째, 서부간선도로, 경부고속도로, 동부간선도로와 한강시민공원, 그리고 여러 개의 한강교량들이 짧은 간격으로 접속하고 있다. 셋째, 접속램프 길이가 충분하지 않고 진출입 통제도 제대로 이루어지지 않는다. 이와 같이 올림픽대로는 도시고속도로에서 발생 가능한 대부분의 문제점들이 모여 혼잡이 일상화되고, 올림픽대로와 연결도로 상호간에 영향을 미쳐 종종 거대한 면적의 도로망에 혼잡이 파급되기도 한다. 장마철에 가끔 침수되는 여의도 및 노량대교 구간은 동부간선도로와 함께 강변 제방 위에 자리한 도로의 숙명이다. 일부 한강교량을 통해 강변북로와 서로 여유 용량을 주고받기도 하고, 새로 개통된 강남순환고속도로로 교통수요를 전환시켜 가면서 근근이 버텨가고는 있다. 서울시에서 일부 구간 지하화를 포함한 용량확보 계획을 제시하고는 있지만, 서울의 동서를 최단거리로 연결한다는 매력 때문에 잠재수요 역시 대단히 높다. 당분간 혼잡을 면하기는 쉽지 않을 전망이다.

강변북로(서울특별시도 70번)

한강 북측의 동서방향 대동맥 강변북로는 총연장 28.5km로서 동쪽 광진구에서 시작하여 성동구·용산구·마포구를 거쳐 서쪽 경기도 고양시까지 연결되는 자동차전용도로이다. 대부분의 구간이 왕복 8차로이나 성산대교 북단에서 자유로 연결지점까지는 왕복 10차로이다. 1988년 9월 8일 강변1·2·3·5로를 통합하여 강변대로로 이름을 바꾸었다가 1997년 10월 14일 현재의 도로명으로 바꾸었다.

1969년부터 1972년까지 양화대교~잠실대교 북단 구간이 최초 개통되었고, 이후 1980년대에 천호대교 및 행주대교까지의 추가 구간이 연장되었다. 이 당시만 해도 강변북로는 왕복 4차로 너비였는데 고양시 및 난지도를 통과하는 행주대교~성산대교 구간과 용비교를 포함하는 한남대교~성수대교 구간은 왕복 2~3차로 규모로 건설되었다. 특히 한남대교~성수대교 구간의 경우 서울 중심 지역을 연결하는 구간임에도 산을 끼고 있고 건설비도 비싸 왕복 2차로로 건설되었고, 심지어 마포대교 및 한남대교 인근 교차로와 성수대교 북단 교차로에는 신호등까지 있었다. 1980년대 교통량이 급증하자 용량이 작은 강변북로에는 심각한 교통체증이 따라왔다. 결국 1989년 10월부터 가장 문제가 심각한 한남대교~성수대교 구간을 중심으로 확장공사에 들어갔다. 1993년에 왕복 2,3차로의 병목구간부터 우선적으로 왕복 4차로 확장을 완료하였고, 수차례 부분개통 끝에 약 8년만인 1997년 6월에 행주대교~천호대교 전구간이 왕복 8차로로 태어났다. 한남대교~성수대교 구간의 핵심 교량이었던 용비교는 붕괴위험 진단을 받아 결국 1996년 철거되었고 이후 왕복 4차로 신실(2003년 7월)을 거쳐 왕복6차로 확장(2015년 11월)이 완료되었다. 1999년 7월 잠두봉지하차도 개통으로 강변북로 하행선 교통과 절두산 성지 진출입 여건이 개선되었다. 2003년에는 기존의 아차산로가 담당하던 천호대교 동쪽 구간이 강동대교 및 구리시까지 왕복 6차로 규모로 연장 개통되면서 올림픽대로와 맞먹는 교통량을 처리하는 서울의 중추적인 도시고속도로로 발돋움했다.

강변북로를 왕복 4차로에서 8차로로 확장하는 과정에서 선형 개량보다 단순 확장에 의존한 이유는 주변에 여유 둔치부지가 적었기 때문이다. 결과적으로 급한 경사와 짧은 곡선구간이 여러 개 생겨나 올림픽대로 기하구조에는 못 미치는 실정이다. 또한 강변을 따라 서호교(4.85㎞)와 두모교(3.67㎞) 같이 긴 교량을 건설해야만 했다.

일산에서 구리 방향 구간에서는 잠수교와 동호대교를 제외한 대부분의 한강대교에 접근이 가능하지만 구리에서 일산방향 구간으로부터 직접 접근 가능한 교량 개수는 훨씬 적다. 특히 성수대교에서 한강대교까지 구간은 연결로가 전혀 없다. 왜 진행방향별로 접근성이 다른 도로가 만들어지게 되었을까? 올림픽대로에는 측도 기능을 수행하는 노들길이 나란히 있고, 주변 여유부지도 있어서 다양한 방식의 진출입로를 진행방향 오른쪽에 설치할 수 있었다. 반면에 측도나 여유부지가 제약된 강변북로에 제대로 된 진출입로를 만들려면 많은 돈을 들여야 하기 때문이다. 언젠가는 풀어야 할 숙제다.

일산에서 구리방향 진행시 성산대교, 원효대교, 동작대교, 반포대교 등과의 연결로가 중앙 1차로[200]에 설치된 것도 일관성에서 벗어난 것으로 극복해야 할 과제이다. 우측 연결로를 만들기에는 비용도 문제지만 한강을 건드려야 하니 쉬운 문제가 아니라는 것은 알지만 정상적인 설계는 아니다. 누구나 1차로는 추월차로라고 알고 있고 따라서 평균주행속도도 가장 높게 나타난다. 따라서 1차로에 진출입로가 연결되면 운전자에게 혼선을 주고 속도분산도 커지며 차로변경도 늘어난다. 속도가 빠른 1차로에 연결로의 혼잡이 파급되거나 급하게 끼어드는 차량이 늘어나면 혼잡은 다른 차로로 쉽게 확산되고 추돌사고 위험성도 높아진다. 구리방향에서 청담대교로 진입하는 차로도 우측이 아니라 좌측 1, 2차로이며 그것도 빠른 속도이니 혼돈하기 쉽다. 경험 많은 운전자는 중앙차로보다 우측차로 주행을 선호하는 등 도로여건에 적응해가고는 있지만 이것이 정상적인 배치는 아닌 만큼 적절한 시기에 바로잡을 필요가 있다. 강변북로 이용차량이 늘어나면서 진출입 연결로 근처에서 혼잡이 일상적으로 발생하는데, 청담대교에서 여의도 구간은 도심 접근 교통량이 집중되어 상습적으로 정체가 발생한다. 서울시에서 용산종합개발과 관련하여 강변북로 도로구조를 대폭 개선하겠다는 종합계획을 발표(2009년 12월 31일)한 바 있다. 양화대교~원효대교 4.9km 구간에 왕복 4차로 하저터널을 추가하여 본선 용량을 늘리는 것이 주요 내용이었다. 여기에 동작대교와 반포대교의 연결로를 개선하고, 성산대교, 원효대교, 동작대교, 반포대교의 강변북로 진출입로 위치를 현재 좌측에서 우측으로 변경하고자 하는 종합적인 구상이었지만 용산종합개발이 좌초하면서 무산되고 말았다.강변북로를 이용하는 버스도 꽤 많다. 고양시, 파주시에서 영등포, 여의도, 강남으로 가는 버스와 인천국제공항에서 강북방향으로 가는 장거리 버스들이 강변북로를 이용한다. 일반차량들과 뒤섞여 다니고는 있지만 언젠가는 버스전용차로/다인승전용차로제가 필요한 시기가 올 것이다. HOT[201] 차로제도 검토해 볼만한 대안이다.

---

200) 한국에서는 중앙선에 접한 차로가 1차로이고 길어깨 쪽으로 가면서 차로번호가 늘어난다. 반면에 미국에서는 길어깨에 접한 차로가 1차로이고 중앙선 쪽으로 가면서 차로번호가 늘어난다.
201) HOT(High Occupancy Toll) 다인승 전용 유료차로제.

동부간선도로(서울특별시도 제61호선)

　동부간선도로(32.53km)는 남쪽으로 성남 시계와 북쪽으로 의정부 시계까지 8개의 서울시 자치구를 연결하는 서울 동부권 핵심 도시고속도로이다. 동부간선도로는 남쪽과 북쪽으로 경기도 지자체 간선도로가 연결되어 수도권 동부 지역의 주요 진출입 통로가 되고 있다. 남쪽에서 분당수서고속화도로(25.34km)와 연결되어 있고, 북쪽 의정부 방향으로 수락지하차도부터 상촌 IC 구간이 2017년 1월 개통되었다. 청담대교 북부구간은 중랑천변 제방 위에 건설되었으며 청담대교 남부구간은 탄천을 따라 고가구조물로 건설되었다.

　안타깝지만 청담대교 북쪽 동부간선도로 14.5km(용비교~당현천 합류지점) 구간은 국토교통부로부터 철거요구를 받고 있다. 1989년 상계동에 대규모로 택지를 개발할 당시 간선도로를 확보하기 위해서 1994년까지 대체도로를 확보하는 조건으로 점용허가를 받았으나 아직까지 그대로 사용하고 있는 것이다. 하루 15만여 대의 차량이 왕래하는 동부간선도로의 평균속도는 24km/시에 불과하고, 집중호우 때 중랑천이 범람해 종종 침수되기도 한다. 이에 따라 동부간선도로 북부구간에 대한 입체화 논의가 계속 있어왔으며, 2017년 동부간선도로 지하화 사업계획이 발표되었다. 민관공영개발을 통하여 2026년까지 동부간선도로를 두 구간으로 나눠 지하화 하는데, 우선 노원구~강남구 삼성역 간 13.9km 구간 지하에 왕복 4~6차로 터널을 2023년까지 건설한다는 것이다. 깊이 40~60m 상·하 분리터널로 15인승 이하(3.5t 이하) 차량이 운행대상이다. 도시의 활력을 유지시켜주는 물류수송 차량들에게는 어떤 배려가 있을지 궁금하다.

내부순환로(서울특별시도 제30호선)

　내부순환로는 서울특별시 마포구 성산대교 북단에서 성동구 성수동 동부간선도로 분기점까지 연결하는 연장 22km, 왕복 6차로의 자동차전용도로이다. 우리가 내부순환로라고 부르지만 엄밀하게 이 구간은 반원형으로 순환도로의 일부이다.

강변북로와 동부간선도로 일부 구간과 합쳐져서 총 40.1km의 고리모양 순환도시 고속도로가 형성되는 것이다. 내부순환로의 서쪽 기점인 성산대교에서는 자유로, 강변북로, 그리고 서부간선도로와 연결된다. 월곡 IC에서 1·2차로는 내부순환도로 마장 램프 방향, 3·4차로는 북부간선도로로 연결된다.

내부순환로는 1990년 착공하여 1995년 성산대교~홍은동구간(5km)과 1998년 홍제동~하월곡동 구간(10.2km) 부분 개통을 거쳐 1999년 2월 1일 22km 전 구간이 개통되었다. 당시 서울시 최장 터널인 홍지문터널(1.8km)과 정릉터널을 제외하면 대부분 고가구조물로 건설되었다. 당초 청계램프를 통해 청계고가도로와도 연결되었으나 청계천 복원공사로 인해 2003년 7월 1일 연결로가 폐쇄·철거되었다. 내부순환로 내부에 위치한 간선도로 교통량은 대폭 줄어들었다. 내부순환로는 연희동, 가좌동, 홍제동, 미아동, 청량리 등 경기도 북부 지역에서 서울 도심을 진입하는 교통 거점을 통과하다 보니 혼잡도 자주 발생한다. 통과수요가 도로 용량을 초과한 구간도 있고 무엇보다 연결로에서 지체가 심하게 발생하였다. 대형교차로와 직접 접속되는 진출연결로 길이가 충분하지 않아 교차로 혼잡이 내부순환로 본선 교통흐름에 영향을 미치는 것이다.

강남순환로 (서울특별시도 제94호선)

강남순환로는 올림픽대로와 남부순환로의 교통수요를 분담해서 정체를 줄이기 위한 도시고속도로로서 서울시가 1994년부터 추진하였다. 강남순환로는 강북 내부순환로에 대응하여 한강 남부 지역을 순환하는 도시고속도로를 만들기 위해 구상되었다. 기존 서부간선도로와 강남순환로, 양재대로, 동부간선도로, 올림픽대로를 연결하면 강남지역을 순환하는 고리모양의 순환도시고속도로가 만들어지는 것이다. 강남순환로도 내부순환로와 마찬가지로 고리모양의 순환도로를 의미하는지 아니면 2016년 성산대교~소하 IC~수서 IC를 잇는 34.8km 구간을 의미하는지, 또는 민간투자사업 구간 13.8km를 의미하는지 혼돈스럽다. 아직은 고리모양의 순환기능이 약한 상태이니 이하에서는 34.8km 구간을 강남순환로로 부르기로 하자.

민간투자사업으로 추진된 강남순환로 1차 구간(5·6·7공구) 13.82km가 2016년 7월 3일 개통되었다. 1차 구간과 함께 잔여구간(금천구 독산동~소하 IC, 선암 TG~수서 IC)도 같은 날 임시 개통되어 강남순환로 전 구간이 사실상 연결된 것이다. 1차 구간은 공사 도중에 '남부간선도로'라고 불렸듯이 경기도 광명시 소하동에서 경기도 과천시 주암동까지를 동서로 연결하는 구간이다. 나들목 2개소(관악 IC, 사당 IC)와 요금소 2개소(금천 TG, 선암 TG)가 설치되어 있다. 광명시 소하 JC를 통하여 수원광명고속도로, 서부간선도로, 강남순환로가 연결되는 만큼 넓은 입체교차로가 만들어졌다. 1차구간은 주민피해와 자연환경 훼손을 줄이기 위해 사당 IC를 제외한 10.7km 구간이 터널로 시공되어 서울시를 대표하는 지하 도시고속도로가 되었다. 관악터널(4,834m), 봉천터널(3,221m), 서초터널(2,620m) 3개소와 지하차도 2개소로 구성되어 있는데 관악터널은 서울시 최장터널이란 기록을 가지게 되었다. 진출입용 전용차로가 추가된 봉천터널(8차로)을 제외하고는 왕복 6차로이다. 1차 구간에는 교통사고나 화재 피해를 줄이기 위해 방재시설 설치기준 1등급보다 강화된 시설을 설치하였다. 3개의 터널에는 CCTV(100m 간격)와 자동유고감지기(영상·레이더식)를 설치하여 교통상황을 모니터링 한다. 화재 피해를 줄이기 위해서 화재감지기, 소화전, 자동물분무기, 제트팬이 설치되었다. 긴급 상황에서 사람과 차량을 반대쪽 터널로 대피시키기 위해서 대인 200m, 차량 750m 간격으로 피난연락갱문을 설치하였다.

1구간 개통 이후로 금천구, 광명시, 안양시, 시흥시 지역의 강남접근성이 획기적으로 개선된 것은 사실이나 이 혜택은 교통 혼잡이 없는 시간대에 한정된다. 소하 JC에서 양재 IC까지 불과 10분 만에 도착한다면 통행료 3,200원이 아깝지 않다. 아쉽게도 혼잡시간대에 IC 출구에서 확산되어온 교통 정체가 지하도로 내부 통행속도에 영향을 미치고 추돌사고 위험도 높인다. 추가적으로 교통사고를 예방하기 위해서 최고제한속도 설정도 중요하지만 합리적으로 속도를 관리하는 방안이 도움이 될 것이다. 초기 70km/시로 설정된 최고제한속도를 2017년 80km/시로 상향시켰지만 위반차량이 많아 결과적으로 속도편차가 크게 나타나고 있다. 지점과속단속시스템에 더하여 구간과속단속시스템도 보완 설치될 필요가 있고 교통상황에 따라 가변속도제어 운영 대안도 검토해볼 수 있을 것이다.

1차 구간과 연결되는 양재대로와 2단계 서부간선로 11.6km 지하화가 완료되면 서울시 양평동에서 서울시 수서동까지 총 34.8km를 논스톱으로 잇게 된다. 1차 민자도로 구간 13.82km, 서부간선로 지하터널 민자구간 10.9km, 양재대로 중첩 입체화 구간 8.0km, 소하~금천 연결구간 2.5km이니 'ㄴ자 모양' 총 연장은 34.8km이다. 여기에 동부간선도로 수서 IC~청담대교 구간과 올림픽대로 청담대교~양평동 구간이 합쳐져 고리모양의 강남순환도시고속도로가 형성되는 것이다. 이렇게 되면 강북순환로와 강남순환로는 한강교량인 청담대교와 성산대교를 통하여 연결되니 크게는 8자모양의 2중 순환도시고속도로망이 형성되어 서울시계 내부 핵심 간선도로망으로서 입지를 굳건히 할 것으로 보인다. 이제 뭔가 이름을 바로잡아야 할 때가 되지 않았는가? 북쪽을 '강북순환로', 남쪽을 '강남순환로', 양쪽을 합쳐서 '서울내부순환로'라고 개념을 잡고 적절한 명칭을 찾을 것을 제안해 본다.

　서울시에 의하면, 소형차 기준 강남순환로의 1km당 요금은 258원으로, 타 민자도로인 용마터널(1km당 420원), 우면산터널(1km당 845원)보다 싸다고 한다. 그럼에도 선암영업소에서 금천영업소를 거쳐 수원광명고속도로를 경유할 경우 지불해야 하는 통행료는 일반승용차 기준 5,500원에 달한다. 특히 민간자본으로 건설되는 서부간선도로 지하화 구간의 통행료를 감안하면 앞으로 많은 교통량이 비싼 통행료 때문에 이 구간을 회피할 가능성도 있다. 성산대교에서 양재 IC까지 올림픽대로와 경부고속도로를 이용하면 무료이기 때문이다.

서부간선도로 (국도 제1호선)

　서울시 영등포구 성산대교 남단에서 금천구 독산동 금천 IC에 이르는 길이 9.8km, 너비 25~30m의 도시고속도로이다. 왕복 4~6차로 규모로 1987년 착공하여 1991년 완공되었다. 안양천변을 따라 개설된 도로여서 도로 명을 안양천로라고 부르다가, 1993년 7월 23일 지금의 도로 명으로 개칭되었다. 성산대교 남단에서 시흥대교에 이르는 10.8km 구간이었으나 경인고속도로 입구가 도로 시점이 되면서 연장이 단축되었다.

서울에서 광명·안양을 연결하는 짧은 구간임에도 서울시 주요 산업지역인 영등포구·구로구와, 양천구·광명시까지 목동교·오금교·금천교 등 10여 개의 진출입램프가 평균 1km마다 설치되어 있다. 대부분의 시간대에 정체가 발생하는 원인은 첫째, 성산대교와 서해안고속도로를 직접 연결하는 경로에 있기 때문에 장거리 통행수요가 많으며, 둘째, 단거리 이용 차량이 많아 차로변경이 잦기 때문이다. 화물차량도 많지만 차로 수는 왕복 4차로에 불과하다. 최근 강남순환로와 수원광명고속도로가 개통되면서 이제 서부간선도로가 복잡하지 않은 시간을 찾기가 어렵게 되었다.

서부간선도로 지하도로화 사업은 영등포구 양평동 성산대교 남단에서 서해안 고속도로와 연결되는 금천 IC까지 10.33km 구간에 양방향 4차로의 지하도로를 만드는 것이다. 2015년 3월 사업대상자로 시시울도시고속도로(주)가 선정되어 2020년을 목표로 공사가 진행되고 있다. 서부간선도로가 지하화 되면 기존의 지상 도로는 일반 도로화되며 안양천과 연결하여 친환경 공간으로 조성될 계획이라고 한다. 수원광명고속도로의 연장선인 광명서울고속도로가 개통되어야 서부간선도로를 이용하던 장거리 교통량이 상당수 전환될 전망이지만 광명시와의 갈등으로 공사가 늦어지고 있다.

다. 부산광역시 도시고속도로

교통 현황

부산광역시는, 전국 수출입 물동량을 처리하는 해운수송의 거점이자 한국 두 번째 대도시이다. 경부고속도로나 남해고속도로, 중앙고속도로 등을 통해 전국에서 컨테이너와 화물 차량이 집결하며 최근에는 관광수요도 급속하게 늘어나고 있다. 부산시의 인구는 1945년 28.1만 명에서 1965년 142만 명으로 5배나 늘어났고 2015년 인구는 351만 명에 자동차는 126만 대가 등록되어 있다. 6.25 전쟁 때 우발적으로 늘어난 인구와 이후의 도시화 과정에서 도시가 무질서하게 팽창한 것이 오늘날 교통문제의 주요 원인이 되었다. 1910년 부산진~동래 온천장간에 첫 전차가 다닌 이후 6.25 이후 인구가 급증하자 4개 노선(서면~운동장, 서면~온천장, 서면~충무동, 서면~영도)까지 늘어나 1960년대 중반 일평균 12만 명을 수송하였다. 1966년 1월 1일부터 운행이 중지[202]되고, 1968년 5월 20일 전차 선로를 완전히 철거하였다.

부산시의 최대 현안과제인 교통난을 해소하기 위해 2000년대에 집중적으로 도로·교통시설 부문에 투자하여 왔다. 2005년 교통수단 분담률은 승용차 28.3%(168만 명), 시내버스 27.6%(163.8만 명), 지하철 11.5%(68.7만 명), 택시 15.9%(94.4만 명), 기타 16.7%(99.2만 명)로 대중교통수단 분담률이 39.1%였다. 2015년[203]에는 하루 662.3만 명의 발생교통량을 승용차 32.7%(216.6만 명), 시내버스 25.9%(171.6만 명), 지하철 17.8%(117.8만 명), 택시 12.0%(79.5만 명), 기타 11.6%(76.8만 명)를 분담하였다. 지하철과 시내버스가 교통수요의 43.7%를 분담하고 있는데 2005년 39.1%, 2012년 42.3%와 비교하면 대중교통수단 분담률이 꾸준히 늘어나고 있다. 서울시의 지하철과 시내버스 분담률 66%와 비교하면 아직 낮지만 다른 광역시보다는 대중교통수단 분담률이 높다.

부산시의 최근 시내버스의 시간 당 평균주행속도는 31.2km(2012년)에서 28.9km(2015년), 27.1km(2016년)로 점차 낮아지고 있다. 승용차의 시간 당 평균주행속도도 42.0km(2012년)에서 38.5km(2015년), 35.8km(2016년)로 낮아지고 있다.

지리적으로 황령산, 장산, 금정산, 천마산, 백양산 등이 남북으로 갈라놓은 계곡을 따라 도시가 형성된 이유로 동서방향 도로망은 발달하지 못하고 남북 방향 도로망 위주로 발달하였다. 동서축 도로는 도로용량이 부족하여 혼잡하고, 남북축 도로는 교통수요가 많아서 막혔다. 인구가 밀집된 해안지역에 도로를 만들기는 아예

---

[202] 서울에서는 부산보다 3년 정도 늦은 1968년 11월 30일 전차운행이 중단되었으니, 교통 환경 변화에 적응하지 못한 전차의 퇴역은 예정된 것이었다.
[203] 부산광역시, 제55회 부산시 통계연보, 2017.

어려웠다. 효율이 좋은 격자형이나 방사환상형 도로망을 형성하기에는 지형이 커다란 장애물이었다. 부산은 해안매립지를 포함하여 30% 정도만이 평지여서 과거에는 해안선을 따라 간선도로가 형성되었다. 1991년 부산의 도로율은 13.6%로 서울 18.3%, 대구 14.6%, 인천 14.3% 등 6대 도시 중 도로율이 가장 낮았다. 2005년에는 19.49%로 올라섰으며 현재는 21.7%에 달한다. 1980년대 이후 동서 방향 도로와 순환도로를 확보하는데 역량을 집중한 부산시 노력의 결과이다. 그러나 2015년 교통혼잡 비용이 4조 618억 원으로 다른 광역시와 비교하여 인구당 혼잡비용이 높은 상태이다. 도로율이 별 차이가 없는데 혼잡비용이 높다는 것은 그만큼 도로망의 효율성이 낮다는 것을 시사한다.

지역간 고속도로와 연결된 도시고속도로

1970년 경부고속도로가, 1971년 남해고속도로가, 1981년 남해고속도로제2지선이 부산으로 연결되어 전국에서 부산항으로 이동하는 물동량이 증가하자 부산시내 도로교통은 새로운 국면을 맞게 된다. 이 고속도로들이 대부분 부산시 외곽에서 끝나면서 시가지를 통과하는 대형 화물차량은 시내 도로를 이용해야 했다. 도심지 도로혼잡이 점차 악화되면서 화물수송용 도시고속도로 필요성이 절실해졌다. 고속도로와 도시의 주요 목적지를 연결하는 여러 개의 도시고속도로가 번영로를 시작으로 활발하게 건설되었다. 남북으로 연결된 제1도시고속도로인 번영로(1980년)와 동서를 연결하는 제2도시고속도로인 동서고가로(1992년), 제3도시고속도로인 관문대로(2001년), 장산로, 정관산업로가 대표적이다. 산악지와 시가지를 번갈아 통과해야 했기 때문에 터널이나 고가도로가 많이 건설되었으며, 높은 공사비로 인해 부득이하게 유료화된 구간(광안대교, 백양터널, 수정산터널, 을숙도대교, 부산항대교, 거가대교)도 많다. 초창기에 건설된 도시고속도로들은 모두 부산의 외곽 지역과 항구를 연결하는 용도로 개설되었다. 최근 들어 도시 내부와 외곽을 고리모양으로 연결하는 순환도로까지 활발하게 건설되고 있어 부산시의 도로망에서 도시고속도로가 차지하는 비중은 빠르게 늘어나고 있다. 동해고속도로 부산~울산 구간이 2008년 12월 개통되었고 울산~포항 구간이 2015년 12월 개통되어 산업용 고속도로축도 완성되었다.

현재 부산에는 남북으로 경부고속도로, 중앙고속도로(부산~대구), 동해고속도로(부산~울산), 남해고속도로 제3지선이 연결되고, 동서방향으로 남해고속도로와 남해고속도로 제2지선이 연결되어 있다. 광역적으로는 2020년[204] 부산~김해축의 일교통량이 38.5만 대로 가장 높고 부산~양산축 20.9만 대, 울산~경주축 16.5만 대, 부산~울산축 16.1만 대로 전망되고 있다.

번영로(제1도시고속도로)는 경부고속도로 종점에서 부산항까지 남북을 연결하는 연장 부산의 최초 도시고속도로이다. 1972년 한국항만조사단이 부산항 개발로 늘어난 해상 운송 화물을 효율적으로 처리하기 위해서는 경부고속도로 종점 구서 IC와 연결되는 도시고속도로가 필요하다고 하였다. 공사기간 3년 5개월(1977년 5월~1980년 10월) 동안 총 560억 원을 투입하여 남구 남천동, 대영동을 거쳐 문현교차로까지 15.7km를 완성하였다. 금정구·동래구·수영구·남구·동구를 통과하며, 8개의 IC에서 부산의 주요 도로와 연결되며, 회동 JC에서 정관산업로와 연결된다. 터널 5개소와 방향별 휴게소 1개씩을 갖추었다. 2004년부터 전 구간이 무료화 되었지만 여전히 항만 물동량을 수송하며 도심교통량을 분산시켜 주고 있다.

동서고가도로(제2도시고속도로)는 부산항 3단계 개발에 따른 교통난 해소를 위해 남해고속도로 제2지선이 끝나는 낙동대교 문현교차로에서 감전 IC 간 10.9km를 연결한다. 1988년 4월 9일 착공하여 1992년 1월 9일 준공되었다. 대부분의 구간이 고가도로로 건설되었으며 항만물동량을 부마고속도로와 연계하여 가야로에 집중되는 교통량을 감소시켰다. 부산시 동서 간을 연결하는 대동맥으로 남구, 부산진구, 사상구를 통과한다. 동서고가로는 10개의 IC를 통해 주요 도로와 연결된다. 7부두 연결로에서는 부산항 순환도로를 이용해 감만동에서 부산역, 남포동 방향으로 연결된다. 낙동대교를 건너 거가대교와 서부산 방면 교통량이 지속적으로 증가하고 있다. 부산 시내를 통과하는 많은 교통량이 경부고속도로와 남해고속도로까지 최단거리로 연결되는 동서고가도로를 따라 움직이기 때문에 이 도로는 만성적인 지체에 시달리고 있다.

---

204) 국토교통부, 제3차대도시권 광역교통시행계획(2017~2020)(부산울산권), 2016.

관문대로(제3도시고속도로) 10.8㎞는 중앙고속도로가 끝나는 낙동강교에서 서부산 지역을 거쳐 부산항을 연결한다. 2010년 10월 완공된 민자터널로 유료인 백양터널과 수정터널을 뚫어 사상구·부산진구·동구를 연결한다. IC 6개소를 통해 주요 간선도로와 연결된다. 도심부에서 김해공항까지 가는 자동차도 많이 이용한다.

장산로는 동해안을 따라 조성된 국도 및 해운대로와 광안대로를 연결하는 도로로, 부산항 및 부산 도심부로의 접근성을 향상시킨다. 장산로는 해운대 신시가지의 외곽부를 통과하는 구간으로 장산 1터널, 장산 2터널, 장산 3터널이 있고, 우동 고가교와 좌동 지하차도가 조성되어 있다. 부산울산고속도로가 장산로에서 분기하는데, 동부산 지역의 개발과 부산울산고속도로 건설 및 센텀시티 개발 등으로 교통량이 증가하고 있다.

정관산업로는 정관지방산업단지 및 정관신도시의 건설로 동부산 지역으로의 접근성을 높이기 위해 건설된 도로이다. 번영로에서 회동 IC를 통해 연결되어 정관신도시까지 이어진다. IC 5개와 터널 2개가 있다. 정관 지역의 지속적인 개발과 기장~울산 간 접근성의 향상으로 지속적으로 교통량이 증가하고 있다.

부산항 컨테이너 물동량을 항만배후도로로 수송하기 위해 부산항 배후도로인 광안대로(7.42㎞)가 1995년 2월 9일 착공 2003년 1월 6일 준공되었다. 광안대로는 백양산터널, 수정터널과 함께 유료도로로 운영되고 있다. 부산항 순환도로의 한 축인 남항대교는 1997년 10월 착공 2008년 7월 준공되었고, 부산항대교는 2007년 4월 착공 2014년 4월 준공되었다. 광안대교에서 거가대교로 이어지는 부산해안순환로도 도시고속도로 기능을 가지고 있는데 이에 관한 자세한 사항은 순환도로 편에서 서술한다.

4 대도시 순환도로 확대

가. 대도시 순환도로 기능과 형성과정

순환도로는 도심을 우회하는 교통로 기능과, 순환도로변 공간 연결 기능, 도시공간 재배치 기능을 수행하여 효율적인 도로망을 만들어내는 이유로 현대 대도시 도로망의 핵심으로 자리하고 있다. 우리나라 대도시들의 초기 도로구조는 대부분 시청을 중심으로 방사형으로 발달하였기 때문에 도시가 급성장하는 시기에 도심으로 집중되는 교통량을 감당하는데 어려움이 많았다. 방사형 도로망에 순환도로를 개설하면 도심 통과교통량이 순환도로로 분산되어 도심 교통혼잡이 개선되고 순환도로 주변지역 물동량 수송도 개선된다. 무엇보다 도시가 팽창하던 시대에 순환도로변 미개발지에 신도시나 택지개발지구를 개발하여 주거문제도 해결할 수 있었다. 순환도로는 시점과 종점이 같아서 어느 방향으로 돌더라도 시작점으로 되돌아온다는 특징이 있다. 한국에서 법적인 도로명칭은 아니고 고리모양의 도로를 지칭하는 일반명사이다. 순환도로는 신호등이 있는 일반도로, 자동차전용도로, 고속국도 등 구성하는 도로 종류에 따라 여러 가지 이름으로 부르고 있다. 예를 들어 서울의 경우 남부순환로는 평면교차로가 있는 일반 간선도로이며, 내부순환로는 신호등이 없는 자동차전용도로(또는 고속화도로, 도시고속도로), 그리고 서울외곽순환고속도로는 고규격의 고속국도로 이루어져 있다. 고리모양으로서의 '서울 내부순환로'는 강변북로와 내부순환로, 그리고 동부간선도로의 일부 구간들이 합쳐져서 비로소 고리모양을 갖추게 되니 '내부순환도시고속도로' 라고 부르는 것이 명확할 것이다. 차제에 고속국도로 이루어진 설계속도 100km/시급 순환로는 '순환고속도로', 설계속도 80km/시급 자동차전용도로 순환로는 '순환도시고속도로', 그리고 설계속도 60km/시급 일반 순환로는 '일반순환도로' 라고 명칭을 통일할 것을 제안해 본다. 지금부터는 각종 고리모양의 도로를 '순환도로' 라고 개념 짓기로 하자. 순환도로가 도시 경계 내부에 위치하면 내부순환도로, 외부나 경계에 있으면 외곽순환도로로 확장하면 된다. 고속도로를 강조하고 싶으면 외곽(내부)순환고속도로라고 명칭을 확장하면 된다. 지역 이름까지 붙이려면 ○○외곽(내부)순환고속도로까지 확장시킬 수 있다.

2011년 수정된 우리나라 제2차도로정비기본계획(2011~2020년)에서 설정한 국가간선도로망의 목표는 7종-9횡-6순환을 의미하는 7×9+6R 계획으로 요약된다. 여기에서 6R이란 서울 2개, 부산, 대구, 대전, 광주 4개 광역시에 각각 1개씩 만들어지는 고규격 순환고속도로(ring expressway)를 의미한다. 인천과 울산에는 아직 국가간선도로 계획에 반영된 순환고속도로가 없지만 자체적으로 순환도로 건설을 준비하고 있다. 청주, 천안 등 많은 중규모 도시들에서도 순환도로 정비를 통하여 교통과 도시개발 공간 문제를 해결해가고 있다. 제1차고속도로 건설5개년계획(2016~2020년)에서 수도권제2순환(김포~파주, 파주~포천, 화도~양평, 양평~이천), 대구순환, 부산순환, 광주순환 등 7개 구간(186.7km)이 재정 계속사업으로 포함되어 있다.

우리나라 대도시 순환도로 현황 및 계획 (고속도로와 자동차 전용도로)

고속도로급 6개 순환고속도로	자동차전용도로급 순환도시고속도로	일반 순환도로
서울외곽순환고속도로 수도권제2순환고속도로 대전순환고속도로 대구외곽순환고속도로 부산외곽순환고속도로 광주외곽순환고속도로	서울 내부순환로 서울 강남순환로 부산 외부순환도로 부산 내부순환도로 광주 제2순환도로 대구 4순환로	서울 남부순환로 대구 1·2·3 순환로 광주 제1순환로

나. 서울시 순환도로

1960~1970년대에 형성된 서울의 1순환로는 서울역-독립문-사직터널-율곡로-돈화문-동대문-퇴계로-서울역을 일반도로로 연결하였지만, 더 이상 순환도로 기능을 수행하지 않는다. 남부순환로는 건설당시에 서울 남부지역의 동서구간을 빠르게 연결하자는 취지로 건설되어 일부 입체교차로도 건설되었지만, 현재는 신호등이 있는 일반도로이며 형태도 원이 아니라 선형이다. 강북지역을 감싸는 내부순환도로(1988~1998년)와 강남지역을 감싸는 강남순환로(2008~2017년)는 최고제한속도 80km/시로 운영되고 있는 순환도시고속도로이다.

서울외곽순환고속도로(1988~2007년)는 전체 구간이 왕복 8차로 규모로 건설되었고, 최고제한속도 100km/시로 운영되고 있는 한국 최대 규모의 순환고속도로이다. 판교-구리-퇴계원 간 왕복4차로 고속도로 건설을 시작으로 확장과 노선 연장을 거듭한 지 20년만인 2007년 12월에 전 구간(128km)이 완성되었다. 퇴계원~하남 JC(14.2km) 구간이 1999년, 일산~하남 JC(77.5km) 구간이 1999년, 마지막으로 민자 구간인 일산~퇴계원(36.3km)구간이 2007년 개통되었다.

과천신도시(1974~1985년) 개발을 시작으로 서울시 외곽 미개발지를 대상으로 신도시 개발이 확대되었다. 노태우 정부에서 추진한 주택 200만 호 개발 사업은 1989년 분당을 시작으로 수도권 5개 신도시(분당, 일산, 평촌, 산본, 중동)를 개발하는 것이었다. 서울외곽순환고속도로가 1988년 건설되기 시작되었지만 계획과 설계는 훨씬 이전에 시작되었던 것이니 당초 5개 신도시를 고려해서 도로가 계획된 것이라기보다는 순환도로를 따라 신도시 입지가 결정되었다고 보는 것이 타당하다. 반대로 당초 왕복 4차로 규모로 건설된 도로가 개통 이후에 바로 왕복 8차로로 확장공사에 들어간 데에는 후속으로 개발된 신도시들이 일부 영향을 미친 것으로 보인다. 결국 5개 신도시개발과 서울외곽순환고속도로 계획 간의 정합성이 높았다고 하기보다는 사후적으로 변화에 대응한 것으로 이해할 필요가 있다.

사실 제1기 신도시들은 서울로 향하는 방사형 전철노선(1·3·4호선, 분당선)과 일부 도시고속도로(분당~수서, 분당~내곡)를 따라 근린주구들을 배열한 선형도시의 개념으로 설계된 것이다. 애초부터 신도시 간을 연결하는 교통로에 대한 고려는 별로 없었던 것으로 보이나 서울외곽순환고속도로가 건설됨에 따라 1기 신도시들 상호간에 연결성이 높아지게 되었다. 외곽순환도로 없이 1기 신도시가 지금과 같이 성공적으로 자리잡기는 어려웠을 것이라고 생각한다. 결과적으로 서울외곽순환고속도로는 서울을 우회하는 고속교통로란 본래 기능을 충실하게 만족하고 있다. 여기에 더해서 순환도로변 도시개발 지원 기능, 그리고 순환도로변 도시들을 빠르게 연결하는 선형 간선 기능까지 후천적으로 가지게 되었다고 평가되는데, 순환고속도로 계획단계에서 여기까지 예상하기는 어려웠을 것이다.

현재 공사가 진행되고 있는 수도권 제2외곽순환고속도로를 따라서 동탄, 파주, 김포 등 대규모 제2기 신도시를 비롯한 수많은 택지개발이 진행되고 있다. 수도권 제2외곽순환고속도로의 건설효과를 보다 높이기 위해서는 서울외곽순환고속도로 경험에서 배웠듯이 도로 프로젝트 위주 계획보다는 도시개발과의 정합성을 높이는 비즈니스 계획으로 발전시키는 것이 필요하다. 예를 들자면 주요 도시를 통과하는 순환고속도로 구간은 접근교통용 측도를 함께 개설하되, 측도 건설비용은 도시개발 측에서 부담하는 방식을 채택한다면 통과교통과 접근교통 간 상충을 많이 완화할 수 있는 입체교차로 대안을 개발할 수 있다. 예컨대 통행료를 지불하는 장거리 이용차량이 통행료를 내지 않는 지역의 단거리 이용차량에 막혀 늘 혼잡하게 된 서울외곽순환고속도로 계양~장수 구간을 들 수 있다. 사실 이와 같은 접근방법은 대도시를 통과하는 고속도로/도시고속도로의 많은 곳에 적용 가능하지만, 도로건설과 택지개발 주체가 달라서 따로 시행되면서 결국 효율이 낮아지는 경우가 대부분이다.

총연장 235.8km로 서울외곽순환고속도로보다 두 배 정도 긴 수도권제2외곽 순환고속도로는 총 12개 구간으로 나누어 건설되고 있다. 봉담~동탄(17.8km)을 시작으로 2017년 7월 기준 평택~시흥(9.8km), 남양평~양평(10.5km), 인천~김포 (28.9km) 구간까지 4개 구간 총 67.0km 구간이 개통되었다. 현재 화도~양평(17.6km), 이천~오산(31.2km), 파주~포천(24.8km), 봉담~송산 고속도로(18.3km) 구간에 대한 공사가 진행 중에 있다. 김포~파주(25.3km) 구간은 2017년 말, 양평~이천(21.4km) 구간은 2018년 말 공사를 시작할 예정이다. 안산~인천(19.1km)구간과 포천~화도 (28.9km) 구간까지 민간사업자가 선정되면 2026년까지 수도권제2외곽순환고속도로의 전구간이 완성될 것으로 예상된다. 연장이 긴 만큼 6개 구간은 재정으로, 나머지 6개 구간은 민자로 추진되고 있지만 같은 선상에 있기 때문에 재정 구간과 민자 구간 간 통행료 차이가 커질 경우 지속적으로 불평등에 대한 민원이 일어날 가능성이 있다.

다. 부산시 순환도로

제3순환로(외곽순환도로)

부산광역시 도시교통정비 기본계획[205]에 의하면 부산시의 순환도로망은 외곽순환도로(제3순환로), 외부순환도로(제2순환로), 내부순환도로(제1순환로) 3개로 정비되고 있다. 광안대교, 부산항대교, 남항대교가 포함된 해안순환도로를 3개 순환도로 모두가 공유하되 가장 내부가 내부순환도로, 중간이 외부순환도로, 외부가 외곽순환도로가 된다. 남쪽에서 북쪽으로 점차 순환도로 직경을 확대해가는 개념이다.

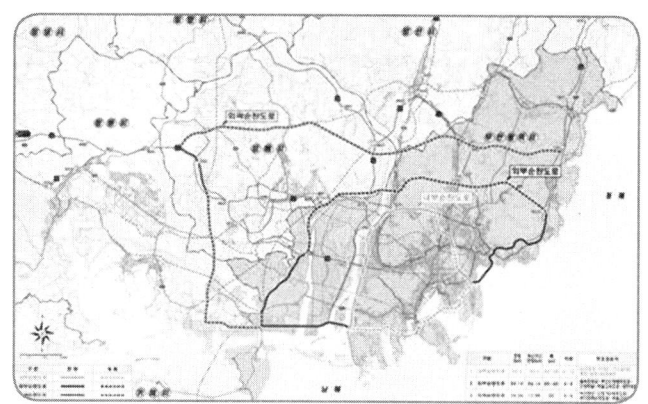

부산시 순환도로망 계획(부산광역시 도시교통정비 기본계획, 2013)

---

205) 부산광역시, 도시교통정비기본계획, 2013.

부산순환도로망 주요 경유 구간(부산광역시 도시교통정비 기본계획, 2013)

구분	연장(km)	폭(차로)	주요경유지
내부순환도로 (제1순환로)	55.2	20-50m(4~12)	69호광장 - 덕천IC - 연산교차로 - 북항 - 남항 - 69호광장
외부순환도로 (제2순환로)	82.14	20~40m(4~8)	을숙도대교 - 신항제1배후도로 - 산성터널 - 부산울산고속도로 - 광안대로
외곽순환도로 (제3순환로)	76.54	20m(4~6)	녹산공단 - 신항제2배후도로(남해고속도로제3지선) - 부산외곽순환도로-부산울산고속도로

시작부터 순환형으로 계획하였고, 전 구간에 걸쳐 동일한 설계기준과 차로수를 적용했던 서울외곽순환고속도로와는 달리 부산시 외곽순환도로(제3순환로)는 각자 따로 만들어진 동서남북 4개의 도로를 연결하여 고리모양의 순환도로를 이루기 때문에 관리주체와 설계기준이 도로에 따라 다르다. 부산시 외곽을 넓게 순환하는 외곽순환도로(제3순환로)는 가장 연장이 길고 다음 4개의 도로가 연결되어 고리모양이 된다.

하나, 서쪽 구간은 민자도로 운영회사인 부산신항제2배후도로(주)가 관리하는 남해고속도로제3지선(부산항제2배후도로)이다. 2017년 1월 13일 개통한 남해고속도로제3지선은 부산신항의 웅동지구에서 남해고속도로 진례 JC 간 15.26km 구간을 연결한다. 왕복 4차로 전체 구간의 72%가 터널(9km)과 다리(2km)로 이뤄져 있다. 부산신항의 물류를 중부내륙과 수도권으로 이어줄 뿐 아니라 3개의 IC(진해·대청·남진례)가 설치되었다. 전체 사업비 6,281억 원 중 민간사업자가 최소운영수입보장(MRG) 없이 4,361억 원을 투자하였다.

둘, 북쪽 구간은 한국도로공사가 건설하는 부산외곽순환고속도로로 2018년 상반기에 김해 장유면과 부산 기장 철마면을 연결할 예정이다. 부산 북부를 관통하는 연장 48.8km 동서방향도로임에도 굳이 '순환고속도로'란 이름을 붙인 것은 다른 3개의 도로와 연결되어 부산외곽순환도로를 구성할 것으로 기대되기 때문으로 추측된다.

셋, 동쪽 구간은 민자회사인 부산울산고속도로(주)가 관리하는 부산울산고속도로 남부구간(기장~BEXCO)이다.

넷, 남쪽 구간은 부산시에서 관리하는 해안순환도로로서 고속도로라기보다는 설계속도 70km/시~80km/시인 자동차전용도로로서 서울 내부순환도로와 기하구조가 비슷한 수준이다. 교량이 절반이고, 나머지 지상도로의 일부 구간은 고가나 지하로 입체화 공사가 진행되고 있다. 광안대교~부산항대교 구간과 영도 구간은 입체화가 완료되었고, 남항대교~을숙도대교 구간(장암지하차도, 천마산지하터널)은 2020년 말이 되어야 입체화가 완료될 계획이다. 녹산산단대로(4.3km)는 입체화계획이 없다.

이상 네 개 노선 중 북쪽 부산외곽순환고속도로와 남쪽 부산해안순환도로에 대해 좀 더 상세하게 알아보자.

부산외곽순환고속도로[206]는 서쪽 경상남도 김해시 진영읍에서 동쪽 부산광역시 기장군 일광면까지 총 48.8km를 연결한다. 2010년 12월 20일에 고속국도 제600호선으로 지정하여 공사가 시작되었으며 2018년 상반기 48.8km 전 구간이 개통된다. 동부산과 서부산·경상남도까지 동서방향을 설계속도 100km/시, 왕복 4차로 연결하여 거리가 21km, 통행시간은 40분이 줄어든다. 총 4개의 고속도로가 분기점을 통해서 연결된다. 금정터널과 상동2터널의 연장은 각각 7.1km, 4.1km에 달한다. 서쪽 시점 진영 JC(동창원 IC와 진례 IC 사이)에서 남해고속도로와 분리되어 동쪽으로 중앙고속도로(대감 JC)·경부고속도로(노포 JC)를 지나 부산울산고속도로(기장 JC)를 만난다. 남북방향 고속도로에 비해서 동서방향 고속도로가 부족한 부산시 고속도로 네트워크의 질을 크게 높여줄 것으로 기대된다. 현재 IC 4개 (진영·광재·금정·철마 IC)가 개설되어 있으나 향후 고속도로 주변 토지가 개발될 경우 추가될 것으로 전망

---

[206] 도로명이 '부산외곽순환고속도로' 이긴 하지만 이 노선은 고리모양이 아니고 동부산과 서부산을 연결하는 동서도로로서 노선번호 600번이 부여되었다. 부산시 남쪽에 있는 '부산해안순환 도로' 와 함께 부산시 북쪽에 있는 이 고속도로는 부산외곽순환도로(제3순환로)의 일부분을 구성한다.

된다. 부산외곽순환고속도로 김해휴게소에 하이패스전용 나들목[207]이 추가로 만들어져 해운대에서 김해공항까지 30분대에 도착이 가능하다.

부산해안순환도로 건설과정

부산시가 혼을 담아 건설해 온 부산해안순환도로는 부산시의 도로혁명을 주도하고 있다. 부산해안순환도로는 1994년 광안대교 건설을 시작으로 2014년 4월 부산항대교가 완공되면서 52㎞ 전구간이 연결되었다. 해운대에서 출발하면 광안대교~북항대교~남항대교~을숙도대교~신호대교~가덕대교~거가대교를 차례로 만나게 된다. 부산해안순환도로는 시점과 종점이 다른 동서 방향 선형 노선임에도 불구하고 많은 구간이 내부순환도로(제1순환로)·외부순환도로(제2순환로)·외곽순환도로(제3순환로)의 남쪽 구간을 중복해서 담당할 뿐 아니라 7개의 교량과 지하차도, 고가도로로 구성된 도로박물관이라 할 수 있다. 건설기간이 길고 구성이 복잡하여 특별히 자세하게 알아보기로 하자.

부산외곽순환고속도로 동쪽 끝 기장 JC에서 만나는 부산울산고속도로를 따라 해운대 배후 장산자락에 있는 장산1·2터널을 지나면 도로는 왼쪽으로 크게 휘어 BEXCO 제2전시장 부근에서 수영강변을 따라온 센텀시티 지하차도와 합류한 다음 다시 오른쪽으로 휘어서 부산시의 새로운 상징[208] 광안대교 2층에 올라서게 된다. 여기서부터 부산해안순환도로가 시작되는 것이다.

하나, 광안대교는 수영만을 횡단하는 길이 7.4㎞ 현수교로서 1992년 착공하여 2003년 완공된 한국 최대 규모의 해상교량이다. 현수교 구간은 900m, 주탑 간 거리는 500m에 이르며 나머지는 트러스교 720m, 접속교 5,800m로 구성되어 있다. 왕복

---

207) 고속도로 IC 추가설치 지침에 따라 김해시와 한국도로공사가 사업비 각 25억 원씩을 분담한다.
208) 과거 부산시의 상징으로 용두산전망탑이 주로 사용되었으나 근래에는 광안대교가 많이 사용된다.

8차로 복층교량으로 2층은 해운대에서 남천동 방향으로, 1층은 반대편 진행차량이 이용한다. 최고제한속도는 80km/시로 유료도로로 운영된다.

둘, 광안리 해변을 오른쪽(서쪽)으로 바라보며 광안대교를 넘어오면 연속류[209]화된 신선로를 통해 부산항대교에 연결된다. 동명오거리 지하차도(1.8km) 입체화가 2016년 5월 완료되어 부산항대교 접속고가교까지 60km/시 수준으로 멈추지 않고 이동할 수 있다. 광안대교에 이어서 두 번째로 만나는 다리는 길이 3,331m에 달하는 부산항대교로 남구와 영도를 연결한다. 당초 남항대교와 대비시켜 북항대교로 불렀으나 부산항대교로 명칭이 변경되었다. 부산항대교는 강합성사장교(1,114m)와 접속교(2,217m)로 구성되어 있다. 높이 190m에 달하는 다이아몬드형 주탑 2개가 지지하고 있는 사장교 중앙경간장은 540m로서 인천대교(800m)에 이어 2번째로 길다. 교량 아래를 지나가는 부산항 제1항로를 이용하여 부산항여객터미널, 부산항국제여객터미널, 한국허치슨터미널로 각종 대형 선박들이 드나든다. 그런데 높이 60m가 넘는 초대형크루즈선이 부산항에 입항하지 못하고 부산항대교 바깥 영도 크루즈터미널을 이용해야 하는 경우도 발생하고 있다. 영도 청학동에서 감만동 방향으로 부산항대교에 진입하기 위해서는 인공섬 위에 만들어진 360도 나선형램프를 타고 높이 50여 m를 올라가야 한다. 이 램프와 본선 2개 차로가 합쳐져 3개 차로가 되면서 사장교 구간이 시작된다. 최고제한속도는 70km/시이며 남구 측 요금소를 지나면서 1개 차로는 신선대부두로 떨어져 나가 2개 차로로 줄어든다.

셋, 부산항대교를 건너면 영도 시가지를 통과하는데, 기존 도로 위에 영도고가도로가 새로이 건설되었다. 설계 막바지에 고가도로를 지하도로로 변경해 달라는 민원으로 오랜 시간 갈등을 거쳐 최종적으로 지금의 형식으로 정해졌다. 영도와 부산시 구도심의 화려한 경관을 볼 수 있는 구간이지만 주변 건물에 대한 소음피해를 줄이기 위해 대부분 방음터널로 시공되었다. 영도고가도로가 끝나면서 3번째 다리인 남항대교를 만난다. 남항대교는 영도구와 서구 암남동을 연결하는 높이 40m, 길이 1.94km의

---

209) 고속도로와 같이 교차로가 입체화되어 차량이 신호등 등에 의해 멈추지 않고 진행하는 도로이다.

강상형교로서 2008년 개통되었다. 자갈치시장·국제시장 등이 배후에 있는 남항 입구를 지나가며 통행시간을 대폭 단축시키는 공훈을 세웠지만 정작 교량경관은 평범하다. 남항과 북항 사이에는 부산 도심과 영도를 연결하는 영도대교와 부산대교가 개설되어 있는데 형하고가 낮아 남항으로 진출입하는 큰 배들은 남항대교 아래 항로를 이용해야 한다.

넷, 남항대교를 지나면 송도해수욕장이 지척이지만 길은 혼잡해진다. 여기에서부터 을숙도대교까지 5.6㎞ 구간은 신호등이 있는 일반도로 구간을 지나가야 하고 그나마도 두 구간(천마산터널, 장림지하차도)으로 나누어 입체화공사가 진행 중에 있기 때문이다. 천마산터널 민간투자사업은 지하차도(1.14㎞), 터널(1.51㎞), 교량(0.63㎞) 등 총 3.28㎞ 구간을 2018년 말까지 건설하는 것을 목표로 공사가 진행되고 있다. 이어지는 장림지하차도는 연장 2.31㎞ 구간으로 지하차도(1.41㎞), 터널(0.59㎞), 평면도로정비(0.31㎞)로 구성되어 2018년을 목표로 부산시 건설본부에서 공사 중이다. 이상의 두 개 구간 입체화가 완료되면 부산해안순환도로는 사실상 마무리된다. 마침내 낙동강변 69호광장[210] (부산 사하구 신평동)에 이르면 길은 두 개로 갈린다. 북쪽으로 사상강변도로로 들어서면 내부순환도로(제1순환로)에 들어서게 된다. 서쪽으로 직진하면 4번째 다리인 을숙도대교(구 명지대교)를 만나게 된다. 낙동강 하굿둑 하류에 새 교량(당시 명지대교) 건설이 1993년 12월부터 추진되었으나 을숙도 철새도래지 서식환경과 관련한 환경논쟁으로 장기간 표류하다가 북쪽으로 굽은 노선을 찾아 2004년 착공하게 되었다. 2009년 말 완공된 을숙도대교는 총길이 5.1㎞, 교량 길이 2.85㎞ 왕복 6차로이며 명지톨게이트에서 통행료를 지불해야 한다.

다섯, 을숙도대교와 5번째 다리인 신호대교 사이에는 낙동강 삼각주인 명지도가 있다. 명지경제자유구역에 명지국제신도시가 개발되고 있다. 대부분의 구간이 고가도로나 지하차도로 구성되어 막힘없이 달리다 보면 서낙동강을 만나게 되는데 여기는 신호대교를 통해 건너야 한다. 신호대교는 1995년 지어진 길이 840m, 폭 36m(6차로) 강상형합성교로서 중앙 아치 경간은 120m이다.

---

210) 69호 광장에서 북쪽으로 회전하여 사상강변도로를 타면 부산내부순환도로로 들어간다.

여섯, 신호대교를 건너자마자 만나는 76호광장삼거리부터 6번째 다리인 가덕대교까지 4.3km 구간은 르노삼성대로와 녹산산업대로를 이용해야 한다. 도로 이름에서 짐작하듯이 르노삼성자동차와 녹산국가산업단지를 통과하는 왕복 6~8차로의 주간선도로로서 신호교차로 10개가 존재한다. 산업단지를 통과하는 도로인 만큼 대형화물차 비율이 아주 높다. 흥미롭게도 신호대교를 지나서 첫 번째 만나는 교차로 이름이 1번신호등교차로이며 이후 순차적으로 번호만 늘어나니 공간적으로 기억하기가 아주 쉽다. 마침내 가장 중요한 10번신호등교차로에 도착하게 된다. 1번신호등교차로~10번신호등교차로까지가 부산광역시도 77번이고, 서쪽으로 계속 직진(신항입구 교차로~ 11번신호등교차로~12번신호등교차로~송정공원)하면 창원시 경계까지 부산광역시도 88번에 속한다. 사실 10번신호등교차로에서 웅동경제자유구역까지 접근하는 도로가 현재로선 애매하다. 웅동경제자유구역에서 북쪽으로 우회전하면서 부산신항제2배후도로(남해고속도로제3지선)가 시작 되어 남해고속도로 진례 JC에서 끝난다. 10번신호등교차로에서 우회전하면 가락대로(부산신항제1배후도로)로 접어들어 가덕 IC를 지나 중앙고속도로 초정 IC로 연결된다. 부산 외부순환도로(제2순환로)이다. 낙동강 방향을 따라 올라가다가 오른쪽으로 휘어서 기장 IC까지 연결된다. 녹산대로와 가락대로 구간에는 신호교차로가 여러 개 설치되어 있으며, 신규 주거단지와 산업단지에서 유발되는 교통량이 나날이 늘어나서 2015년부터 일부 구간에서 아침 시간대에 중앙가변차로제를 운영하기 시작했다. 단기적으로 상당한 소통 개선 효과를 보이고 있으나 장기적으로 우회도로나 입체화가 필요해 보인다. 국토교통부에서 송정 IC~동김해 JC(연장 14.6km, 4차로) 구간 '부산신항 제1배후도로 우회 고속국도'를 '고속도로 건설 5개년계획(2016~2020년)'에 포함시켰으니 머지않아 해결될 가능성이 있다. 76호광장삼거리에서 신항제2배후도로 시점까지 연속류도로를 확보하는 것이 이 일대 도로망에 대한 부산시의 마지막 숙제이지 않을까 하고 짐작해 본다. 10번 신호등 교차로에서 좌회전하여 남으로 방향을 잡으면 6번째 다리인 가덕대교를 만나게 되는데 부산신항이 위치한 가덕도와 육지를 연결한다.

일곱, 마지막으로 총 길이 8.2km 거가대교가 부산 가덕도와 경남 거제를 연결해 준다. 거가대교(2004년 12월~2010년 12월)는 사실 다리 하나가 아니라 두 개의 사장교(총길이 3.5km)와 가덕해저터널(3.7km), 두 개의 육상터널(1.0km)로 구성된 도로구간으로 이해하는 것이 쉽다. 부산~거제 간 통행거리를 140km에서 60km로 단축시켰고 통행시간도 130분에서 50분으로 단축시켰으니 부산~거제를 하나의 경제권역으로 묶는데 기여했다. 문제는 사업비(1조 4,469억 원) 가운데 72%가 민간자본으로 건설되어 통행료가 소형차기준 1만 원(1km당 1,220여 원)에 달한다는 것이다.

정리하면 해안순환도로 총연장 52km의 절반이 넘는 28km 구간을 교량 7개로 연결하는데 모두 4.5조 원이 투입되었다. 교량 1km당 평균 1,600억 원의 건설비가 소요되었다는 계산이니 부산시의 뚝심이 놀랍다. 장림교차로 지하화와 천마산터널 공사가 2020년에 끝난다면 1994년 광안대교 착공부터 시작해 2014년 부산항대교 완공까지 20년, 그리고 신호등이 없는 해안순환도로 완성까지 꼬박 26년이 걸리게 되는 셈이다. 해운대에서 송도해수욕장까지 15분, 거제도까지 1시간 만에 도착하게 되면 혼잡하던 시절을 기억하는 부산시민이나 방문객들은 어떤 생각을 떠올릴까?

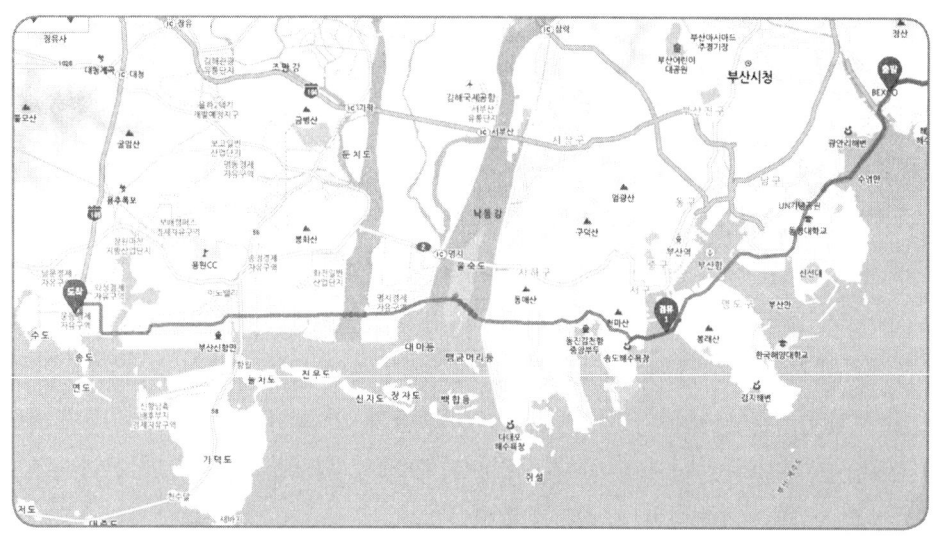

부산해안순환도로 경로(광안대교-부산항대교-신호대교-웅동경제자유구역)

부산시 최종 목표는 3겹의 순환도시고속도로

내부순환도로(제1순환로)는 기존 도로를 따라 새로 길을 놓고 서로 연결해 부산 시내를 고리모양으로 감싸는 도로로 2023년 완료를 목표로 추진 중이다. 그 경로는 먼저 부산해안순환도로 광안대교~장림구간을 공유한다. 내륙구간은 장림~69호광장(사하구 신평동)~사상강변도로~덕천 IC~ 만덕센텀지하도로~수영강변도로~광안대교로 이어진다. 여기에서 가장 큰 공사는 만덕센텀지하도로(9.55km) 구간으로 민간투자사업으로 진행되어 2023년 종료 예정이다. 종합적으로 천마산터널(2018년 예정), 을숙도대교~장림 간 지하차도(2020년 예정), 만덕~센텀 간 지하도로(2023년 예정)가 모두 완료되는 시점이면 부산시의 외곽순환도로(제3순환로)와 내부순환도로(제1순환로)가 모두 완성되는 것이니 부산시 도로교통체계에 혁명적인 변화가 올 것이다.

외곽순환도로와 내부순환도로 사이에 들어설 외부순환도로(제2순환로) 노선 역시 부산울산고속도로 기장 JC~광안대교 구간과 부산해안순환도로 광안대교~송도 IC 구간을 공유한다. 내부순환도로보다 부산해안순환도로 공유 구간이 조금 더 긴 셈이다. 서쪽 송도 IC~가락 IC~초정 IC~화영대교~부산동서연결로(화영 IC~기장 IC)로 노선이 구성된다.

2014년 완공된 해안 순환도로와 지하철 효과 때문인지 2015년 조사된 부산시 승용차 평균주행속도는 36.7km/시로 2005년 27.1km/시와 비교할 때 획기적으로 개선되었다. 울산을 제외하고는 7개 광역시 가운데 가장 빠른 속도이다.

라. 대구시 순환도로

2015년 대구광역시[211]의 면적은 885.48㎢, 인구는 251만 명에 자동차 등록대수 111만 대이다. 시가화 면적은 180.038㎢, 도로개설 면적 42.997㎢로 도로율 23.88%이다. 2011년 도로율이 23.30%였으니 최근 도로율의 증가속도는 완만하다. 주차면수는 99.6만대로서 13.68㎢ 면적을 차지하여 주차장 확보율은 89.7%이다. 2005년 교통수단 분담률은 승용차 28.3%(168만 명), 시내버스 27.6%(163.8만 명), 지하철 11.5%(68.7만 명), 택시 15.9%(94.4만 명), 기타 16.7%(99.2만 명)로 대중교통 분담률이 39.1%였다. 2015년 도시철도 3호선이 개통되어 3개 노선이 운행 중이며, 시내버스는 1,521대가 113개 노선을 운행하고 있다. 2015년 대중교통수단 분담률은 29.7%로서 버스가 20.1%, 지하철이 9.6%를 수송하고 있다. 2011년 대중교통수단 분담률 29.2%(버스 21.7%, 지하철 7.5%)와 비교하면 대전·광주·울산 분담률과 거의 비슷한 수준이지만, 서울·부산·인천과 비교하면 한참 낮다. 인구규모가 비슷한 인천시의 대중교통분담률 39.2%(2014년)와 10% 정도 차이가 나는 것을 보면 대구시 교통이 승용차에 의존하는 비율이 높다는 것을 알 수 있다. 대구시의 2015년 승용차 평균주행속도는 30.4㎞/시로 한국 대도시 가운데 중간 수준이다.

팔공산, 대덕산, 비슬산 등으로 둘러싸인 분지형도시인 대구시의 내부 간선도로망은 전형적인 방사환상형 구조로서 4개의 순환도로와 8개의 방사선 도로축으로 구성되어 있다. 1차순환도로(6.5㎞), 2차순환도로(14.6㎞), 3차순환도로(25.2㎞)가 차례로 개발되어 왔으나 도심이 계속 확장되어 이제 교통측면에서 순환도로 기능을 제대로 하고 있다고 보기는 어렵게 되었다. 제1순환도로와 제2순환도로는 일반 간선도로를 따라 형성된 순환도로이다. 제3순환도로(앞산순환도로)는 고가도로로서 최고제한속도 60㎞/시로 운영되고 있다. 한편 대구시 내부와 외곽으로는 경부고속도로,

---

211) 대구광역시, 2017 시정현황, 2017.

익산포항고속도로, 중부내륙고속도로 등 7개의 지역간 고속도로가 지나가고 있어 통과교통과 광역교통 수요 위주로 이용되고 있다.

고속도로망과 시내 간선도로망의 네트워크효과를 극대화시키기 위하여 총 연장 63.6km의 제4차순환도로가 만들어지고 있다. 제4차순환도로는 크게 민자구간(17.7km), 일반구간(11.4km), 재정구간(34.5km) 3가지로 구성되어 현재 민자구간과 일반구간 29.1km는 운영 중에 있다. 재정구간(성서~지천~안심) 34.5km는 2020년을 목표로 공사가 진행되고 있다.

민자구간(17.7km)은 범안로(7.25km)와 앞산터널로(10.44km)로 구분되어 있다. 범안로는 1997년 4월 실시협약을 체결하여 2002년 9월 개통하였는데 요금소 2개소를 운영하고 있다. 터널 2개(앞산터널(4,392m)과 범물터널(912m))가 포함된 앞산터널로는 2007년 6월 실시협약을 체결하고 2013년 6월 개통하여 최고제한속도 80km/시로 운영되고 있다. 앞산터널과 범물터널 사이에 앞산 TG가 있으며 인접하여 설치된 파동 IC에서 대구시의 주요 도시고속도로인 신천대로와 연결된다.

한국도로공사에서 재정사업으로 추진하는 34.5km 구간은 2013년 '고속국도 제700호선 대구외곽순환고속도로'로 노선지정이 되었다. 노선번호 700은 대구광역시의 옛 우편번호 체계인 700을 따른 것이다. 2014년에 공사를 시작하여 2020년 완공을 목표로 하고 있는데 국비 1.23조 원이 투입된다. 고속국도임에도 불구하고 기 개통된 민자구간과 설계기준을 맞추어 설계속도 80km/시가 적용됐다. 이 고속도로에는 지상요금소를 없애는 대신 자동화된 스마트톨링시스템이 설치될 예정이다.

제4차순환도로에서 통행료를 받지 않는 일반구간은 북쪽 호국로(서변 IC~읍내 IC), 남쪽 상화로·범물지역 세 구간이다. 상화로와 범물지역 구간은 신호교차로가 운영되고 있어서 이 두 구간이 입체화되어야만 제4차순환도로가 연속교통류로 이어질 수 있다. 첫 번째 구간은 앞산터널로와 재정고속도로 사이 상화로 3.9km 구간으로 월곡교차로부터 유천교차로까지 평면교차로 5개소가 포함되어 있다. 국토교통부에서 혼잡도로 개선사업으로 신청 받아 예비타당성 조사가 진행 중에 있으며 재정구간 개통에 맞추어 고가차도를 2020년까지 개설하도록 노력하고 있다. 이 구간 입체화 사업이 2020년까지 완료되지 않을 경우 기존 왕복 8차로 상화로를 이용할 수는 있지만 순환고속도로의 통과교통 기능이 떨어지는 것은 명백하다. 고가도로나 지하화를 통한 입체화가 필수적이다. 두 번째 구간은 두 개의 서로 다른 민자구간, 즉 앞산터널로와 범안로 사이에 끼인 1㎞ 구간으로 신호교차로 3개소를 통과해야 하는데, 지형이 용지네거리까지 내려갔다가 다시 올라오게 되어 있다. 1㎞에 불과한 단속교통류 구간을 어떻게 연속교통류 구간으로 변환시킬지에 대해서는 상당한 고민이 필요할 것이다. 지하화하자니 종단선형과 관련한 교통안전 우려가 있고, 고가화하자니 주변 반대와 특히 대구도시철도 3호선 용지역 고가역사를 극복해야 한다. 민자구간에 대한 지역주민의 지속적인 무료화 요구도 풀어야할 문제다. 기존 민자사업 방식이 아닌 비용보전 방식에 따른 장래 리스크 감소에도 불구하고 사업수익률이 높기 때문이다. 민자도로 구간별로 통행료가 달라서 갈등이 생기는 사례는 대구시뿐 아니라 다른 대도시에서도 종종 발생하고 있다. 대구시의 유료도로 협약기간이 각기 다른 시기에 종료되기 때문에 구간별 요금이 다른데 대한 갈등도 예상되는 문제다.

마. 대전시 순환도로

2015년 대전광역시[212]의 면적은 539.35㎢, 인구는 154만 명에 자동차 등록대수 63만 대이다. 총 도로연장은 2,076㎞(미개설도 포함 2,402㎞)로서 도로율은 30.8%에 달한다. 대전시의 도로율은 2007년에 25.7%이던 것이 연평균 0.5%씩 증가하였는데 특히 2015년에 1.4%가 증가하였다. 주차면수는 64.2만 면으로 주차장보급률이 101%에 도달했다. 965대의 시내버스가 92개 노선을 운행하고 있으며 도시철도 연장은 22.6㎞이다. 대중교통 수송인원은 도시철도 11만 명, 시내버스 42.5만 명 등 하루 53.5만 명으로 전년대비 2.5% 감소하였다. 수송수단별 시간당 평균주행속도는 승용차 23.2㎞/시, 시내버스 18.6㎞/시, 도시철도 31.1㎞/시 수준이다. 2012년 승용차와

---

212) 대전광역시, 제55회 대전통계연보, 2017.

시내버스 평균주행속도가 각각 25.6㎞/시와 19.9㎞/시인 것과 비교하면 해가 갈수록 낮아지고 있다는 것을 알 수 있다.

　대전시의 경우 경부고속도로, 호남고속도로, 대전남부순환고속도로, 통영대전고속도로, 당진대전고속도로 등 고속도로 5개 노선이 차례로 대전시 경계 내부를 통과함에 따라 내륙교통의 요충지로 떠올랐으며 고속도로 간 원활한 연계가 중요한 문제로 떠올랐다. 다행히 2000년 대전남부순환고속도로(20.9㎞)가 만들어지면서 경부고속도로 회덕 JC~비룡 JC(9.5㎞), 호남고속도로지선 회덕 JC~서대전 JC(19.59㎞) 구간과 함께 연장 50㎞에 달하는 대전광역시 순환고속도로가 형성되었다. 5개의 JC와 6개의 IC가 설치된 순환고속도로에 경부고속도로 북부구간(8차로, 10만대), 경부고속도로 남부구간(6차로), 통영대전 고속도로(4차로, 3만 4천대), 호남고속도로(4차로, 2만5천대), 당진대전고속도로(4차로, 2만5천대) 등 5개의 고속도로가 방사형으로 연결되면서 광역교통과 통과교통을 처리한다.

　대전남부순환고속도로(고속국도 제300호선)는 호남고속도로 서대전 JC와 경부고속도로 비룡 JC를 잇는 총연장 20.9㎞ 왕복4차로 도로로 산내 JC~비룡 JC 구간은 통영대전고속도로와 노선을 공유한다. 2000년 12월 개통된 우회로는 Y자로 갈라지는 경부고속도로와 호남고속도로를 대전시 남쪽에서 직접 연결하여 북부 회덕 JC의 교통수요를 상당히 줄였으며 대전의 도심교통난도 상당 부분 해소되었다. 최고 주행속도가 100㎞/시이고 순환도로 연장이 50㎞ 정도이니 시내 목적지에 가까운 연결로까지 빠르게 우회하여 가는 것이 편리하기 때문이다.

　방사형 고속도로들이 만나는 중심에 순환고속도로를 설치하면 방사·환상형 고속도로망이 확보되어 도로망의 성능이 비약적으로 좋아진다. 고속도로 간 연결이 단순해지고 무엇보다 도심을 통과하는 교통량이 순환도로를 따라 우회할 수 있는 것이다. 대전시 순환고속도로는 형태적으로 동그란 모양을 갖추었지만 지역간 고속도로들이 연결되어 형성된 것이라 장거리 통과교통 비중이 높고 내부 교통량은 상대적으로 적은 편이다. 여기에는 대전시 순환도로가 외곽에 산지를 두고 개발되어서 수도권 순환고속도로의 경우와 같이 고속도로 양측으로 신도시가 포도송이처럼 개발되기 어려운 자연조건도 영향을 미쳤다. 순환도로 내부 지역간을 이동하는 교통량은 순환도로를 우회로로 이용해서 얻는 편익이 별로 없다. 기존 내부도로망에서 최단 경로를 찾아가면 되는 것이다. 따라서 순환도로의 우회교통량을 늘리기 위해서는 기존 또는 장래 개발예정지 사이로 노선을 잡아서 영향권을 늘리는 것이 바람직하나 현실적으로 여러 가지 제약이 따른다. 순환도로 외부까지 도시개발이 확대되어야 대전시 내부를 오가는 교통량이 기존 순환도로를 보다 많이 이용할 것이니 도시가 활발하게 성장하여야 한다. 최근 몇 년간 대전시의 인구는 거의 정체상태에 있다. 대전은 다른 대도시들에 비해서 순환도로 발달이 더딘 편이다. 그리고 현재의 순환고속도로가 뒤늦게 확장된 시가지를 통과하다보니 지역발전에 미치는 악영향도 큰 편이다.

여기에서 한 가지 사실을 짚어보자. 2015년 대전시의 시간당 승용차 평균주행속도는 23.2km/시로 7대 광역시 가운데 가장 낮다. 가장 높은 울산(42.8km/시)은 물론 서울시(25.2km/시)보다 낮은 것이다. 지하철이 개통되어 있고 도로율은 30.8%로 다른 도시보다 높음에도 불구하고 이런 결과가 나타난 것은 대전시의 간선도로망, 특히 순환도로의 공급과 역할이 다른 대도시들에 비해 낮은 것과 관련이 있다는 것을 시사한다. 대전시의 높은 도로율에 비해서 도로망 위계관리가 떨어져 효율이 낮은 것인데, 구체적으로 내부도로망과 외곽 고속도로망간 연계가 부족하고 무엇보다 순환도로의 비중이 비슷한 규모의 다른 대도시와 비교하여 낮다는 문제점이 있는 것이다. 현재 운영되고 있는 순환고속도로는 지역간 고속도로와 도시고속도로의 기능이 섞여있다. 시가지에 출입하는 교통량이 6개의 인터체인지에 집중되어 이동성이 떨어지고 있다. 반대로 도시고속도로라 하기에는 인터체인지 개소수가 적어 접근성이 떨어지고 우회거리가 늘어난다. 그러니까 도시고속도로가 있어야 할 곳에 지역간 고속도로가 있는 상황이라고 진단할 수 있다.

현재 순환도로 내부로 연장 20~30km의 지하순환로를 확보하는 대안도 검토할 만하나, 도시재개발과 연계시켜 검토해야할 일이다. 장기적으로 대전 시계 바깥으로 외곽순환고속도로망을 구축하고 기존 순환고속도로는 도시고속도로로 전환하는 방안을 검토할 것이 필요해 보이는데, 다른 대도시들의 순환고속도로 확보도 이런 식으로 진행되고 있다. 특히 동쪽 구간 그러니까 경부고속도로 신탄진 IC에서 통영대전고속도로 남대전 IC간을 우회하는 경로를 지역간 고속도로로 만드는 대안이 비용 대비 효과적일 수 있다. 2017년 개통된 상주영천고속도로가 경부고속도로를 우회하는 기능을 수행하여 대구광역시 통과교통을 줄여준 것과 비슷한 역할이 기대된다. 경부고속도로 양재~한남대교 구간은 지역간 고속도로에서 도시고속도로로 기능이 변화한 참조할만한 사례이다. 최고제한속도를 80km/시로 낮추고 차로수와 연결로를 늘리면 주변 접근성과 편의성이 좋아지는 장점이 있다. 이러한 계획을 구상하려면 국가단위의 참여가 필요할 것이니 장기적으로 검토하는 수밖에 없다. 부산시에서 20년에 걸쳐 해안순환로를 건설해가며 순환도로망을 만들어 가는 열정과 노력을 참조할 필요가 있다. 광주시에서 기존 호남고속도로 일부 구간을 제2순환로의 일부로 재구조화해가는 것도 참고할만한 사례다. 현재 순환고속도로 내부에 보다 규모가 작은 순환도로를 도시재생 관점에서 확보하는 것도 바람직한데, 대전일보[213]의 보도에 따르면 대전시에서 현재의 순환고속도로 내부로 3개의 소규모 순환도로망을 검토하는 것 같다.

바. 광주시 순환도로

2015년 광주광역시[214]의 면적은 501.18㎢, 인구는 149만 명, 자동차 등록대수는 61만 대이다. 2015년 평균 주행속도는 도심지역 20.99km/시, 외곽지역 38.73km/시로 2011년(도심지역 22.46km/시, 외곽지역 41.92km/시)과 비교하여 낮아졌다. 자동차가 늘어나고 택지개발에 따라 통행거리가 증가하여 총주행-km가 늘어난 것이 영향을 미친 것으로 분석된다. 2015년 도로연장은 1,685km로서 면적 25.3㎢를 점유하고 있어 도로율은 24.9%에 해당한다. 도로율은 2011년 23.0%에서 꾸준하게 증가하고 있다. 현재 계획된 도로가 모두 개설될 경우 계획도로율은 34.1%가 되겠지만, 광주시

---

213) 대전일보, 2017. 8.7일자.
214) 광주광역시, 2016 광주시정백서, 2016년.

뿐 아니라 다른 대도시에서도 실현 가능성은 높지 않다. 주차공간은 61만 면으로 주차장 확보율이 2014년 92.6%에서 2015년 99.8%로 빠르게 늘어났다. 2015년 교통수단 분담률은 승용차 40.3%, 시내버스 35.0%, 지하철 3.3%, 택시 13.8%, 기타 7.6%로 대중교통수단 분담률은 38.3%였다. 2005년 대중교통수단 분담률 39.3%(버스 36.7%, 지하철 2.6%)와 비교하면 오히려 분담률이 낮아진 것이다. 2008년 4월 개통된 도시철도 1호선은 동서방향 일자형으로 분담률이 정체상태이나 순환노선인 도시철도 2호선이 목표대로 2024년 완공될 경우 도시철도 분담률이 높아질 것으로 전망된다.

광주시에는 현재 제1순환로와 제2순환로가 운영되고 있고 제3순환로[215] (광주외곽순환고속도로)가 단계적으로 만들어지고 있다.

제1순환로는 구 전남도청을 중심으로 4개 대로(필문대로, 서암대로, 죽봉대로, 대남대로)가 연결되어 순환로를 형성한다. 도로폭도 넓고 철도역·터미널·대학과 같은 주요 시설을 연결하기 때문에 교통량도 많지만 신호교차로가 많아서 통행속도는 낮다. 먼 거리를 이동하는 수요는 이제 제2순환로를 이용하게 되었다.

제2순환로는 광주시계 내부의 외곽 지역을 네모꼴로 순환하는 도시고속도로로서 총연장 37.66km에 달한다. 총 5개 구간 가운데 4개 구간(27.66km)은 민간자본을 투입하여 왕복 6차로 도로(설계속도 90km/시)를 15년(1992~2007년)만에 완공하였다. 3개 민자도로 회사가 각각 본선 요금소 1개씩을 운영하며 통행료를 받고 있다. 광주순환도로투자(주)는 소태영업소(1구간(9.5km))를, 광주순환(주)은 송암영업소(2구간(2.93km)·3구간(8.84km))를, 광주제2순환도로(주)는 유덕영업소(4구간(6.5km))를 운영하고 있다. 5구간은 한국도로공사에서 관리하는 호남고속도로(산월 JC~문흥 JC 간 9.85km)가 시가지를 통과하는 구간으로 통행료를 따로 받지 않는다. 1973년 개통된 호남고속도로 구간은 왕복 4차로로서 장거리

---

215) 공식명칭은 '광주외곽순환고속도로'이지만 지역에서는 광주3순환로라고 많이 부른다. 개념상은 3순환로가 쉽게 이해되지만 기능상으로는 외곽순환고속도로가 더 쉽다. 사실 이 순환로는 광주시 영역을 전혀 지나가지 않기 때문에 '서울외곽순환고속도로' 명칭에 경기도 불만이 있듯이 주변 4개 행정구역에서도 명칭에 이의를 제기할 가능성이 있다.

통과교통과 순환도로 교통량이 합쳐져서 혼잡이 일상화된 구간이라 왕복 6차로 확장이 결정되었다. 동광주 IC에서 광산 IC간 10.8㎞ 구간을 왕복 6차로로 확장하는데 필요한 총 사업비의 절반은 광주광역시에서 부담하고, 나머지 절반은 한국도로공사와 중앙정부가 부담하는 구조이다. 기존 고속도로를 따라 들어선 고층아파트 소음방지 대책에 대규모의 예산이 소요될 전망이다.

광주시 5개 구를 모두 통과하는 제2순환로는 광주시의 공간구조를 획기적으로 바꾸어 놓았다. 도로를 따라서 광주광역시청과 산업단지 그리고 10여 개의 택지개발 지구들이 집결하여 새로운 개발 축으로 발전하고 있다. 우회교통량의 증가로 제2순환도로 내부 시가지도로 통과교통 처리 부담도 대폭 감소하였다.

서울, 대구, 부산에서 만들어가고 있는 내부순환도로에 비해서 도로설계 기준이 높은 제대로 된 도시고속도로이긴 하지만 복잡하게 얽힌 민자도로 투자주체들로 여러 가지 문제점들이 발생하였다. 가장 큰 문제는 민자도로의 숙명인 비싼 통행료와 낮은 교통량이다. 사업비 약 1.2조 원 가운데 민간자본이 44.5%(5,362억 원)를 투자하였다. 무료인 호남고속도로 구간을 제외한 27.66㎞를 가는데 세 번에 걸쳐서 지불하는 통행료가 3,000원 정도(1㎞당 110원)이니 재정고속도로보다는 당연히 비싸다. 순환도로 때문에 교통량이 줄어든 시가지도로를 관통하는 편이 때론 빠르고 제2순환로 교통량이 당초 예상교통량에 못 미친 것은 어찌 보면 당연하다. 또한 순환도로의 우회교통 기능 덕을 보려면 순환도로 외곽에서 출발해야 하는데 아직까지 순환고속도로 외곽으로 충분한 개발이 이루어지지 않은 이유도 있다. 이런 상황은 대전시와 마찬가지로 광주시 인구가 당초 예상보다 증가하지 않아서 초래된 것이다.

제2순환로 건설이 시작된 1992년은 우리나라 민자도로 초창기로서 최소운영수입보장(MRG)이 일반화된 시절이었다. 예상 통행료 수입의 80%를 15년 동안 보장하기로 한 협약에 따라 광주시는 지금까지 민간 사업자에게 3,200억 원을 보존해 주었다. 결국 광주시와 민자도로 사업자들 간에 10여년 지속된 갈등은 법정분쟁까지 가게 되었다. 광주시는 1구간 사업시행 조건을 최소운영 수입보장 방식(MRG)에서 투자비 보전방식으로 변경하는 방식으로 재구조화를 사업자 측과 2016년 4월 14일 합의함으로써 보조금 지급액이 감소할 것을 기대하고 있다. 이 합의를 계기로 이때까지 수동으로만 운영되던 요금소에 2016년 7월과 9월에 하이패스가 개통되었다. 어찌되었던 광주시는 전국 대도시 가운데 수도권을 제외하고 가장 적극적이고 모범적으로 순환도로를 만들어가고 있다고 평가된다.

광주 제3순환도로(고속국도 제500호선)는 광주시계 내부를 연결하는 제2순환도로와는 달리, 광주시 외곽을 둘러싸고 있는 장성·순천·화순·나주를 연결하는 광역순환고속도로이다. 국가간선도로망 순환6축으로 계획되어 재정사업으로 추진되고 있다. 제3순환도로는 광주와 나주, 화순, 담양, 장성을 하나로 묶는 기반시설로서 총연장 102㎞에 3.47조 원이 소요될 예정이며 5개 구간으로 나누어 건설되고 있다.

하나, 1구간(양촌 IC(광주전남혁신도시)~본량 IC)은 2013년 초 완공된 국가지원지방도 49호선과 중복되는 구간이다. 총 연장 15.5㎞에 왕복 4차선 도로로, 자연스럽게 제3순환고속도로의 한 구간을 차지하게 된다.

둘, 2구간(본량 IC~진원 JC)은 2015년 말에 착공하여 2022년에 완공 예정인 총 16.2㎞의 왕복 4차로 고속도로이다. 남장성 JC에서 호남고속도로, 진원 JC에서 고창담양고속도로와 접속된다.

셋, 3구간(진원 JC~대덕 JC)은 고창담양고속도로와 중첩되는 17㎞ 구간으로 2006년 12월 7일 개통하였다. 장성4터널과 북광주 IC 사이에 2구간과 접속되는 진원 JC 공사가 진행되고 있다. 고창담양고속도로 구간은 사실상 호남고속도로가 광주시를 우회하는 역할을 하고 있다.

넷, 4구간과 5구간 (대덕 JC-도곡-양촌 IC) 49.5㎞는 국토교통부에서 수립한 제1차고속도로건설5개년계획(2016~2020년)상 중점 추진구간으로 반영되어 예비타당성조사 등 관련 절차가 추진되고 있다. 교통수요가 낮아서 재정사업으로 추진될 예정이지만 2조 원이 넘는 건설비 조달이 걸림돌이어서 2027년 이후까지 장기간이 소요될 전망이다.

제3순환도로가 완공되면 실질적으로 광주시를 중심으로 거대 광역도로망이 갖춰지게 된다. 전남 4개 시·군을 포함한 광주권 거주민 200만 명의 경제권이 통합되어 도시기능 효율화가 기대된다.

5 지하도로의 부상

가. 지하도로 확대 원인

세계 주요 도시에서 간선도로를 개발하는 과정을 살펴보면 공통된 현상이 발견된다. 초기에는 도로나 철도 등 교통시설은 당연히 지상에 건설하였다. 사람이 몰리는 주요 교통시설 주변의 토지이용 밀도가 높아지면서 교통수요도 높아지지만, 교통시설을 추가할 유휴부지도 없고 토지비용도 비싸니 새로 만들어지는 교통시설은 기존 도로 위에 고가구조물 형태로 들어선다. 이 시기에는 도로에서 자동차가 우선이다. 그러다가 소득수준과 사회의식이 높아지면서 도시경관이나 환경, 보행권에 대한 가치가 중시되어 고가구조물을 철거하여 보행자에게 지상공간을 돌려주고, 대신에 지하 교통시설로 바꾸어가는 것이 선진 도시들이 거쳐 온 흐름이다. 도로의 3대 기능 가운데 이동성은 지하도로가 담당하고, 접근성과 공간기능은 지상도로에 돌려주는 것이다. 서울시에서는 이런 흐름을 적극적으로 수용하는 것으로 시정 기본방침이 정착되었고, 지방 대도시들도 방향 전환을 모색하고 있는 단계라고 보아진다. 이상의 사회의식 변화와 함께 지하공간을 경제적으로 만들어내는 건설기술이 발전한 것도 지하화 진전에 큰 영향을 미쳤다고 볼 수 있다.

서울시만 하더라도 1990년대까지 거의 100여 개에 달하는 고가도로가 있었으나, 그 이후 삼각지로타리고가도로, 청계고가도로 등 15개의 고가도로가 이미 철거되었고 2017년 이후에도 8개의 고가도로가 추가로 철거될 예정이다. 도시에 들어서는 철도의 경우에도 이제 지상이나 공중에 건설하는 대안은 인기가 없다. 서울 도시철도의 또 다른 이름이 지하철이듯이 수도권 고속철도나 급행철도까지 대부분의 대량 수송시설은 지하로 건설될 예정이다. 이런 대량 교통시설 역사나 터미널과 맞물려 개발된 대규모 지하공간이 연결되면서 복합교통시설을 넘어 지하도시까지 바라보고 있다.

이렇게 지하공간을 선호하게 된 배경에는 경제적 이유를 빼놓을 수 없다. 수도권의 땅값이 너무 비싸져서 지상에 신규 교통시설 건설이 어려워진 것이다. 또한 건설기술

발전으로 과거에 비해 지하공간에 대한 공사비용도 낮아졌다. 경관이나 소음 등 환경문제에 대한 관심이 높아진 것도 중요한 이유이다. 그러나 무엇보다도 중요한 것은 통행시간 단축이다. 현재 1인당 3만 달러에 근접한 국민소득이 계속 높아지면 통행시간 가치가 더 높아질 것이고, OECD 국가 가운데 가장 긴 통근시간을 비롯한 통행시간을 줄여야 대도시권 경쟁력을 높일 수 있기 때문이다.

우리나라에서도 대규모 지하도로 프로젝트가 진행되어 왔고 제안되고 있다. 분당~내곡 고속화도로가 판교신도시를 통과하는 2.3km 구간에 광장지하차도가 2009년부터 운영되고 있다. 국도 48호선이 김포한강신도시를 통과하는 2.2km 구간에 장기지하차도가 2012년 완공되었다. 이들 사업은 단순한 용량증대 유형으로 해외 유명 지하도로 사례와 비교할 때 계획의 복잡성이나 공사 난이도가 높지는 않다. 서울시 강남순환로 23.2km(금천구 독산동~강남구 수서동) 구간은 2017년 준공되었으며, 서부간선도로 11.6km(영등포구 양평동~금천구 독산동 구간)와 제물포길도 지하화 공사 중에 있다. 기존에 제안된 동부간선도로 지하화, 강남대로 종합환승센터, 2009년 서울시에서 발표한 총연장 149km의 U-Smartway 지하도로망 사업 등은 외국의 경우와 같이 입체교차로를 포함한 훨씬 사업비가 높고 기술적 난이도가 높은 사업으로 평가된다. 2017년 들어 경부고속도로 양재~한남대교 구간에 대한 지하화도 논의가 진행되는 등 대도시권에 간선도로 용량확보는 지하화 된 도시고속도로 위주로 진행되고 있다.

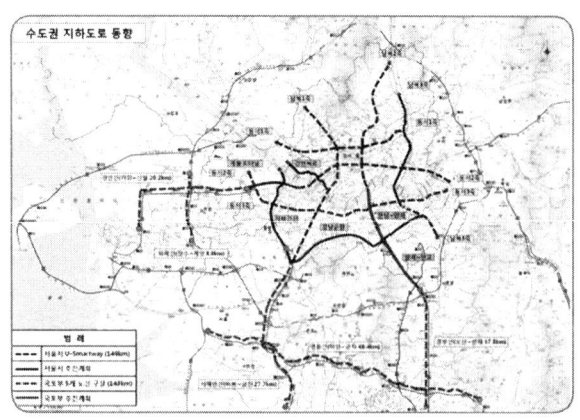

수도권에서 제안되었던 지하도로 노선 (자료 : 도로교통연구원)

정부에서도 수도권의 5개 고속도로 구간에 대한 지하도로 건설을 검토한 바가 있고, 특히 경부고속도로 판교~한남 구간, 서울외곽순환고속도로의 장수~계양 구간을 지하도로로 추진하고 단계적으로 확대한다는 전략을 검토한 바 있다. 경부고속도로 기흥 IC~오산 IC 구간중 동탄신도시를 지나는 1.2km구간에 대한 지하화 공사도 시작되었다. 경인고속도로 서인천 IC~신월 IC 14km 구간에 대한 지하화도 제1차 고속도로건설5개년계획(2016~2020년)에 반영되어 민자사업으로 추진된다.

지상도로 개설이 한계에 이른 부산시에서도 공격적으로 지하도로를 추진하고 있다. 이미 수많은 유료터널을 운영해온 경험을 바탕으로 최근에도 지하도로를 적극적으로 확대하고 있다. 부산시 해안순환로를 건설하면서 동명오거리 지하차도가 건설되었고, 장림지하차도가 건설되고 있다. 여기에서 한걸음 더 나아가 동서 간 4개축과 남북 간 1개축 총 5개축 88km에 달하는 대심도 지하도로 계획을 2015년 12월 발표하였다. 동서1축은 만덕~해운대 센텀시티 간 8.9km 구간으로 중간에 IC 2개를 개설하는 등 사업계획(2017~2022년)을 바탕으로 추진하고 있다. 동서1축 전체사업비는 민자 4,700억 원을 포함하여 6,700억 원으로 추산된다. 낙동강에 신설 예정인 3개의 교량을 기점으로 동서2축(대저대교~해운대 장산교차로), 동서3축(사상대교~황령교차로), 그리고 동서4축(엄궁대교~북항) 개설을 계획하고 있다. 남북축(경부고속도로~중구 보수동)은 이들 4개 동서축을 남북으로 잇는다.

나. 지하도로 유형별 개발방향

국내외 도시부 지하도로 사례를 검토해보면 3가지로 유형[216] 구분이 가능하다. 첫 번째 유형은 통과형(road link)으로 시점과 종점 중간에 연결로나 교차도로가 없이 링크 역할만 수행한다. 산악 터널과 같이 통행기능과 이동성이 강조된 시설물로서

---

216) 한국도로공사 도로교통연구원, 지하고속도로 계획 및 운영방안 수립 연구, 2011.

선형 도로의 일부를 구성한다. 한국의 경우 교차로에 설치된 길이 100~200m의 U타입 지하차도가 초기 시설물이다. 광장지하차도(분당~내곡 고속화도로 판교신도시 통과구간 2.3㎞, 2009)와 장기지하차도(국도 48호선 김포한강신도시구간 2.2㎞, 2012), 인천 북항터널(5.46㎞, 2017) 등이 주요 사례이다.

두 번째 유형은 지하도로 내부에 진출입 연결로가 설치되어 지하에서 합류와 분류가 일어나는 도로 네트워크이다. 교차로가 만들어질 수도 있다. 보스턴 빅딕이나 프랑스 파리 A86, 도쿄 야마테터널, 스페인 마드리드 M30, 싱가포르 마리나 지하고속도로 등이 지하도로에 연결로가 설치된 앞선 사례이며, 국내에서도 서부간선도로, 제물포길, 부산시 지하도로 등이 두 번째 유형으로 분류될 수 있을 것이다. 지하에서 지상의 도시고속도로와 유사한 기능을 발휘할 것을 목표로 하기 때문에 연장이 길고 이동성과 안전성이 특히 중요하다. 이동성을 확보하기 위해 설계차종 제한, 차량진출입관리, 본선속도관리, 인접교차로 운영기술, 교통정보와 경로안내 등과 같은 교통관리기술이 필요하다. 안전성을 확보하기 위해 위험차량 진입관리, 돌발상황관리 기술 등도 필요하다.

세 번째 유형은 도로뿐 아니라 철도, 신교통수단 등을 포함하는 복합교통수단을 연계하는 복합교통수단네트워크(Multiple Transportation Network)이다. 복합교통수단을 연계하는 것은 지하도시개발과 연계를 가지고 수행하는 것이기에 사실상 지하교통시설이 주도하는 지하도시 개발 사업을 목표로 하는 경우가 많다. 프랑스 파리의 라데팡스나 캐나다 몬트리올의 지하도시(RÉSO) 등이 주목할 만한 사례이며 한국에서도 영동대로 복합환승센터나 경부고속도로 양재~한남대교 구간 지하화 사업 정도가 가능성이 있다. 수서~평택 간 SRT/GTX 동탄역 상부에 1.2㎞의 경부고속도로 지하화구간이 지나가니 복합교통환승센터 개발이 가능할 것이나 수요가 작아서인지 현재로선 별 움직임이 없다. 한국에서 가장 많은 버스가 다니는 경부고속도로와 동탄역 간 직접 연결로도 없어서 버스는 기흥 IC나 오산 IC로 돌아서 접근해야 한다. 지하 간선교통 네트워크는 도로뿐만 아니라 철도 등을 포함하는 지하교통수단의 간선망의 구축을 목표로 하는 것으로 교통수단간 연계환승, 복합교통수단을 고려한 입체 복합교통망 계획기술 등이 필요하다. 교통수단간 연계환승을 위해 환승 동선계획, 환승정보 제공, 환승연계 주차 설계 등의 기술이 요구된다. 지상공간이 절대적으로 부족한 상태에서 지하도로는 앞으로 우리가 추구해야 할 중요한 교통정책 중의 하나임에는 틀림이 없다. 다만 사회 각계에서 제기되는 다양한 의견을 수렴하여 우리 여건에 맞는 합리적인 지하도로 건설방향을 찾아가는 것이 중요하다.

6 교차로와 도로 횡단구성

가. 평면 교차로와 입체 교차로

교차로 진화 과정

교차로는 길이 모이는 곳에서 형성되는데 여기에서 이용자들 간에 갈등도 생기고 화합도 생긴다. 이 갈등을 잘 해소하면 교차로에 힘이 모이게 되고 갈등 조정에 실패하면 교차로는 기피대상이 된다. 도로기술자들은 지극한 상상력을 발휘하여 훌륭한 교차로들을 고안했지만 정확한 단일해법이란 존재하지 않는 것이었고 기술과 환경에 따라 변화하여 왔다. 서로 다른 길들이 같은 눈높이에서 만나는 평면 무신호교차로가 시작이었고, 양보나 우측진입 우선과 같은 나름대로의 규칙이 정착되었다. 조금 더 상황이 복잡해지면서 교차로를 둥근 원으로 만들어 한쪽방향으로 회전하면서 들고 날 수 있는 회전교차로가 출현하였다. 상황에 따라서는 교차로에 광장이 형성되어 화합의 공간으로 발전하기도 하였다. 평면 무신호교차로나 회전교차로에 늘어나는 차들이 엉키게 되자 통행권을 시간에 따라 배분해주는 신호등이 20세기 초에 실용화되어 무신호교차로보다 많은 교통량을 안전하게 처리할 수 있게 되었다. 점차 넓어지고 반듯해진 도로를 성능 좋은 자동차가 빠르게 이동하는 시대가 오자 사람과 자동차가 다투는 평면교차로는 극복해야만 할 대상이었다.

이제는 통행권을 시간으로 배분하는 대신 진행방향별로 분리된 전용도로로 보내는 입체교차로가 탄생하게 되었다. 철저하게 자동차를 위해 고안된 시설이다. 오늘날 고속도로와 같은 고규격도로의 교차로는 입체교차로가 원칙이며 고속도로가 일반도로를 만나는 곳은 인터체인지(IC) 또는 나들목, 그리고 고속도로와 고속도로가 만나는 곳을 정선(JC) 또는 분기점이라고 부른다. 클로버형 IC는 2층에 불과한 구조물이지만 교통류가 모든 진행방향으로 신호등 없이 갈 수 있는 획기적인 입체교차로였다. 그러나 교통량이 늘어나면서 엇갈림 혼잡 등에 제대로 대처하기가 어렵게 되었다. 점차 용량이 큰 입체교차로를 만들고자 하는 노력으로 모든 진행방향 교통류에 전용 연결로를 만들다 보니 3층이나 4층의 거대한 입체교차로가 생겨나게 되었다. 미국 로스앤젤레스 고속도로에서는 버스나 다인승전용차량에도 독립된 연결로를 제공하려다 보니 6층이나 되는 입체교차로가 탄생하게 되었고 그 넓이가 피렌체와 맞먹게 되었다. 결론적으로 입체교차로는 지극히 자동차 친화적인 교차로라는 것이며, 그 효율만큼이나 넓은 공간을 소모한다는 것이다.

도시 간선도로에서도 똑같은 고민이 있어 왔으나 공간에 대한 제약이 훨씬 클 수밖에 없었다. 그래서 생각해 낸 것이 교차로를 부분적으로 입체화하는 것으로 주요 진행방향 도로를 공중이나 지하에 설치하는 소위 고가차도·지하차도가 인기를 얻게 되었다. 설치 초기에는 교통혼잡을 줄이는 역할을 톡톡히 수행하여 인기있는 건설 항목이었고 서울시에만도 수많은 고가도로와 지하차도가 생겨나게 되었다. 그런데 도로, 특히 힘이 모이는 교차로의 주변 환경이 시간의 흐름에 따라 크게 변하게 되었다. 가장 큰 변화는 지하철역이 주요 교차로에 들어선 것이며 이를 따라 고밀도 건축물들이 생겨난 것이다. 교차로에 설치된 고가도로는 고밀도로 개발된 건물들의 조망과 햇빛을 가로막았다. 버스들은 가로변에 정차해야만 했고 중앙버스전용차로제 적용도 힘들었다. 대중교통 이용이 늘어나자 보행자도 늘어나게 되었는데 지하차도가 걸림돌이 되었다. 결국 자동차만을 위해 건설된 고가도로와 지하차도가 수명을 다하고 사라져가게 되었다. 교차로와 마찬가지로 일반 도로에서도 그동안 자동차의 이동성을 위해 헌신했던 지상부 도로공간을 걷는 사람에게 돌려주는 흐름이 생겨났다. 걷는 자가 다시 거리의 주인으로 되돌아오면서 보행자와 연계되는 대중교통, 자전거 중심으로 도로공간이 재편되기 시작한 것이다.

신도시 건설과정에서 간선도로를 중심으로 대형교차로가 생겨나게 되었다. 그런데 신도시에 충분히 사람이 입주하여 교통량이 늘어나기 전까지 오랜 시간이 걸리게 된다. 교통안전 때문에 신도시 개발 초기부터 신호등을 운영하게 되는데 사실 교통량이 많아야 효과가 있다. 결국 수년 동안 낮은 교통량을 대상으로 신호등이 운영되는데 주기가 150초~180초나 될 정도로 길다. 이 교차로들은 엄청나게 비효율적으로 운영되는 셈이다. 몇 대 안되는 차량들이 긴 시간을 기다리거나 틈만 나면 신호를 위반한다. 운영의 묘를 살려 과도기적으로 간이식 회전교차로를 운영하면 대기 시간도 줄어들고 안전도 개선되겠지만 행정장벽 때문인지 늘 반복되어 참으로 안타깝다.

줄어드는 서울시 고가차도와 지하차도

1960년대부터 2000년대까지 교차로 입체화와 도시고속도로 건설 등의 이유로 서울에 총 109개의 고가도로가 건설되었다. 서울시의 고가차도가운데 2016년까지 18개가 철거되었고 2017년부터 8개의 고가도로가 추가로 철거되면 75개의 고가도로만 남게 된다. 철거대상 고가는 ①한남2고가 ②구로고가 ③노들남고가 ④노들북고가 ⑤선유고가 ⑥사당고가 ⑦강남터미널고가 ⑧영동대교북단고가다. 2017년부터 단계적으로 철거에 들어갈 계획인데 주변 개발계획 추진상황에 따라 변수는 남아있다. 고가차도가 철거된 자리에는 중앙버스전용차로가 신설되거나, 차로가 늘고 횡단보도가 놓이는 등 보행친화적인 교통 환경이 조성된다.

1980~1990년대에 도심과 외곽 여러 곳에 많은 지하차도가 건설됐다. 지하차도는 길이 넓고 교차로 간격이 긴 신도시나 외곽 간선도로에서 연속적으로 신호등 영향을 받지 않고 진행할 수 있는 장점이 커서 지금도 활발하게 건설되고 있다. 그러나 도심부의 오래된 지하차도가 자동차 소통과 보행자안전을 저해하는 경우가 생겨나고 있다. 2000년 이후 서울에서 동교, 장지, 신월, 의주로 등 지하차도 4곳이 전체 또는 일부 철거됐다. 1984년 개통된 양화로 동교지하차도는 2006년 철거되어 중앙버스 전용차로가 들어섰다.

나. 도시가로 공간 재배치 필요성

다음은 도로 횡단구성에 대하여 살펴보자. 과거에는 신작로라 하여 여기에 승용차, 전차, 버스, 마차, 자전거, 오토바이, 농기계, 보행자 등 모든 오래되고 새로운 교통수단들이 섞여서 다녔다. 나름의 원칙 아래서 서로 양보하면서 조금 느리더라도 도로변 시설들과 활발하게 소통하며 사용되었다. 지금도 동남아시아나 아프리카에서 흔하게 관찰되고 있다. 의외로 고도로 문명이 발달한 유럽 도시들에서 이러한 도로횡단구성이 아직도 잘 사용되고 있다. 물론 개발도상국의 도로보다는 훨씬 진보된 운영기술을 적용하여 도로를 입체화시키지 않고서도 모든 교통수단이 동일한 도로평면에서 함께 하는 것이다. 우리에게 익숙한 보도+차도+차도+보도 4개로 구분된 횡단구성이 아니라 6개 또는 8개까지 횡단면을 나누어 각종 교통수단을 마찰 없이 통행시키고 있다. 여기에는 승용차의 대폭적인 양보 또는 후퇴가 전제되어야만 한다. 승용차의 이동성을 다소 낮추더라도 도로변에 대한 접근성을 높이면 비로소 도로의 소유권은 승용차가 아니라 모든 이용자들에게 속하고, 그들이 도시의 소유자가 되는 것이다. 그동안 이동성을 극대화시키기 위해 교차로와 도로횡단면을 입체화시키는 기술을 극단적으로 발전시켜 왔다. 일부 도시가로는 모든 이용자들에게 돌려주는 것이 바람직하지만 여기에는 세련된 도로설계와 운영기술이 요구된다.

걷는 시민이 도시의 주인이자 도로의 소유자가 되기 위해서는 보행자·대중교통·녹색교통 중심으로 도시가로를 바꾸어야 하는데 두 가지 전제가 있다. 첫째 보행이 활성화되려면 철저히 대중교통활성화와 동조되어야 하는데 서울시는 이미 66%가 버스와 지하철·철도로 움직이고 있으니 시기도 적절하다. 둘째 도로를 보다 화물차 친화적으로 바꾸어줘야 한다. 통과하는 화물차를 얘기하는 것이 아니라 도시에 짐을 실어다 주는 화물차를 얘기하는 것이다. 도시의 활력을 유지하는 도시물류는 대중교통이 담당할 수 없고, 100% 도로를 통해서 각종 화물차에 의해 움직이고 전달된다. 주요 목적지에 화물차 조업공간을 마련해주고 간선도로나 이면도로변에 승용차보다 화물차가 신속하게 정차하고 조업할 수 있는 공간을 마련해줄 필요가 있다. 화물차에 대한 공간 배려가 선진국 도로와 한국 도로의 횡단면 구성에서 가장 큰 차이가 아닐까 싶다. 이렇게 하면 시가지 가로의 차량 흐름은 보다 늦어질 수 있지만 이는 안전에 바람직하며 자동차 수요가 줄어들면 모두가 행복해진다. 문제는 이 자동차 수요가 어디로 가야 하는가이다. 당연히 용량이 높은 도시고속도로나 순환도로를 통해 보내야 한다. 시가지 도로는 더 느리게, 도시고속도로는 더 빠르게 되도록 시설을 정비하고 도로횡단면을 바꾸어야 한다.

공동구

도로는 차량과 사람의 소통이외에 물이나 전류 등 흐르는 모든 것을 교통시키는 공간도 제공한다. 공용하던 도로에서 수시로 포장을 파헤치는 공사는 작업자나 도로이용자 모두에게 심각한 스트레스를 준다. 대부분 도로 지하에 매설된 상수도·전력선·하수도·가스관 등을 수리하거나 늘리는 공사인 것이다. 이와 같은 일들을 줄이기 위해 여러 가지 공급관들을 도로 지하에 만든 통로에 모은 것이 지하공동구이다. 신도시에서는 공중에 늘어진 전기·통신선이 보이지 않아 깨끗하고 도로를 파헤치는 일도 드물다. 모두 공동구 때문이다.

지하공동구는 여의도에 최초로 설치되었는데 대형(500×250cm) 4.2km, 소형(500×200cm) 1.2km가 설치되었다. 공동구에는 상수도, 가스관, 전력선관, 통신관, 공기관을 설치하였으며, 하수관은 별도로 매설하였다. 목동에는 총연장 11.2km의 지하공동구가 설치되었는데 20km에 달하는 온수배관도 왕복으로 설치되었다. 여기에 대부분의 지하철들이 간선도로를 따라 개설되어 있으니 도로는 그야말로 흐르는 모든 것들에게 서비스를 제공하는 공공 공간이라고 할 수 있다. 우리나라 대도시에서 도시 개발면적의 20~25%를 차지하고 있는 도로의 역할이 이동성과 공간성 측면에서 중요하긴 하지만 이에 더해서 필수 기반시설의 공동안식처이기도 하다는 점을 강조하고 싶다.

7 간선급행버스(BRT)와 대중교통 시설

가. BRT의 태동과 발전

　우리나라 버스정책이 운수정책 위주에서 시설·차량·환승·운영 등 종합적 개념으로 전환하기 시작한 시기는 2004년 말 무렵이다. 수도권 인구 증가로 통근권역이 확대되고 늘어나는 자동차로 광역도로망의 교통체증이 가중되던 상황이었다. 도로용량을 짧은 기간에 늘리기보다는 기존 도로를 효율적으로 활용하기 위한 도로교통시스템이 요구되었다. 이와 같은 배경에서 철도와 버스의 장점을 갖추면서도 단기간, 저비용, 고효율이란 매력을 갖고 있는 간선급행버스체계(BRT) 시스템이 자연스럽게 대안으로 떠오르게 되었다. 이 배경에는 '땅위의 지하철'로 홍보되던 브라질 꾸리찌바시와 콜롬비아 보고타시 BRT의 놀라운 성공사례가 자리하고 있었다.

　때마침 서울시에서도 대중교통체계를 개편하는 과정에서 개인교통 수요를 대중교통 수요로 전환시키기 위해 중앙버스전용차로제를 도입하기 시작했다. 건설교통부에서 '수도권 BRT 도입 기본구상 연구'(2002~2004년)란 R&D 사업을 통하여 21개 도로축(자동차전용 10개, 간선도로 11개)에 대한 BRT 노선을 구상하였다. 여기에 인천시에서 제안한 1개 노선을 추가하여 2004년 12월 12일 수도권 대중교통협의회에서 22개 노선 총연장 540.4㎞의 BRT 노선계획을 확정하였다. 대중교통에 관한 체계적 지원과 서비스 향상을 도모하기 위해 2005년 1월 27일 「대중교통의 육성 및 이용촉진에 관한 법률」이 제정되었는데 여기에 본격적으로 BRT가 간선급행버스체계란 법적 명칭으로 등장하게 된다. 2006년 12월 제정한 「간선급행버스체계(BRT) 설계지침」에서는 BRT 유형을 시설수준과 용량에 따라 초급·중급·상급으로 구분하였다. 2010년 6월에는 지침을 개정하여 BRT 유형을 일반형과 신교통형으로 2원화하였다. 서울시 중앙버스전용차로도 일반형 BRT로 자리하게 되었다. 교통제약조건이 많은 기존 도로에는 일반형 BRT를 추진하되 서비스수준을 개선하고,

신규 도로에 BRT를 구축하는 경우에는 신교통형 BRT로 유도하도록 한 것이다. 2009년 각 지자체별로 대도시권 BRT 기초조사를 실시하여 2010년 8월 전국대도시권 BRT 확충계획을 수립하였는데 총연장 515.5㎞에 달하는 우선 추진사업 20개소를 선정하였다.

시범사업을 통한 BRT 도입과 확산

2005년 3월 7일 국가균형발전위원회에서 수도권 경쟁력 제고를 위한 BRT체계 구축방안이 발표되었으며 시범사업으로 이어지게 된다. 2005년 5월 국토해양부, 서울특별시, 경기도, 인천시가 참여한 수도권 BRT시범사업을 위한 관계기관 회의에서 인천 청라지구~서울시 화곡역 노선과 서울(천호)~하남시 노선 2개가 수도권 BRT시범사업으로 선정되었다. 2006년도 정부 예산편성심의 결과 서울(천호)~하남 BRT사업이 최초로 추진되게 되었는데 이는 동 BRT사업에 대한 국고지원액이 300억 원 이하로 예비타당성 조사를 거치지 않아도 되었기 때문이다.

천호~하남 간 BRT(10.5㎞) 개통(2011년 3월 19일)에 이어 2013년 7월 11일에는 청라~강서 간 BRT(19.8㎞), 2014년 11월 17일에는 화랑~별내 간 BRT(5.25㎞)가 차례로 개통되었다. 지방에서도 2013년 말 세종시 BRT도로(22.9㎞)가 개통되었고, 대전역~와동 IC 광역 BRT사업(2009~2015년)도 진행되게 되었다. 대부분의 교차로 신호등은 그대로 운영하는 상태에서 중앙버스차로를 확보하고 일반버스가 달리니 서울시 중앙버스전용차로제와 크게 차별성이 없었다. 시행 초기에 버스통행속도는 3.1%~12.2% 증가하였고, 버스승객은 7.9%~23.5% 증가하였다. 수원~구로(국도1호선)간 BRT 25.9㎞ 사업도 진행 중이다. 수도권교통본부에서는 총 연장 452.9㎞ 21개 BRT노선(단기 1, 중기 5, 장기 15)에 대하여 우선순위별 추진계획을 수립하고 있다.

몇 개의 사업이 성공적으로 완료되었음에도 불구하고 당초 계획 대비 진도가 느렸던 것은 예산, 민원뿐 아니라 법률제도의 미비에도 원인이 있었다. BRT 관련 세부

사항을 규정하여 건설·운영을 촉진함으로써 BRT사업의 체계적인 건설과 종합적인 발전을 도모하기 위해서「간선급행버스체계의 건설 및 운영에 관한 특별법」이 2014년 마련되었다. 그간 BRT와 관련하여「대중교통의 육성 및 이용촉진에 관한 법률」상의 정의 규정,「대도시권 광역교통 관리에 관한 특별법」의 BRT 국고지원 기준, 사업시행 시「도로법」적용 등 개별법에 의하여 각각의 절차가 나뉘어서 진행되었을 뿐 세부적이고 독립적인 규정이 없어 사업시행에 차질을 빚거나 건설·운영에 따른 지자체 간의 갈등조정에 어려움이 있던 것이「BRT특별법」이 만들어진 배경이다.

BRT 특별법 주요 내용

「BRT특별법」의 주요 내용은 다음과 같다.

하나, "국토교통부장관은 10년 단위의 BRT 종합계획을 수립하여야 한다."로 수립권자를 명확히 하였다.

둘, BRT 건설 사업의 시행자를 명확하게 하기 위하여 시·도지사를 시행자를 지정하였고,「지방자치법」제159조에 따른 지방자치단체조합 등도 시행자로 지정하여 수도권교통본부도 명확한 지위를 획득하게 되었다.

셋, 광역BRT 비용부담은 시·도지사가 원칙으로 하나(제16조), 국토교통부장관이 실시계획을 승인한 경우 국고지원(제32조)이 가능하도록 하였다. BRT 구축사업비용에 대한 국고 보조 비율은 광역형 50%, 도시형은 수도권 25%, 수도권 외 50%로 시행령에 규정하고 있다.

넷, 시행령에 전용차량을 신교통형과 일반버스형으로 구분하고 신교통형은 바이모달트램, 트롤리 버스, 전기 버스 등 대량수송·수평승하차·친환경 동력시스템 등 기술적 개선이 있는 차량으로 규정하였다.

다섯, 시행령에 시·도지사는 전용주행로를 통행할 수 있는 전용차량의 종류를 BRT전용차량만 통행하는 경우, BRT전용차량 및 도로교통법에 따른 버스전용차로 통행가능 차량이 통행하는 경우 중 하나로 정하여 고시할 수 있게 하였다.

BRT는 땅위의 지하철보다는 바퀴와 자체동력으로 가는 트램 개념

국고지원을 통하여 건설된 수도권 BRT는 전용차로를 확보하는 데에는 기여하였으나 기존 버스와 차별화되는 신교통수단 도입에는 아직 미치지 못하고 있다. 결과적으로 BRT는 더 이상 '땅 위의 지하철'이란 신개념 고급교통시스템으로 인식되지 못하고 시민들로부터는 중앙버스전용차로 정도로 인식되고 있는 실정이다. 부산·대구·대전·광주와 같은 대도시에서 BRT에 기반을 둔 대용량 대중교통수단 도입은 물 건너갔고 경전철 등으로 관심이 전환되었다. 또한 위례·동탄 신도시에서도 주민들이 BRT는 신교통수단이 아니라고 하여 트램만을 요구하고 있는 실정이다.

이와 같은 현실은 해외에서 급속하게 확대되는 BRT와 국내에 도입된 BRT 간에 시설이나 운영 수준에 큰 차이가 있기 때문이다. 한국에서 당초에 추구했고, 외국에서 확산되는 BRT는 '땅위의 지하철'보다는 '고무바퀴와 엔진으로 달리는 트램'에 가깝다. 개념적으로 트램을 '땅위의 지하철'이라 부르고 지하철을 '땅속의 트램'이라 불러도 좋을 만큼 두 교통수단은 운영방식이나, 동력·차량이 비슷하다. 그런데 트램은 도로 위에 설치된 궤도를 따라가야 하고 전기를 공급하는 동력선도 필요해서 도로 위를 다니기에는 많은 제약이 있고 비용도 만만치가 않다. 이와 같은 트램의 대안으로 가격이 싸고 이동이 자유로운 대용량 굴절버스를 간선도로에 투입하고, 환승·수평승하차·사전요금지불 등 트램이나 지하철 요소를 강화한 것이 BRT인 것이다. 서구인들은 과거에는 전차, 1980년대 후반부터 트램 등 비슷한 교통수단을 계속해서 운영해왔으니 장점은 취하고 단점은 개선한 BRT 개념을 자연스럽게 만들어 냈고 도시철도를 건설할 경제적 여력이 없던 브라질과 콜롬비아 도시들에서 대용량 BRT를 도입하여 크게 성공한 것이다.

그런데 한국에서는 기존 도로에서 용량을 과감하게 덜어내는데 인색하였고, 무엇보다도 기득권인 버스 시장에 BRT 시장을 집어넣는 혁신에 실패했다. 어렵게 확보한 전용차로에 기존 버스들을 운행시킴으로써 버스경쟁력은 개선되었지만 신교통형차량 운행이란 혁신은 물 건너간 셈이다. 수요가 있다는 전제에서 신교통형 차량은 승객 수송용량이 커야하고, 친환경에너지를 사용하며, 승차감과 미관도 좋아야 한다. 전기로 가는 저상굴절버스 수준은 되어야 한다. 이상의 요구를 반영하여 신교통형은 바이모달트램, 트롤리버스, 전기 버스 등 대량수송·수평승하차·친환경 동력시스템 등 기술적 개선이 있는 차량으로 「BRT특별법」에서 규정하고 있다.

신교통수단과 BRT

국토교통부에서 지자체가 신교통수단을 선정하는데 고려해야 할 여섯 가지 가이드라인을 제시하고 있다.
하나, 활용 가능한 모든 신교통수단을 비교·검토할 것
둘, 노선 도입 시 예상수입이 연간운영비를 충족할 것
셋, 국고보조 규모를 고려하여 지자체가 부담 가능한 사업비 범위 내에서 선택할 것
넷, 첨두시 교통수요를 처리할 수 있는 용량을 가져야 할 것
다섯, 비첨두시간대에 적정 서비스를 제공할 것
여섯, 해당 지역의 고유특성을 반영하는 신교통수단을 도입할 것

신교통수단 후보로서 BRT, 바이모달트램[217], 노면전차[218], 경량전철 네 가지를 제시하고 있다. 지금까지 지자체에서 도입한 신교통수단 사례들의 문제점을 종합해보면 과도한 수요 예측, 운영비에도 못 미치는 탑승 인원, 지나친 상징성 추구란 점을 감안할 때 기본적이지만 체계적인 가이드라인이라고 평가된다. 개인적인 의견으로 도로위에 건설되어 기존 교통흐름과 상호 교통하여야 한다는 점에서 기존 도로시스템과의 조화라는 항목이 추가되는 것이 어떤가 한다. 교통수단별 1km당 연간 평균운영비는 BRT(3.0억 원), 바이모달트램(5.0억 원), 노면전차(5량)(6.5억 원), 경량전철(12.0억 원)이다. 이 연간 평균운영비를 만족시키는 영향권 인구는 당연히 BRT보다 경량전철이 훨씬 높아야한다. 신교통수단 1km당 평균건설비는 BRT(29억 원), 바이모달트램(102억

---

217) 일반도로와 전용궤도 모두 주행이 가능한 수단.
218) 노면전차(무가선트램)는 전선 없이 운영하는 전차시스템.

원), 노면전차(5량)(200억 원), 경량전철(463억 원)이다. 첨두시 최대수송용량은 노면전차(11,900명), 경량전철(10,600명), 바이모달(9,900명), BRT(9,000명)[219] 순이다. 비첨두시 적정수송용량은 바이모달트램(7,500명), BRT(6,800명), 노면전차(6,600명), 경량전철(5,800명) 순서이다. 현재까지 국내에 도입된 것은 BRT와 경량전철 뿐이니 바이모달트램과 노면전차는 사례축적이 필요할 것이다. 신속하게 도입하고 활용한다는 관점에서 보면 BRT〉바이모달트램〉노면전차=경량전철 순이다. 이상의 기준을 적용할 경우 경량전철(2량)은 우선순위가 낮아질 가능성이 높은데 수송용량에 비해 건설비가 매우 고가이고 운영비도 높다는 약점을 이동성과 쾌적성, 브랜드란 장점으로 극복해야 한다. 유일하게 도로의 용량을 많이 덜어내지 않고 추가 용량을 확보한다는 치명적 매력이 있지만 이는 도로 여건에 따라 잘 판단해야 하는 것이다.

세종시 BRT가 한국 BRT의 미래를 제시할 것으로 기대

세종시는 중심순환도로(한누리대로) 22.9㎞에 한국 최고 수준의 BRT 기반시설을 구축하였다. 순환도로 주변에 중요 시설들을 모아서 BRT에 기반을 둔 대중교통중심도시를 추구하고 있는 것이다. 좌회전 및 직진차량이 시간당 1,000대 이상인 교차로는 지하차도 12개, 고가차도 3개를 만들어 입체화시켰다. 세종시 도시계획 단계에서부터 왕복 6차로 순환도로 중앙에 왕복 2차로를 BRT전용차로로 구상하여 토지이용계획을 결정하였다. 아직까지는 신교통차량이 아닌 일반 버스가 운행되고 환승시스템이 활성화되지 못하여 조금 쾌적한 중앙버스전용차로에 가깝다. 시험운행에 투입되었던 바이모달차량도 여러 문제로 운영이 중단되었다. 인구가 증가함에 따라 BRT 이용수요도 꾸준하게 늘어나고 있다. 세종시에서도 일반 CNG 버스 대신 바이모달트램, 2층버스, 전기버스와 같은 신교통수단 도입도 계획하고

---

[219] 세계 최대 보고타 BRT같은 곳은 설계와 운영에 따라서 시간당 최대 40,000명까지 수송한다. 12개 노선 133㎞ 연장으로 하루에 220만 명을 수송하고 있다.

있으니 조만간 BRT 차로를 트램 부럽지 않은 신교통차량이 당당하게 달리게 될 것이고 환승체계나 요금체계도 개선되는 그날이 진정한 한국 BRT의 시작이라고 기대해 본다. 순환 BRT에 대전과 오송역에서 들어오는 방사형 BRT도 운영 중이고 향후 4개축으로 확대된다면 원래 구상대로 방사형과 순환형 BRT 노선이 세종시 대중교통의 핵으로 자리 잡게 되는 것이다. 여기에다 전국 최고의 보급률을 자랑하는 자전거 이용률까지 높아진다면 녹색교통이 실현되는 도시가 될 것이다. 이런 수준의 BRT가 자리를 잡아야 경전철이나 트램을 기대하던 이용자들도 눈높이를 맞출 수 있고 또 확산이 가능할 것이다. 최초로 성공한 사례를 만들면 후속으로 추진하는 사업들은 훨씬 쉬워진다. 다른 지자체에서 수요가 낮은 경전철 구간에 신교통차량급 고급 굴절버스가 다니도록 구상했다면 어떤 일이 일어났을지 궁금해진다.

경부고속도로 평일 버스전용차로제

1990년 8월 1일 개정된 「도로교통법」에 버스전용차로제가 최초로 규정되었다. 경부고속도로에 1994년 하계휴가철에 최초 도입된 이후 1998년부터 주말 및 연휴에 경부고속도로 청원~한남대교 구간에 주말버스전용차로제가 본격적으로 운영되기 시작했다. 2009년 2월 경부고속도로 오산~한남대교 44.8km 구간에서 평일에도 07시부터 21시까지 버스전용차로제가 운영되기 시작했다. 2008년 2월 대통령직 인수위원회에서 수도권 교통난 해소 6대 과제로 선정되어 시행된 것이다. 경부고속도로축에 포도송이처럼 달린 신도시 거주민들의 M버스, 광역버스, 전세버스의 주요 경로가 되고 있다. 단순한 중앙버스전용차로이지만 이 노선은 수도권 BRT노선 22개중 1번으로 지정(건설교통부)되었다. 평일 버스전용차로제 시행효과는 엄청났다. 통행속도가 즉각적으로 개선(오산~양재 4~6%, 양재~한남 33.1~106.2%)되었고, 경기도 광역버스 이용객이 2008년 6월 191,000명에서 2009년 4월 306,000명으로 급증하였다. 경부고속도로 천안~오산 간 버스 교통량 비율이 7.9%로 타 고속도로보다 월등히 높아서 버스전용차로제 시행효과가 큰 것인데, 이는 역으로 버스전용차로를 따라 많은 버스가 몰린 결과이기도 하다.

수도권 지자체에서 광역버스 노선 개설 요구가 지속되고 있고 최근 경기도에서 2층 버스 운행까지 시작하는 등 경부고속도로 버스전용차로는 수도권 광역버스 네트워크의 주력 수송로가 되었다. 몇 가지의 개선이 필요하다. 고속버스와 광역버스에 대한 제한속도 균일화와 위반차량 단속, 전용차로 진입과 진출 시 안전한 차로변경을 위해서 슬립램프 등의 설치, 그리고 주요 지점 환승시설 강화 등이다. 동탄이나 죽전, 그리고 서울영업소 부지에 고속도로 본선에서 쉽게 접근할 수 있는 환승센터를 만들어 준다면 즉각적인 서비스 개선이 가능할 것이다. 지금도 죽전과 신갈에 버스환승센터가 있기는 하지만 이 정도로는 부족하다. 2017년 7월 29일 영동고속도로 신갈~여주 간 41.4㎞ 구간에도 토요일과 공휴일에 버스전용차로제가 시행되었다. 현재는 경부고속도로와 같은 주중 통근수요는 없지만 동계올림픽 기간 등 모니터링 결과에 따라 최적 방안을 찾을 필요가 있다.

광역급행버스(M버스)는 기·종점간 최단거리 노선, 기종점 별 최소정류장 수(4~6개)로 운영하여 도입당시(2008년) 목표대로 출퇴근시간 자가용보다 빠르고 편리한 대중교통이 되었다. 2009년 8월 운행개시 후 2015년 현재 23개 노선, 일일 평균 66,000여명 이용, 출퇴근시간 10~20분 단축하는 등의 성과를 달성한 것으로 평가되고 있다[220]. 대표적인 성공 노선의 예를 들자면 동탄·광교·분당 등 경부고속도로축에 인접한 신도시 개설 노선일 것이다. 동탄신도시에서 강남역까지 40여분, 동탄에서 서울역까지 1시간 내외의 통행시간은 승용차로도 달성할 수 없는 시간이며 여기에는 경부고속도로 버스전용차로제와 서울시 버스전용차로제가 중요한 역할을 하고 있다. 지하철 몇 개 노선으로 커버하지 못하는 광범위한 지역의 광역교통 수요를 광역급행버스가 훌륭하게 담당하여 가장 선호하는 교통수단이 된 것이다. 서울시 도로의 수용이 한계에 이르러 신규 노선 개설이 쉽지는 않지만 경부고속도로 서울요금소 환승센터[221]에서 환승을 허용하고 용량이 큰 버스를 투입한다면 이용률을 높일 가능성은 얼마든지 있다.

---

220) 국토교통부, 종합교통업무편람, 2017.
221) 경부고속도로 서울 TG를 경유하는 광역급행버스는 대부분 서울역과 강남역을 목적지로 한다. 신도시의 특정지역에서 서울역·강남역 연결 노선이 1개만 있을 경우 서울요금소 환승센터(가칭)에서 갈아타게 하자는 것이다. 만약 서울 TG에 제대로 된 환승센터를 만들 경우 아이디어는 무궁무진해진다.

나. BRT 발전 방향

간선급행버스체계 설계지침(2010년 6월)에서는 지역의 도로 및 교통여건, 기능요구수준에 따라 신교통형 BRT(평균 35km/시)와 일반형 BRT(20km/시)로 유형을 구분하고 있다. 지금까지 수도권에 개통된 BRT 노선 3개의 평균주행속도는 20km/시 수준이다. 가까운 장래에 대중이 소망했던 신교통형 BRT가 출현할 가능성은 높아 보이지 않는다. 어떻게 보면 이용자들은 당초 기대했던 신교통형 BRT에 대한 꿈을 버리고 그저 개선된 버스서비스 정도로 인식하고 있는 것 같다. 국제 기준을 적용한 시설·용량·서비스 평가기준에서 1·2·3 등급에 미치지 못하는 기본형 BRT 등급인 서울시 BRT가 한국형 BRT의 대표로 자리 잡은 이유도 있을 것이다.

물론 지하철이나 경전철과 같은 대용량 대중교통시설이 있는 대도시에서는 도로 여유용량이 없기 때문에 중앙버스차로위주의 일반형 BRT 접근이 여전히 유효하다. 그러나 외곽에서 도심을 연결하는 방사형 간선도로나 신도시 순환형 중심가로는 편도 3~4차로 용량을 가지고 있는 경우가 많으므로 고속의 신교통형 BRT 도입이 가능하다. 그럼에도 불구하고 여전히 일반형 BRT 위주로 추진되는 이유는 재원 부족, 필수기술 부족, 혁신의지 부족, 그리고 무엇보다 도시가로를 대중교통과 보행자위주로 변화시키겠다는 정책목표의 불명확성 때문이다.

그렇다고 BRT를 기존 지하철 또는 새롭게 떠오르는 트램 등으로 변경하자는 것은 답이 아니다. 경제성 있는 도시철도 노선을 개발하는 것은 점점 어려워져 가고 있다. 최근 위례, 동탄과 같은 신도시나 수원, 성남, 대전, 울산에서 도입을 검토하고 있는 트램 역시 건설·운영 재원, 이해관계자 갈등, 법제 정비 등의 장벽을 감안하면 도입과 운영에서 BRT보다 더욱 큰 어려움이 예상된다. 신교통형 BRT를 도입하는 것이 합리적인 대안일 수 있으며 이 점에서 이미 중·상급의 BRT시설을 갖추고 있는 세종시와 청라~화곡 BRT 등에서 신교통형 BRT 성공사례가 나와야 할 것이다. 법제와 행정 측면에서 개선 노력이 필요하지만 신교통형 BRT를 확보하기 위하여 극복해야 할 기술 장벽들은 다음과 같다:

하나, BRT 고유브랜드를 갖춘 전용차량을 도입하여야 분위기가 바뀐다. 기존 버스에서 탈피해 트램 수준의 신교통차량으로 끌어올려야 한다. 문이 좌측에도 있어 중앙정류장 승하차가 가능하고, 수평승하차가 가능하며, 승차감 좋은 차량으로 브랜드화하여야 한다. 기존 운수정책을 수용해서 기존 버스를 적당히 끼워 넣는 것으로는 신교통효과를 달성하기 어렵다. 경전철, 트램을 대체하는 BRT를 도입하고 싶다면 가야만 할 길이다.

둘, 도로중앙정류장, 수평승하차, 사전요금지불, 여러 개의 문 동시 승하차는 정류장 효율을 극대화 시킬 수 있는 요소들이다. 우리나라 일반형 BRT 정류장은 버스 진행경로의 우측에 있다. 출입문이 오른쪽에 있는 기존 버스를 위함인데, 버스정류장을 방향별로 따로 만들어야 하며 차로가 심하게 굴곡지고 있다. 차량과 일체화된 정류장 설계가 필수적이다. 세계 최강의 BRT 시스템인 보고타 트란스밀레니오의 경쟁력은 혁신적인 버스정류장 설계에 있다. 가장 복잡한 정류장에는 평균 13초마다 (1시간에 277대) 버스가 도착하여 최대 40,000명까지 수송하고 있다. 가장 탑승객이 많은 Calle 100 정류장에서는 1시간에 8,000명이 탑승한다. 버스업체 사이, 지자체 사이의 이권 대립을 앞세워서는 이런 혁신이 불가능하다.

셋, 전용차로의 확대가 필요하다. 수도권 남부 통근권이 천안·세종까지 확대되면서 출퇴근 버스의 비중이 높아지고 있다. 수도권의 경우 자동차전용도로에 버스전용차로를 도입한다면 버스 수요와 서비스수준이 획기적으로 높아질 것이다. 수도권 광역교통에 영향을 미치는 인구와 토지이용의 변화에 대해 살펴보자. 서울의 인구가 1990년 1,061만 명으로 정점을 찍은 후 감소하고 있고 경기, 인천은 증가하고 있다. 서울에 주요 생활권을 둔 인구가 이동하여 광역교통수요 역시 꾸준히 증가하고 있다. 그런데 인구의 상당부분이 경부고속도로축에 집중되었으며 이 과정에서 경부고속도로 버스전용차로제는 가장 빠른 이동속도로 광역교통수요를 처리하여 왔다. 그런데 2010년 이후 서울의 서부권, 동부권, 북부권으로 신도시가 속속 개발되면서 광역교통수요 역시 증가하고 있으나 경부고속도로와 같이 대중교통 수송 기능을 수행할 도로가 없는 것이 현실이다. 따라서 올림픽대로나 강변북로 가운데 1개 노선에 버스전용차로·다인승전용차로(HOV)·다인승우대유료차로(HOT)와 같은 특수차로제를 도입하는 것이 필요하다. 그리고 동·서·북 방면에서 서울시계를 연결하는 자동차전용도로나 간선도로에도 특수차로를 도입하는 것이 필요하다. 도로투자예산이 지속적으로 줄어드는 환경에서 도로를 신설하는 것보다 대중교통·다인승차량을 우대해 기존도로의 수송능력을 높이는데 예산을 투자할 필요가 높다. 기존 도로의 용량을 특수차로로 전환하는 것이 사업비도 낮고 공기도 짧아서 선호도가 높지만, 기존 도로를 따라서 특수차로를 추가로 확보하는 대안도 고려할 만하다. 참고로 미국은 연방정부법에 의해서 고속도로/자동차전용도로에 특수차로제 도입을 활발하게 지원하고 있다. 최근의 대표적 성과로 워싱턴 D. C. 순환고속도로 22.5㎞ 구간에 도입한 HOT차로제를 꼽을 수 있다. 2012년 12월 개통된 HOT차로제는 2차로 주행로와 전용 진·출입램프를 갖추었으며 총 26억 달러의 사업비(민간자본 포함)가 투입되었다. 무료고속도로이기 때문에 민간자본을 유치해 유료인 HOT차로를 확보한 것이며 버스와 다인승차량은 무료로 이용할 수 있는 창조적인 사업이라 할 수 있겠다.

수도권의 도로여건과 재정부담 등을 감안하였을 때, 단기간에 수도권에 신교통형 BRT를 도입하는 것이 쉬운 과제는 아니다. 일반형 BRT는 경험도 충분하고 기술도 갖추어져 있으나 혁신성은 높지 않다. 가본 길은 익숙하지만 식상하고, 가보지 않은 길은 불확실하고 두렵다. 혁신과 창의력이 필요한 신교통형 BRT는 아직 가보지 않은 길이지만 성공할 경우 큰 성과가 기대된다. 이미 해외 성공사례도 많다. 우리는 거기와 여건이 다르다는 말을 언제까지 반복할 것인가? 신교통수단형 BRT는 태생적으로 버스에 철도의 특성을 접목하여 고안된 교통수단이기 때문에 기존의 법령체계, 기술수준, 운수제도, 운영방안 만으로는 신교통형 BRT의 도입과 확산 운영을 뒷받침하기 어렵다. 어려운 혁신은 멀리하고 소득 2만 불 시대에 환영받던 일반형 BRT를 소득 4만 불을 바라보는 시대에도 기계적으로 추진하는 것은 지속가능성이 낮다. 향후 교통여건 변화에 따라 BRT시스템을 지속적으로 업그레이드 하여야 한다.

다. 대중교통 환승센터 대중교통중심/보행친화도시

환승센터와 복합환승센터

「국가통합교통체계효율화법」 제2조 제15호에 의하면 복합환승센터란 "교통수단 간의 원활한 연계교통 및 환승활동과 상업·업무 등 사회경제적 활동을 복합적으로 지원하기 위하여 환승시설 및 환승지원시설이 상호연계성을 가지고 한 장소에 모여 있는 시설"이라고 정의하고 있다. 작게는 교통수단간 연계·환승을 강화하고, 크게는 문화·상업·업무·주거 등 지역발전의 신성장 거점을 조성하는 것이 목적이다. 사업시행자는 국가·지자체·공공기관·민간사업자 등이 된다. 규모에 따라 국가기간·광역·일반 복합환승센터로 유형을 구분한다. 2010년 시범사업으로 선정된 동대구역 복합환승센터가 준공되었고, 익산·울산·광주송정·부전·대곡 5개소에서 시범사업이 추진되고 있다. 영동대로에 복합환승센터를 건립하고자 하는 계획도 2017년 서울시에서 발표한 바 있다.

광역환승센터는 주요 환승발생 지점에 대중교통 환승센터를 구축하여 빠르고, 안전하고 편리한 통행 및 환승 서비스를 제공하기 위한 시설이다. 교통결절점의 연계환승 기능을 강화한 것이다. 「국가통합교통체계효율화법」(제2조 제13호)에서는 주차장형·대중교통연계수송형·터미널형 환승센터 세 가지로 구분하고 있다. 천왕역·개화역·도봉산역은 주차장형 광역환승센터로 개발이 완료되었다. 덕천역·송내역·부산역은 대중교통 연계수송형 광역환승센터, 산곡2교·오산역·수원역은 터미널형 광역환승센터로 개발되고 있다. 광역환승 센터는 「대도시권광역관리에 관한 특별법」에 따른 법정계획(5년 단위)인 대도시권 광역교통시행계획에 반영되면 사업비의 30%를 국고에서 지원하며 지자체가 사업시행자이다.

잠실광역환승센터: 최초 지하 터미널 형식의 환승센터

2016년 12월 3일 서울 최초[222]의 지하환승센터인 잠실광역환승센터가 2년 6개월의 공사 끝에 개장되었다. 잠실사거리는 서울 지하철 2호선과 8호선, 77개 버스노선이 운행하는 대중교통 요충지임에도 불구하고 기존 교통정체가 심각하였는데, 여기에 한국 최고층(123층) 롯데월드타워를 비롯한 제2롯데월드가 들어서게 되어 교통수요가 대규모로 늘어나게 되었다. 교통난을 완화하기 위하여 우회도로 건설과 올림픽도로 진출입로 건설 등 교통시설 공사비를 사업자 측에서 부담하였지만 대중교통서비스 또한 개선 필요성이 높았다. 제1롯데와 제2롯데 부지 사이에 위치한 송파대교 지하에 버스와 지하철을 서로 갈아탈 수 있는 광역환승센터를 롯데 측의 기부체납(1,300억 원)으로 만들어졌다.

송파대로 잠실역에서 석촌호수교 아래 위치한 잠실광역환승센터는 총 길이 371m, 총면적 1만 9,797㎡이다. 잠실역 2호선, 8호선 게이트와 지하 1층에서 연결되어 버스와 지하철을 서로 갈아탈 수 있어서 환승센터라고 부르지만 실은 여기가 종점인 광역버스가 출발지로 돌아가기로 하니 터미널 기능도 가진 셈이다. 송파대로 중앙에서 왕복2차로 램프를 만들어 환승센터로 진출입할 수 있도록 하였다. 지하 환승센터 양끝에는 회전교차로를 설치하여 주변도로를 우회하지 않고 회차할 수 있도록 처리하였다. 구리, 남양주, 수원, 광주 방면에서 잠실역 간을 운행하는 광역버스 18개 노선을 환승센터로 모았으며 정차시설 31면을 확보하였다. 개별 노선마다 톱니 모양의 독립된 전용정류장을 배정하여 여유 있는 승하차가 가능하고 후속버스가 추월하는데 장애가 없도록 하였다.

---

222) 국내 최초의 지하환승센터는 신분당선 광교중앙(아주대)역 지하1층에 2016년 4월 30일 개통된 것이다. 광교중앙역 환승센터의 경우 방향별 8개(공항 1개, 시외1개, 광역2개, 시내4개) 총 16개의 승강장으로, 18개 노선이 하루 700여회 경유하게 된다. 양방향으로 운영되기에 신호등으로 통제되는 횡단보도를 통해서 반대편 버스정류장으로 건너갈 수 있다.

버스 정차면과 승강장 사이에 스크린도어와 에어커튼 등이 설치되어 승객들이 광역버스를 쾌적한 환경에서 기다릴 수 있다. 버스도착시간 정보 제공은 기본이라 승객이 많지 않으면 의자에서 쉬면서 기다릴 수도 있는 친이용자 시설이다. 잠실역 지하광장에서 환승센터로 들어가는 입구에는 환승센터 내 모든 버스의 운행정보를 실시간으로 제공하고 있다. 지하철 2호선과 8호선 도착시간도 안내되고 있으며 땅 위의 날씨 정보도 알려준다.

잠실광역환승센터 개통으로 무엇이 달라졌을까? 장기적인 모니터링 결과로 효과가 평가되겠지만 즉각적으로 교통정체 감소, 환승시간 단축, 사고감소 효과가 나타나고 있다. 잠실역 사거리를 지나는 버스와 송파대로, 올림픽대로에서 회차하던 노선들이 지하에 있는 잠실광역센터로 들어오면서 잠실 일대 교통상황도 개선되었다. 타원형 승강장에 지정된 정차장을 이용하니 승객은 물론 버스기사들도 좋아한다.

롯데몰을 방문하는 장거리 고객일수록 승용차를 가져오는 경향이 있겠지만 이 수요를 획기적으로 줄여줄 것이고 지하철과 환승 수요자 역시 시간을 절약하고 편리해질 것이다. 무엇보다 이 사업의 큰 수혜자는 롯데단지라고 생각한다. 통상 기부체납은 평면의 토지를 할애하거나 도로에 대한 투자를 하는데 대부분 나중에 생색이 나지 않는다. 지금까지 지하공간은 민간 공간 위주로 개발되어 공공성이 많이 떨어졌지만 국제적으로 자랑할 만한 잠실광역환승센터는 공공 공간 창출에 민간이 기여하였다는 것은 좋은 사례가 될 것이다. 서울역, 용산역, 코엑스 등에서 진행되는 대규모의 지하공간 개발에 이 시설은 모범이 될 것이다. 파리 라데팡스나 마드리드, 몬트리올의 지하교통시설이 더 이상 부럽지 않은 세상이 서울시민들에게도 오고 있다.

버스가 최대로 집중되는 강남역 일대 지하와 GTX가 연결되는 삼성동 코엑스 지하에 각각 삼성그룹과 현대그룹에서 복합환승센터를 만드는데 기여한다면 어떨까? 복합환승센터란 지하철·버스 등 교통수단 간 환승이 가능하면서, 회의실·상가 등도 입주해 도시의 사회·경제 기능까지 분담하는 시설을 말한다. 현대자동차 본사가 있는 경부고속도로 양재 IC와 염곡교차로 사이도 훌륭한 후보지이다. 국내에도 충분한 경험이 축적된 만큼 국제현상설계를 통하여 아름답고 기능성 높은 공공시설 확보에 기업이 기여한다는 것은 의미있는 일일 것이고 사회적 합의를 얻어 기여자의 이름을 붙이는 것 또한 생각해 볼 수 있다. 무엇보다 가장 큰 수혜자는 해당 기업이란 것은 말할 것도 없으니 상호 이익을 얻는 방안이다. 공무원들과 민간기업 모두에게 입체공간 개발이란 최초의 성공 사례와 소중한 경험도 빠뜨릴 수 없다.

서울역 버스환승센터도 교통혼잡을 해결한 사례 중 하나로 꼽힌다. 총 82개 노선, 시간당 800여대 버스를 한 곳에서 처리하고 있다. 이전에는 버스 정류장 10개가 곳곳에 흩어져 있어 시민들은 교통혼잡 뿐 아니라 기차·지하철과 버스 간 환승에 어려움을 겪어야만 했으나 환승센터 개통으로 환승시간을 대폭 줄였다.

2017년 5월 31일 서울시에서 강남구 봉은사역(9호선)과 강남역(2호선) 사이 영동대로 지하에 2023년까지 국내 최대 규모(지하 6층, 연면적 약 15만㎡) 복합환승센터를 건립하겠다고 발표하여 국제현상공모 당선작이 선정되었다. 서울시 추정에 의하면 하루 63만 명(철도 45만 명, 버스 18만 명)을 수용한다고 하는데, 현재 서울역 환승센터 하루이용객이 36만 명임을 고려하면 대단한 수치이다. 여기에는 기존 지하철 2개 노선(2·9호선)에다가 2025년까지 광역철도(GTX A·B 노선), KTX 등 총 5개의 철도노선이 추가되고, 동부간선도로 지하구간 통과도 예정되어 있다. 그 이유는 서울에서 손꼽는 업무·전시시설이 집중된 이 일대에 현대자동차그룹의 GBC(Global Business Center)글로벌센터가 2021년까지 들어서고, 잠실운동장 일대 제2코엑스 등도 진행되어 7~8년 뒤면 교통수요가 폭증할 것이기 때문이다. 거대한 고밀도시의 성패는 갖가지 교통시설을 얼마나 편리하고 효율적으로 통합하느냐에 달려있으며 주변 건물과의 연계도 잘 되어야 한다. 이를 위해서 교통시설을 지하로 모아서 입체화시키는 것이며, 바로 복합환승센터가 이러한 요구를 만족시키는 교통시설의 허브인 것이다.

이야기가 나왔으니 동탄광역환승센터도 경부고속도로에 직접 연결될 필요가 높다. 현재는 진출입램프가 없어서 오산 IC와 기흥동탄 IC 간 9km를 시가지도로로 다녀야 한다. 환승센터는 지상에 있고, 지하 1층은 보행자, 지하 2층은 경부고속도로(1.2km), 그리고 지하 3층에는 수서-평택 SRT/GRT가 다닌다. 오산~한남대교 구간에는 중앙버스전용차로가 운영 중에 있으니 이 지하구간에도 버스전용차로가 있지만 환승센터로 직접 연결되는 램프도 없고 그렇다고 지하고속도로변에 정류장도 없으니 승객을 태울 도리가 없다. 대안이라면 1.2km 지하화 고속도로 가로변에 스크린도어로

분리된 환승정류장을 만들어주면 보행자는 한층 내려오고, 철도이용자는 한층 올라와 타면 된다.

대중교통전용지구 (대구, 부산, 서울)

1967년 미국 미네소타 주 미니어폴리스 도심에 세계 최초로 버스전용 트랜짓몰인 니콜렛몰이 들어섰다. 자동차에게 빼앗긴 도심지역 도로공간을 사람이 다시 찾아가기 시작한 신호탄이 된 것이다. 우리나라에서도 법률이 정비되고 국비지원이 시작되면서 대구시 중앙로를 시작으로 몇 개의 대중교통전용지구가 성공적으로 정착하고 있다. 대중교통전용지구란 혼잡한 기존 도심도로의 차도를 보도 및 문화공간으로 전환하고 줄어든 차도에는 버스와 비상차량만 이용하도록 차량이용을 제한한 지구를 말한다. 「도시교통정비촉진법」과 「대중교통의 육성 및 이용촉진에 관한 법률」에 법적 근거를 두고 있다.

대구시 중앙로 대중교통전용지구는 대구역~반월당 1.05km 구간에 2009년 국내 최초로 개통된 대중교통전용지구이다. 차로를 4차로에서 2차로로 축소하고 시내버스통행만 허용하였으며, 늘어난 보도에는 보행자 편의시설을 설치하였다. 시행 후 2년 동안 시내버스 이용객이 43.6% 늘어났으며, 유동인구가 15.2(휴일)~17.7%(평일) 증가하였다. 이산화질소 54%, 미세먼지 36%가 감소하였다.

부산시 서면 동천로 대중교통전용지구는 밀리오레~센트럴스타 0.74km 구간에 2015년 4월 개통되었다. 서면역과 전포역 주변의 복잡한 상업용 가로의 도로 폭을 줄이고 보도로 전환시키고 보행환경을 정비하였다.

서울시 연세로 대중교통전용지구는 0.55km 구간에 2014년 완성되었다. 왕복 4차로이던 차도를 왕복 2차로로 축소하여 시내버스로 통행을 제한하였고 보행환경 개선과 대중교통편의시설을 추가하였다. 교통사고가 전년 대비 34% 감소하였고, 버스를 이용해 방문하는 시민이 11% 증가했으며, 상가 매출이 증대하여 시민만족도가 12%에서 70%로 향상되었다고 한다. 대중교통전용지구는 유동인구가 많은 상업가로에 도입이 가능하다. 차량 이동성 중심의 도로가 사람 중심의 이동성을 높이고, 도로의 공간 기능이 중시되는 변화인 만큼 도로의 기능을 잘 설정해야 할 것이다.

8 경부고속도로, 올림픽대로와 수도권 통근자

가. 수도권 교통공간 구조와 경부축의 중요성

　서울시 도로가 매일 아침과 저녁에 붐빈다는 것은 모두가 알고 있지만 월요일 출근길과 금요일 퇴근길은 정말 유별나다. 눈비라도 내리는 날이면 상상조차 하기 싫은 상황이 벌어진다. 월요일 아침과 금요일 오후가 특히 붐비는 이유 중에 하나는 주말을 서울에서 보내고 월요일 새벽부터 다시 지방으로 출근하는 장거리 고객들이 늘어서이다. 세종시를 비롯해 전국의 혁신도시, 그리고 새로 생긴 신도시까지 가족과 떨어져 지내는 사람들이 드나들기 때문이다. 한 가구에 차가 두 대 있지 않는 이상 서울과 지방 모두에서 차가 필요한 경우가 많아 대중교통 이용도 쉽지 않다.

　수도권 교통문제를 이해하기 위해 서울과 그 주변 수도권의 공간구조에 대해 논의가 필요하다. 경부고속도로와 논산천안고속도로가 합류하는 천안부터 수원까지 경부고속도로 주변은 고밀 개발이 한창이다. 천안·안성·오산·동탄·광교·용인·분당·판교까지 '경부고속도로축' 부동산은 불패신화를 써가고 있다. 부동산이 길 따라 가는 것은 진리이다. 이와 같이 경부고속도로를 따라 포도송이처럼 개발된 도시들을 '경부선형도시'라고 부르기로 하자. 경부선형도시는 왜 생겨났고 어떤 현상을 반영할까? 결국 정책적으로 또는 경제적인 이유로 서울에서 밀려났거나 탈출한 기업과 주거지들이 서울과 시간접근성이 가장 좋은 교통축의 개발가능지에 생기는 것이다. 모든 조건이 같다면 서울을 중심으로 사방이 골고루 발달해야 하는데 현실은 그렇지 못하다. 서울 북부권은 휴전선에 가깝고 산악지역이며, 동부권은 한강수계의 상수원보호구역과 산악지가 많아서 개발 잠재력이 현저하게 떨어진다. 서울세종고속도로 주변도 경부고속도로 주변에 비하면 산악지가 많다. 결국 휴전선과 상수원보호구역 그리고 산악지라는 제약에서 자유로운 곳은 서울의 서쪽과 남쪽 지역이다.

서울과 고속도로 3개와 전철 3개로 연결되는 서부권 끝에 있는 인천은 공항과 항구를 통해 해외와는 연결성이 높지만 한반도 남측과 연결성은 경부축에 비해 떨어진다. 그러한 이유로 수도권의 최대 인구 밀집지는 수도권 남부 또는 서남부이며 그것도 경부고속도로와 그 서쪽에 집중되어 있고 앞으로도 그 추세는 계속될 것이라고 생각한다. 수도권 남부가 서울의 최대 확장지인데 경부고속도로 서쪽이 평탄한 지형으로 개발여지가 많다는 이유이다. 요약하면 서울의 주요 확장지는 남부권이며 부차적인 확장지는 서부권이라는 것이다. 왜 이렇게 장황하게 수도권 공간구조에 대해서 논하느냐 하면 이러한 공간구조가 광역교통과 상호 영향을 주고 받으며, 이는 또다시 서울시 간선도로에 커다란 영향을 미치기 때문이다.

서울과 경부선형도시 간에 상호 교류가 많아진다는 것은 경부고속도로에 대한 교통부하가 끊임없이 증가한다는 것을 의미한다. 경부축에 늘어나는 수요 때문에 경부고속도로가 확장되고, 그것도 모자라서 중부고속도로·서해안고속도로·수원광명고속도로·용인서울고속도로가 추가되었으며, 서울세종고속도로가 또 만들어지고 있으니 총 6개의 고속도로가 생기는 셈이다. 대중교통은 상당히 취약해 경부선형도시 전 구간을 통과하는 전철은 천안에서 시작되는 1호선 밖에 없고, 수원에서 시작되는 신분당선 정도이다. 동탄에서 출발하는 GTX도 몇 년이 더 지나야 달리게 될 것이다. 사실 경부선형도시와 서울 간을 버스로 다니는 사람들에게 경부고속도로 오산~한남대교 간 버스전용차로는 생명줄이나 다름없다. 서울 도심과 수원 근처를 1시간 정도로 연결하는 것은 승용차도 아니고 열차도 아닌 광역버스이다. 경기도 각 지자체에서 서울 3대 도심을 연결하는 광역버스와 M버스 노선을 개설하려는 노력이 치열하지만 무한정 받아들이기 어려운 서울시의 도로사정도 있으니 솔로몬의 지혜라도 빌려와야 한다. 아침 7시 버스전용차로제가 시작되면 순식간에 고속도로가 막히기 시작하고, 밤 9시 버스전용차로제가 해제되면 정체가 풀리기 시작하니 때로는 전용차로가 필요한가 하는 의문도 든다. 그러나 버스전용차로제가 없어져 그 수요가 일부라도 승용차로 돌아온다면 고속도로 정체시간대는 훨씬 길어질 것이다. 하루에 버스전용차로제 2개 차로로 움직이는 승객수가 나머지 일반차로 8개차로 이용객수와 맞먹는다. 그리고 평일버스전용차로제 도입 이후 경부고속도로 오산~양재 전 구간에서 1개 차로를 확장하였으니 승용차 입장에선 뺏긴 것은 없다.

나. 수도권 통근자의 고단함

출근하기

개인적인 경험을 토대로 서울시 도시고속도로 이용문제를 짚어보기로 하자. 서울 영등포구에서 동탄신도시까지 출퇴근 경로는 영등포구-올림픽대로-경부고속도로-동탄신도시를 거치는 약 60㎞ 거리이지만 대부분 구간이 도시고속도로와 고속도로이고 통행료도 2,200원이어서 가장 선호하는 경로이다. 얼마 전까지 대안 도로로 가끔 이용하던 서부간선도로-영동고속도로-경부고속도로 경로는 수원광명고속도로와 강남순환고속도로가 연결되면서 수요가 늘고, 서부간선도로 지하화 공사가 시작되면서 용량이 줄어 아예 포기해 버렸다. 통행료도 좀 더 비싸고 혹여 수원광명고속도로로 돌아간다면 통행료만 5,000원 넘게 내야 하니 부담이 된다. 그래서 선택한 올림픽도로와 경부고속도로 조합은 애증이 교차하는 경로이다. 정말 운이 좋은 교통 환경에서는 1시간 남짓 걸릴 때도 있다. 경부고속도로 버스전용차로제 운영시간대(07시~21시)를 피해야 가능한 것이니 영등포에서 아침 5시에 출발하고 동탄에서 저녁 10시에 출발해야만 가능하다. 경쟁자들이 쉴 때 달려야 하는 것은 장거리 통근자의 숙명이다. 월요일 아침 혹여 6시가 넘어 집에서 나오면 기본적으로 2시간은 걸린다. 영등포 시가지 도로에서 시간을 허비하고, 장고 끝에 여의 상류나 하류 진입로를 선택해 올림픽대로에 들어서면 이미 차량들로 가득 메워져 있다.

한강대교를 지나면서 올림픽대로는 분리대를 경계로 두 갈래로 나눠진다. 왼쪽 두 개 차로는 진출입램프 영향을 받지 않아 대부분 빨리 갈 수는 있지만 혹여 사고라도 나면 탈출 불가능이다. 오른쪽은 진출입 차량 때문에 좀 성가시기 하지만 한남 IC가 막힐 경우 동작 IC나 고속터미널 IC로 빠지는 방법도 있다. 고속터미널 쪽으로 우회해서 경부고속도로 반포 IC나 서초 IC로 끼어들려는 운전자들로 반포터미널 진출램프에서 눈치 보기가 진행되고 걸리적거린다. 길어깨 폭이 좁은 반포대교 지하통로를 조심스럽게 통과하면 경부고속도로 한남 IC로 나가야 경부고속도로를 탈 수 있다. 서울시 도로가운데 가장 장쾌한 도시경관을 보여주는 올림픽대로이지만 구리방향 도로에서는 한강이 잘 보이지 않는다. 대신 남산부터 아차산까지 강북 쪽 경관과 강남 쪽 경관이 커브를 돌 때마다 새로운 모습으로 나타난다. 이제 높이 555m인 잠실타워는 어디서든지 발견되는 랜드마크 역할을 한다.

한남 IC 연결로에 임박해서 끼어드는 대형 차량들과 반대방향에서 합류하는 차량 때문에 가다서기를 반복하며 어렵게 경부고속도로에 진입해도 양재 IC까지는 정말 긴 시간이 걸린다. 잠원, 반포, 서초, 양재 IC에서 끊임없이 차가 쏟아져 들어온다. 양재 IC로 단거리 이용차량이 빠져나가고 공식적인 경부고속도로가 시작되면서 혼잡이 사라진다. 이미 1시간 이상이 지나는 경우가 많다. 참고로 한남대교~양재 IC 구간은 이동 기능에 최대한 특화되어 도로경관은 운전자 관점에서 정말 볼 것이 없다. 고속도로변에 바짝 붙은 강남의 고층아파트를 높다란 방음벽들이 병풍처럼 보호하고 있으니 그저 한시라도 여기를 빠져나가기만을 바랄 뿐이다. 운 좋게 한가한 시간대에 통과한다면 과속단속카메라를 조심해야 한다. 버스전용차로에 설치된 카메라는 한시도 놀지 않는다. 전용차로제가 운영되지 않는 시간대에는 과속단속카메라 모드로 운영되기 때문이다. 한남대교~양재 IC 구간은 더 이상 경부고속도로 정식구간이 아니고 도로관리도 서울시로 이관되었다. 길어깨와 차로 폭을 좁혀 차로수를 늘렸기 때문에 최고제한속도가 80km/시이다. 연결로도 조밀하니 이제는 도시고속도로 기능을 수행하고 있다고 보아야 한다.

양재 IC를 지나면서 공식적인 경부고속도로 구간이 시작된다. 길은 편도 5차로로 넓어지고 최고 제한속도는 110km/시로 높아지니 늘어난 용량에 반응한 차량들이 쭉 치고 나가면서 혼잡이 풀린다. 왼쪽 구룡산 쪽에 해가 떠오르고 오른쪽 청계산의 녹음이 여명을 받아 빛을 발한다. 여유있는 구간은 금방 지나가 버리고 판교 JC에서부터는 차들의 방향전환이 빨라져 스트레스가 올라가며 마침내 서울 TG가 나타난다. 이 구간 차로수는 편도 7차로로 우리나라에서 가장 넓다. 아무리 하이패스 이용률이 높아졌다고 하지만 부채꼴로 넓어지며 톨게이트까지 14차로로 흩어졌다가 다시 5개 차로로 모여드는 과정에서 매우 전략적인 차로변경을 하지 않으면 낭패를 볼 수도 있다. 여기를 바람직하게는 6시 30분 이전에는 통과해야 기흥 IC를 7시까지 통과할 수 있기 때문이다.

버스전용차로제가 시작되는 7시면 갑자기 버스들이 맡겨 놓은 내길 내놓으라고 1차로로 달려든다. 사실 버스들에게 유감이 많다. 꽤 많은 버스들이 버스전용차로 운영시간 전에 전용차로를 점유하고 1, 2, 3차로를 넘나든다. 진입로나 진출로 구간에서 급속하게 여러 차로를 변경하는 소위 칼치기도 잦다. 이 모든 노력에도 불구하고 행여 중간에 교통사고나 고장차량이 발생하면 갈 길은 멀어지는데 불행히도 종종 발생한다.

퇴근하기

금요일 오후 4시쯤 되면 이미 서울로 돌아가기에는 늦었다. 서울 집으로 오는 주말부부들, 출장에서 돌아오는 사람 등등으로 만원이다. 6시에 정시 퇴근하면 두 시간은 기본이고 3시간이 넘게 걸린 적도 있다. 출발할 때 내비게이션이 알려준 예상 도착시간과 추천경로는 믿지 않는 것이 좋다. 시간이 지날수록 고속도로에서 제공하는 가변전광판과 자동차 내비게이션에서 붉은색 정체구간은 점점 늘어나고 도착 예정시간은 더욱 늘어져간다. 경험적으로 저녁 9시 30분 정도에 출발하면 내비게이션의 도착 예정시간이 점점 줄어드는 마법을 만날 수 있다. 버스전용차로제가 저녁 9시에 해제되면서 이용 가능한 차로수가 하나 더 늘어나기 때문이다. 평일에는 확실한 전략이나 교통량이 많은 계절 금요일에는 낭패를 볼 때가 있다. 이럴 때는 밤 11시 쯤 출발하거나 아예 다음날 새벽 5시에 나서는 것이 편하다. 금요일 올림픽대로는 자정이 넘도록 붐비는 경우도 꽤 많다. 어찌되었든 금요일 저녁은 멀리서는 천안부터, 최소한 오산 IC에서부터는 거의 막힌다.

오산 IC에서 시작되는 버스전용차로와 동탄 JC 합류차량이 첫 고비이다. 두 번째 고비는 신갈 JC인데 수원 IC와 영동고속도로에서 합류차량이 많다. 서울 TG를 어찌해서 통과하면 복불복이다. 판교 JC에서 서울외곽순환고속도로로 빠져나가려는 차량들이 외곽순환고속도로 정체 때문에 경부고속도로 차로 두어 개를 막는 경우가 자주 있기 때문이다. 여기를 지나면 길이 넓어지면서 잠시 혼잡이 풀리기는 하나 청계산 기슭을 지나가는 달래내고개로부터 양재 IC가 전해주는 충격파를 제대로 받는다.

양재 IC로 들어오는 자동차대수가 양재 IC 이전의 고속도로 본선교통량과 비슷하니 이건 정상적인 인터체인지가 아니다. 여기에는 이유가 있다. 고속도로 단거리 이용차량을 억제하기 위해 양재 IC 이후로는 서초 IC, 반포 IC에 있던 서울 도심방향 진입연결로를 막아 놓았기 때문에 강남대로를 타고 가고 싶지 않으면 싫어도 양재 IC로 진입해야 한다. 여기에는 교통정보를 참조하여 용인서울고속도로나 분당수서간고속화도로를 타고 헌릉로를 경유하여 염곡사거리에서 좌회전해오는 차량도 매우 많다. 사실 우회한 차량들은 시간상 이득을 볼 수도 있지만 경부고속도로 경로를 고집한 사람들은 분통이 터질 노릇이다. 이 여파는 기본적으로 달래내고개, 좀 더 심하면 판교까지 닿는다. 만약 이 정체가 서울 TG까지 확장될 경우 여기서부터 두 시간은 각오해야 한다. 어쨌든 쌩쌩 달리는 버스전용차로 버스에 놀라고, 끼어드는 차량에 절망하며 현대자동차 사옥을 만나면 곧이어 도로 오른쪽에 높다란 태극기가 운전자를 반긴다.

마침내 서울시가 본격적으로 시작되고 최고의 정체지점 양재 IC에 다다른 것이다. 문형식 표지판에 이렇게 쓰여 있다. "여기까지가 한국도로공사에서 관리하는 구간입니다." 도대체 어쩌라고요? 지금까지 이렇게 막힌 이유가 서울시 도로구간 때문이란 말입니까?

한국도로공사 구간은 차로폭도 3.6m로 넓고 최고 제한속도가 110km/시이지만 서울시 구간은 차로폭 3.3m에 최고 제한속도가 80km/시이다. 차로수를 늘리느라 길어깨 폭도 좁혀서 중앙분리대나 방음벽에 바싹 붙어 있다. 참고로 서울시 구간에 대해서 같은 도로폭을 가지고 차로수를 늘리고 최고제한속도를 낮춘 조치는 교통용량을 늘렸다는 측면에서 매우 잘 한 조치라고 평가해주고 싶다. 그러니까 양재 IC는 한국도로공사와 서울시 관리도로가 만나는 지점이기도 하지만 지역간 고속도로와 도시고속도로의 접점이라는 특징이 있다.

하여튼 양재 IC를 통과했다는 안도감에 불만도 가시면서 차량속도도 조금씩 빨라지는데 앞서 언급했듯이 서초 IC와 반포 IC로 차량이 나갈 수는 있지만 들어올 수는 없어서 교통량이 줄어들기 때문이다. 반포 IC를 통과하면 가슴이 뛰기 시작한다. 이제 올림픽대로에 진입하기까지 한남 IC가 막히느냐 여부에 따라 20여 분이 달려있기 때문이다. 반포 IC를 지나면서 4개 차로로 줄어든 경부고속도로는 두 갈래로 나뉜다. 좌측 2개 차로는 한남대교로 진행하고, 우측 두 개 차로는 한남고가램프를 거쳐 올림픽대로로 접어든다. 문제는 이 고가램프의 입구는 2개 차로지만 중간에서 1개 차로로 줄어들기 때문에 대부분 정체가 생긴다. 10분 만에 통과하면 감사하다. 한 가지 위안이 있다면 이 고가램프를 타는 동안 아마도 서울시 도로에서 가장 찬란한 전망을 즐길 수 있다는 것이다. 휘어져 있는 고가램프를 돌아가는 동안 강남대로 빌딩, 한남대교와 한강 전경, 남산, 그리고 올림픽대로의 원경이 차례로 나타난다. 다른 운전자도 같은 마음인지 이 구간에서 만큼은 양보도 잘해주고 운전태도가 매우 양호하다. 사실 이 한남램프 아래 올림픽대로 구간은 경부고속도로와 연결되는 복잡한 연결구조 때문에 올림픽대로에서도 손꼽히는 정체구간이다.

이제 램프에서 내려서 올림픽대로로 끼어들어야 한다. 물론 올림픽대로 본선을 주행하던 차량들은 여기에서 합류하는 대규모 교통량이 매우 미울 것이다. 이 방법이 싫다면 경부고속도로 끝까지 직진해서 강남대로에서 한남대교로 향하는 차량들과 엇갈리면서 잠실방향으로 우회전하자마자 왼쪽으로 접어들어 올림픽대로 상부에서 유턴하면 올림픽대로에 진입하게 된다. 그러나 이 방법은 앞서 얘기한 한남고가램프가 합류하는 지점보다 상류 쪽이기 때문에 결국 한남고가에서 합류하는 차량을 미워하게 된다. 내비게이션은 종종 후자의 대안을 안내하지만 심장 쫄깃한 차로변경을 회피하고 잠시라도 한남대교 야경을 즐기는 첫 번째 대안이 낫다는 생각이다.

어쨌든 통상 한남대교에서 동작대교 구간은 기대를 저버리지 않는 상습정체구간이다. 가장 큰 이유는 반포대교 진출로가 왼쪽에 설치되어 있기 때문이다. 뒤늦게 깨달은 운전자들이 급하게 차선변경을 하고 종종 진출로 혼잡이 올림픽대로 1, 2 차로까지 막아버린다. 이 구간은 오른쪽으로 통과하는 것이 정신 건강에 좋다. 반포대교를 통과하면 동작대교 못 미쳐 노들길로 2개 차로가 빠지는데 급한 내리막이다. 사실 여기는 꽤나 유서 깊은 곳이다. 올림픽도로 초기 건설 당시 여기서부터는 2개 차로만 건설했는데 그 이유는 최초의 강변도로(현재 노들길)로 분기하여 김포공항 쪽으로 갈 수 있도록 용량을 배분했기 때문이다. 하여튼 얼마 지나지 않아 교통량이 폭증하여 바로 확장에 들어갔던 바로 그 구간이다. 다시 동작대교를 지나면서 오른쪽에서 2개 차로에서 쏟아져 들어오는 차량과 인사를 나눈 뒤부터는 조금은 한숨을 돌리게 된다. 여기서부터는 노량대교 구간이라 여의도까지는 들고나는 차량이 없다. 1937년 건설된 최초의 한강대교 너머로 여의도 63빌딩이 반긴다. 가능하면 오른쪽 차로를 타고 달리면 한강시민공원과 그 너머 강북의 스카이라인까지 새롭다.

마침내 여의도구간에 다다르는데 여의상류 IC로 나가느냐 여의하류 IC로 나가느냐는 여의도·올림픽대로·영등포 교통을 종합적으로 판단하는 신공을 발휘하여 최적루트를 찾아내야 한다. 과거 경험과 내비게이션 정보를 복합하지만 종종 잘못된 선택에 후회하는 경우도 많다.

이렇게 구구절절 수도권의 대표적인 광역 출퇴근경로를 되짚어 본 이유는 대도시 통근자들의 어려움을 정리해 보고 이 과정에서 도로개선의 시사점을 찾기 위함이다. 지금까지 기술한 여러 문제점들은 결국 다음 두 가지로 요약되는데, 첫째 거시적인 문제는 이 노선에 교통수요가 집중될 수밖에 없는 도로망구조이고, 둘째, 모든 미시적인 문제는 인터체인지 구조에서 발생한다는 것이다. 올림픽도로와 경부고속도로 서울시 관리구간(양재~한남대교)은 주변에서 진행되는 각종 개발계획으로부터 변화 압력을 받고 있다.

경부고속도로 서울시 구간 변천 과정

경부고속도로 양재~한남 구간은 시설규모와 관리권이 계속 변화하여 왔기 때문에 사실관계를 확인할 필요가 있다. 건설 당시 시점~양재(7.6km)[223] 구간은 서울시가 토지구획사업으로 용지를 확보하였기 때문에 서울시에서 건설 후 1969년부터 1974년까지 유지관리를 시행하였다. 1974년 유료화 조건으로 한국도로공사에서 서울시로부터 관리권을 인수하게 되었다. 그런데 1987년 서울 TG가 양재 IC 남쪽 서초구 원지동 부지에서 성남시 궁내동으로 이전하게 되어 이 구간이 무료화 되면서 한국도로공사는 관리권을 이관하려 했으나 서울시에서는 반대하였다. 1995년에 반포~양재(4.6km) 확장공사 후 한남~양재 구간 유료화를 당시 건설교통부에 요청하였으나 무료로 다니던 구간을 유료화하는데 민원이 우려되어 서울시로 이관을 검토하게 되었다. 2000년 감사원 중재로 한남~반포(2.4km)구간을 확장하는데 한국도로공사에서는 설계와 건설을 담당하되, 용지매수와 지장물이설은 서울시에서 담당하며, 관리권은 서울시로 이관하도록 결정되었다. 결국 반포~양재 구간은 2001년 7월 25일, 한남~반포 구간은 2006년 1월 6일 한국도로공사에서 서울시로 관리권 이전이 완료되었다. 경부고속도로의 종점에서 양재 IC 간 고속국도의 노선 해제 일시에 맞추어 동 구간은 서울특별시도가 되었으며 자동차전용도로로 지정되어 운영하게 되었다. 당초부터 경부선 양재~한남대교 구간은 서울시에서 용지를 확보한 도로이고, 한국도로공사에서 30여 년간 관리하다가 결국 용지소유권을 가진 서울시로 관리권이 되돌아 간 것이다. 서울시로 관리권이 이관된 이후 차로 폭 조정을 통해서 양재~서초 구간은 왕복 10차로로 운영되고 있으며 하루에 21만여 대의 차량이 이용한다. 서초~한남구간은 왕복 8차로로 운영되고 있다.

---

223) 건설 당시 양재~한남 구간 연장이 7.6km 이었지만 이제는 양재~반포(4.6km), 반포~ 한남(2.4km) 총 7.0km로 조정되었다.

서울시 도시고속도로 발전 방향

올림픽대로를 포함한 서울시 도시고속도로망을 개선안을 찾아가는 과정에서 다음과 같은 의견을 참고할 필요가 있다.

하나, 광역적으로 볼 때 올림픽대로 교통수요를 줄이기 위해서는 서울 기준 남쪽으로 이동하는 경부고속도로 이용차량을 분산시킬 필요가 높다. 세 가지의 방안이 있는데 용인서울고속도로, 서부간선도로, 수원광명고속도로를 올림픽대로에 연결하면 경부고속도로 서울구간의 수요를 상당히 줄일 수 있다. 지금은 올림픽대로 동서에서 경부고속도로로 깔때기처럼 모여드니 올림픽대로 이용거리가 늘어나는 것이다. 서부간선도로 지하도로 공사가 진행되고 있어 가장 빨리 실현되는 대안이긴 하다. 서부간선도로 지하화와 관련해 한 가지 짚고 넘어가고자 한다. 서부간선도로 지하에 4차로 민자 지하도로가 건설되면 지상부도로는 자전거·보행자 친화적인 도로로 전환한다는 서울시의 구상이 있는데 한편으로 이해가 되면서도 걱정스럽다.

서부간선도로는 안양천 제방을 따라 만들어진 도로라 자전거나 보행자가 다닐 광활한 길이 이미 안양천변에 존재한다. 영등포·구로 지역에 입지한 산업시설이 발생시키는 트럭물동량도 대단하다. 그리고 서부간선도로에는 매 km마다 수많은 진출입로가 주변 도로망과 거미줄같이 엮여 있다. 지하에 왕복 8차로면 모를까 대형차 이용이 제한된 왕복 4차로 도시고속도로 만으로 이 지역 교통수요를 처리한다는 것은 과욕이다. 민자도로의 통행료를 확보해준다는 배려보다는 도로망의 광역적인 균형이 훨씬 중요하다. 지역불균형도 우려된다. 강남지역은 경부고속도로나 분당~수서, 분당~내곡, 용인~서울 등 통행료가 무료 내지 저렴한 간선도로가 균형 있게 배치되어 있지만 서부권은 서부간선 지하도로, 서부권고속도로(수원-광명-서울)와 같이 비싼 민자도로 위주로 건설이 진행되고 있다. 앞에도 언급하였지만 성산대교에서 양재 IC나 수서 IC까지는 올림픽대로와 경부/분당수서도시화고속도로를 이용하면 무료인데 서부간선도로와 강남순환고속도로를 이용하면 비싼 통행료를 지불해야만 한다. 지금처럼 지역별로 도시고속도로 통행료 불균형이 고착된다면 장래에도 올림픽대로-경부고속도로로 집중되는 패턴에서 벗어나기 어려울 것이다. 마찬가지 논리로 지금처럼 시간당 3천~4천 대의 교통수요가 집중되는 IC 문제 해법을 광역적으로 찾아야지 양재 IC 자체에서 해결책을 찾는 것은 한계가 있다.

둘, 올림픽대로 서측 진행방향에서 반포대교 진출 시 이용하는 좌측 진출램프는 향후 개선과정에서 우측 진출램프로 정상화 시키는 것이 교통흐름이나 안전측면에서 바람직하다. 물론 성수대교나 가양대교와 같이 3층짜리 대형 입체교차로를 지어서 직결램프를 만들면 좋겠지만 예산과 환경저항이 문제이니 도로설계자들의 노력이 필요하다. 강변북로는 좌측 진출입램프의 비중이 매우 높아서 더욱 고민이 필요하다. 잠실 롯데몰이 개발되면서 근방의 평면교차로나 입체교차로의 방향별 교통수요가 바뀌면서 천호대교, 잠실대교 램프에 대한 제한적 개선이 이루어졌다. 이들 램프를 자세히 들여다보면, 우회전·좌회전·유턴램프들이 섞여서 매우 복잡해 보이지만 커다란 회전교차로 개념으로 단순화시킬 수 있다. 필요에 따라 더하고 빼기보다는 종합적으로 분석하여 거시대책과 미시대책을 포함한 종합개선대책이 필요하다. 방향별 교통수요를 누적시켜 가면 주회전차로의 교통량을 구할 수 있고 그에 맞는 용량을 만들어주면 체계적으로 바람직한 대안 개발이 가능하다. 국제현상공모도 해볼만 하다고 생각한다.

셋, 2010년 이후 서울의 서부권, 동부권, 북부권으로 신도시가 속속 개발되면서 광역교통수요 역시 증가하고 있으나 경부고속도로 버스전용차로제와 같이 광역교통을 처리할 대중교통 우선처리 기능이 없는 것이 현실이다. 따라서 올림픽대로나 강변북로 가운데 1개 노선에 버스전용차로·다인승전용차로(HOV)·다인승우대유료차로(HOT)와 같은 특수차로제를 도입하는 것이 필요하다. 그리고 동·서·북 방면에서 서울시계를 연결하는 자동차전용도로나 간선도로에도 특수차로를 도입하는 것이 필요하다. 도로투자예산이 지속적으로 줄어드는 환경에서 도로를 신설하는 것보다 대중교통·다인승차량을 우대해 기존도로의 수송능력을 높이는데 예산을 투자할 필요가 높다. 기존 도로의 용량을 특수차로로 전환하는 것이 사업비도 낮고 공기도 짧아서 선호도가 높지만, 기존 도로를 따라서 특수차로를 추가로 확보하는 대안도 고려할 만하다. 경부고속도로 버스전용차로와 같이 성공한 것도 있고 경인고속도로 다인승차로제와 같이 실패한 경우도 있다. 수요가 있거나, 수요를 만들 수 있다면 정책의지로 해결할 수 있다. 한강변 장래 개발계획을 고려하여 종합적으로 고려하면 가능할 것이다. 기본적으로 편도 4차로이니 1개 차로를 추가로 확보하거나 1차로를 양보

받아 해결해야 한다. 가장 중요한 것은 교차로이다. 교차로에 충분한 비용을 들여야 길이 멈추지 않는다.

넷, 경부고속도로 양재~한남대교(7.0km) 구간 지하화에 대해서 한마디 남겨야겠다. 고속도로 밑에 지하철노선(한남대교 축을 따라 서울 도심 연결 신분당선을 서울역으로 연결하는 것보다 최단거리로 강남과 도심을 연결할 수 있다)을 한 개 추가하고 강남고속버스터미널 기능을 고속도로 지하공간이나 양재 시민의 숲/꽃시장 지하에 넣는 방안도 검토할 필요가 있다. 지상에 트램을 넣는 것은 선택사항이다. 한남대교 남단과 올림픽대로 접속교차로도 직결식으로 개선하되 버스전용연결로도 설치하는 것이 좋다. 그래야 진정한 종합교통환승센터가 될 것이다. 국토교통부에서 「도로법」을 개정하여 입체도로개발이 가능하게 한다고 하였다. 현재 경부고속도로 서울시 구간은 무료이다. 3조 원 정도의 공사비를 예상하는 것 같은데 교통기능을 최대한 보강하려면 이걸로 모자란다. 민자를 동원하면 장래 유료로 전환되어야 할 것이다. 연계가 가능한 대형 개발지(롯데칠성, SK, 인터체인지, 파이시티, 농협, 시민의 숲 등)가 의외로 많다. 서초구 단위로는 벅찬 일이고 최소한 서울시나 국가단위에서 움직여야 한다.

제6장

실패와 외부갈등 극복

제6장
실패와 외부갈등 극복

1. 경부고속도로 자취를 찾아서

가. 공사 중 13번 무너진 당재터널(현 옥천터널)

한국 도로건설사의 전환점이 된 경부고속도로 건설공사에서 77명의 고귀한 생명이 열악한 현장에서 운명을 달리하였다. 당시 마지막까지 가장 치열한 사투를 벌인 곳이 대전공구 당재터널이었다. 대전공구(청원군 옥산면~옥천군 청성면 74.4km 구간)는 경부고속도로 7개 공구 가운데 가장 길고 지형도 험준하였다. 당재터널뿐 아니라 총연장 1.8km에 달하는 교량 6개가 대전공구에 속해 있고, 경부고속도로 전체 토공량 중 37%가 포함되어 있었다. 경부고속도로에 계획된 대형교량은 32개소로 총연장 8km 정도였다. 당시만 해도 터널은 공법자체가 발전하지 않았고 그나마 시공 경험조차 별로 없어서 공사가 어려울 수밖에 없었다. 이 어려운 공구는 태국 파타니-나라티왓 고속도로(1966년 2월~1968년 2월) 건설 경험을 가진 현대건설이 맡게 되었다.

당재터널은 상행 590m, 하행 530m 총 1,120m로 요즘에야 간단한 규모이지만 당시에는 한국 최대 규모였고 극복해야 할 몇 가지 문제가 있었다. 첫째, 터널이

곡선으로 설계되었고 터널 북쪽은 계곡으로 장대교량인 당재육교가 설치되어 있어서 접근성이 나빴다. 기존에 있던 지방도로는 지프차 정도만 다닐 수 있을 정도로 좁아서 대형 공사장비를 투입하기가 어려웠고 결국 진입로를 만드는 데에만 수개월이 소요되었다. 둘째, 터널의 진입부와 내부 지반이 퇴적층으로 쉽게 무너졌다. 일반적으로 터널 입구의 암석은 연하지만 깊이 갈수록 단단해진다. 경부고속도로 6개 터널 중 당재터널을 제외한 나머지 5개 터널이 모두 이러한 지반 구조였다. 설계단계는 물론 시공단계에서도 터널 내부의 지질을 잘 알지 못했으니 어려움이 더했다. 1960년대에 지반조사를 과학적으로 할 수 있는 장비나 기술도 없었고, 있었다 해도 충분히 조사할 시간이 없었다. 마지막으로 당시에는 인공환기 기술도 없었고 공기도 단축시켜야 했다. 자연환기 상태에서 공사를 하기 위해서 경부고속도로 터널의 길이는 최대 500m를 넘지 않도록 계획하였다.

우여곡절 끝에 다른 공구보다도 늦은 1969년 9월 11일에야 굴착공사가 시작되었으니 배정된 공기마저 절대적으로 부족했다. 지금처럼 NATM 공법을 적용하지 못하고 재래식터널공법으로 공사가 진행되었으니 1회 발파시마다 0.75m씩 전진하여 하루에 2m 내외를 진행한다는 계산이었다. 동바리(가설재)를 촘촘히 세워도 퇴적암 지층에서 끊임없이 잡돌을 쏟아내었다. 뚫어 놓은 터널이 무너지기도 하고, 발파작업 도중에도 무너지기가 무려 13번이었다. 한 번은 네 명이 죽고, 한 번은 작업반장이 목숨을 잃기도 하여 총 9명의 작업자가 유명을 달리 하였다. 낙반사고가 날 때마다 10여 일씩 지체되고 작업자의 목숨과 바꾼 공사분량마저 사라져갔다. 터널입구 거대한 느티나무를 잘라낸 군 공병 장교가 공교롭게 다음 날 교통사고로 병원신세를 졌으니 느티나무 신령이 노했다고 했다. 노임을 두 배나 올려 준다고 해도 터널에 들어가지 않으려 했다.

하행선은 530m를 뚫었으나 상행선은 아직 350m밖에 뚫지 못했는데 공기가 두 달밖에 남지 않았다. 예정된 공기 내에 완공이 불가능해 보였다. 박정희 대통령도 직접 공사 진행상황을 계속 점검하는 가운데 호랑이 이한림 건설부 장관은 절대로 공기연장은 없다고 했다. 현장에서 상주하며 공사를 지휘하던 정주영 회장이 결단을 내렸다. 단양 시멘트공장에서 조강시멘트를 생산하여 투입하라는 것이다. 조강시멘트는 일반시멘트보다 빨리 굳고 강도도 2배 이상 강하지만 가격이 2배나 비싸니 기업의 이윤과 신용을 바꾼 것이다. 1970년 6월 27일 밤 11시 경부고속도로의 마지막 구간인 당재터널이 290일 만에 뚫렸다. 경부고속도로 평균 공사비가 1㎞ 당 1억 원 정도인 것과 비교해 0.56㎞에 불과한 당재터널에 5억 원의 공사비가 투입되었다.

경부고속도로 대전~추풍령 구간에는 여섯 개의 교량과 다섯 개의 터널이 경부고속도로 초창기의 모습으로 남아 있다. 2003년에 옥천휴게소~추풍령 구간 선형개량 공사 결과, 금강2교·금강3교·금강4교·당재육교를 포함한 (구)경부고속도로 하행선 구간은 왕복2차로 군도(금강로)로 사용되고 있다. 한국도로공사에서는 초창기 고속도로를 기록으로 남기기 위해 순직자 위령탑(옥천군 동이면 조령리)부터 옥천터널(구 당재터널, 청성군 동이면)까지 4㎞ 구간을 근대문화재로 등록하기 위해 노력하고 있다. 여기에는 현재 폐도가 되어 사용하지 않는 대전육교(길이 201m, 폭 21.4m, 높이 35m 아치교)도 포함되어 있다. 금강휴게소 남쪽 언저리에 있는 순직자 위령탑 아래로 지나가는 지방도를 따라 남쪽으로 가면 곧바로 금강유원지를 횡단하는 금강4교(길이 331m, 폭 19.9m)가 나온다. 금강휴게소에서도 측면이 보이는 이 금강4교의 강재 거더는 호주에서 조립하여 배로 실어왔다고 한다. 조금 더 지나가면 당재육교(길이 170m)가 나온다. 날렵한 콘크리트 아치교로 중앙경간이 75m인데 일부 구조를 보강하여 지금도 사용하고 있다. 당시 늦은 장마에 동바리가 11번이나 유실되었다는 전설의 다리이다.

당재육교를 지나면 바로 당재터널을 만나게 되는데, 이제는 옥천터널로 이름이 바뀌었다. 역시 하행선은 왕복 2차로 지방도로 이용되고 있고, 서울방향 터널은 식품 회사에서 임대하여 김치저장고로 쓰고 있다. 여기를 찾은 2017년 7월 23일, 금강마라톤 행사에 참여한 마라토너들이 경부고속도로 옛길을 달리고 있었다. 아마 그들이 달리는 이 아름다운 금강변 도로가 과거 경부고속도로였다는 사실을 아는 이는 많지 않으리라. 묘금에서 금강으로 진행하는 터널 입구는 2016년 하정우, 오달수 배우가 주연한 재난영화 '터널'의 촬영장으로 사용되었다. 이 경부고속도로 구간은 이제 새로운 터널 5개(옥천1터널~옥천4터널, 영동1터널)로 대체되어 보다 반듯하게 바뀌었다. 이 구간을 둘러보니 금강이 깎아낸 험준한 계곡을 따라 얼마나 공들여 노선을 잡고 힘들게 공사를 했을까하는 생각에 마음이 숙연해진다. 왜 경부고속도로 순직자 위령탑이 이 구간에 자리 잡았는지 이해가 된다. 요즘과 같이 터널을 휙휙 뚫어버리는 기술과 돈이 없던 배고픈 시절, 없던 돈을 끌어다가 어렵게 만든 최초의 고속도로 가운데 가장 많은 사연이 쌓인 구간이다. 근대문화재 지정을 통해서 그 시절 건설인들의 노고를 기억하는 행위는 그들의 덕으로 풍요로운 시대를 사는 후손들의 도리일 것이다. 건설 당시 여섯 개 터널 가운데 계룡터널(현 황간터널)은 사용이 중지되었고, 길치터널(현 대전터널), 아감터널(현 증약터널), 당재터널(현 옥천터널)은 군도로 활용되고 있다. 경부고속도로 건설 당시의 모습으로 현역에 있는 터널은 도내터널(현 영동터널)과 아화터널(현 경주터널) 2개소 뿐이다. 준공 당시의 모습이 남아있는 교량은 12개가 있는데 모두 다 고속도로에서 퇴역하여 5개소만이 군도로 이용되고 있다.

나. 추풍령휴게소 경부고속도로 준공기념탑

추풍령휴게소는 1970년 7월 7일 경부고속도로가 개통하면서 전국 최초로 문을 연 고속도로 휴게소로 해발 240m에 위치하고 있다. 여기는 경부고속도로에서 가장 높은 곳이기도 하지만 경부고속도로 연장 428㎞의 중간 214㎞ 지점으로 지리적인 의미가 나름 있는 장소이다. 추풍령휴게소 부지 내에 서울~부산 중심점이자 경상북도, 충청북도 경계를 표시하는 조그만 기념탑도 세워져 있다.

추풍령휴게소(상행선) 북쪽 야트막한 언덕 계단 끝에 높다란 탑이 하나 보인다. 계단 오른편에 있는 기념탑 설명대에는 송여수 서울대학교 미대 교수의 디자인으로 석공 연 7,780명이 동원되어 1970년 12월 8일에 세웠다고 알리고 있다. 언덕 정상에 자리한 높이 30.8m의 석탑이 준공기념탑이다. 기단 8층과 69단의 탑신을 합쳐 총 77단의 직사각형 돌을 쌓아올린 것은 경부고속도로 건설과정에 목숨을 바친 77인에 대한 헌정이다. 기단위의 탑신에는 네잎클로버 형상으로 고속도로 인터체인지와 분기점을 표현했고, 그 위에 곧게 선 기둥은 쭉 뻗은 고속도로를 상징한다는 것을 한눈에 알 수 있다. 사각형 기단부 정면에는 '건설과 번영'을 상징하는 부조물들이 설치되어 있는데 망치·삽·드릴을 든 산업전사와 단란한 한 가족의 모습이 새겨져 있다. 피와 땀과 생명을 바친 건설역군과 그들의 노고에 감사하는 가족을 형상화한 것이리라. "서울부산 간 고속도로는 조국 근대화의 길이며 국토 통일에의 길이다"라는 박정희 대통령의 친필이 새겨져 있다. 기단 후면에는 당시 건설부장관 이한림의 글도 있다. "이 고속도로는 박대통령 각하의 역사적 영단과 직접 지휘 아래 우리나라 재원과 우리나라 기술과 우리나라 사람들의 힘으로 세계 고속도로 사상에 있어서 가장 짧은 시간에 이루어진 조국 근대화의 목표를 향해 가는 우리의 영광스런 자랑이다". 기단 오른쪽 측면에는 번영·평화·승리·통일을 기원하는 고속도로의 노래가 새겨져 있다. 노산 이은상이 짓고 일중 김충현이 새긴 것이다. 오늘날 여기에 가려면 경부고속도로 상행선을 경유하여 추풍령휴게소로 들어가야 한다. 4번 국도에서 추풍령톨게이트로 진입하면 추풍령휴게소 LPG가스 충전소를 경유하여 고속도로 상행선으로 연결될 뿐 휴게소 주차장으로는 갈 수가 없다. 사실상 기념탑을 바로 옆에 두고도 역주행하지 않으면 갈 수가 없는 구조이니 이렇게 찾아갔다가 실패하는 사람이 한 해 몇 명이나 될까 궁금하다.

과거에 구불구불한 내리막 경사가 있던 추풍령고개 구간에서는 크고 작은 교통사고가 자주 발생하였다. 1970년대에는 고속버스가 추락해 20명이 사망했고, 2000년에는 수학여행 버스를 포함한 다중 교통사고가 발생해 18명이 사망했다. 최고제한속도를 80㎞/시로 낮추는 등 여러 안전대책에도 큰 효과가 없어 도로개량이 가장 확실한 대책이었다. 2006년 12월 13일 경부고속도로 영동 IC~김천~구미 간 47.2㎞구간이 왕복 4차로에서 6차로로 확장·개통되었다. 추풍령 고갯길도 추풍령대교(높이 42m, 길이 973m)로 연결하여 선형을 안전하게 바꾸었다. 이 구간 상하행선의 추풍령휴게소는 현재 위치 그대로 있고 진입도로만 약간 변했다. 영천~언양 구간(55.8㎞) 등이 확장을 마치면 1970년 만들어진 경부고속도로 전 구간이 6차로~8차로 규모로 확장되게 되는데, 사실상 새로 만들어졌다는 표현이 더 정확할 것이다.

다. 금강휴게소 경부고속도로 건설순직자 위령탑

추풍령휴게소의 준공기념탑이 영광을 기념하기 위해서 만들어졌다면 공사 중에 돌아가신 이들을 추모하는 공간도 필요하다. 경부고속도로 금강휴게소 부산방향 휴게소가 내려다보이는 언덕에 간결한 건설순직자 위령탑이 남아있다. 1970년 7월 8일 박정희 대통령이 참석한 가운데 짧은 기간 '전투 같은 공사' 중에 돌아가신 77명의 순직자 위령탑 제막식이 있었다.

여기를 찾아가기 위해서는 약간의 수고가 필요하다. 금강휴게소가 고속도로 상하행선에서 이용할 수 있고 무엇보다 하이패스톨게이트가 설치되어 휴게소 광장 중앙도로를 이용하는 교통량이 제법 된다. 휴게소 남쪽 끝 주유소 앞을 지나면 하이패스톨게이트가 나온다. 여기서부터는 걸어야 한다. 경부고속도로 하부를 통과하는 통로박스를 지나서 우회전한 다음, 고속도로에서 금강휴게소로 들어오는 진입로를 조심하여 횡단하면 위령탑 입구가 나온다. 계단 입구에 세워진 안내판에서는 '경부고속도로 건설순직자 위령탑'이라고 알리고 있지만 위령탑에 새겨진 정확한 명칭은 '서울부산 간 고속도로 순직자 위령탑'이다. 그런데 위령탑의 지금 위치는 원래 위치와 조금 다르다. 안내문에는 "…최초 위령탑은 지금 위치로부터 50m 아래에 위치하였으나, 금강휴게소와 위령탑 주변 (경부고속도로)선형개량 공사로 인하여 2003년도에 현 위치로 이전하였다"고 적혀 있다. 한국도로공사는 매년 7월 7일 이곳에서 유족들과 함께 위령제를 열고 있다.

꽃들이 늘어선 77계단을 오르면 잠시 계단참이 나오고 다시 16계단을 올라가면 가로 1.8m, 높이 5.8m 직사각형 모양의 소박한 위령탑이 나오는데 전면 하단부터 상단까지 고속도로분기점 형상이 부조되어 있다. 전면에는 노산 이은상이 짓고 일중 김충현이 새긴 비문이 있고 후면에는 순직한 77인의 명단이 새겨져 있다. 비문에는 다음과 같은 내용이 적혀있다.

"세상에 금옥보다 더 고귀한 것은 인간이 가진 피와 땀이다. 크고 작은 어떤 사업이나 피와 땀을 흘리지 않은 것이 없고, 또 피와 땀을 흘리고서 무슨 일이든 이루지 못할 것이 없다. 여기 이 서울부산 간 고속도로야말로 피와 땀의 결정이니 무릇 2년

5개월 동안 연 인원 890만 명이 땀을 흘렸고 그 중에서도 피를 흘려 생명을 바치신 이가 77명이었다. 그들은 실로 조국근대화를 향한 민족행진의 산업전사요 자손만대 복지사회 건설을 위한 거룩한 초석이 된 것이니 우리 어찌 그들의 흘린 피와 땀의 은혜와 공을 잊을 것이랴. 여기 그들의 혼을 위로하기 위해 정성들여 이 탑을 세우고 이 앞을 지날 적마다 누구나 옷깃 여미고 묵도를 올리리니 혼들이여 내려와 편히 깃드옵소서. 웃으옵소서. 1970년 6월."

경부고속도로와 관련된 과거의 흔적을 되돌아보고 현재 한국의 건설상황을 떠올려보니 경부고속도로야말로 실패에서 배우며 영광을 이룬 한국 건설인들의 위대한 학습장이었다는 생각이 든다.

2 건설 중에 무너진 교량

한국시설안전공단 건설사고DB(국토교통부 건설안전정보시스템)를 검색해 보니 2000~2017년 상반기 중 도로교량을 건설하는 과정에서 총 68건의 인명피해사고가 발생하여 45명이 사망하고 82명이 부상한 것으로 나와 있다. 같은 기간 도로터널에서 발생한 사고는 40건으로 18명이 사망하고 20명이 부상하였다. 공사난이도가 높은 교량과 터널 공사현장에서 17년 동안 발생한 사망자수가 63명으로 경부고속도로 건설기간에 발생한 사망자수보다 적으니 현재의 공사현장은 과거와는 비교할 수 없을 만큼 안전해졌다는 사실은 맞지만 아직도 많은 부분에서 개선이 필요하다.

팔당대교(1991년) 신행주대교 (1991년), 장남교(2012년) 등에서 교량 본선이 공사 중에 붕괴하였다. 시설안전공단 자료와 국가기록원 자료[224]를 바탕으로 사고 붕괴원인을 정리하여 보았다.

---

224) 국가기록원(http://www.archives.go.kr/).

가. 팔당대교 붕괴(1991년 3월 26일)

팔당대교는 한강 팔당댐 하류 경기도 구리시와 하남시를 연결한다. 올림픽대교에 이어 우리나라에서 두 번째로 시도된 사장교인 팔당대교는 1986년 5월 착공하여 1991년 10월 완공 예정이었다. 1991년 3월 26일 오전 사장교 구간 상판을 지지하던 지주가설재 8개(225m)가 강풍으로 붕괴되며 교량 교판 196m도 붕괴되었다. 콘크리트 슬래브 교판이 무너지면서 교량 하부에서 작업 중인 포클레인 운전기사 1명이 사망하였다. 사고원인은 부적절한 현장 조건과 적합하지 않은 기후 조건이 복합적으로 작용한 것으로 파악되었다.

하나, 사고 시 풍속 10m/초 이상의 강풍이 불어 상부 구조 및 동바리 구조에 상당한 공기 역학적 하중이 작용

둘, 상부 구조와 동바리 구조 연결부를 강결할 수 없는 구조형태로서 공기 동역학적 불안정 초래

셋, 기초 파일과 동바리 구조 접합부의 볼트 시공에 따라 정역학적 불안정을 초래

공사를 중단하고 조사한 결과, 건설 공법에 문제가 있다는 것을 확인하고 1991년 10월 12일부터 공법을 FCM(외팔보공법)으로 바꿔 재공사에 들어갔지만, 1992년 5월 5일 중앙탑을 지탱하는 교각에서 심한 균열이 발견되어 공사가 다시 중단되었다. 결국 1992년 9월 9일 강박스거더교로 상부구조 설계를 변경해 공사에 다시 들어갔다. 그리고 문제가 된 사장교 부분과 주탑을 철거한 뒤 교각 6개를 다시 세워 1995년 4월 25일 착공 8년 11개월 만에 완공되었다. 결국 사장교를 만들겠다고 시작한 공사가 강박스거더교로 마무리 된 것이다. 조사결과 시공사에서 풍압을 고려하지 않았고 직접공사비에도 못 미치는 절반 이하의 가격으로 덤핑 수주한 것이 밝혀졌다. 주탑 조형물을 거치하던 헬기가 추락한 올림픽대교, 행주대교, 팔당대교 모두 아직 사장교 건설기술이 축적되지 않은 여건에서 발생한 사고였다. 이제 한국을 대표하는 인천대교, 서해대교, 부산항대교를 비롯한 대형 사장교들이 대한민국 도처에 우리 기술로 지어졌고 또 지어지고 있다.

나. 신행주대교 붕괴(1992년 7월 31일)

1978년 폭 10m, 왕복2차로 규모로 만들어졌던 (구)행주대교에 국도39선이 연결되자 교통량이 늘어나 혼잡해지면서 1987년 12월 31일 신행주대교가 착공되었다. 착공당시 명칭은 제2행주대교였으며 길이 1,460m, 폭 14.5m(3차로) 규모의 사장교형식으로 1992년에 개통할 예정이었다.

1992년 7월 31일 오후 7시 경 신행주대교가 갑자기 붕괴하였다. 주탑 2개 중 하나가 부러지고 800여m 구간의 교각과 상판이 내려앉았다. 사고 당시 교각과 상부 PSC 박스거더는 시공이 완료된 상태였고, 사장교 주경간 중앙부를 임시교각(T4)이 아직 지지하고 있는 상태였다. 남측 주탑에는 콘크리트 사장재가 설치되어 긴장력을 도입하기 직전이었고 북측 주탑에는 아직 사장재가 설치되지 않은 상태였다. 오후 6시 50분경 두 주탑 사이를 연결하는 주경간 상판이 내려앉기 시작했다. 중앙 상판이 추락하자 여기에 연결된 양측의 PSC 상부구조물들이 주탑 방향으로 연쇄적으로 당겨지게 되었고, 이를 지지하던 교각도 함께 꺾여져 버렸다. 800m 구간이 강선으로 연결된 연속 PSC 박스였기 때문에 중앙상판→양쪽 상판→교각의 순서로 순식간에 연쇄 붕괴한 것이다. 이 사고로 800m 구간에 걸쳐 남쪽 주탑 1개, 교각 10개, 상판 41개가 붕괴되었고, 상판 위에 쌓여있던 자재와 장비도 수장되었다. 남쪽 주탑은 꼭대기에서 18m 지점에서 두 개의 기둥이 모두 부러졌으니 교량으로서는 처참한 붕괴였다. 그나마 인명피해가 없었던 것이 다행이었다.

1년 전에 발생한 팔당대교 붕괴에 이은 신행주대교의 붕괴 사고 배경에는 사장교 공법에 대한 기술 부족 뿐 아니라 덤핑수주라는 고질적인 문제가 자리하고 있었다. 신행주대교의 붕괴는 한 순간의 돌발사고가 아니라 여러 가지 직·간접적인 원인들이 누적된 점진적인 파괴라는 것이다. 직접적으로는 가설 당시 상부구조 및 하부구조에 작용하던 하중이 설계하중보다 과하중이었다. 간접적으로는 사장교의 경간 분할과 사장재 공법 선택이 부적절하였고, 사장교 구간과 인접 연속교 구간의 무리한 연계시공, 시공 중 계측관리의 미비가 있었다. 시공자, 설계자, 감독자 공사인력이 빈번하게 교체되었고 공사 전반에 대한 충분한 이해도 부족하였다.

이 사고로 담당 공무원들이 직위해제 되었고 공법을 일부 변경하여 복구공사를 시행하였다. 사하중을 줄이기 위해서 콘크리트 사장재를 케이블 사장재로 변경하였고, 사장교 구간 형식을 연속 PSC 박스거더교에서 강합성교로 변경하였다. 결국 신행주대교는 당초 예정보다 3년 늦은 1995년 5월 19일 개통되었다. 개통 당시에는 구행주대교와 병용하여 고양 방면으로 1차로, 서울 방면으로 2차로를 배정하고 구행주대교는 고양방면 일방통행으로 변경하여 승용차 전용으로 운영되었다. 구행주대교는 2000년 12월에 제2신행주대교가 완공되면서 폐쇄되었다. 제2신행주대교는 고양 방면, 신행주대교는 서울 방면 교통량을 분담하게 되었다.

신행주대교 붕괴사고는 1년 전 팔당대교 붕괴사고의 후유증이 가시지 않은 상태였고 더구나 공용 중이던 남해 창선교가 붕괴한 사고 바로 다음날 발생하여 더욱 충격적이었다. 당시까지 돌격적으로 대충 대충 건설하던 건설 관행은 크게 개선되지 않은 채 불과 2년 뒤에 성수대교 붕괴사고로 이어졌다. 그러나 1991년부터 1994년까지 팔당대교, 창선교, 신행주대교, 그리고 성수대교가 계속해서 붕괴함에 따라 기존의 건설관행을 더 이상 유지한다는 것은 이제 불가능하게 되었다. 법률에 의한 강력한 제재가 건설업계에 가해지기 시작한 것이다.

다. 장남교 상부구조 붕괴 (2012년 9월 22일)

경기도 파주시 적성면과 연천군 장남면 간 임진강을 횡단하는 길이 539m의 장남교는 2008년 2월 11월 착공하여 2013년 4월 완공 예정이었다. 장남교의 상부구조는 박스형 PCT 거더교[225]로서 정밀한 시공이 요구된다. 연천 쪽에서 7번째 교각까지는 공장에서 제작한 PCT 거더를 연속압출공법(ILM)에 의해 설치가 완료된 상태였다. 마지막 남은 파주 쪽 교대와 첫 번째 교각 사이 경간은 현장 타설 공법을 적용하여 건설 중이었다. 북한과 접경지역에 위치한 장남교를 군(軍)과 협의 끝에 유사시 쉽게 폭파할 수 있도록 하기 위한 과정이었다. 차로별로 한 개씩 길이 55m 짜리 PCT 거더 두 개 위에 상판용 콘크리트를 타설하던 과정에서 1개의 거더가 별다른 징후없이 갑자기 낙교하면서 작업자 2명이 사망하고 12명이 부상을 당하였다.

국토해양부 건설안전과에서 건설사고조사위원회 조사결과를 2012년 11월 2일 발표하였는데, "장남교 상판 붕괴의 직접적인 원인은 상부슬래브용 콘크리트 타설 과정에서 상현부재가 과도한 압축력에 의해 좌굴되어 교량 상부구조 전체에 과도한 변형이 일어나면서 교량 받침에서 이탈하여 떨어진 것"이라고 하였다. 이러한 좌굴현상은 시공과정에서 특허공법에 대한 이해부족으로 보강용 콘크리트 블록을 동시에 타설하지 않고 일괄 타설한 잘못된 시공순서에서 비롯되었다고 분석하였다. 이 밖에 시공 중 현장여건의 제약에 의해 시공방법이 변경됐는데도 특허권자와 원설계자 및 시공자 간에 충분한 기술협의가 이뤄지지도 못했던 것으로 조사되었다.

국토해양부에서는 장남교 사고와 관련이 있는 특허공법이 적용되는 교량에 대해서는 설계를 보완하고 시공순서를 명확하게 하도록 조치하였다. 같은 공법이 적용된 공용중인 시설물(13개)에 대해서 해당 발주청에서 정밀안전진단을 실시하도록 하였다. 이후 붕괴된 구간은 보다 시공방법이 단순한 강박스거더교로 바꾸어 시공되었다. 최근 현장을 방문하여 보니 파주 방면 1경간만 노란색 강박스거더교로 시공이 되어있고 나머지 구간은 박스형 PCT 거더교로 건설되어 있었다. 시끄러웠던 2012년 여름의 기억이 떠올랐다.

---

225) PCT 거더교(Prestressed Composite Truss Girder Bridge)는 압축력이 도입된 하현재, 강관으로 만들어진 복부재, 그리고 강콘크리트 합성부재로 형성된 상현재로 구성되는 프리스트레스드 복합 트러스 거더 형식이다. 자중이 가벼워 기존의 강합성박스거더나 PSC 박스거더를 대체하기 위해 고안되었다. 음성충주고속도로 남한강교와 송도4교 사장교 구간 등 많은 시공사례가 있다.

라. 평택 국제대교 상판과 교각 붕괴(2017년 8월 26일)

2000년대 들어 다양한 형식의 교량들이 활발하게 건설되다 보니 교량 공사현장에서 이런저런 건설안전사고가 종종 발생하여 왔다. 2013년 7월 서울 올림픽대로 여의도 출입구와 강서구 방화동을 연결하는 접속도로 공사 현장에서 콘크리트 상판이 무너져 근로자 2명이 숨지고 1명이 중상을 입었다. 2013년 12월 부산 북항대교와 남항대교를 연결하는 고가도로 공사장에서 갓길용 콘크리트를 타설하던 중 철골 구조물이 무너져 근로자 4명이 숨졌다. 2015년 3월 경기 용인시 남사~동탄 국가지원지방도 23호선 냉수물천교 건설 현장에서 상판 슬래브가 10m 아래로 추락하여 작업자 1명이 숨지고 8명이 다쳤다. 2016년 7월 전남 영광군과 무안군을 잇는 칠산대교에서 FCM 공법으로 상판을 연결해 가는 과정에서 교각과 상판을 연결하는 부위가 파손되면서 상판이 기울고 교각도 동반 파손되어 작업자 6명이 부상하였다.

 2017년 8월 26일 오후 3시 20분쯤 경기도 평택호를 가로지르는 평택국제대교 건설 공사장에서 상판 4개와 교각 1개가 무너져 내렸다. 국제대교 15~19번 교각에 설치된 상판 4개(각 경간 길이는 60m로, 총 길이 240m)가 20여 m 아래로 추락했고, 16번 교각도 함께 붕괴되었다. 설치가 완료된 교각 위에 30m 길이 PSC 거더를 ILM[226]공법으로 연결하던 중 붕괴가 발생한 것이다. 길이 1.3km, 왕복 4차로로 건설되던 평택국제대교는 평택시에서 발주한 평택호 횡단도로(11.69km)의 일부로 2013년 6월 착공하여 2018년 말 완공 예정이었다. ILM 공법은 교각이 높은 현장에서 빠르고 안전하게 시공이 가능하다. 한국에서는 호남고속도로지선 금곡천교에 1984년 ILM 공법이 최초로 적용된 이후 행주대교, 남한강대교 등 제작경험도 풍부하다. 국제대교는 경간장 60m에 너비 27.7m(왕복 4차로)로 ILM 공법을 적용한 교량 가운데 규모가 크긴 하지만 ILM 공법이 적용된 공사 가운데 최초로 붕괴사고가 발생한

---

226) 연속압출공법(ILM : Incremental Launching Method).

것이다.

 붕괴 사고 발생으로 애꿎은 자동차들이 고생을 하게 되었다. 붕괴한 구간에 인접한 상판 아래로 2016년 11월 개통된 43번국도(세종~평택 자동차전용도로)가 지나가고 있었다. 하루 6만 여대의 교통량이 이용하는 자동차전용도로에서 발생할지도 모르는 2차 사고를 예방하기 위해 오성교차로~신남교차로 14㎞ 구간에 대해 2주일간 전면적인 교통통제를 실시하였다. 주변 45번과 38번 국도나 39번 국도로 교통량을 우회시키다가 9월 9일 교통차단을 해제했다. 2017년 9월 10일 43번 국도를 지나가면서 찾아본 평택국제대교 붕괴현장은 국도변에 차단막을 세워 가려놓았지만 당분간 부끄러움은 건설인의 몫일 것이다.

3 교통 공용 중 교량과 터널 피해

가. 창선교 공용중 붕괴 (1992년 7월 30일)

 경남 남해군 상동면에 위치한 창선교는 1980년 6월 완공된 길이 440m, 왕복 2차로의 게르버식 해상교량이다. 창선교가 완공돼 선박 대신 자동차로 주민들의 육지 왕래가 가능해지면서 교통량이 빠르게 늘어나자 교량 연결부 틈새가 벌어지는 등 부실공사 흔적이 나타나기도 했다. 특히 1990년 이후로 대형트럭의 통행이 잦아졌고 피서철 통행량이 크게 늘어나면서 교량이 흔들리고 벌어진 바닥판 틈새로 바닷물이 보일 정도로 붕괴위험이 높아졌다. 통행을 꺼려하던 주민들이 안전점검을 요구하자 사고 바로 한 달 전인 1992년 7월 초에 부산지방국토관리청에서 안전진단을 실시하였으나 위험하지 않다는 결론이 나왔다. 1992년 7월 30일 오후 5시경 창선교 5번 교각이 무너지면서 상판이 추락하여 2명이 사망하고 결국 차량 통행 두절로 이어지게 되었다.

창선교 사고조사반의 1차 조사 결과 붕괴 원인은 교각의 기반이 바다물의 염분에 의해 부식이 진행되어 콘크리트가 탈락한 것으로 밝혀졌다. 영세업체가 유속이 빠른 물속에 우물통 기초의 위치를 부정확하게 시공하여 편심이 생겼으며, 심도가 낮은 우물통 기초가 염분에 의해 부식된 것이다. 당시 바닷물 속에 있는 구조물에 대해서 별도의 콘크리트 중성화대책 없이 일반구조물과 동일한 개념으로 설계하던 관행이 붕괴로 이어진 것이다. 그러나 창선교 붕괴는 이어지는 팔당대교, 신행주대교, 성수대교 붕괴사고의 서곡에 불과하였다.

기존교량 복구와 대체교량의 신설 방안 검토 결과, 대체교량을 새로 만들기로 하여 폭 14.5m, 길이 480m인 새창선대교(1993년 4월~1995년 12월)가 강상판형 교량으로 건설되었다.

나. 성수대교 붕괴 (1994년 10월 21일)

1979년 10월 한강의 11번째 교량으로 준공된 성수대교는 아치모양의 120m 장경간과 게르버트러스의 구조형식을 채택하였다. 길이 1,160.8m, 폭 19.4m의 왕복 4차로 교량으로 미관을 최대한 살려서 건설한 교량이었다. 1994년 10월 21일 출근시간대인 오전 7시 38분 경에 5번과 6번 교각(현재 기준 9번과 10번) 사이 상부트러스 48m가 붕괴되었다. 상판을 지지하는 행어판의 한쪽이 파괴되면서 다른 쪽도 잇달아 파괴되어 48m 상판 전체가 한강으로 떨어졌다. 가을비가 내리는 가운데 무학여고 학생과 직장인 등을 태운 버스 1대와 승합차, 승용차 4대 등 총 6대가 함께 추락하였다. 국가기록원 기록에 의하면 교량 붕괴 구간을 달리던 승합차 1대와 승용차 2대는 교량 상판과 함께 한강으로 떨어졌고, 붕괴 경계지점에 있던 승용차 2대는 강물 속으로 빠졌으며, 남단에서 북단으로 달리던 버스는 붕괴 경계 지점에 걸쳐 있다가 뒤집힌 채 떨어지면서 미리 떨어진 상판과 강하게 충돌하여 대파되었다. 이 사고로 총 32명이 사망하고 17명이 부상하였다.

성수대교가 붕괴한 직접적인 원인은 용접시공의 결함과 제작오차 검사 미흡으로 강재의 피로가 누적되면서 용접부위가 찢겨나갔고, 유효단면적이 줄어들자 결국 상판 붕괴로 이어진 것이다. 당시 설계, 시공, 유지관리 모든 단계에 한국의 건설업계에 만연하였던 돌격주의, 적당주의와 안전불감증이 자리하고 있었다. 시공능력을 감안하지 않은 설계에다 공기단축에 급급한 부실시공이 있었다. 피로균열의 진전을 예방해야 하는 정밀점검 및 유지관리도 미흡했다. 중량차량들의 통행 규제가 제대로 되지 않아 피로균열이 가속화된 것도 한 몫을 하였다. 성수대교의 설계하중은 DB18(총중량 32.4톤)이었지만 이를 초과하는 과적차량들이 통과하고 있었고, 특히 1993년 서울 동부간선도로의 개통으로 교통량이 급증하고 있었다.

1996년 3월 3일부터 기존교량을 헐고 복구공사를 시작하여 1998년 왕복 4차로 교량이 완성되어 남북방향을 연결하였다. 곧 이어 본선을 왕복 8차로로 확장하고 주변 간선도로와 연결하는 공사를 1999년에 시작하여 2004년 8월 완공하였다. 확장공사 이후 성수대교의 성능은 크게 향상되었는데, 특히 남·북단에 전방향 입체연결로를 확보하여 강변북로·올림픽대로·동부간선도로와 연결되게 되었다.

사실 성수대교 낙교 이전에 건설 중이던 팔당대교(1991년 3월 26일), 창선대교 (1992년 7월 30일), 신행주대교(1992년 7월 31일)가 연이어 붕괴하는 등 건설안전에 관한 신뢰도가 바닥인 상황이었다. 강력한 사고재발 방지대책 없이는 위기를 극복하기 어려운 순간이었다. 기존에는 시설물의 관리자가 임의로 정한 기술이나 지침에 따라 안전관리가 이루어졌다. 1995년 4월 5일 「시설물 안전관리에 관한 특별법」을 만들어 안전관리 체계를 법제화 하였다. 부실 설계 및 감리자에 대해 5년 이하 징역 또는 5천만 원 이하의 벌금으로 부실설계 및 감리자에 대한 제재를 강화하였다. 1995년 6월에는 「시설물 안전 및 유지관리 업무지침서」를 발간하였다. 「시설물 안전관리에 관한 특별법」에서는 터널과 교량·항만·댐 등의 시설물을 규모에 따라 1종과 2종으로 구분하여 완공 후 3년 이내에 정밀점검을 받도록 하고 있다. 정밀점검 결과 A~C 등급까지는 안전에 문제가 없는 것으로 분류돼 3년에 한번 정밀점검을 받고, 보수가 필요한 D·E 등급의 경우 1년에 한번 정밀점검이 이뤄진다.

성수대교 붕괴는 한국 교량분야 뿐 아니라 사회적으로 큰 영향을 미쳤다. 첫째, 한국의 교량 설계·시공·유지관리 기술 등이 전반적으로 성장하게 되었다. 둘째, 개발 만능시대에 형성된 적당주의와 성과주의에 제동이 걸리게 되었다. 성수대교 붕괴는 건설 분야와 사회시스템에 만연했던 고질병을 인식한 계기가 되었고 뒤늦게나마 이를 치유하고 새로운 시대를 열어가는 계기가 되었다. 성수대교 북단 강변북로 램프 사이에 세워진 '성수대교 희생자 위령비'에는 살아있었다면 이제는 40세 남짓 되었을 무학여고 학생들을 비롯한 희생자 32인의 이름이 새겨져 있으며, 아직도 이들을 잊지 못하고 찾아온 지인들의 자취가 끊이지 않는다.

다. 부천고가교 화재 (2010년 12월 13일)

부천시가지를 통과하는 서울외곽순환고속도로 부천고가교는 송내 IC~서운 JC를 잇는 연장 7.7km의 왕복 8차로 강교로, 부산 동서고가도로에 이어 두 번째로 긴 육상교량이면서 고속도로에서 가장 많은 하루 23만여 대의 차량이 통행하는 교량이다. 2010년 12월 13일 중동 IC 인근 부천고가교 하부에 불법 주정차 된 차량과 컨테이너에서 화재가 발생하여 차량 39대 및 컨테이너가 전소되었다. 이 화재는 어처구니없게도 부천고가교 일부구간에 심각한 구조적 손상을 발생시켰다. 2010년 12월 14일 시행된 긴급안전진단 결과 교량 거더 6개가 불에 녹아 과도하게 변형되고, 교량상판 처짐, 72번 교각 콘크리트 열화 등이 확인되어 사고구간이 포함된 서운 JC~안현 JC 구간 통행이 전면 통제되었다.

화재발생 직후 손상된 73.3m 구간을 철거하기 시작하는데 2011년 1월 15일까지 30일이 소요되었다. 아스팔트 포장을 걷어내고, 교량상판을 철거한 다음 마지막으로 화재로 변형된 강박스거더를 철거하였다. 긴급복구를 위하여 설계와 시공을 동시에 수행하는 Fast Track 공사방식이 결정되었다. 2011년 1월 28일 첫 번째 강박스를 설치하면서 복구작업이 시작되었고, 프리캐스트 바닥판을 설치하여 공기단축을 도모하였다. 방수 작업과 아스팔트 포장을 거쳐 최종적으로 복원이 완료된 것이 3월 15일이니, 화재발생 후 92일 만에 통행이 재개된 것이다. 이 구간을 지나던 하루 23만여 대의 차량들이 다른 길을 찾아다니는 3개월 동안 주변 도로에 광범위한 영향을 미쳤으며 엄청난 교통정체를 발생시켰다.

부천고가교의 교통이 통제됨에 따라 평소 이 구간을 이용하던 차량들이 최선의 경로를 찾아가느라 주변 도로들의 교통량이 날마다 크게 변동하는 등 일대 혼선이 발생하였지만 시간이 지나면서 평형상태에 이르게 되었다. 부천고가교 전후 구간 일교통량은 통제 전과 후에 각각 하루 23만여 대에서 12만여 대로 감소하였다. 반면에 서해안고속도로, 경부고속도로, 용인서울고속도로는 각 1.4만 대, 1.7만 대, 1.4만 대가 늘어났다. 단거리 통행의 경우 사고 구간과 인접한 중동대로와 무네미길의 교통량이 각 1.9만 대, 1.0만 대 씩 늘어난 것으로 파악되었다. 이와 같이 부천고가교 구간 통제는 서울 서남권(영등포, 양천, 관악) 및 경인권(인천, 부천, 광명)의 통행패턴에 큰 영향을 미친 것으로 도로교통연구원에서 분석하였다. 이 기간 통행시간 손실비용이 3,120억 원으로 대부분을 차지한 반면, 차량운행비용과 환경비용은 각 756억 원, 204억 원씩 감소하여 총 사회적 비용은 2,198억 원으로 추산되었다. 교량 복구비용 150억 원은 별도이다. 부천고가교 화재사건은 긴급복구, 교통통제 기술이 진일보하게 되었고, 고속도로 하부공간 관리방식을 대폭 개선하게 된 사건으로 기억된다. 특히 고속도로 교통센터는 실시간으로 전체 고속도로망을 모니터링하고 통제함으로써 대형 위기상황 극복에 유용함을 입증하였다. 경기도 화성시 소재 한국도로공사 인재개발원 뜰에는 화염에 뒤틀리고 그슬린 강재박스 한토막이 보존되어 그 때의 기억을 불러오고 있다.

이와 유사한 사고가 2017년 3월 30일 미국 연방고속도로(I-85)에서도 일어났다. 조지아주 아틀란타시 인근 고속도로 교량 하부에 쌓아 놓은 적치물에 화재가 발생해 최대 높이 14m의 화염(추정 화재강도 약 50MW)이 약 30분간 교량을 덮친 것이다. 다행히 인명사고는 없었지만 철근 온도가 650°C에 달해 기능을 잃는 등 결국 PSC 콘크리트 빔이 붕괴되게 되었다. 하루 25만 대의 차량이 지나다니는 고속도로 교량이 폐쇄되자 애틀란타시는 비상사태를 선포하고, 연방정부는 1천만 달러의 자금 지원을 결정하였다.

라. 수도권 제2외곽순환도로 북항터널 침수(2017. 7.23)

장마가 한창이던 2017년 7월 23일, 180년 빈도의 강우를 상회한 폭우가 인천지역에 내렸다고 한다. 불과 3개월 전 개통된 민자고속도로 인천~김포 구간(28.88km) 주변도로에는 이 날부터 일주일 동안 극심한 차량 혼잡이 빚어졌다. 이 구간에 포함된 국내 최장(5,460m) 해저터널인 북항터널 일부 구간이 침수되어 7월 23일 오전 9시 14분부터 차량통행을 금지하고 주변도로로 우회시켰기 때문이다. 고속도로 이용자들은 중봉대로나 경인고속도로 서인천 IC로 우회하여야 했다. 빗물이 유입되어 터널 중간 400m 구간이 높이 1m 정도 잠긴 것이라 하루 이틀이면 복구될 것으로 예상했으나, 결국 일주일 만인 7월 29일 14시가 되어서야 왕복 6차로 가운데 중앙 4개 차로를 개통하게 되었다. 나머지 2개 차로까지 완전히 개통된 것은 8월 6일이 되어서였다. 최첨단 시설을 자랑하던 북항터널에 왜 이런 일이 발생하게 되었을까?

북항터널은 인천시 중구 신흥동부터 인천 북항 바다 밑을 통과하여 청라국제도시 직전까지 연결된다. 일반적으로 약간 경사지거나 볼록한 산악형 터널과 달리 최저심도 59m까지 내려갔다가 다시 올라와야하니 지하차도와 같이 오목한 구조이다. 따라서 이런 오목형 터널에서는 자연적으로 흘러들어오는 빗물은 물론, 매일 발생하는 지하수를 외부로 퍼내기 위해 대형 펌프를 설치한다. 북항터널 배수체계는 시점에 3대 종점에 11대의 펌프가 설치되어 유입하는 강우를 도로 밖으로 펌핑하고, 중앙부에 설치된 펌프 7대는 지하침출수를 처리하도록 되어 있다. 배수시설에 공급되는 전기시설은 침수시 누전과 정전이 발생하지 않도록 방수설계를 해야 한다. 이 정도 빗물은 충분히 감당하고도 남을 강력한 배수펌프였지만 결국 당일 침수를 막지 못했다.

국토교통부에서는 「사회기반시설에 관한 민간투자법」에 의해 감독명령을 내리고 원인조사에 들어갔다. 9월 29일 발표한 조사결과에 의하면 "북항터널은 강우가 외부에서 터널로 유입되지 않도록 계획되어 있으나, 석유화학단지 등 집수유역 밖에서 터널로 강우가 다량 유입되어 배수기능이 정지된 것"이 가장 큰 원인이라고 하였다. 설계나 공사과정에서 배수체계의 문제점을 인지하지 못한 사업관리 문제로 침수사고가 발생한 것이다. 침수사고를 처리하는 과정에서 터널 운영이 미흡한 것도 피해를 키웠다.

운영 및 관리 측면에서 종점부 펌프 11대 중 2대가 고장으로 미가동하였으며, 2.3m에 작동해야 할 펌핑 가동 수위 값을 3.2m로 임의로 높여서 적절한 배수 시점을 놓친 것이다. 후속조치로 관련자를 「건설기술진흥법」에 따라 처분하고 방재시스템을 개선하며 「유료도로법」을 개정해서 민자사업 관리를 고도화하겠다는 발표가 있었다.

일단 발생한 사고를 처리하지 못하면 다음으로 후속조치가 신속하게 이어져야 한다. 이런 상황에서 대체경로로 교통을 전환한 다음, 언론에 정확한 정보를 제공하고, 홍보를 통해 교통수요를 줄임과 동시에, 신속하게 원인을 찾아 고장을 복구하고, 복구 중에 이동식 펌프라도 수배해서 물을 퍼내는 것이 재난 대응 시스템의 정석이다. 그러나 이번 경우 고속도로 운영사가 이와 같은 재난 대응 역량을 갖추었는지는 의문이다. 특수목적법인인 인천김포고속도로㈜는 경영인력을 주력으로 구성되어 도로관리는 외부업체 하도급을 통해서 운영하는 구조이다. 24㎞란 짧은 구간을 관리하는 민자회사가 이와 같은 역량을 갖추는 데에는 무리가 있겠지만, 현재와 같은 시스템으로 재난관리를 하기에는 힘이 많이 모자란다는 생각이다. 다행히 인명피해는 없었지만 침수, 화재, 대형사고 등의 재난에 대한 미숙한 대응은 돌이키기 어려운 피해로 돌아온다.

4   눈·비·안개·바람이 보내는 경고

한국은 4계절이 뚜렷하여 봄에는 안개와 늦은 눈, 여름에는 폭염, 호우와 태풍, 겨울에는 눈으로 인한 피해가 발생한다. 도로에는 대설과 호우가 가장 큰 피해를 주는 셈인데 대설은 제설작업으로 인해 도로수명의 단축을 가져오고, 호우는 도로시설이 유실되고 파손되는 물리적인 피해를 준다.

가. 폭설

2000년대 들어 기후변화로 기상이변이 잦아졌으며 도로설계 기준과 관리기준을 초과하는 폭우나 폭설이 자주 발생하게 되었다. 과거에는 눈이 올 경우에 모래를 뿌렸다. 고속도로에서는 고체소금을 농도 30% 염화칼슘용액과 혼합하여 뿌리는 습염살포 방식을 2002년 도입하여 2004년 전 구간으로 확대하였다. 제설제 유효살포 거리가 세 배쯤 늘어나 작업효율과 예산이 절약되기 때문이다. 그러나 이렇게 염화물을 사전에 뿌려 눈을 녹이는 제설기술은 약간의 눈이 올 경우에는 유용하지만 정작 큰 눈이 내리면 무기력하다. 눈을 물리적으로 빨리 치우는 것밖에 도리가 없어서 길을 막고 눈을 빨리 밀어내는 것이 가장 효과적이다.

충청지방 대설(2004년 3월 4일~3월 5일)

2004년 3월에 접어들었으나 계절은 아직 봄은 아니어서 서울·경기·충청 지방에 100년 만의 대설이 내렸다. 3월 4일은 서울·경기, 5일은 충청도 지방 중심으로 대전 49.0cm, 보은 39.8cm의 적설량을 기록하였다. 대전에서는 새마을 열차가 탈선하고 모든 도로가 마비되었다. 경부고속도로 남이고개는 이름이 의미하듯이 5.5%나 되는 오르막 경사가 있다. 화물차를 비롯한 대형차들은 경사로에서 유별나게 힘을 못 쓴다. 후륜구동이기도 하지만, 중량 대 마력 비율이 낮기 때문이다. 쌓여가는 눈에 화물차가 미끄러지며 멈춰 서자 뒤따르던 차량들도 하나 둘 멈춰가며 길을 막기 시작했다. 이런 상황이 되면 제설제는 이미 효과가 없고 제설차량 작업효율도 차량에 막혀 뚝 떨어지고 만다. 이 당시 한국도로공사에게는 고속도로 출입을 차단할 법적 권한이 없었다. 오후 2시부터 경부고속도로와 중부고속도로 진입을 차단하였지만 눈은 계속 내려 고속도로는 거대한 주차장이 되어갔다. 고립된 차량에 구호 물품을 걸어서 전달하기도 했지만 일부 운전자는 차를 버리고 떠났고 수많은 고객이 추위에 떨며 밤을 새워야 했다. 중앙재해대책본부가 가동되고 군 병력까지 투입되었다. 결과적으로 경부고속도로 본선에 9,850여 대의 차량과 1만 9,000여 명의 사람이 30여 시간이 넘게 고립되는 초유의 사태를 겪었다. 국민적 비난이 쏟아진 것은 당연하였다.

경부고속도로 폭설에 고립된 당시 운전자들이 인터넷을 통해 원고인단을 구성하여, 2004년 4월 한국도로공사를 상대로 1인당 200만원씩 위자료 청구소송을 냈다. 한국도로공사는 천재지변이나 불가항력에 해당한다고 맞섰다. 1·2심 재판부는 "한국도로공사는 고속도로 관리상 하자 때문에 원고들이 입은 정신적 피해를 보상할 책임이 있다"고 원고일부승소 판결을 내렸다. 장기간 고속도로에 고립돼 추위와 배고픔으로 인한 정신적, 육체적 고통을 입은 점, 소통 재개시기를 잘못 예측해 발표한 점 등을 고려, 위자료 액수를 고립시간에 따라 35만원(12시간 미만), 40만원(12시간~24시간), 50만원(24시간 이상)을 보상하되 고령자·어린이·여성 등은 추가로 10만원을 보상하도록 하였다.

안내방송에도 불구하고 운전자들이 고립구간에 신규로 진입하거나 차량을 방치하고 이탈해 제설작업을 제대로 할 수 없었다는 한국도로공사 측의 주장은 증거부족으로 받아들여지지 않았다.

호남지방 대설(2005년 12월 21일~12월 24일)

소낙성 눈구름대가 형성되면서 2005년 12월 3일부터 전국에 3주 동안 많은 눈이 내렸다. 송사의 대상이 됐던 폭설은 12월 21일 호남고속도로에서 발생했다. 35cm 이상의 폭설이 고속도로에 쏟아지면서 호남고속도로 서순천~백양사 구간(서울방향 111.4km), 논산~백양사 구간(순천방향 89.3km)에서는 19시간 20분(12월 21일 12시 40분~12월 22일 08시 10분) 동안 1,000여 명의 탑승객들이 도로에 고립되는 상황이 발생했다.

이날 오전 6시부터 많은 눈이 내리기 시작, 호남고속도로 광주·전남 구간에 차량충돌 등 각종 교통사고가 잇따르는 등 도로 상황이 최악에 다다르자 결국 낮 12시 40분쯤 고속도로 진입을 통제했다. 호남고속도로 상·하행선 백양사~곡성 구간에 이미 들어가 있던 차량들은 오도 가도 못하게 됐다. 나아가자니 앞이 막혀 있고 돌아가자니 중앙분리대가 가로막았다. 먹을 것도 떨어지고 자동차 연료가 떨어지는 차량이 속출해서 길어깨(갓길)는 물론 본선에 멈춰서는 차들도 생겨났다. 충청지역 폭설사태를 겪은 지 2년도 안되어 또 다시 이런 사태가 발생하자 도로 당국에 대한 비난 여론이 들끓었다.

기나긴 법정다툼이 벌어졌다. 시민단체에서 피해자 217명과 함께 1인당 200만원의 위자료청구 소송을 낸 것이다. 1·2심에서 진 한국도로공사는 불가항력의 자연재해였다라고 하여 상고하였으나 최종적으로 대법원에서도 "피고 한국도로공사는 당시 교통정체를 충분히 예견할 수 있었고, 즉시 차량의 추가 진입을 통제하는 등의 조치를 취해야 할 의무가 있었음에도 안일한 태도로 고립사태를 야기했으므로 고속도로 관리상 잘못을 인정한 원심판결은 정당하다"고 하였다. 결과적으로 고립시간에 따라 20만 원(6시간 미만), 30만 원(6시간~12시간), 60만 원(14시간 이상)을 보상하되 고령자, 어린이, 여성 등은 추가로 5만 원을 보상하도록 하였다. 경부선 폭설사태와 유사한 판결이 내려진 셈이다.

경부고속도로와 호남고속도로 폭설사태를 겪고 나서 기술적으로 몇 가지 개선이 이루어졌다. 교통소통에 취약한 58개소를 도로교통 취약구간으로 지정하여 제설장비를 사전에 배치하고, 1,148개소의 중앙분리대를 유사시에 개방할 수 있도록 구조를 개선하였다. 고립차량이 발생하면 영업소 인근에 마련된 비상차량 대기장소로 안내하여 제설작업을 빨리하도록 했다. 경부고속도로 남이고개 3.2km 구간은 선형개량을 통해서 5.5%이던 종단경사를 2.9%로 낮추었다.

이러한 기술적 조치들보다 더 강력한 효과를 발휘하는 것이 제도개선이다. 긴급상황 발생 시에 도로진입을 차단할 권한이 그 때까지 한국도로공사에 없었고 경찰이 가지고 있었다. 결국 폭설 등 위기 상황 시 한국도로공사의 판단으로[227] 고속도로 본선에 대한 긴급통행제한을 실시할 수 있도록 「고속국도법」을 개정했다. 중요한 현장에 권한을

---

[227] 적설량 10cm 이상, 적설량 3cm 이상이 6시간 이상 지속 시 고속도로 진입통제(고속국도법 시행령 제5조의 2).

돌려주어야 신속한 대응이 가능한 법이다. 제대로 대응을 하지 못할 시에는 책임을 물으면 된다. 이러한 조치가 왜 필요한지는 다음과 같은 경험적 사실을 확인하면 된다. 통행제한을 하여 도로가 빈 상태에서 제설작업을 하면 주행 차량과 섞여서 제설작업을 할 때보다 통과 교통량이 2.4배 증가하고 정체 해소시간은 2시간 이상 줄일 수 있다. 비워야 채울 수 있고, 쉬어갈수록 빠르게 갈 수 있는 것이다. 이상과 같은 고통을 겪고 나서야 고속도로에 사고가 발생할 경우 고속도로 관리책임자가 고속도로 진입차량을 통제하여 주변 도로로 우회시키고, 중앙분리대를 개방하여 긴급차량과 고립차량을 소통시키며, 고립차량에 구호물품과 유류를 지원하며, 군부대와 협조하여 제설작업을 하는 시스템을 갖추게 되었다.

과연 이와 같은 기술·제도적 개선으로 다시는 같은 문제가 발생하지 않았을까? 답은 "그렇다"이다. 2007년 12월 29일부터 2008년 1월 1일까지 4일간 호남지역에 최고 55cm의 많은 눈이 내렸지만 고속도로에서는 단 1대의 차량도 고립되지 않았다. 나흘 동안 총 2,500여 대의 장비와 6,100여 명의 인원을 동원해 전시와 같은 총력체제로 제설작업에 나섰기 때문이다.

또 하나의 사례는 신년 해돋이를 강타한 영동지역 폭설이다. 우리나라 눈의 끝판왕은 역시 강원도라서 워낙 제설 장비나 기술이 발달해 있고 이용자들도 겨울에 익숙해있다. 그런데 2011년 2월 11일부터 2월 14일까지 영동과 북부지역에 이례적으로 많은 눈이 내려 동해 100.1cm, 북강릉 82.0cm, 울진 65.5cm, 포항 27.5cm, 울산 21.2cm의 적설량을 기록했다. 국도 7호선 삼척~경상북도 도계 구간에 차량 169대, 380여 명이 34시간동안 고립되었다. 해맞이 차량이 집중된 시기였지만 고속도로 소통상황은 평소 주말 수준으로 유지되었다.

2011년에 대설 때문에 고생한 지역은 지형상의 이유로 평소 눈이 별로 오지 않던 영남지방이다. 2011년 1월 3일부터 이틀 동안 대설주의보가 내려지고 포항에는 사상 최고인 28.7cm가 내리는 등 폭설이 발생하자 곳곳에서 혼란이 일어났다. 도심 교통은 기본적으로 마비되었고, 포항공항과 울릉도 정기여객선마저 운항 중단되었다. 경부고속도로 경주~언양 구간에는 눈이 내리기 시작한 정오 이전부터 염화물을 살포했으나 월동 장구를 제대로 갖추지 못한 차들로 고속도로 본선 정체길이가 10km를 넘어섰다. 이때에도 통행제한은 위력을 발휘하였다. 경부선 경주~언양 구간 양방향 진입을 차단하고 제설작업을 한 결과 불과 2시간 만에 통행을 재개할 수 있었다. 결국 고속도로에서 재해재난이 발생했을 때 본선을 통제하는 것은 더 큰 교통대란을 피하는 효과적인 방법이라는 것이 실증된 셈이다. 현장에 권한을 돌려주고, 멈추었다 가는 것이 안전하게 멀리 가는 법이다.

    한국도로공사 영업통계에서 지역별 평균 누계강설량을 보면 어느 지역 도로관리기관이 제설작업으로 수고를 많이 하는지 알 수 있다. 연도별로 강설량의 변동이 심하니 최근 강설량이 많았던 2011년과 적었던 2014년을 비교해 보자. 2011년의 경우 강원(1,062cm), 호남(544cm), 충청(435cm), 경기(248cm), 경북(237cm), 경남(100cm) 순이어서 기대대로 강원지역이 압도적으로 많고 호남지역이 뒤를 이었다. 2014년의 경우 호남[228](268cm), 강원(218cm), 충청(161cm), 경북(91cm), 경기(73cm), 경남(26cm) 순서로 2011년과는 패턴이 상당히 다르다는 것을 알 수 있다. 일반적으로 강원지역이 가장 눈이 많이 오지만 전북지역도 만만치 않게 눈이 많이 내리고, 해에 따라 강설량 변동도 심하다는 것을 알 수 있다. 그해 얼마나 많은 눈이 내릴지 예측이 어려우니 제설제를 적정하게 준비하는 것도 쉽지 않고, 제설장비를 어느 수준에 맞출지도 어렵다. 제설작업은 예측보다는 대응의 영역에 속한다고 봐야하니 광역적으로 체계적인 대응시스템을 갖추는 것이 유리하다. 현장에서 도로차단 등의 권한이 있어야 신속한 대응이 가능하고 책임은 나중에 물으면 된다. 전국적인 도로관리 네트워크를 가지고 있는 한국도로공사나 국토관리청이야 눈이 내리는 지역으로 장비나 인력을 탄력적으로 배치하여 운용할 수 있지만, 민자고속도로의 경우 연계체계를 갖추지 않는 한 유지관리에 한계가 있을 수 밖에 없다.

---

[228] 전북(293cm)과 전남(218cm)을 평균한 것임, 한국도로공사 영업통계(2016).

나. 폭우

　폭설은 도로 구조를 파손하기 보다는 도로면의 교통장애를 가져오지만, 폭우는 비탈면이나 노반, 교량과 같은 도로 시설을 붕괴시키기도 한다. 단지 그 빈도가 자주 발생하지 않을 뿐이다. 폭우가 쏟아지면 급한 비탈면이 많은 강원도 지역의 도로가 고생을 한다. 설악산 한계령을 넘어가다 만나는 흘림골이 산사태로 통째로 메꿔진 적이 있었을 정도이니 강원도 산악도로는 여름철에 수시로 비탈면이 파손된다. 설악산을 넘어가는 한계령과 미시령 도로를 따라가다 보면 깎기비탈면마다 록볼트, 숏크리트, 철망 등 절개지 유실을 막기 위한 현대적 공법이 펼쳐져 있는 것을 확인할 수 있다. 그나마 설악산 미시령터널이 생긴 뒤로 안전한 통로가 하나 확보된 셈이다. 간선도로에서 폭우로 가장 많은 피해가 발생하는 대표적인 도로는 산악지를 통과하는 영동고속도로와 통영대전고속도로이다.

　2002년 9월 1일 태풍 루사가 몰고온 900mm의 장대비가 강원도를 두들겼다. 도시와 마을이 고립되고 기반시설이 파괴되는 큰 피해를 입었으니 고속도로라고 무사하진 못했다. 2001년 말에 4차로 확장을 마친 영동고속도로 횡계 IC~강릉 IC 구간은 비탈면이 무너지고 산사태가 발생하여 차량운행이 통제되었다. 동해고속도로도 차량운행이 전면 통제되었다. 4차로 확장공사(2004년 11월 완공)가 진행되던 동해고속도로 강릉~동해 구간도 심각한 손상을 입었는데 통신선로도 함께 유실되어 유무선 통신마저 끊겨버렸다. 태풍 루사는 도로시설물에 가장 광범위한 피해를 끼친 태풍일 것으로 생각된다. 부산아시안게임 경기장과 서귀포시 월드컵 경기장 지붕막이 파손될 정도였다.

　2006년 여름 역시 3년 만에 한반도에 직접 상륙한 태풍 영향으로 풍수해의 피해가 심했다. 2006년 7월 10일과 11일 한반도를 통과한 태풍 에위니아는 여러 날에 걸쳐 전국적으로 많은 비를 내렸다. 태풍 상륙전인 7월 8일과 9일에는 남부지방에, 그리고 7월 11일부터 7월 13일까지는 수도권과 강원도 지방에 집중호우를 퍼부었다. 통영대전고속도로에서는 7월 10일 고성방향 깎기비탈면이 무너져 11시간 동안 교통이 통제되었다. 영동고속도로에서도 산사태와 토사유출이 12곳이나 발생했다. 평창휴게소

(서울방향)의 피해가 가장 컸는데, 휴게소 뒷산 계곡에서 쏟아진 토석류가 휴게소를 휩쓸고 서울방향 고속도로 본선까지 밀고 내려왔다. 콘크리트 중앙분리대가 토석류의 진행을 차단한 형국이었다. 주변 공사장에 있는 모든 장비를 동원해서 긴급 복구에 들어갔고, 연구원들도 복구작업에 자원하였다. 평창 IC를 지나가자 평창휴게소 조금 못 미친 고속도로 구간이 토석으로 뒤덮여 더 나갈 수가 없었다. 물이 불어난 평창강 지류가 세차게 휘돌아가면서 고속도로 아래쪽 경사지를 깎아먹어 고속도로 본선 일부마저 무너져 내리고 있었다. 급한대로 삽을 들고 도로 위에 쌓인 토사를 치우기 시작하였는데 여러 사람이 힘을 합치니 제법 진도가 나가고 있었지만 인력으로는 치우기가 힘든 커다란 바위들이 애를 먹였다. 몇 시간 후 도착한 불도저가 작업하는 모습을 보니 '불도저 앞에서 삽질' 하는 것이 얼마나 미약한지를 실감할 수 있었다. 주변 건설공사 현장에서 급파한 중장비였다.

고속도로 위쪽 절개지 배수로에서 쏟아지는 물이 고속도로 노면 아래 배수로로 빠져나가지 못하고 도로 위로 흐르는 것을 보니 당연히 배수로가 막혀서 일어난 현상이라고 판단하였다. 깎기비탈면이 크게 망가진 것도 아닌데 어디에서 이렇게 많은 토사가 쏟아져 내려왔는지 궁금해서 비탈면 위로 기어 올라가 봤다. 눈앞에 나타난 것은 배수통로를 턱하고 가로막은 자동차만 한 바위였다. 산사태가 나면서 쏟아진 바위가 배수로를 막아버렸으니 그 물과 토사는 갈 곳 없이 비탈면 위로 길을 잡고 고속도로 위에 토사를 쌓아버린 것이었다. 이것은 배수로의 통수단면을 아무리 크게 해도 예방할 수 없고 토석류 자체를 막아야만 해결이 가능한 상황이었다. 다른 곳에서는 솎아 베어 놓은 나무들이 떠 내려와 배수로를 막은 곳도 있었다. 어찌되었던 고속도로 교통통제는 37시간 만에 해제되었지만, 평창휴게소 등이 제 모습을 찾기까지는 한참이 더 걸렸다. 부실시공 의혹과 함께 현재의 설계기준이 18%나 높아진 강우강도를 감당하지 못한다는 지적들이 쏟아졌다. 후속조치로 고속도로 배수시설 설계기준을 높였지만 만병통치약이 아니란 것은 분명했다.

다. 침묵의 살인자 – 안개

서해대교 29중 추돌사고(2006년 10월 3일)

안개가 자욱한 2006년 10월 3일 오전 7시 50분, 서해안고속도로 상행선 서해대교 위에서 29중 추돌 사고가 발생하여 11명이 사망하고 46명이 부상을 당했다. 이른 아침이었지만 추석 연휴 이틀 전이라 교통량이 많았다. 이날 서해대교 주변에는 오전 3시부터 짙은 안개가 끼기 시작했고 사고 당시 가시거리는 60~80m에 불과하여 서해대교 개통 이래 최악의 상태였다.

사고는 오전 7시 50분 서해대교 상행선 3차로에서 25톤 화물트럭이 앞서 가던 1톤 트럭을 들이받은 뒤 2차로에 멈춰서는 것으로 시작되었다. 이후 2차로를 주행하던 봉고승합차가 25톤 화물트럭을 추돌해 1·2차로 사이에 멈춰 섰고 1차로로 뒤따르던 트럭이 사고 차량을 보고 정지했으나 뒤따라오던 승용차와 버스, 화물트럭 등 차량이 멈추지 못하고 연쇄 추돌했다. 인근 충남 당진소방서와 경기소방본부 119구조대와 소방차량이 출동했으나 사고 차량들과 사고현장을 벗어나려는 차량들이 갓길을 막아버려 화재 진압과 부상자 구조에 어려움을 겪었다. 소방차와 구급차가 현장에 가지 못하고 도보로 이동하는 사이 피해가 커졌다. 이 사고로 11명이 현장에서 숨지고 46명이 중경상을 입어 총 57명의 사상자가 발생하였다.

사고의 원인은 짙은 안개에도 불구하고 감속운행을 하지 않은 것이다. 「도로교통법」상 가시거리가 100m 이하일 때는 제한속도의 절반으로 감속해야 하지만 잘 지켜지지 않고 알기도 어렵다. 결국 안개가 짙은 시간대에 어떻게 차량의 속도를 균일하게 낮추느냐가 유사 사고 재발 방지의 핵심이다. 사고피해가 커진 것은 화물차가 폭발하면서 뒤따르던 버스, 승용차, 유조차 등 차량 12대에 불이 옮겨 붙었기 때문이다. 이번 사고로 희생된 11명의 대부분은 교통사고 자체의 충격보다 뒤이은 차량 화재로 변을 당하였다.

건설교통부(현 국토교통부)와 한국도로공사는 안개 발생지역의 교통사고를 예방하기 위하여 고속도로 안개 발생 구간에 도로전광표지(VMS), 안개예고표지 및 소화기 등을 설치하고, 낮은 조명등과 방무벽을 시범 설치하였다. 안개 시정거리에 따른 제한속도 법적규제 강화와 구간과속단속시스템 설치를 경찰청에 건의하였다. 서해안고속도로 서해대교(7.5km·왕복 6차로)와 중앙고속도로 죽령터널(4.6km·왕복 4차로), 영동고속도로 둔내터널(3.3km·왕복 4차로) 세 곳에 구간과속단속시스템이 도입되게 되었다. 이후로 구간과속단속시스템은 장대 교량이나 터널에서 표준적인 교통안전대책으로 자리 잡게된다.

영종대교 106중 추돌사고 (2015년 2월 11일)

2015년 2월 11일 오전 9시 39분, 인천국제공항고속도로 상행선 영종대교 상부교량에서 국내 최대인 106중 연쇄 추돌 사고가 발생하여 2명이 사망하고 130명이 부상하였으며 약 13.2억 원의 재산피해가 발생했다. 이날의 사고 역시 2006년 서해대교 29중 추돌사고와 마찬가지로 자욱한 안개가 원인이었다. 차이점은 안개 발생의 속도였다. 서서히 안개가 짙어지던 서해대교 사례와는 달리 영종대교에서는 사고 발생 20분 전까지는 가시거리가 2.2km 정도로 양호하였으나 바다안개가 갑자기 밀려들면서 사고 9분 전부터 안개는 매우 빠르게 짙어져 갔다. 가시거리가 줄어들자 일부 차량은 비상등을 켜고 서행했지만 모든 차량이 그런 것은 아니었다.

경찰에서 도로운영사의 귀책사유를 파악하기 위해 신공항하이웨이의 유지관리 상황과 시설 등을 확인하였으나 나중에 검찰에서 무혐의 처분을 했다. 안개가 짧은 시간에 짙어졌고, 최초 신고 접수 후 일부 교통통제를 했으며, 그때까지 안개 때문에 영종대교 전체를 통제한 적이 없었다는 것을 감안한 것이다. 서해대교 사고 이후 구간과속단속시스템이 도입되었지만 안개로 시야가 짧아질 경우 감속에는 한계가 있어서 보다 진전된 조치가 필요해졌다. 이런 상황에 적용 가능한 교통관리기법은 가시거리가 짧아질수록 낮은 최고제한속도를 설정하는 가변속도제어인데 첨단 기상관측 장비와 섬세한 교통관리기술이 요구된다. 경찰에서 영종대교가 포함된 8km 구간을 대상으로 2017년 3월부터 운영하기 시작한 가변형 구간과속단속시스템도 일종의 가변속도제어 기법이라고 할 수 있다. 눈·비가 내리거나, 안개·강풍이 발생하면 심각도에 따라 100km/시, 80km/시, 50km/시, 30km/시로 최고제한속도를 설정하고 위반하는 운전자는 단속된다. 태풍 피해가 발생하거나, 적설량 10㎝ 이상, 강풍 속도 25m/초 이상, 안개로 시정거리가 10m 이하일 때는 도로를 폐쇄한다. 운영 초기에는 많은 운전자들이 단속되었으나 시간이 경과함에 따라 점차로 적응해가고 있다. 인천대교에서도 2017년부터 구간과속단속이 시작되었다.

2015년 영종대교 106중 추돌사고나 2006년 서해대교 29중 추돌사고는 모두 짙은 안개가 주원인이었다. 2014년 기준 시정 250m 이하의 안개가 발생한 평균 일수가 인천대교에서는 37일, 영종대교에서도 23일에 이른다. 도로상의 안개는 차량 운전자의 시야를 방해하고 위기대응 능력을 저하시켜 평상시보다 교통사고 피해가 훨씬 높아지고, 눈·비가 내릴 때보다 위험하다. 국토교통부에서 발표한 안개에 대한 종합안전대책에는 안개가 자주 발생하는 국도변에 안개주의표지, 안개예고표지, 경광등, 비상스피커 설치가 포함된다. 중점 관리가 필요한 구간에는 안개등과 노면요철 등의 안전시설을 보강한다. 어떤 경우에도 안개가 발생하면 천천히 달리는 것이 가장 좋은 방법이며, 도로관리청에서 할 일은 운전자들이 가능하면 비슷한 속도로 달리도록 도와주는 것이다. 위반자에 대한 단속도 병행되어야 효과가 있음은 물론이니 경찰과 협조가 잘 되어야 한다.

라. 바람과 낙뢰

강풍피해를 줄이기 위한 방풍벽과 제한속도

영동고속도로 대관령 구간 교량에 2003년 1월 한국 최초로 방풍벽이 설치되었다. 그깟 바람이 차가 다니는데 무슨 영향을 주겠느냐고 할지 모르지만, 장소나 시기에 따라서 의외로 심각하게 장애가 생기는 구간이 있다. 바로 양 옆이 훤하게 뚫린 교량구간인데, 특히 터널을 지나자마자 갑자기 나타난 교량에 강력한 계곡풍이 불어올 때가 위험하다. 영동고속도로 대관령~강릉 구간이 대표적으로 눈비가 내려 노면이 미끄러워지면 더욱 심각해진다. 키가 크고 옆 면적이 넓은 트럭과 버스, 승합차 등에 대한 위협은 더욱 크다. 이럴 경우 방음벽과 비슷하게 방풍벽을 설치하여 차량 측면에 가해지는 바람의 압력을 줄여주는 것이 대안이 될 수도 있다. 고려할 점은 방풍벽에 큰 하중이 걸려 교량 안전에 악영향을 줄 수도 있고, 주행자들의 시선이 차단되어 답답하다는 것이다. 영동고속도로 대관령지역 교량에 설치된 방풍벽은 바람을 완전히 막는 것이 아니라 바람을 부숴주는 파풍벽으로 그물형상으로 만들어졌다. 주변의 경치를 막지 않으면서도 평균풍속을 25~55% 줄여주는데 최종적으로 차량에 미치는 바람의 영향을 40~70% 줄여준다. 2017년 개통한 서울양양고속도로 산악구간에도 방풍벽이 설치되었다.

    그럼 서해대교나 인천대교와 같이 긴 교량에 대해서는 어떻게 할 것인가? 이들 해상교량은 특수한 케이블교량으로 방풍벽을 설치하기에는 구조적으로 한계가 있다. 교량 가드레일도 형식에 따라서 방풍 기능을 가진다. 서해대교에는 콘크리트 가드레일을 설치하여 바람의 영향을 줄이는 효과는 얻었지만 소형차량 탑승자들의 조망권을 저해한다는 불만도 있었다. 인천대교와 영종대교에는 철제 가드레일을 설치하여 주변 경치는 감상할 수 있으나 방풍 효과는 떨어진다. 바람의 세기에 따라 주행속도를 조절하는 방안도 있는데 풍속이 빠를수록 천천히 달리는 것이다. 차량이 빠르게 달릴수록 노면마찰력이 낮아져 옆에서 부는 바람에 취약하고 또 속도가 빠를 경우에는 조금이라도 밀리면 더 위험해지기 때문이다. 그래서 「도로교통법」에 바람의 빠르기에 따라 최고제한속도를 다르게 설정하도록 되어 있으나 운전자들이 바람의 세기를 알 도리가 없다. 따라서 가변전광판을 설치하여 속도관리를 하게 되는 것이다. 교량에 따라서 강풍이 불 경우에는 통행을 차단하기도 한다. 사실 이 방법은 바람뿐 아니라 눈·비·안개 모든 악조건의 기상에 만능으로 적용된다. 설계조건에 맞지 않는 환경에서는 일단 천천히 가는 것이 안전한 것이다.

낙뢰로 서해대교 케이블화재 발생 (2015년 12월 3일)

2015년 12월 3일 18시경 낙뢰로 인해 서해대교 사장교 구간 목포방향 케이블에 불이 붙어 인근 사장케이블까지 옮겨 타는 초유의 사고가 발생하였다. 교량바닥판에서 80m 높이 지점에서 최초로 화재가 발생하여 144개 사장케이블 중 1개가 파단되고 2개가 부분 파손된 것이다. 기상청에서는 해당 지역에 낙뢰가 없었다고 발표하여 사고원인 규명에 혼선이 있었으나 낙뢰가 치는 장면이 포착된 주행차량 블랙박스 영상이 확보되었고, 국립과학수사연구원의 후속 감식결과도 낙뢰가 원인인 것으로 밝혀졌다. 국내에서 특수교량 케이블이 낙뢰로 인해 파손된 사고는 전혀 없었고, 해외에서도 그리스의 리온-안티리온교와 인도네시아의 파사빌리라교 정도에서만 유사사례가 보고될 정도로 희귀한 사고가 서해대교에서 벌어진 것이다.

사고 당일 강풍과 눈보라까지 몰아치는 환경에서 소방관들의 헌신적인 노력으로 3시간 만에 화재를 진압하였으나, 화재로 끊어진 케이블의 충격으로 소방관 1명이 순직하고 2명이 부상을 당하였다. 서해대교 안전성검토위원회에서 구조해석 결과, 손상된 케이블 인근 케이블의 장력이 10% 정도 증가한 것으로 조사되어 목포 방향 교통을 차단하고 손상된 케이블을 교체하였다. 서해대교가 차단된 15일 동안 주변 우회도로에 심한 교통혼잡이 발생되었고, 행담도휴게소와 주변 관광지의 방문객 감소도 피할 수 없었다. 서해대교와 같은 대형교량이나 장대터널에서는 설계 당시에는 미처 예상하지 못했던 재난이 항상 발생할 수 있고, 세계적으로 한 번도 발생하지 않은 사건이 국내 교량에서 최초로 발생할 가능성도 있다.

이제 특수교량(연장 500m 이상의 케이블교량)에 대해서는 강풍, 지진, 안개, 폭우뿐 아니라 낙뢰에도 대비가 필요하게 되었다. 2016년 7월 특수교안전관리방안이 발표되어 특수교량에 대한 피뢰 및 소방관리를 강화하도록 하였다. 2016년 8월 「도로교설계 기준」을 개정해 피뢰설비 설치 기준을 도입했고, 교량 상황에 맞는 소방대책을 마련하도록 하였다. 2017년 10월 서해대교 사장교 구간에서 화재가 발생할 경우 신속하게 진압하게 위해서 교량에 세계최초로 방수총과 포소화전을 설치하고 10월 26일 합동훈련을 시행하였다. 2개의 주탑 상단(73m)에 각 2개씩 총 4개소에 설치된 방수총은 약 150m 거리까지 10여 분간 계속해서 물을 발사할 수 있고, 사장교구간

42개소(방향별 21개소) 교량난간에 설치된 포소화전은 유류 유출로 인한 화재를 진압하는데 사용된다. 서해대교와 맞먹는 대형 교량들이 계속 개통되고 있는 한국에서 예기치 않은 재난에 대한 대응 능력을 갖출 필요성이 늘어나고 있다. 대형 교량에서 사고가 발생할 때마다 갓길(길어깨)이 차단되어 구조차량의 현장 접근을 어렵게 하는 행태도 개선되어야 한다.

5 환경과 경관

가. 환경: 사패산터널과 환경 갈등, 장대터널 출현, 경관 설계

한국 건설사에서 가장 첨예한 환경 갈등을 불러일으킨 양대 국책사업은 경부고속철도 천성산터널과 서울외곽순환도로 사패산터널일 것이다. 두 사업 모두 터널공사이며, 비슷한 시기인 2002년도에 양대 환경 분쟁이 발생하였다는 것은 우리나라 환경사 관점에서 주목할 만하다.

서울외곽순환고속도로는 1990년 판교~구리 간 23.5km 왕복 4차로 공사를 시작으로 2007년 12월 127km 전 구간이 왕복 8차로로 완공되었으니 꼬박 18년이 걸렸다. 서울외곽순환고속도로 1단계 구간 91km는 한국도로공사가 관할하여 2001년에 순조롭게 개통하였다. 도심지를 통과하는 만큼 토지보상비가 비쌌고, 노선과 인터체인지 위치, 기술적 어려움 등 많은 난관에도 수도권 교통혼잡 해소와 신도시 건설을 위해서 반드시 필요한 도로였다. 2단계 구간 일산~퇴계원 36.3km는 1999년 8월 서울고속도로(주)가 민간사업자로 선정되었는데 전체 연장의 56%를 터널 5개, 교량 50개로 설계변경해야 했다. 수락산·불암산·사패산 등 서울 북부지역의 명산들에 대한 환경훼손을 줄여야했기 때문이다. 2006년 6월 30일 대부분 구간이 예정대로 완료되었는데, 마지막까지 공기가 지연된 구간은 사패산터널 7.5㎞ 구간이었다. 여기에는 역시 환경 갈등이 가장 큰 몫을 했다. 사패산터널 구간은 불교계와 환경단체의 반대 민원과 농성으로 공사가 중단되었다. 사패산터널 구간의 갈등 원인은 첫째, 터널 건설로 북한산 국립공원의 환경파괴가 심각해지고 대기오염이 심화되며, 둘째, 사찰의 철거 또는 이전이 발생하게 되어 불교의 수행환경과 생활공간의 파괴가 이루어진다는 것이다. 환경·불교단체와 정부·사업시행자 간의 합의를 도출하기 위해 노선조사위원회(2002년 8월 14일)와 검토위원회(2003년 4월 14일)가 구성·운영되었으나 합의에 이르지 못하고 활동이 종료되었다. 2003년 7월 29일 국무회의에서 공론조사방식을 총리실 주관으로 추진하기로 하였으나 역시 실패했고, 결국 2003년 12월에 이르러서야 양자 간의 합의가 도출되어 공사가 재개되었다. 당시 고건 국무총리는 역사·문화·환경보전을 위한 제도 개선을 추진하며 불교계의 의견을 사전에 수렴하고 참여를 확대하기로 하였다. 결국 2008년에 이르러서야 개통된 사패산터널은 2년여의 공기지연이란 혹독한 대가를 치렀지만 '갈등을 화합으로 이끈 환경분야의 소중한 사례'로 평가받고 있다. 이와 관련하여 국토교통부에서는 도로건설시 환경훼손과 사업추진 과정에서 발생하는 갈등을 최소화하고, 도로건설과 환경보존 상호간 조화를 유도하기 위하여 환경친화적인 도로건설 지침을 제정하였다. 또한 국민참여형(PI: Public Involvement) 도로사업제도를 도입하여 서울양양고속도로 동홍천~양양 구간에 시범적으로 적용하였다.

이후 도로의 순기능을 유지하면서 환경파괴라는 역기능을 최소화할 수 있도록 친환경도로 건설제도가 보완되었으며, 도로경관을 향상시키기 위한 제도 개선이 이루어졌다. 과거에는 도로건설의 타당성 여부를 경제성 위주로 결정하였으나 2000년대 이후에는 환경성과 경관성이 도로건설에서 고려해야 하는 핵심 요소로 부상하였다. 도로건설비에서 방음벽이 차지하는 비중이 높아지고 장대터널 증가에도 상당한 영향을 미치게 되었다.

나. 을숙도대교 환경 분쟁

2009년 12월 개통된 을숙도대교는 부산광역시 사하구 신평동과 강서구 명지동을 잇는 자동차전용도로로서 다리 중간에 을숙도를 통과한다. 명지도에 있는 명지 TG에서 통행료를 내야 하는 민자도로다. 준공 전에는 명지대교로도 불렸으나, 공모를 통해 을숙도대교란 이름을 가지게 되었다. 1993년 말 건설계획이 시작되어 16년 만인 2009년 말에 완공된 것에서 짐작하듯이 낙동강 하구 보호지역과 관련한 환경 갈등으로 오랜 기간 많은 조정 노력이 요구되었다.

낙동강 하구 일대에는 문화재청에서 문화재보호구역(철새도래지역, 1966년), 환경부에서 연안오염특별관리구역(1982년), 건교부에서 자연환경보호구역(1988년), 환경부에서 자연생태계보전지역(1989년), 환경부에서 습지보전지역(1999년) 등 각종 보호구역이 지정되어 있다. 그런데도 불구하고 부산시는 왜 여기에 교량을 건설해야만 했을까? 당시 부산시 서부권은 급속하게 팽창하고 있는 상황이었다. 녹산국가산업단지(1990년)와 배후지역 명지주거단지(현 명지오션시티) 개발계획이 확정되어 부산 시가지를 통과하는 교통량이 늘어나고 있었다. 명지국제신도시가 본격적으로 개발되기 시작하여 교통수요가 늘어날 것은 확실한데 유일한 낙동강 횡단루트인 낙동강 하굿둑 위 4차로도로(1987년 11월 개통)는 벌써 막히는 지경이었다. 결국 부산시는 장래 교통수요 증가에 대비하여 해안순환도로 경로에 있는 을숙도 구간을 어떻게든 연결시켜야 할 필요성이 있었다. 참고로 광안대교는 1994년 착공되었다. 1993년 12월 도시계획시설 결정 및 지적고시를 통해 강서구 명지동 75호광장과 사하구 장림동 66호광장을 잇는 왕복 8차로 명지대교 건설이 공식화되었다. 1996년 을숙도를 관통하는 연장 4,800m의 직선형교량 설계안이 확정되었으나 환경단체의 반대를 피해갈수는 없어서 몇 년 동안 사업이 표류하게 된다. 한때 하저터널 형태까지 검토했으나 연약지반에 따른 공사비 증가로 없던 일이 되었다.

이 기간 부산 서부권의 팽창은 더욱 가속화되었다. 녹산산업단지가 1999년부터 입주를 시작하였고, 부산신항만(1997~2006년)이 개발되고 있었으며, 명지 오션시티와 명지국제신도시(2003년) 개발도 진행되고 있었다. 2002년 2월, 문화재위원회에서 노선결정이 내려졌다. 낙동강 하구 철새 및 생태계에 미치는 악영향을 근거로 애초 직선노선에서 낙동강 하굿둑 방향으로 500m 우회하는 것으로 1차 설계변경이 결정되었고, 이후 2003년 12월 2차 설계변경이 이루어졌는데 문화재 위원회 안보다 낙동강 하굿둑 방향으로 110m 더 우회하는 방안이었다. 마침내 2004년 2월 27일 길이 5.1km(교량 2.85km), 왕복 6차로 규모로 착공하였다. 그러나 2004년 12월 부산녹색연합에서 행정심판을 청구하였고, 2005년 4월 국무총리 행정심판위원회에서 행정심판이 각하되어 건설이 본격화되었다. 결국 2009년 말 장장 16년의 여정이 끝났다. 남해와 만나는 낙동강 최하류에 건설된 연장 2.85km의 장대교량이라는 상징성이 있으니 경관이 뛰어난 특수교량을 만들 수도 있었겠지만 전 구간 선형이 곡선이어서 어려웠다. 아치교나 사장교같이 상부구조가 높은 형식은 철새에게 위협이 되었다. 최종적으로 교량 상부구조는 다경간연속 강상판박스교로 가장 긴 경간의 길이는 125m에 달한다. 결과적으로 부산해안순환로에 위치한 교량 7개 가운데 가장 어려운 건설과정을 거쳤음에도 불구하고 경관적으로 가장 밋밋한 교량이 되었다.

다. 터널 교통사고

터널 내에서의 사고는 일반도로 구간에 비해 발생 빈도는 높지 않지만, 폐쇄공간이란 특성 상 대형사고로 연결될 수 있어 사고의 예방과 사고 발생 시의 대응이 매우 중요하다. 고속도로 터널 총 연장과 장대터널 개수가 빠르게 늘어나서 터널 내부에서 화재가 발생하는 빈도수가 점차 늘어나고 있는 추세이다. 2000년대 초반 매년 평균 3.6건의 화재가 터널 내부에서 발생하였으며 화재원인은 차량결함이 67%, 교통사고가 29%를 차지하였다.

터널 내 위험물 폭발 사고

　2005년 11월 1일 오후 2시 18분께 구마고속도로 상행선 달성2터널에서 폭발음과 함께 화재가 발생했다. 도열운행을 하던 네 대의 15톤 화물차 가운데 세 번째 차량 오른편 뒤쪽 타이어에 불이 난 것인데 문제는 여기에 나이키 미사일 추진체가 실려 있었다는 것이다. 타이어 화재 초기 진압에 실패하자 차량이 기울면서 미사일 추진체에 불이 옮겨 붙게 되었다. 결국 큰 폭발이 발생하여 추진체의 파편이 터널 외부까지 날아갔다. 터널 내부에 연기가 가득차고 CCTV도 손상되어 상황 파악이 어려웠고, 터널 양방향을 통제하여 교통혼잡이 이어졌다. 화재가 진행되는 동안 터널 내 차량들이 대피해 인명피해는 없었지만 터널은 상당한 손상을 입게 되었다.

　터널 내부 조사 결과, 내벽 타일과 콘크리트가 손상되었으나 구조적으로는 큰 손상은 아니었다. 국과수의 감정 결과 차량 화재로 추진체의 고체연료가 타면서 폭발이 일어난 것으로 밝혀졌다. 탄두와 추진체를 분리한 것이 더 큰 피해를 줄였다.

　2015년 10월 26일 중부내륙고속도로 하행선 상주터널(길이 1.6㎞) 중간지점에서 화재가 발생했다. 시너를 가득 실은 트럭이 전복되면서 거센 불길이 일었다. 뒤따르던 대형 탱크로리에도 인화물질이 실려 있었지만 급정거로 추돌을 면한 것이 다행이었다. 터널 입구까지 뛰어서 대피한 탑승자 가운데 연기를 마신 20여명이 병원으로 옮겨졌다.

　2017년 11월 2일 창원터널과 이어지는 내리막 구간에서 인화물질(윤활유와 방청유) 드럼통을 가득 실은 화물트럭이 중앙분리대를 충돌하였다. 적재중량을 초과한 트럭이 내리막에서 중심을 잃고 중앙분리대를 충돌함과 동시에 적재함에서 화재가 발생하였다. 불이 붙은 드럼통들이 폭발하면서 중앙분리대를 넘어 반대쪽 도로로 날아가 자동차 9대와 충돌하면서 화재로 이어졌고 8명의 사상자(사망 3명)가 발생하였다. 창원터널은 산 중턱에 건설된 연장 2.34㎞ 장대터널로 터널 전후는 5% 내외의 내리막구간이 접속되어 있다. 터널 내부에서 중심을 잃은 트럭이 터널을 벗어난 구간에서 사고로 이어진 것이 그나마 다행이었다.

　상주터널과 창원터널에서 발생한 교통사고를 계기로 터널 개소수가 급증하는 환경에서 위험물질을 싣고 다니는 차량들의 안전관리를 좀 더 체계적으로 강화할 필요가 높다. 터널 내 방재시설의 경우 2004년 이전에는 별도의 기준 없이 설계·시공 과정에서 필요하다고 판단되는 방재시설을 설치했다. 그러나 2004년 건설교통부에서 「도로터널 방재지침」을 제정하면서, 이후 건설되는 터널에는 터널별 등급에 따라 소화설비, CCTV, 비상방송설비, 라디오재방송설비 등 방재시설을 의무적으로 설치하고 있다. 현재 국내터널의 방재기준은 선진국들의 방재기준보다 강하거나 동등한 것으로 판단된다.

홍지문터널 사고와 화재(2003년 6월 6일)

1999년 완공된 서울시 내부순환로 홍지문터널은 길이 1,890m로 당시까지 서울에서 가장 긴 쌍굴 터널이다. 2003년 6월 6일 홍지문터널에서 25인승 미니버스가 승용차를 추돌하여 화재가 발생하였다. 터널 내부에 설치된 소화전을 틀었으나 노즐이 막혀 물이 멀리 나가지 못해 초기 화재진압에 실패하였다. 화재를 접수한 관리자가 급기운전을 하던 환기팬을 반대방향으로 역전시켜 배연운전을 하고자 했으나, 모터에 과부하가 걸려 전원마저 차단되었고 결국 연기를 빼내는데도 실패했다. 결국 시민들은 어둠과 연기 속에서 대피해야 했고 이 가운데 48명이 부상하게 되었다. 당시에는 길이 1km 이상 터널 6곳 중 남산2호터널(1.6km)이외에는 자동화재검지기가 설치되어 있지 않아 화재 초기에 신속하게 대응이 어려웠다. 이후 교통사고를 예방하기 위해서 사고다발구간 최고제한속도 하향, 과속단속카메라 설치가 이루어졌다. 사고피해를 줄이기 위해서 긴급자동차 비상회차시설 설치, 피난연결통로에 방화문 설치, 조명시설 설치공사 등의 조치가 이루어졌다. 그럼에도 불구하고 최근 5년(2009~2013년)동안 홍지문터널에서 발생한 교통사고는 58건(사망 1명, 부상 116명)으로, 부산 황령터널(부상 128명)과 함께 전국 최고 수준이었다. 홍지문터널의 교통사고는 다음에서 논의하듯이 내부순환로의 고질적인 교통혼잡과 관련이 깊다고 생각한다.

영동고속도로 봉평터널~둔내터널

　2017년 5월 11일 3시 반 영동고속도로 상행선 둔내터널 인근에서 고속버스가 앞서가던 승합차를 추돌하여 4명이 숨지고 4명이 다쳤다. 다음 날 둔내터널 인근에서 승합차가 또 다른 승합차를 추돌하여 4명이 다쳤다. 2016년 7월 17일 오후 5시 54분께 영동고속도로 인천 방면 180km 지점 봉평터널 입구에서 91km/시로 달리던 관광버스가 서행하던 승용차 5대를 추돌하여 20대 여성 4명이 사망하고 38명이 다쳤다. 대형버스가 졸음운전으로 속도를 줄이지 못한 채 서행하던 전방 차량들을 추돌한 사고란 공통점이 있다. 2016년 전국 고속도로 중에서 두 번째로 많은 교통사고가 발생한 구간이 둔내터널 근처(강릉방향 169.3~172.2km 구간)로, 11건의 사고로 1명이 숨지고 52명이 다쳤다.

　2017년 6월 6일자 중앙일보 보도에 의하면 2012년부터 2016년까지 5년 동안 영동고속도로 봉평터널~둔내터널 전후 14.1km 구간에서 발생한 교통사고는 97건으로 모두 7명이 숨지고 345명이 다쳤다. 2012년과 2013년에는 0명이었으나 2014년 1명, 2015년 2명, 2016년 4명, 그리고 2017년 5월 15일까지 매년 늘어나고 있어 고속도로 전체 사망자가 매년 줄어드는 것과 정 반대의 경향을 보이는 것이다.

　정체가 발생하면 정체 꼬리부분에서 차량간 속도차이가 커지게 되고, 이 부근에서 추돌사고가 2~3배 높게 발생하는 것은 교통공학적으로 입증된 사실이다. 일반 인식과 달리 터널 내부에서의 교통사고율은 고속도로 전체사고율과 같거나 조금 낮다. 문제는 터널에서 사고가 발생할 경우 대피가 힘들고 유독물질이나 화재에 노출돼 대형사고 발생 가능성이 크고 공포가 크다는 점이다. 대피소가 마땅치 않은데다 터널을 빠져나가기도 힘들어 유독물질 유출, 화재로 인한 질식 등 2차 사고로 이어질 확률이 높다. 통계적으로 안전한 비행기는 사고를 걱정하면서도 훨씬 위험한 자동차 사고에는 무감각한 것과 같은 이치이다.

　그럼 터널과 관련된 사고는 어떤 상황에서 발생할까? 자동차 소통이 원활할 경우 시야가 좁아지는 터널 진입구간에서 평균속도가 낮아졌다가 터널내부에서 점차 빨라진다. 그래서 교통량이 도로 용량에 근접할 경우에는 터널 입구에서 가장 먼저 정체가 형성되는데 오르막 경사구간일 경우에는 더욱 그렇다. 이와 같은 경우에

터널 입구 구간에서 안전거리 미확보나 졸음에 의한 추돌사고가 발생할 가능성이 높아진다. 또 다른 상황은 어떤 이유로 터널 내부에 정체가 형성될 경우인데 이 경우 후속운전자들의 대응이 더 어렵다. 세 번째는 일반구간과 마찬가지로 터널 내에서 과속을 일삼는 경우인데 이들은 필히 빈번하게 차로를 변경한다. 영동고속도로와 같이 산악지를 통과하는 구간에서는 노면에 눈이 쌓이거나 강한 계곡풍이 불 때 사고가 발생하는 사례도 있으나 여기 봉평터널~둔내터널 사고와는 별 관계가 없는듯하다. 요약하면 터널 입구나 내부의 정체 꼬리, 과속, 악화된 기상이란 교통 환경에다가, 안전거리미확보·전방주시 태만·졸음·과속과 같은 운전자들의 부주의가 합쳐져 교통사고가 발생가능성이 높아진다는 것이다.

어떤 조치로 터널구간 교통사고를 줄일까 하는 것은 상황마다 달라 지극히 어려운 문제라는 것을 먼저 전제한다. 터널 구간에서 운전자의 오감을 자극하는 방법과 위반행위를 단속하는 것이 일반적이다. 한국도로공사 강원본부에서 내놓은 '봉평터널 사고예방 종합대책'에는 터널전방 교통상황 사전경고시스템 설치, 터널전방 노면 그루빙(노면요철), 조명시설 개선, 구간과속단속 확대 등이 포함되어 있다. '터널전방 교통상황 사전경고시스템'은 터널 내부 차량속도를 감지해 고성능 스피커로 알려 추돌사고를 줄이자는 것이고, 그루빙은 터널 2km 전방부터 운전자에게 노면요철 진동을 전달해 주의를 환기시키고 잠을 깨우자는 것이다. 터널 내 조명은 밝은 백색 LED로 바꾸고 입구 아치부에 설치한 녹색 LED 라인 조명은 터널 내 정체 발생시 빨간색 점멸로 바뀐다.

강원지방경찰청은 영동고속도로 인천방면 봉평터널 진입 1km 전부터 둔내터널 통과 후 3.5km 지점까지 국내 최장인 19.5km 구간에 대해 2017년 5월 17일부터 구간과속단속시스템을 본격적으로 가동했다. 기존 10.4km 구간에서 운영하던 것을 9.1km 늘린 것인데 이 외에도 둔내터널 하행선 7.4km 구간(2007년 12월 26일 시작)과 대관령 하행선 10.8km 구간(2011년 12월 7일부터 시행)에서 과속단속시스템이 운영되고 있다. 구간과속단속시스템이 최고제한속도만을 단속하기 때문에 차량들이 최고제한속도보다 과속하는 상황에서는 효과가 있지만 차들이 밀려서 서행하는 상황에는 사실 별 효과가 없다. 그리고 너무 길면 운전자가 지루해 하는데, 5분 정도 소요되는 7~8km가 적정하다는 연구가 있다.

최고제한속도 위반 단속보다는 교통상황에 적합한 최적속도를 설정해서 이를 단속하는 가변속도제어가 효과를 발휘할 가능성이 높다. 예를 들어 지금 터널 속에서 차량이 서행하고 있다면 이를 감지해서 접근하는 운전자에게 안내해주는 것만으로도 상당한 효과를 볼 수는 있다. 이보다 진전된 방법이 운전자에게 안전한 권장속도를 알려주는 것으로 '가변속도 권고'이다. 마지막 단계가 운전자가 지켜야할 속도를 알려주고 이를 지키지 않을 경우 단속하는 '가변속도 제어' 방식으로 가장 큰 효과를 발휘한다. 그럼에도 불구하고 운전자가 졸 경우에는 대책이 없으니 도로관리당국에서는 오감을 자극하는 갖가지 방법을 동원한다. 터널 내에 불이 번쩍이고 요란한 사이렌 소리가 작렬하며 무지갯빛 조명을 반복하기도 하며, 노면에 요철을 만들어서 차량에 진동을 전달한다. 심지어 한국 연장 11km로 최장터널인 인제터널은 졸음운전을 줄이기 위해 의도적으로 직선대신 곡선으로 설계하였다. 도대체 얼마나 더 나아가야 할까? 물론 자율주행이 일반화되어 도로와 차량, 또는 차량과 차량이 소통해서 자동으로 속도를 줄여주는 세상이 되면 얼마나 좋을까? 많은 승객과 고가의 화물을 운송하는 버스·트럭부터 이를 장착하는 것이 기대되지만 아직은 먼 얘기다. 그래서 한가닥 희망이라도 있으면 무엇이든 해야 한다.

어두운 터널 안으로 진입하면서 일부 운전자들이 속도를 급격히 줄이거나, 차로를 변경하면서 추돌사고가 발생하는 경우가 많다. 졸음운전하는 경우는 보다 치명적이다. 결국 터널에 빠르게 접근하는 차량 속도를 터널 입구에서 낮추어 터널 초입과의 속도차이를 줄여주는 방법이 졸음운전 등에 대한 하나의 대안이 될 수 있다. 졸지 않더라도 터널 내의 속도가 얼마나 되는지를 미리 알려주면 도움이 되니 전광판을 활용해 이를 알려줄 일이다. 공간 간 속도차이를 줄여주는 '속도분산 최소화' 전략이다. 터널 내에서는 앞뒤 차량은 물론 옆 차로와의 속도 차이도 적게 해주는 것이 필요하다.

터널과 교량에서 교통안전과 차로변경 금지

도로상 차로를 구분하는 선은 주황색의 중앙선과 흰색의 점선, 실선 등이 있다. 이 가운데 흰색 실선은 진로변경을 제한하는 안전표시로 쓰인다. 교차로, 교량, 터널

구간에 주로 표시되어 있으며 고속도로, 간선도로 IC에서는 점선을 곁들여 끼어들기 금지 용도로도 활용된다.

교량, 터널을 진로변경 금지구역으로 설정한 이유는 일반 도로에 비해 길 어깨 폭이 좁거나 추락 위험이 있어서이다. 게다가 국토의 약 70%가 산지로 이뤄진 지형조건 탓에 이런 구간은 많다. 산간 지역을 지나는 터널의 경우 앞지르기나 차로 변경에 대한 제한이 클 수밖에 없다. 이 구간에서 대형 트럭 등 저속으로 주행하는 차의 뒤를 따라간다면 어떨까? 점선 구간이 나올 때까지 차로를 유지한 채 뒤따라야 합법적인 운전이다. 하지만 그 전에 많은 차가 실선 구간에서 앞지르기 하는 것을 쉽게 볼 수 있다. 앞 차가 교통 흐름에 방해가 된다는 이유에서다. 여기에서 의문이 발생한다. 차로변경을 허용하는 것과 차로변경을 금지하는 것 가운데 어떤 방식이 교통흐름을 일정하게 할까? 터널에 진입했는데 내 앞쪽에 느린 차가 가로막고 있다면? 혼잡하여 모든 차로가 느리게 간다면 문제가 없다. 다 같이 느리게 가면 되니까. 그러나 소통이 원활할 경우 수 ㎞를 진행하는 동안 빠르게 지나가는 옆 차로를 바라보며 박탈감을 느낄 때는? 많은 운전자가 차로를 바꾸고 만다는 현실을 고려할 필요가 있다. 차로변경을 허용할지 금지할지는 현장 여건을 반영하여 결정할 필요가 있다. 폭이 넓고 밝으며 연장이 긴 터널은 차로변경 허용이 유리할 수 있다.

실선 구간에서 차로를 변경하다 적발되면 「도로교통법」 제14조 5항 진로변경위반에 해당돼 범칙금과 벌점이 부과된다. 사고 발생 시엔 「교통사고처리 특례법」에 따라 중과실 형사처벌까지 받을 수 있다. 나아가 한국도로공사는 2016년 말부터 차로변경을 적발하는 시스템을 도입했다. 터널 출입구에 카메라를 설치, 통과한 차의 차로가 바뀔 경우 이를 단속하는 방식이다.

교통안전시설실무편람에 터널·교량은 차로변경 금지를 규정해놓고 예외적으로 지방경찰청장이 종합적으로 판단하도록 하고 있다. 2016년 11월 개통한 상주영덕고속도로 6개 터널에선 차로변경이 허용되었다. 2017년 6월 개통한 인제터널에도 점선이 적용되었다. 경찰청 교통규제심의위원회를 거친 것이지만 혹 악영향이 발견되면 실선으로 원위치 될지도 모른다.

제7장

미래 도로는 어디로 갈 것인가

제7장
미래 도로는 어디로 갈 것인가

1 도로의 생로병사

도로 시대를 열었고, 함께 달려왔으나, 이제는 느려지고 있다

지난 60년 동안 도로의 시대가 열렸고, 확장되었으며, 저무는 과정이 사람의 생로병사와 너무 흡사하여 경이롭기까지 하다. 1960~1970년대에 선구자들이 도로 건설시대의 문을 열었고, 1980~2000년대에는 흐름을 잘 탔으며, 2010년대에는 흐름이 느려지고 문이 닫혀가는 느낌마저 든다. 1967년 경부고속도로 건설로 현대적인 한국의 도로건설이 시작되었다. 이 시기에 도로선구자들은 기술과 돈이 없는 상태에서 도로를 개척하며 새 시대를 열어왔다. 먹을 것조차 부족하던 1960년대에는 해외 무상원조가 큰 힘이 되었고, 1970~1980년대 국도와 고속도로로 대표되는 간선도로 확보에는 해외 차관이 큰 힘이 되었다. 1970년대까지 1세대 고속도로 건설을 완료할 즈음 박정희 대통령의 시대가 저물면서 도로 건설에 휴식기가 왔다. 1980년대 경제발전으로 도로교통수요가 폭발적으로 증가하면서 도로 건설을 소홀히 한 대가를 치러야 했다. 1989년부터 도입된 도로특별회계(1994년부터 교통시설특별회계로 변경)에 힘입어

도로투자재원은 획기적으로 증가하였다. 자동차 소유자들이 낸 세금으로 만들어 낸 재원이다. 이 시기에 도로인들은 시대의 흐름을 타며 한국 도로 제2의 도약기이자 전성기를 구가하였다. 1997년 IMF 외환위기와 2009년 세계경제위기를 극복하기 위해 도로분야에 대한 투자를 의도적으로 늘릴 정도로 도로 건설은 일자리를 만들어내고 국가경제에 기여하는 사업으로 인식되고 존중을 받았다.

국토전역에 간선도로망이 확장되면서 도시화와 산업화를 촉진시켰으며, 국민 삶의 질도 향상시켰다. 1970년 이후 지역간 평균이동시간을 42% 단축시켰으며, 지역간 이동시간의 편차를 39% 개선하여 전 국토가 골고루 발전할 수 있는 기반을 마련해주었다. 총 인구의 91%가 고속도로에 30분 내 접근 가능한 지역에 거주하여 지역균형발전에도 크게 기여하였다.

도로는 개인교통수단과 대중교통수단이 함께 이용할 수 있는 중추 기반시설로서 여객(인)의 87%, 화물(톤)의 91%를 수송하며 경제적 도약의 핵심 역할을 하였다. 1981년부터 2014년까지 도로투자를 통해 생산유발 418.8조 원, 고용유발 525만 명, 부가가치유발 166조 원 등의 효과를 달성하였다. 도로건설산업은 약 4.7만㎞에서 10.5만㎞까지 도로연장을 늘려왔다.

2016년 기준 한국 도로-자동차 산업에 약 220만 명의 일자리가 있다. 1967년 10만 대이던 내연기관 자동차 대수를 2,200만 대까지 늘려온 자동차 제조업과 부품업에는 40만여 명이 종사하고 있다. 도로를 기반으로 활동하는 운수산업과 물류사업이 확대되어 대리운전 11만 명을 포함하여 약 100만 명에 달하는 일자리가 만들어졌다.

국가면적의 3.1%, 도시개발면적의 20~25%를 점유하고 있는 공간으로서의 도로는 기술혁신의 기반 역할도 수행하였다. 대규모 교량과 터널, 지하도로를 과거보다 훨씬 짧은 기간에 경제적으로 만드는 기술을 발전시켰고, 자동차산업을 지원하여 해외로도 진출하고 있다. 사람과 마차와 자전거가 다니던 신작로에서 시작하여 오늘날 2천만 대가 넘는 자동차가 활동하는 공간을 만들어 냈고 교류의 장을 제공하였다. 소규모 상점들과 낮은 마을들이 들어서있던 도로 주변은 대규모 산업단지와 고밀도 도시로 변화하였다. 도로는 지상과 지하에 자동차 뿐 아니라 대중교통, 철도 등 모든 교통시설은 물론 상하수도 전기, 가스와 같은 도시기반시설과 가로수까지 수용하고 있다. 도로는 이 모든 교통수단과 도시기반시설을 융합하는 플랫폼으로서 서서히 진화해 왔다.

  2010년대에 접어들자 지금까지의 하드웨어 위주 도로가 공급되는 흐름은 느려져가고 있다. 도로는 충분하다는 인식이 확산되어 중앙정부의 재정투자 기조는 예측 가능한 기간 동안 하락세를 지속하고 있다. 일자리를 만들어내는 능력도 과거보다 1/3 이하로 떨어지게 되었다. 이제는 교통시설특별회계 전입금에도 도로예산이 못 미치게 되었으니, 다른 회계로 넘겨주거나 언젠가는 특별회계도 종말을 고하지 않을까 하는 우려도 깊다. 길이 막혀갈 때 길을 만들기 위해 태어난 특별회계이니 길을 만들지 않으면 존재의의가 낮아지는 것이다. 부족한 재원을 민자로 해결하기 위해 노력했으나 통행료가 불평등하다는 불만이 높아지고, 재난대응능력이나 공공성이 떨어진다는 논란이 생겨나고 있다. 한국의 도로는 아직도 세계에서 가장 과로하고 있는데 이대로 문이 닫히기에는 너무 이르지 않은가?

이동의 자유와 속도는 힘이다

  「도로교통법」에 도로에서 운전하는 것으로 '차마'라는 용어를 쓴다. 우마와 자동차라는 의미일 것이다. 도로에서 마차(우마가 끄는 차)가 사라진지 오래인데 왜 이런 용어가 남아있을까? 「도로교통법」이 만들어진 1962년 당시 우리나라 자동차 수는 10만 대 이하였다. 겨우 교행이 가능한 비포장도로를 자동차와 마차, 자전거, 사람까지 섞여서 다녔으나 이제는 효율과 안전을 위해서 각 통행수단별로 전용도로나 전용차로로 구분되고 있다. 버스전용차로는 있지만 마차전용차로는 더 이상 없다. 이는 지난 50년 동안 한국 도로에서 마차가 자연스럽게 사라져 간 결과이며, 이제는 법에도 변화가 올 때가 되었다는 것을 시사한다. 자동차 기어도 수동에서 자동으로 자연스럽게 바뀌어 조금 더 '자동으로 움직이는 자동차'에 가깝게 되었다.

  도로는 수천 년 동안 있어 왔고, 그 위를 사람이나 동물의 힘으로 움직이는 바퀴가 달린 탈것(마차, 인력거 등)이 오랫동안 이용해 왔다. 초기에는 도로성능에 따라 탈것의 이동속도가 좌우되었다. 탈것의 이동속도를 높이기 위해 석재로 포장하는 등 도로를 개량해 왔으나 건설비나 유지관리비가 비싸서 제한적이었다. 마침내 18세기 말 매캐덤도로가 출현하자 마차의 이동속도는 세 배나 빨라졌으나 이번에는 탈것의 성능이 도로의 최고성능을 따라가지 못했다. 100여 년 동안 도로-마차시스템에서 마차의 성능이 도로-마차시스템의 성능을 제약한 것이다. 19세기 말 내연기관을 얹은 스스로 움직이는 차 '자동차'가 출현하면서 이동성은 획기적으로 바뀌었다. 도로-자동차시스템이 출현한 것이다. 도로-마차시스템이 도로-자동차시스템으로 변화하기까지 상당기간 도로-마차-자동차시스템이 존재하였다. 자동차 만을 위한 고속도로가 1930년대 출현하여 도로성능이 자동차보다 우위에 있었으나, 자동차의 추진력은 계속 높아져 결국 자동차성능이 도로성능을 추월하게 되었다. 이번에는 도로의 성능이 도로-자동차시스템의 성능을 제약하게 된 것이다. 도로-자동차시스템이 정착하자 자동차 가격은 급속히 낮아졌다. 자동차 대량생산에 따른 비용절감효과가 발생하였기 때문이다.

이제 서민들도 100마리가 넘는 말이 이끄는 마차보다 강력한 자동차를 가지게 되었다. 먹이를 주고 잠을 재울 공간 대신 주차장과 연료만 있으면 과거 귀족이나 제왕이 누리던 것보다 더 큰 이동권력과 자유를 누리게 된 것이다. 인간은 원하는 때에 원하는 곳에 갈 수 있는 능력이 생겼고, 새로운 도로-자동차시스템에 의해 개인적이고 창의적으로 삶을 살 수 있는 자유를 부여받았다. 정리하면 도로와 자동차는 각기 다른 시기에 따로 태어났지만 상호영향을 미치면서 도로-자동차시스템으로 발전하여 왔다는 것이다. 지금까지 그래왔듯이 세상에 변하지 않는 것은 없고 적어도 도로-자동차시스템에서는 더욱 그렇다. 우리나라에는 1950년대 후반에야 도로-자동차시스템이 정착되기 시작하였으니 서구의 경험과는 상당한 차이가 있다. 한국에서는 도로건설과 도시개발이 동시에 이루어짐에 따라 서구와는 차별화된 도로-자동차-공간시스템이 짧은 기간에 형성되어 왔다고 생각된다.

아직도 길이 막힌다

한국 전체 간선도로의 17.6%(3,190km)가 혼잡(서비스수준 D~F) 상태인데, 고속도로의 28.2%(4,193km 중 1,184km), 일반국도의 14.4%(13,948km 중 2,006km)가 이에 해당된다[229]. 도시부 고속도로 연장의 45.5%, 지방부 고속도로의 7.0%가 접속부 하위도로의 용량부족 등의 원인으로 혼잡하다. 현재 도로용량이 늘어나지 않고 이대로 유지된다면 2020년에는 고속도로 1,451km, 일반국도 2,448km 등 총 3,899km 지역간 간선도로에서 혼잡이 발생할 것으로 전망하고 있다.

통계청이 발표한 2015년 인구주택 총 조사, 인구이동분석 결과에 따르면 우리나라 전국 평균 통근 및 통학 시간은 2010년 58.4분에서 2015년 61.8분으로 3.4분 증가하였다. 지역별로 수도권이 2010년 대비 4.6분 증가해, 비수도권(2.2분 증가)보다 높았으며, 이 중 인천(77.4분)과 서울(78.6분)이 각각 6.2분, 5.6분으로 가장 높게 증가하였다. 우리나라 평균 통근 및 통학 시간은 OECD 국가 전체 평균보다 2배나 높다. 2위인 일본과 터키가 40분에 불과하다는 것을 감안하면 부동의 일등이다. 2015년 교통혼잡비용은 총 33.4조 원으로 지역간 도로에서 발생하는 교통혼잡비용 12.1조 원(36.2%), 도시부 도로에서 발생하는 혼잡비용 21.3조 원(63.8%)으로 구성된다. 결국 도시부 혼잡비용을 줄이지 못하면 도로투자에 대한 당위성은 떨어질 수밖에 없는 상황이다.

이제 도로는 그동안의 공급노력과 교통수요 증가세의 약화, 도시화의 완성, 공사비 상승, 그리고 환경저항, 예산감소 등의 이유로 증가세가 약화되고 있다. 대도시의 도로투자가 계속 감소하고, 중앙정부 도로예산 지원도 줄어들 수밖에 없는 상황이니 아마도 몇 년 후면 1980년대 후반부터 1990년대 말까지 겪었던 교통혼잡이 재연될 가능성도 있다.

도로 신설은 점차 줄어들고 있지만 유지관리 시장이 점차 커져가고 있다. 2013년 고속도로건설비는 2.84조 원으로 2009년 대비 연평균증가율이 −1.3%인 반면,

---

229) 국토교통부, 국가도로종합계획(2016-2020), 2016.

유지관리비용은 1.43조 원으로 2009년 대비 연평균증가율 4.7%를 기록하고 있다. 전체 교량의 9%, 터널의 3%가 30년 이상 된 노후시설로, 10년 후면 노후구조물이 3배로 증가할 전망이다. 이제 도로는 새로운 플랫폼으로 변신하기 위해서 변화를 모색하는 과정에 들어섰다. 미래의 도로환경은 사람과 도로 그리고 자동차가 더욱 협력하는 방향으로 갈 것이고 그 사이에 기술이 활약할 것이다. 친환경에너지로 보다 효율적으로 다닐 수 있어야 하며, 자동차가 점유하는 도로나 주차장 공간도 줄여야 한다. 지난 100여 년 동안 도로에서 죽거나 다친 수십 수백만의 인명을 이제는 더 이상 잃지 않기 위해서는 도로가 새로운 혁신의 플랫폼이 되어야만 하다.

도로건설 비용의 변화

1970년 완공된 경부고속도로 428km 사업비가 429.73억 원이었으니 1km당 1억 원 정도가 소요되었다. 당시 환율이 1달러당 290원 정도였으니 전체 1,480만 달러, 1km당 34.5만 달러가 소요된 것이다. 오늘날 왕복 4차로 고속도로 건설비용이 평균 399억 원(3,250만 달러) 정도이니 원화 기준 400배, 달러 기준 100배 정도 상승한 것이다. 당시 경부고속도로 건설기준이 지금보다는 상당히 낮긴 하지만 국가 1년 예산의 23%를 차지하는 어마어마한 금액이었다.

그런데 과연 그 당시의 고속도로 사업비가 물가수준을 고려할 때 정말로 싼 것일까? 하는 의문이 들어서 상상의 날개를 펴보았다. 인플레이션 영향을 고려하기 위해서 소비자물가지수를 계산해보니 1970년보다 2015년이 35배 높다. 오늘날 화폐가치로 1.5조 원의 사업비가 투입되었다고 해석할 수 있는데 이는 경부고속도로가 점유하고 있는 토지가격보다 조금 높은 금액으로 터무니없이 낮으니 참고만 하기 바란다. 도로사업에 영향을 미치는 임금과 같은 개별 물가 변동은 훨씬 컸기 때문이다. 일례로 1967년과 2016년 1인당 GNP는 각각 142달러와 27,000달러로 200여 배, 원화로는 800여 배 차이가 난다. 경부고속도로에 현재 설계기준을 적용하여 왕복 4차로 규모로 건설한다면 17조 원(399억 원×4,289km) 정도가 소요될 것이다. 1967년 설계기준으로 지금 건설한다면 1.5조 원과 17조 원 사이일 것이다. 오늘날 4차로

국도(215억 원/km)로 만든다면 9.2조 원 정도 소요되니 아마도 11조 원 근처이지 않을까 싶다[230].

도로건설비가 시간에 따라 상승하는 데에는 물가상승률 이외에 도로 설계기준 변화도 큰 영향을 미친다. 1970년 고속도로와 지금 고속도로 간 시설기준 차이는 매우 크다. 최고설계속도가 100km/시에서 120km/시로 높아졌고, 길어깨[231]를 포함한 횡단 폭원도 넓어졌다. 고속도로를 곧고 평탄하게 만들어야 하니 교량·터널의 비중이 높아지고 산을 깎고, 골을 메우는 작업량도 차이가 있다. 비용이 많이 들어가는 IC와 JC 개소수도 많아졌다. 친환경설계를 하다 보니 절개지 공사면을 완화하고 방음벽도 높게 세워야 한다. 지능형교통시스템 도입에 따라 ITS 설비와 센터 등이 추가되게 되었다. 아름다운 경관을 만들어내기 위해 경관설계가 도입되었다. 교통사고를 줄이기 위해 안전시설을 보강하고 위험도로를 개량해야 했다. 각종 평가와 인허가 등이 늘어나 사업기간도 10년 여가 걸리게 되었다. 오랜 설계경험을 가진 전문가들이 이동성·교통안전·친환경·경관·지능형이란 화두가 시대를 달리하며 튀어나올 때마다 도로사업비가 10%씩 늘어났다고 얘기한다. 이는 이동성만을 추구하던 비교적 단순한 도로-자동차시스템이 훨씬 광범위한 시스템으로 확장되고 있다는 것을 의미한다.

도로건설산업의 지속가능성에 의문이 생겨난 배경에는 도로산업의 건설원가와 건설기간의 증가가 자리한다. 이는 바퀴달린 자동차를 다루는 방식이 지난 100년 동안 변화하는 과정에서 환경, 경관, 안전과 같은 부정적 결과를 겪은 경험이 누적된 것이다. 지금까지 논의에서 한국의 도로건설산업은 건설경험이 늘어날수록 건설비용은 더 늘어나고, 건설기간은 더 오래 걸리는 '부정적 학습곡선[232]'을 가지고

---

230) 타당성조사나 기본설계를 해봐야 개략적인 사업비가 나온다. 설계수준, IC와 JC 개소수 등이 크게 영향을 미치니 이야기 전개를 위한 전문가의 '감' 정도로 이해 바란다.
231) 「도로법」에서 '길어깨', 「도로교통법」에서 '갓길'이란 용어를 쓴다.
232) 대표적인 부정적 학습곡선을 가진 산업이 원자력산업이다. 미국에서 1970년 이래 원자로 건설비용은 약 10배, 기간은 약 4배 증가하였다(토니 세바, 에너지혁명 2030, 교보문고, 2014).

있다는 것을 알 수 있다. 대부분의 제조업들은 '긍정적 학습곡선'을 가지고 있어 제품 생산 경험이 축적될수록 생산비용과 기간이 줄어든다. IT산업이나 자동차산업이 대표적으로 긍정적 학습곡선을 가지지 못하면 산업 자체가 도태되어 버린다. 부정적 학습곡선을 가진 도로산업을 기반으로 긍정적 학습곡선을 가진 자동차산업이 번창한다는 것이 아이러니하지 않은가?

한국 지방자치단체들은 자신들의 재원으로 도로 만들기를 점차 포기하고 중앙정부의 지원을 기대하는 경향이 짙어가고 있다. 내 돈으로 만들만큼 도로가 매력적이지 않거나 아니면 최소한 도로건설 비용이 효과를 초과한다고 인식하는 것은 아닐까? 여기다 중앙정부가 투자하는 도로조차 연장증가세가 확연하게 줄어들고 있다. 신설연장이 줄어드는 데에는 운영 중인 도로에 대한 유지관리비용이 증가한 것도 영향을 미치고 있다.

지금까지 해 온 대로 도로건설비용을 계속 증가시키든지, 건설기술을 혁신시켜 비용을 줄이든지, 아니면 미래 환경의 변화를 수용하여 새로운 부가 기능을 만들어 내든지 선택해야할 시기가 왔다. 지금 같이 화석연료를 사용하고, 실수투성이인 사람이 운전하고, 넓은 땅을 차지하는 하드웨어 위주의 방식으로는 도로건설 비용과 기간이 계속 늘어나는 악순환이 발생하여 정부에서는 도로투자에 높은 우선순위를 주기 어렵다. 미국이나 일본에서 지하도로 1㎞ 건설비용이 1조 원에 달하는 사례가 종종 있다. 제약된 건설환경에서 꼭 필요하다 하여 만들긴 하지만 공포감소비용, 즉 폐쇄된 지하공간이나 긴 교량에서 우려되는 공포를 예방하기 위해 어마어마한 건설비용을 지불하게 되는 것이다. 만약 도로시스템이 지금과 다른 방식으로 움직이는 어느 순간 기존 도로산업은 신속하게 붕괴할 가능성이 높다. 도로재생 또는 리스트럭처링 무슨 단어라도 좋다. 부정적 학습곡선을 긍정적 학습곡선으로 바꾸는 혁신이 있어야 하는데 여기에는 도로 혼자만 움직여서는 안 된다.

2 도로환경의 변화

교통여건 전망

국가교통DB를 참조하여 향후 도로분야에 영향을 미칠 교통수요, 교통수단, 기술환경을 전망해 보자. 2026년에는 고령화 비율이 20%를 넘고, 2030년에는 5,200만 명을 넘어선 총 인구가 감소추세로 전환할 전망이다. 이는 결국 총 교통수요에도 영향을 미쳐 2025년을 정점으로 감소하기 시작한다. 온라인쇼핑과 재택근무·스마트워크와 같은 생활방식 변화도 통행방식에 영향을 미치게 된다.

첨단교통기술이 적용된 교통물류시스템, 친환경차량, 자율주행차량 등이 확대되면서 교통수단의 다양화, 고속화, 무인화, 그리고 통행의 대형화를 유도할 것이다. 자율주행차와 전기차의 시장규모가 커감에 따라서 도로분야의 핵심 키워드로 떠오를 것이다. 도로-자동차시스템을 도로-미래자동차시스템으로 진화시키는데 기여하는 기술적 가치가 더욱 상승하게 된다. ITS를 발전시킨 C-ITS[233]가 도로에 확산되면 도로의 고유 목표인 이동속도와 정시성이 높아지고, 교통사고, 환경오염, 소음과 같은 외부불경제가 감소될 것으로 기대하고 있다. 도로를 고치는 것보다 도로-자동차시스템을 변화시키는 것이 훨씬 비용이 싸게 먹힌다는 것을 인식할 필요가 있다.

자율주행 및 친환경차량 보급이 확대됨에 따라 활용에너지, 주행기술, 정보통신 이용정도가 다양한 차량이 혼합되어 주행하는 환경이 될 것이다. 당분간 과거의 도로-자동차-마차시스템과 유사한 환경이 조성될 가능성이 있다. 이렇게 되면 이동 중 멀티태스킹이 가능해지고 장거리, 야간 이동 등에 대한 심리적 저항이 낮아지게 되고 노인, 장애인 등 이동제약 인구의 차량이용이 증가할 것으로 전망된다. 자율주행 시스템

---

[233] 협력적 첨단교통시스템(Cooperative Intelligent Transport Systems, C-ITS).

도입은 교통사고 사망자수를 훨씬 빠른 속도로 감소시킬 것으로 기대된다. 화물트럭이 수송하는 물류산업도 차량연계운행이 실현되면 이동량이나 시간이 줄어들어 물류비용을 낮추게 될 것이다. 어쩌면 직업운전자 수가 줄어들어 100만여 명에 달하는 운수분야 종사자 고용시장에 상당한 변화가 올지도 모른다. 한국노동연구원에서 2014년 기준 도로분야 고용인원의 57%가 고용대체 가능 위험군이라고 예상한 바 있다. 그럼 이와 같은 미래 여건 변화에 어떻게 대응할 수 있을까? 첨단기술과의 융합, 도로의 연결성 개선을 통한 효율성 높은 도로망 정비, 도시부 외곽도로 혼잡완화 등을 폭넓게 검토할 필요가 있다.

3 전기차와 자율주행차, 공유차

전기차

한국 도로-자동차산업[234]에는 지난 50년 동안보다 향후 20년 동안 더 큰 변화가 일어날 가능성이 높다. 3대 핵심 키워드는 전기차, 자율주행차, 공유차이다. 이들 상품군은 서로 다른 배경에서 출발하였지만 결국 하나로 융합될 가능성이 높다. 기존의 도로-자동차 시스템은 100년 넘게 누적된 환경, 에너지, 소비 등의 문제를 해결하기 위하여 새로운 도로-미래자동차시스템으로 변화하고 있고, 그 변화를 주도하는 것은 정보통신, ITS, 자율주행차, 전기차, 공유차와 같은 미래기술이다.

---

234) 도로와 자동차는 상호 영향을 미치며 성장한 불가분의 관계이기 때문에 도로-자동차산업이나, 도로 -자동차시스템이란 표현을 써보았다.

현재 지구상 10억대 자동차가 20억대가 되면 지구 환경과 에너지가 버텨낼 재간이 없다. 세계 최대의 자동차 수요국인 중국은 전기차를 기반으로 게임체인저가 되려 하고 있다. 이는 한국 제조업의 13.9%, 인력의 11.8%를 차지하는 자동차 산업 생태계가 근본적으로 변화함을 의미한다. 어떤 변화가 일어날까? 자동차 생산비의 30%를 차지하는 파워트레인 계통 종사자가 서서히 일자리를 잃게 될 가능성이 있다.

20년 뒤면 인터넷으로 주문한 전기자동차가 자율주행로봇에 의해 집으로 배달되는 시대가 되지 않는다고 장담하기 어렵다. 전기차가 상용화되기 위해서 도로에 전기충전 네트워크가 만들어져야 한다. 전기차 환경으로 전환하기 꺼려진다면 전기충전 네트워크를 갖추지 않으면 된다. 그렇게 되면 테슬라와 같은 전기자동차가 수입될 일도 없으니 국내 자동차산업 보호에도 좋다고 생각할 수가 있다. 그러나 한국은 세계를 상대로 자동차를 수출하는 국가이다. 싫어도 세계 흐름과 승부를 벌려야 한다. 내연기관 자동차를 위한 주유소 네트워크가 만들어지는데도 오랜 세월이 걸렸다. 과거 잘나가던 주유소가 도로변에 넘쳐나면서 수익률 하락으로 폐업한 주유소가 늘어나고 있다. 가스충전소도 부지런히 생겨났지만 두 가지 모두 내연기관자동차를 위한 시설이다. 자동차 대수는 늘어났지만 평균주행거리가 줄어들고 연비가 개선된 영향이다. 유류자동차와 가스자동차가 공존하는 시장에 전기차가 들어오면 그야말로 전혀 다른 세상을 가져올 가능성이 높다. 초기에 정부보조금이 없이는 전기차가 확대될 수 없다. 자국에서 팔리지 않는 전기차를 외국에 수출할 수는 없는 노릇이니 아예 국내 전기차산업 생태계가 형성되기 어려울 가능성이 높고 이는 세계 흐름에서 멀어지는 일이 될 것이다.

현재의 하드웨어 중심의 도로건설산업은 서서히 줄어들거나 정체된 레드오션 시장을 붙들고 서서히 퇴보할 것이다. 도로상 친환경차 지원시설을 기업이 담당하면 되지 않겠느냐 하지만 수많은 욕망이 충돌하는 도로에서 발생하는 갈등을 기업이 해결하기는 어렵다. 정부에서 전기차 제조에도 신경을 써야 하겠지만 도로에서도 기술변화를 수용하여 창의적인 변신이 필요하다. 도로 이용주체가 오랜 기간에 걸쳐 '차마'에서 '차'로 변화하였듯이 내연기관 자동차와 전기자동차 역시 오랜 기간 공존할 것이니 이 전환 또는 공존 기간을 슬기롭게 넘겨야 한다. 1900년대 초기만 해도 증기자동차와 전기자동차가 가솔린자동차를 압도하였다. 전기차는 도시에서 우세하였지만 도시를 벗어나면 충전인프라가 없었고 배터리 문제로 서서히 내연기관에 밀려났다. 이제는 그때와 달리 도처에 전기가 공급되고 완충된 배터리로 500㎞ 이상도 간다. 전기를 직접 충전하거나 수소를 충전하는 충전소(주유소)는 입지여건이 전혀 다를 것이다.[235] 수소자동차는 기존의 자동차부품 산업생태계를 유지시키지만, 전기자동차는 엔진과 미션 계통이 완전히 바뀌게 된다. 누가 이길지 아직은 모르나 유럽, 미국, 중국의 질주를 보면 과거와 다르다는 것은 확실하다.

자율주행

최고제한속도로 운영되는 고속도로는 5% 정도의 공간만이 활용되고 있다. 최고제한속도 100㎞/시로 운영되는 고속도로에서는 앞차와 거리 100m를 유지하도록 안내하고 있다. 차간거리가 100m란 것은 자동차간 시간간격이 약 3.6초 정도 되는 것으로 사람의 인지반응시간과 브레이크 작동을 고려한 안전거리인 것이다. 차로 폭 3.6m는 자동차 폭의 두 배나 된다. 평균 자동차 길이가 10m는 되어야 고속도로공간의 5%, 그러니까 대략 180㎡나 되는 도로공간을 자동차 한대가 점유하는 것이다. 그런데 이 조건에서는 1개 차로 당 한 시간에 1,000대 밖에 지나가지 못한다. 우리가 용량이라고 얘기하는 2,000대가 지나가려면 속도 100㎞/시, 공간거리 50m, 시간간격 1.8초가 유지되어야 하니 안전이 문제가 되어 금방 속도가 낮아지게 된다. 그래서 교통량이 늘어나면 속도가 낮아지고 차간거리도 짧아져서 용량근처에서는 대략 속도 70㎞/시, 차간거리 약 30m, 시간간격 1.8초인 상황이 된다. 교통량을 늘리자니 이동성이 떨어지고, 이동성을 높이자니 교통량이 떨어져 비효율적이다. 많은 교통량을 빠르게 보내야 하는데 지금까지의 도로-자동차시스템으로는 이 물리적

---

235) 수소연료전지자동차는 수소와 공기 중의 산소를 직접 반응시켜 전기를 생산하는 연료전지를 이용하여 구동하는 자동차로, 물 이외의 배출가스를 발생시키지 않는 친환경 차량이다.

딜레마를 해결할 길이 없다. 더 빠른 고속도로를 만드는 것은 이동성에는 도움이 되겠으나 용량증가에는 별 도움이 못되고 건설비 상승과 소음피해 부작용이 늘어난다. 100㎞/시로 달리면서 차간거리를 예컨대 50m나 20m로 낮춘다면 시간당 차로별 도로용량은 각각 2,000대와 5,000대로 늘어날 수 있으니 많은 차량이 빠르게 달리는 진정 효용성이 높은 고속도로가 되는 것이다. 어떻게 가능할까?

자율주행 도입으로 100㎞/시의 속도를 유지한 채 차간거리 또는 시간간격을 줄인다면 그만큼 도로용량을 높일 수 있다. 우선의 목표는 인간에게 필요한 인지 반응시간을 줄이는 것이고, 정지거리 단축은 자동차 성능과 도로포장에 달렸다.

지금까지도 내연기관 자동차를 '자동차'라고 불러왔지만 사람운전자가 필요한 자동차였다. 언제 일부 자율주행이나 완전 자율주행자동차로 옮겨갈지는 시장이 결정할 것이다. 자율주행차에 요구되는 전장부품과 통신 시장이 워낙 크다 보니 거대 산업자본이 이를 놓칠 리 없다. 이용자 입장에서 자율주행의 핵심은 운전이 편해진다는 것이며 궁극적으로는 불평 없는 기사를 한 명 고용한다는 것이다.

초기 자동차는 기계와 운전에 정통한 전문가만이 시동을 걸고 운전할 수 있었다. 기계에 둔감하거나 건장하지 못한 운전자는 감히 사용하기 어렵고 비싼 물건이었다. 사람과 동물, 마차가 함께 이용하던 도로의 협조, 그러니까 사회적 수용성도 낮았다. 지난 100년간 자동차는 사람의 일을 줄여주도록 진화되어 왔고 이제는 여성과 노인, 신체장애인도 조작이 가능한 수준이 되었다. 복잡해진 기계, 전자 부품을 공급하는 수많은 회사가 생겨났고 자동차 가격은 인상되었지만 제조와 유통 기술 역시 발전되어 여전히 서민들도 가질 수 있는 수준이다. 자동차산업은 긍정적 학습곡선을 가진 대표적 산업이라 성능 대비 가격은 계속 낮아졌다. 이와 같은 기술발전의 연장선에서 보면 사람이 전혀 개입하지 않고 로봇운전사가 데려다주는 세상은 이제 선택의 문제가 아니라 시기의 문제가 되었다. 기존 도로 이용자들과 조화되어야 하는 사회적 수용성도 20세기 초보다 어려운 여건은 아니다.

다행히 한국은 반도체 제조나 통신에서 산업우위를 가지고 있으니 전기자동차 경우보다 여건이 나을 것으로 생각하나 시장을 지배하기에는 힘이 달린다. 전기자동차와는 달리 지금의 내연기관자동차에 부가 기능을 더해주기만 해도 자율주행이 가능할 만큼 기술적 성취를 이루었다. 지난 50년 동안 한국에서 자동차는 운전자

친화적으로 계속 진화해 왔다. 지금 자동차가 수동 기어를 쓰고 내비게이션이 없다면 자동차 보급률이 지금과 같을까? 자동차 기술의 발전으로 운전이 점차 쉬어져서 운전면허소지자가 늘어났다. 전문운전기사는 진작 사라졌다. 가격 부담에도 불구하고 수동 기어는 대부분 자동으로 바뀌어 여성운전자 비중도 늘어났다. 도로망이 훨씬 복잡해졌음에도 불구하고 내비게이션의 절대 보급으로 길눈이 어두운 사람도 두려움 없이 도로에 나서게 되었다. 앞으로 자율주행이란 신 영역의 확대로 자동차 가격은 또 올라가겠지만 대량 생산과 소득 증가로 이 영향을 상쇄할 것이다.

앞으로 10년 이내에 일반도로에서 제한된 자율주행을 하는 레벨3 수준의 자율주행차 양산이 가능할 것이라는 공감대가 형성되어 있다. 어댑티브 크루즈컨트롤과 조향보조장치가 함께 적용된 레벨2 차량은 흔하게 되어 더 이상 눈길을 끌지 못한다. 도로와 무슨 관련이 있을까? 레벨3는 자동차가 도로상황을 인식해 능동적으로 가속과 감속, 조향을 하는 수준이니 도로의 도움 없이 자동차 혼자 개발해도 된다. 여기까지는 상대적으로 부유한 사람들이 구매하는 과도기적 자율주행 영역으로 산업규모는 제한적이다. 그러나 완전 자율주행을 하는 레벨4나 레벨5 수준의 자율주행차는 도로인프라와 협력에 따라 성능이 좌우된다. 사회적 공감대가 형성되고 법과 제도가 정비되어야 수용성이 높아진다. 도로-마차시스템에서 도로-마차-자동차시스템을 거쳐 도로-자동차시스템으로 정착해온 과정과 유사하다. 기술의 영역에서는 진보적인 접근이 가능하지만 능력 편차가 큰 사람의 영역은 매우 보수적이다. 도로는 정교한 요소들이 맞물려 돌아가는 정밀한 공학시스템이 아니라 인간의 다양한 욕구가 충돌하는 거대한 사회시스템이라는 것을 고려해야 한다.

네트워크가 보유한 정보량이 많을수록 네트워크의 가치가 기하급수적으로 커지는 것을 정보공학에서 네트워크효과라고 한다. 자율주행차는 네트워크효과를 크게 높일 잠재력이 있다. 자율주행자동차가 예기치 않은 상황에서 문제를 일으키면 원인을 분석하여 오류를 수정한 다음, 다른 자율주행차와 알고리즘을 공유한다면 어떻게 될까? 소프트웨어가 업데이트되는 순간 즉각적으로 모든 자율주행차는 동일한 실수가 반복되는 것을 막을 수 있다. 통신과 소프트웨어가 결합된 미래 도로-자동차시스템에서 가능한 일이며 기존의 하드웨어 위주 방식으로는 불가능한 일이다.

현재와 같이 관리자가 다수에게 일방적으로 정보를 전달하는 중앙 집중적 도로-자동차시스템에서는 네트워크 효과가 미약하다. 교통사고의 90% 이상을 차지하는 인간의 실수는 늘 반복된다. 자동차가 많을수록 네트워크 효과가 생기기는 커녕 적들만 생겨나는 것이다. 자율주행자동차 도입 이후 건축물에 부설된 주차장을 네트워크 구성요소란 관점에서 어떻게 다룰지에 대한 고민도 필요하다.

도로에서는 무엇을 해야 할까? 경찰청에서 관리하는 「도로교통법」은 운전자에 기반한 운영을 주로 다루고, 국토교통부에서 관리하는 「자동차관리법」은 자동차의 성능에 대해 주로 다루고 있다. 「도로법」에서는 도로의 제반 사항을 다루고 있다. 자동차운영, 자동차보험, 사고처리 등 헤아릴 수 없는 법률과 제도가 얽혀 있다. 이제 자율주행을 가능하게 하는 '로봇운전자'가 인간운전자와 공존하는 과정에서 어떻게 마찰을 줄이면서 수용할 것인가는 큰 문제가 아닐 수 없다. 과거 지능형교통시스템(ITS)을 도입하는 과정에서도 당시 건설교통부와 산업자원부, 그리고 경찰청이 주도권을 잡기 위해 상당기간 힘을 겨룬 적이 있다. 자율주행에 비하면 훨씬 규모가 작은 사안이었다.

자율주행에서 기대되는 혜택은 물론 많다. 많은 인간들은 위험하고 피곤한 운전에서 언젠가 해방되고, 사고발생 가능성은 대폭 낮아질 것이다. 1년에 4천여 명이 죽고 30만여 명이 병원에 가며 120만여 명이 정비소와 보험회사와 다투는 일이 대폭 줄어들 것이다. 보험회사와 병원의 고객이 줄어들기를 기대한다. 물론 자동차 값은 올라갈 것이니 새로운 부품산업이 생겨날 것이다. 도로의 생산성은 대폭 향상될 것이다. 도로에서 사고가 줄어들고, 터널의 방재설비나 환기설비도 대폭 줄어들면 유지관리도 수월해 질 것이다. 멀지 않은 시기에 사람운전자가 운전하는 자동차는 '사람차'가 되고 자율주행자동차는 진짜 '자동차'가 될지도 모른다. 기술은 우리 주변에 와 있으니 사람, 자동차, 도로, 부품, 사회와 관련된 법과 제도의 정비가 필요하다. 「도로교통법」도 '차마'에서 '사람차·로봇차'로 바꿔야 하지 않을까?

공유자동차

서울시에 공급된 주차장 면수가 400만여 대가 넘었지만 이것도 충분하지가 않다. 경험 적으로 볼 때 규모가 큰 회사에서 운행하는 업무용 차량은 주차장에 있는 시간이 적고 평균 주행거리는 매우 높다. 택시는 말할 것도 없다. 여러 사람이 함께 사용하기 때문이다. 개인용 차량은 하루에 23시간은 주차장을 차지하고 있다. 최소한 집과 회사 주차장 가운데 하나, 또는 상업용 주차장까지 놀고 있는 것이다. 공유자동차 한 대는 자동차 신차 수요를 15대까지 줄일 가능성이 있다고 한다. 대학이나 직장과 같이 밀집되고 주차공간이 부족한 지역에서 선호도가 높아질 것이다. 자율주행차 기술은 공유차량의 비율을 획기적으로 높일 수 있다. 이와 같은 변화는 이미 한국에서도 일어나고 있다. 2017년부터 국내 완성차 제조업체에서 공유자동차 서비스를 시작한 것은 해외 자동차업계의 추세를 따른 것에 불과하다. 자동차 구매력이 떨어지는 환경에서 공유차를 이용하는 잠재 구매고객을 선도적으로 확보하자는 노력일 수 있다. 택시를 파는 것과 마찬가지로 자동차 이용 기회를 높이는 기대도 있다. 자동차 판매, 애프터 서비스 등 자동차 소비 전 과정이 지금과 달라질 것이며 이는 기존 직업군의 변화에 영향을 미칠 것이다.

공유차는 우버택시 사례와 같이 대중교통의 쇠퇴를 가져올 잠재력도 있다. 육상 운수업은 임금이 높은 직업은 아니지만 100만여 명이 종사하는 중요한 직업군이다. 결국 전기차+자율차+공유차 3대 키워드가 합쳐지면 미래의 도로-자동차시스템은 지금과는 매우 다를 것이다. 도로에서 적극적으로 대응하지 않으면 이 같은 변화의 기회는 없다. 발전을 하기 위해서는 수동적 쇠퇴보다는 선제적이고 창조적인 변화가 필요하다. 이와 같은 산업 변신에 국가에서 앞장서서 투자하고 보조금을 지원해야 하는 이유는 명확하다. 미래의 산업을 국내에 정착시키고 기존 도로시스템의 생산성을 높이기 위한 마중물인 것이다.

4 이용자 친화적인 도로

가. 네트워크 잘 된 도로

"도로는 네트워크화 되면 성능이 비약적으로 향상된다."라고 로마인 이야기에서 시오노 나나미가 설파했다. 여기에서 네트워크란 도로가 모든 곳에서 접근할 수 있도록 골고루 분포해야 하지만 만나는 곳에서 잘 연결되어야 한다는 물리적 네트워크를 의미하며, 앞서 네트워크 효과에서 다룬 정보 네트워크가 아니다. 그런데 사실 물리적 네트워크와 정보 네트워크가 결합되면 시너지효과를 낼 수 있으니 물리적 네트워크의 중요성은 아무리 강조해도 지나치지 않다. 도로 상호간에 연결이 잘되면 도로생산성이 크게 높아지는 것이라고 이해하면 된다.

교차로는 어디에서나 접근할 수 있고, 어느 방향으로나 진행할 수 있는 교차로가 최상이다. 이런 점에서 회전교차로는 가장 탁월하다. 모든 입구에서 들어와 모든 출구로 나갈 수 있으니까 가장 소통력이 크고 네트워크 효과가 크다. 다만 교통수요가 일정수준을 초과하면 회전교차로 용량이 떨어져 신호교차로로 전환하여 신호등으로 통제한다. 신호교차로에서 특정 좌회전을 금지하면 다음 교차로에서 유턴을 하거나 다른 경로로 돌아가 어디엔가 부하를 가한다. 이것으로 만족하지 않아 입체교차로를 만들었는데 넓은 땅과 많은 통로가 필요하니 공사비가 비싸게 먹힌다. 예산을 아끼려다 보니 가능한 교차로를 줄이게 된다.

한강교량이 올림픽대로, 강변북로와 만나는 양 끝 교차로에서 모든 방향으로 연결되지 않는 경우가 많다. 건설 당시 여건을 반영하여 일부 방향으로 접근을 차단하는 교차로를 만들면 세월이 경과함에 따라 원래의 설계를 바꿔야 하는 상황이 되기도 한다. 한쪽을 틀어막으면 다른 쪽이 삐져나오게 된다. 고속도로에서도 이런 현상이 발생하게 되는데 고속도로끼리 교차하는 곳에서 JC로 연결되지 않고 상하로 휙 지나가고 만다. 이것은 도로망의 성능을 높이는 교차로가 아니다. 기술자들은 비용을 들여서라도 교차로의 연결성을 높이는 해결책을 찾아야 한다. 우리나라가 해외와 비교하여 부족한 분야가 교차로 설계라고 생각하며, 여기에는 설계지침이나 관리자의 보수성도 영향을 미쳤다고 본다. 기능적 설계도 중요하지만 상황에 맞는 유연함으로 효율이 높은 교차로를 창조해야 한다.

시간이 지남에 따라 도로의 기능이 바뀌는 것을 두려워하지 않아야 한다. 금강휴게소 부근 지방도는 과거 경부고속도로를 활용한 것이다. 도로가 놓이면 물류가 흐르고 교차로에는 힘이 생긴다. 도로주변에 개발이 몰리면서 이동성 위주로 만들어진 도로에 접근성이 향상되도록 압력이 커진다. 지역간 고속도로가 도시고속도로 나아가 일반도로로 기능이 변화하는 것은 긴 호흡에서 보면 자연스러운 일이다.

수원 IC와 판교 IC는 일반적인 IC 설치기준 교통량을 훨씬 넘어서서 참으로 복잡하다. 요금도 받아야 하니 2층 인터체인지로는 부족하여 인근 교차로도 입체화하고, 수원 IC와 같이 진입과 진출 영업소를 분리해야하는 경우도 생긴다. 여기에 달라붙는 연결로 개수가 늘어나다 보니 IC 구조는 점점 복잡하고 거대해진다. 이 두 IC간 거리는 14.5km이다. 이 사이에 택지개발사업으로 많은 인구가 늘어났지만 신규 IC가 생겨나지 않은 것이 원인이다. 중간에 IC를 추가로 만들어주면 어떤 일이 일어날까? 수원 IC과 판교 IC 이용교통량이 즉각적으로 줄어들 것이다. 죽전, 수지, 분당 등 두 IC 사이에 목적지를 두고 있는 차량들이 짧은 경로로 빠르게 접근 할 수 있다. 유류 사용량과 환경오염 배출이 감소할 것은 물론이다. 어떻게 IC를 만들고 어떻게 요금을 정산할 것인지는 우리 기술자들이 충분한 해결 역량을 가지고 있다고 생각하지만 국제현상설계경기라도 시도해 볼 가치가 있다고 생각한다. 기존 시스템에서 수용되지 않는 방법이라도 찾아 기준이나 지침을 고쳐 해결하는 것이 바람직하다.

무늬만 교차로는 네트워크 성능과 도로의 공공성을 저해

어렵게 확보한 도로들이 네트워크효과를 가지려면 서로 잘 이어져야하고 교차로 기능이 우수해야 한다. 2017년 6월 27일 개통한 구리 포천고속도로와 서울외곽 순환도로가 교차하는 곳에 JC가 설치되지 않아 먼 거리를 돌아가며 보다 비싼 통행료를 내야한다는 문제는 언론[236]에서 지적한 바 있다. 구리포천고속도로 남별내 IC에서 외곽순환고속도로 구리 IC까지 중랑 IC와 북부간선도로를 거쳐가야 하는 것이다. 두 고속도로가 입체로 교차는 하되 연결은 되지 않는 무늬만 교차로인 셈이다. 용인서울고속도로에서 영동고속도로로 옮겨가려면 얼마나 복잡한지 모른다. 여러 가지 이유로 입체교차로에서 좌·우회전 연결로의 일부 또는 모두를 연결하는 단순 입체교차로와 불완전 입체교차로가 많이 생겨나고 있다. 공사비를 줄이기 위해서, 연결로 설치 공간이 없어서, 교통수요가 없어서, 통과교통 흐름을 보호하기 위해서 등 여러 가지 이유가 있다. 심지어는 통행료를 확보하기 위해서라는 의심을 받는 경우도 있다.

경부고속도로 서초 IC와 반포 IC는 당초 완전한 입체교차로로 건설되었으나 고속도로 본선 교통흐름을 확보하기 위한 교통운영상의 목적으로 서울방향 진입램프를 차단하였으니 후천적으로 불완전 입체교차로가 된 사례이다. 경부고속도로와 서울외곽순환고속도로가 만나는 판교 JC는 경부고속도로 부산방향에서 외곽순환도로 일산방향과 성남방향을 연결하는 연결로가 아예 없다. 그럼 어떻게 타야 하나? 경부고속도로에서 유턴을 하는 것은 불가능하니 일단 판교 JC를 통과하여 판교 IC 영업소에서 양재~판교 간 통행료를 지불하고 다음 교차로에서 유턴하여 다시 판교 IC로 진입해야 서울외곽순환고속도로 일산과 구리 양방향으로 진행할 수 있다. 그런데 판교 IC는 대규모 개선공사에도 불구하고 판교 신도시 개발로 혼잡이 일상화되었고 주변에 대규모 개발사업이 계속 추가되고 있다.

혼잡한 판교 IC 연결 교차로에서 유턴해야 하는 운전자는 행복하지 않으며 사실 내비게이션이 없으면 이런 경로조차 모르는 사람이 대부분이다. 불완전한 판교 JC가 만들어진 이유가 양재~판교 간 통행료를 받기 위한 것은 아니고, 건설 당시 그럴만한 이유가 충분히 있었던 것으로 알고 있다. 그러나 지금 상황은 그 때와 크게 다르니 지금부터라도 바로잡는 노력을 시작할 필요가 있지 않을까? 그리고 제2경인고속도로 완전 개통으로 안양-성남-곤지암-원주로 이어지는 제2영동고속도로축이 완성되었다.

[236) 동아일보 2017. 8. 2.

서울에서 경부고속도로를 이용하여 제2영동고속도로를 타는 수요가 늘어날 텐데 어떻게 진입해야 할까? 경부고속도로와 제2영동고속도로 연결로는 물론 없다. 차선책으로 판교 JC를 통해 외곽순환고속도로로 진입하여 성남 IC로 나간 다음 제2영동고속도로로 진행해야 하는데 이 수요도 판교요금소를 나갔다가 다시 들어와야 한다. 아니면 판교(사실 성남시에 속한다)와 성남 시내를 통과해서 다른 IC로 진입해야 하니 시가지 교통에 악영향을 미친다.

공공성을 최우선으로 하는 재정 고속도로에서도 이와 같은 불완전 입체교차로가 존재할 정도니 민자고속도로 상황은 더 우려스럽다. 투자비를 아끼거나 통행료 수익을 높이기 위해 불완전한 JC나 IC가 설치된 사례를 민자고속도로에서 쉽게 볼 수 있다.

낙동 JC는 2017년 6월 새로 만들어진 상주영천고속도로와 당진영덕고속도로에서 갈라지는 곳이다. 영덕 방향과 영천 방향으로 이어지지 않는다. 물론 군위 JC에서 중앙고속도로로 갈아타고 다시 안동 JC에서 갈아타는 것이 거리상으로 이득이긴 하나 누군가는 불편하다. 화원 JC는 상주영천고속도로와 대구포항고속도로가 교차하지만 대구 방향으로 가는 연결로가 없다.

용인서울고속도로 흥덕 IC와 광교상현 IC를 통해서는 서울 방향으로만 진출입이 가능할 뿐 오산·동탄 방향으로는 연결되지 않는다. 이 사이에 영업소가 없어 통행료를 받을 수 없어서인지 311번 지방도 청명 IC에서 와서야 모든 방향으로 연결이 되니 여기에 교통량이 집중된다. 용인서울고속도로는 서울 방향으로 진행하면서 영동고속도로, 서울외곽순환고속도로, 제2경인고속도로, 경부고속도로와 교차하나 어떠한 JC도 없다. 모든 고속도로와 연계되길 거부한 채 고속도로 인접지역만 서비스하는 네트워크가 약한 고속도로인 셈이다. 뒤늦게 용인서울고속도로와 경부고속도로 교차지점에 성남분기점이 2018년 개통될 예정이지만 서울 방향으로만 연결된다.

평택-서수원-광명-서울-문산 구간은 3개 민자도로가 연결되어 수도권 서부권 고속도로(제2서해안)를 이루며 향후 익산까지 연결되어 경부고속도로와 서해안고속도로의 수요를 줄여줄 것으로 기대되는 중요한 노선이다. 이 노선도 영동 고속도로, 서울외곽순환고속도로와 연결되지 않고 그냥 지나간다. 이와 같은 현상은 운영 중인 인천국제공항고속도로, 제2경인고속도로는 물론 현재 계획·설계·운영이 혼재된 수도권

제2외곽순환고속도로 곳곳에서 발견된다. 네트워크 연결성이 떨어지는 도로는 효율이 떨어지고 공공성도 낮아진다. 이용자 수요가 낮은 경우도 있겠으나 운전자가 불편한 것은 틀림없는 사실이고 또한 약간의 돈을 더 들이면 도로의 네트워크 효과가 크게 살아나니 이용자 편의를 위한 정책적 배려가 필요하다. 결국 제대로 된 입체교차로에 대한 투자는 중앙정부에서 깊은 관심을 가져야 해결될 것이다. 이와 함께 선결되어야 할 기술적 문제는 통행료정산이다. 형평성 차원에서 무료로 진행하는 구간이 없어야 되는데 현재 서울외곽순환도로 계양~장수 구간 이용차량의 절반은 통행료를 내지 않는 단거리 이용 교통량이다. 그 결과는 해당구간에 발생하는 만성적인 교통정체이다.

나. 빠른 도로와 느린 도로

지역간 고속도로는 더 빠르게

유럽 고속도로의 최고제한속도는 120~130km/시가 대부분이다. 일부 무제한이 있는 독일의 권장 최고속도는 130km/시이고 프랑스부터 크로아티아까지 많은 나라들이 130km/시이다. 오래된 고속도로가 많은 스페인도 120km/시이다. 일반적으로 자동차 생산국가의 최고제한속도가 높은 경향이 있는데, 우수한 도로주행환경을 바탕으로 강력한 자동차 산업이 형성되었다고 볼 수 있다. 우리 고속도로의 최고제한속도는 1987년 개통된 중부고속도로에서 110km/시로 올린 이후 30년 째 그대로다. 「도로교통법」 시행규칙에 최대 120km/시까지 근거가 설정된 것은 비교적 최근에 지어진 고속도로의 설계속도가 120km/시이기 때문이겠지만 교통안전에 대한 우려로 상향되지 않고 있다.

고속도로는 가장 안전하고 에너지 효율이 높은 도로이다. 서울~부산 간 통행시간이 경부고속도로 개통으로 1970년에 17시간에서 5시간으로 줄어든 이후 50년이 되어가지만 도로의 통행시간은 기껏 30분 정도가 줄어들었다. 양재~천안 간 최고제한속도가 110㎞/시로 높아졌고, 선형개량으로 구간이 일부 단축된 영향이다. 자동차 성능 발달을 감안하면 3시간~4시간 정도에 도착하면 좋을 것이다. 그동안 자동차 관련기술이 엄청나게 발전했다. 자동차-도로시스템에서 자동차 성능이 좋아지면 시스템의 성능이 좋아져야 하는데 고속도로 성능이 변화하지 않아 이동성이 제자리걸음을 하고 있다. 고속도로 교통사고사망자수는 1996년 1,082명을 정점으로 2015년 223명까지 줄어들었다가 2016년에는 273명으로 증가하였다. 전체 도로 교통사고사망자도 1991년 13,429명에서 2016년 4,292명으로 줄어들었다. 운전자도 사려 깊고 노련해졌지만 도로시설과 운영기술도 한몫했다.

경부고속도로 천안~양재 구간의 최고 제한속도가 2010년 100㎞/시에서 110㎞/시로 상향되었다. 경부고속도로의 원래 설계속도는 100㎞/시였지만 시설개량을 통하여 도로기하구조가 개선된 것을 감안하여 건설 당시 설계속도보다 높은 최고제한속도가 설정되게 된 것이다. 여기에서 이야기하고자 하는 것은 기존에 운영하고 있는 지역간 고속도로에 대한 이동성 향상이다.

IT 기술을 적용하여 동적관리를 하면 날씨가 좋은 날에는 대부분의 구간에서 130㎞/시 정도 운행이 가능하다고 생각된다. 사실 정보통신 기술을 채용하여 최고제한속도를 상당부분 높이는 기술이 유럽을 중심으로 활발하게 채택되고 있다. 안전성이 최우선으로 고려되어야 하지만 최소한 소형승용차에게는 별 문제가 없다. 노면이 건조할 때 빨리 달리고, 기상이 악화하면 느리게 달리고, 전방에 사고가 있으면 미리 감속하고, 전체적으로 혼잡하면 최고제한속도를 그에 맞춰 낮추어주면 된다. 1970년대의 자동차가 아니라 200㎞/시를 달릴 수 있는 자동차이고, 각종 IT 장비가 도로에 조밀하게 깔리는 등 도로-자동차 연계기술도 발전하였지만 도로성능 정체로 새로운 도로-IT기술-자동차시스템 주행성능은 그대로이다. 최고제한속도가 높아지면 브레이크 성능을 높이고 곡선부에서 차량의 무게 중심을 이동시키는 등 관련기술이 발달하여 곡선부에서도 빠르고 안전하게 달릴 수 있다. 최고제한속도를 10㎞/시 높일 경우 통행시간 단축과 연관 산업 일자리 등 연간 3,430억 원 편익이 생긴다고 한다. 자율주행 출현까지 기대되는 세상이다. 빠른 곳은 더 빠르게, 느린 곳은 더 느리게 해야 한다.

도로가 제자리걸음을 하는 동안 철도는 KTX 도입으로 속도혁명을 이루었다.

도로와 KTX 통행시간이 역전되자 고속버스 승객이 대폭 줄었다. 앞으로 도로에도 초고속시대를 가져오기 위해서는 도로의 포장, 선형설계와 같은 하드웨어 개선도 물론 중요하다. 그러나 하드웨어에 미래기술을 접목한 도로-신기술-자동차시스템을 만들어 내면 보다 경제적이다. 서울세종고속도로 설계속도도 140㎞/시로 추진되고 있다. 기하구조, 포장두께 등 초고속도로 설계지침도 마련(2015년 12월)되었고 「도로의 구조·시설에 관한 규칙」에도 반영될 전망이다.

도로는 필요한 곳에

대도시에서 대중교통 분담률이 높아진 이유는 점차 느려지는 도로가 주중 승용차 분담률 증가를 억제했기 때문일지 모른다. 도로용량을 늘리는 것이 아니라 도로용량을 줄여서 자동차교통문제를 해결한다는 표현이 맞을 것이고 이에 충분히 공감한다. 이용자도 이와 같은 환경변화에 대응하여 평일과 주말의 통행 패턴이 크게 변화하였다.

출퇴근 정체는 과거에 도시 내부에서 발생하였지만 이제는 도시 경계에서 발생하고 있다. 도시광역화로 서울시내 인구가 경기도로 이전한 결과, 서울시민들은 대중교통을 많이 이용하지만 승용차를 이용한 외곽출퇴근 자는 늘어났기 때문이다. 주중에 대중교통을 이용하던 시민들은 주말에 집중적으로 승용차를 이용하게 되어 대도시 경계부보다 넓은 범위에서 도로정체가 발생하고 있다. 결국 통행특성이 변화함에 따라 시간과 공간에 따라 도로 종류와 통행 목적에 따라 문제의 종류도 다양해지고 있는 것이다. 지금까지 지역간 간선도로는 중앙정부에서, 도시부 도로는 지자체에서, 그리고 경계부 도로에서는 양자가 협업으로 공급해 왔다. 지역간 도로에 대해서는 지금까지 중앙정부에서 잘 해 왔다. 도시부 가로에 대해서는 전통적으로 지자체의 책임이다. 지방부 고속도로, 도시부 고속도로에 더해서 경계부 고속도로란 분류를 새로이 개발해서 여기에 중앙정부의 투자가 더해질 필요가 높다.

과거 주말에 대전 북쪽부터 막히던 수도권 고속도로가 천안을 경계로 유지되다가 최근에는 안성을 경계선으로 주말정체가 유지될 만큼 혼잡이 상당히 완화되었다. 용인서울, 평택수원, 중부내륙 고속도로 등 남북방향 고속도로가 확보되었기 때문이다.

동서방향도 제2영동고속도로와 서울양양고속도로 개통으로 여건이 나아졌다. 그럼에도 불구하고 전체적인 도로혼잡비용이 매년 증가하는 것은 역시 자동차의 증가 속도가 도로증가 속도보다 빠르기 때문이다. 다만 대도시의 경우 대중교통 분담률 확대로 증가분을 상쇄해가고 있으나 이 역시 대규모의 도시철도 투자나 버스 지원에 따른 것이다. 그 동안 한국 경제규모는 세계 10위권에 도달하게 되었다. 과거보다 나아졌다는 데에 만족하긴 어려운 것이다.

시가지 도로는 더 느리게

시가지 도로란 자동차전용도로를 제외한 도시부 가로로서 사람과 자동차가 서로 만나는 도로를 의미한다. 서울시에서 걷기 좋은 도시를 만드는 과정에서 청계고가도로와 서울역고가도로 등 많은 고가도로를 더 이상 차량이 이용할 수 없게 되었으며, 지상부 간선도로도 버스와 자전거, 보행자에게 공간을 넘겨주는 등 도로횡단면 구성이 매우 복합적으로 변화하고 있다. 자동차 위주의 도로시대가 저물어 감에 따라 2017년부터는 '안전속도5030' 정책에 따라 시가지도로 최고제한속도는 4차로 이상 50km/시, 4차로 미만 30km/시로 낮춰진다. 도시에서 버스나 지하철 등 대중교통이용자 모두 도시가로를 걸어서 최종 통행목적지에 도착하게 된다. 승용차 비중이 높은 도시보다 대중교통 비중이 높은 도시가 보행자가 많이 발생한다. 제5장 시가지도로에서 걷는 시민이 도시의 주인이자 도로의 소유자가 되기 위해서는 보행자·대중교통·녹색교통 중심으로 도시가로를 바꾸어야 하는 이유를 제시하였다.

도시의 활력을 유지하는 도시물류는 승용차나 대중교통수단이 아닌 화물차가 담당한다. 주요 목적지에 화물차 조업공간을 마련해주고 간선도로나 이면도로변에 승용차보다 화물차가 신속하게 정차하고 조업할 수 있는 공간을 마련해 주어야 한다. 시가지 도로의 승용차 흐름은 일시적으로 느려질 수 있지만 이는 안전에 바람직하고 장기적으로 모두가 행복해진다.

도시고속도로의 비중을 늘려야

　큰 도시의 먼 거리 교통은 당연히 자동차전용도로로 빠르게 이동시켜야 한다. 여기에는 도시고속도로와 순환고속도로가 포함된다. 도시고속도로는 도시 내부의 교통을 빠르게 이동시키는 데도 중요하지만, 지역간 이동을 시작하고 마무리 짓는 간선도로이다. 따라서 도시고속도로는 지역간 고속도로망의 한 구성요소이자 시내 간선도로의 연장으로 이해하는 것이 바람직하다. 우리나라 대도시 외곽에서 혼잡이 가장 심하게 발생하는 원인은 지역간 고속도로가 끝나는 지점에서 도시 내부로 연결하는 간선도로가 제대로 공급되지 않았기 때문이다. 부산시에서 경부고속도로, 남해고속도로 종점이 끝나는 곳에 뒤늦게 도시고속도로를 연결하여 대규모 교통 혼잡을 바로잡은 바 있다. 이제 국토가 시간적으로 좁아지고, 대도시가 공간적으로 광역화되면서 장거리 이동차량수가 늘어나고 있다. 자동차의 평균통행거리가 줄어들고 있거나, 정체상태에 있다는 통계치는 자동차 절대량이 늘어나서 그런 것이지 장거리 이동차량의 절대 대수가 줄어들어서가 아니다.

　각 도시의 간선도로/도시고속도로망이 전국 간선도로망과 유기적으로 연결되는지 잘 들여다 볼 필요가 있다. 도시 내부 간선도로망이 지역간 간선도로망과 연결되는 경계부에 빈자리가 여러 개 발견된다. 필자가 사무실 벽에 걸어두고 늘 참고하는 전국행정도로지도에 고속도로는 청색으로 굵게 표시되어 있지만 왕복 4차로 도로나 10차로 도로간 구분이 없다. 차로수에 따라 굵기를 달리해 주면 전체적인 도로용량 공급 상황 파악에 도움이 될 것 같다. 보다 중요한 것은 서울시 내부에 올림픽대로나 동부간선도로와 같이 80km/시로 달릴 수 있는 도시고속도로망이 한눈에 들어오지 않는다. 지역간 고속도로와 대도시 도시고속도로 연계가 지도에서 제대로 표시되지 않아 전문가조차도 왜곡된 인식을 하기 쉽다.

　자동차시대에 대규모 도시의 간선도로망이 방사순환형을 향해 가는 이유는 도시가 원형으로 확장되었기 때문이고 이는 도시권력의 중심지역에 최대한 가까이 위치하려는 경제논리의 결과이다. 공간은 원형으로 확장되지만 중심까지는 직선으로 가려하니 방사순환도로망이 형성된다. 도시규모가 원형으로 커지면서 중심에서 적정한 거리마다 새로운 순환도로가 생겨나는 이유는 확장지역 상호 간을 연결하는 간선도로가 필요하기 때문이다. 도시 확장에 선행하면서 7개의 순환도로를 만들어가는 베이징이 대표적이다. 그런데 이들 방사순환망이 확장되어 가는 과정에서 환경에 대한 중시로 지하로 가는 경향이 뚜렷해졌는데 이는 경제적인 지하도로 건설기술 발전에 힘입은 바 크다.

기술 발전 방향

도로의 최고 발명은 매캐덤공법이다. 매캐덤 이후부터 인류는 비로소 로마시대보다 더 빠르게 움직일 수 있게 되었다. 이로 인해 마차가 16km/시로 달리게 되었고 세계 전역에 튼튼한 도로가 만들어지게 되어 장거리 해상수송과 단거리 육상수송의 조합이 이루어졌다. 매캐덤공법은 철도가 50km/시로 달릴 수 있게 하는데도 기여하였다. 마차나 자동차나 철도나 모두 훌륭한 기반시설 없이는 존재할 수 없다. 기술이 새로운 교통시장을 만들어 낸 것이다. 1830년부터 100여 년 동안 육상교통의 왕으로 군림하던 철도는 1930년대 출현한 고속도로에 의해 침체기로 접어들게 되었고, 고속도로는 마이카란 인간의 욕망을 만족시키며 교외의 넓은 집을 소유하는데 기여하였다. 1970년에 경부고속도로 시절 길이 수백m에 불과하던 당재터널/금강4교에서 10km가 넘는 인제터널/인천대교까지 불과 50년 만의 변화이고 이는 도로건설에 기술발전이 들어온 결과이다. 앞으로 50년은 과거보다 훨씬 빠르게 변할 것이다. 긴 터널, 긴 다리는 별로 주목받지 못할 수도 있고 정보와 물리적 네트워크가 잘된 도로가 훌륭한 도로가 된다.

이제 새로운 시기가 다가오고 있다. 그것이 진공터널 속을 떠가는 하이퍼루프일수도, 날아다니는 개인교통수단일수도 있다. 그러나 이 중간에 도로를 운행하는 자동차와 에너지에 큰 변화가 있을 것이다. 현재는 전기차와 자율주행자동차, 공유차로 수렴하고 있다. 사실 자동차란 이름에는 이미 스스로 움직이는 차라는 개념이 포함돼 있었다. 합쳐서 전기정보자동차라 부를 수도 있겠다. 역사적으로 이동체의 자유로운 활동을 지원하는 기반시설 없이는 변혁이 이루어지지 않았다. 전기정보자동차의 잠재력이 최대한 발휘되는 새로운 기반시스템이 출현되어야 한다. 지금까지의 자동차 기반 도로교통시스템보다 전기정보자동차 기반 시스템은 훨씬 안전하고 빨라야 한다는 목표는 분명하다. 그것이 슈퍼하이웨이든 스마트하이웨이든 아직 모른다. 그런데 우리는 이것이 상호 간에 더욱 더 연결되고 공유되는 시스템이라는 것은 짐작한다.

다. 바른 도로 문화가 형성되어야

한 국가나 사회에 우수한 도로망이 형성되기 위해서는 도로가 국가발전에 중요하다는 공급자의 신념, 그리고 도로는 우리 생활에 매우 유용하다는 이용자의 인식들이 공감되어야 한다. 우리나라와 마찬가지로 외국에서도 선구자들의 노력으로 현대적인 도로건설이 시작되면서 종국에는 많은 이용자들의 공감을 얻어 현재와 같은 도로망을 이루게 되었다. 그래서 도로는 그 시대의 생각이 반영된 것이라고 보아도 무리가 없을 것이다. 여기에서 '생각'이란 단어에 대해서 좀 더 집중해 보자. 생각이란 단어는 공감대, 의지, 방향, 원함 등 여러 가지로 해석될 수도 있겠지만 결국 생각대로 만들어진다는 점에 초점을 맞추고자 한다. 생각은 올바를 수도 있지만 올바르지 못할 수도 있으며 시간에 따라 바뀔 수도 있다. 현재 우리 도로망은 지금까지 우리 사회의 생각에 따라 만들어져 왔다는 것을 말하고 싶은 것이다. 만약 길에 윗길과 아랫길이 있다면 아랫길은 물리적인 길이고, 윗길은 정신적인 길 또는 사회의 생각이라고 표현할 수 있다. 흥미롭게도 윗길이나 아랫길 모두 한자로 도(道)이다. 옛말에 "길이 아니면 가지를 말라, 군자의 길, 바른 길을 가르쳐 주소서"에서 쓰이는 길은 정신적이고 형이상학적인 도(道)이다.

지금까지 도로를 만드는 데에 하드웨어에만 집중하여 왔다. 하드웨어는 토공, 교량, 터널, 포장 등 고전적인 중후장대한 도로시설로서 가능하면 많은 차량을 빠르고 안전하게 보낼 수 있도록 만들어져 왔다. 1990년대까지 만들어진 도로를 돌아보자.

"도로는 빨라야 한다, 도로는 어떤 환경보다 우선한다, 도로에 나서면 남보다 빨라야 한다, 도로에서는 차가 주인이다" 등의 생각에, 곧고 넓은 도로와 긴 터널 등이 만들어졌다. 그 결과 국토의 산허리가 잘라지고, 오래된 마을이 단절되었으며, 대기는 오염되고, 도로변 풍경도 경관보다는 기능성에 더 치중했고, 매년 수천 명의 생명을 길에서 잃었다. 여러 여건상 우리 사회에서 올바른 생각이 부족하였으니 바르지 못한 도로와 교통환경이 만들어진 것이다.

2000년대 들어 경제가 풍족해지면서 생각에 변화가 있게 되었다. 지방부 도로는 보다 친환경적으로 만들어지고 운전자는 상대방을 배려하며, 도시부 도로에서는 대중교통의 확대와 함께 보행자와 교통약자들에 대한 배려가 확대되었다. 왜 생각이 바뀌게 되었을까? 배고픈 시절과 배부른 시절 시민의식이 달라진 것이다. 물질로서 도로문명의 바탕 위에 도로 문화가 형성된다는 것으로 해석하면 되겠다. 정리하면 도로문화와 문명은 상호 영향을 미치며 발전해 간다는 것이다.

이와 같이 도로에 대한 사회구성원들의 생각 또는 마음가짐을 '도로문화'라고 표현하면 어떨까. 흔히 실용적인 물질적 소산을 문명이라 하고 정신적이고 가치적인 소산을 문화라고 이분하기도 하지만 인간이 물질적, 정신적으로 진보한 상태를 포괄적으로 문화와 문명이라 하기도 한다. 근현대 동서양 도로사를 살펴보면 도로는 정치적, 군사적, 경제적, 사회적 목적으로, 포괄적으로는 인간의 욕망을 실현하기 위한 목적으로 건설되었다고 할 수 있다. 도로는 출발지와 목적지를 연결하는 기능 위주로 만들어지지만 세월의 두께가 쌓이면서 인간 활동이 집적되고 이야기가 쌓이면서 기능도 변화한다. 오랜 세월 공간이동을 담당하던 도로 중간중간에 집회나 교역, 만남, 일상생활 등을 통하여 문명이 집적된 공간이 생기게 된다. 이와 같은 실체로서의 도로문명에 입혀진 기록은 역사가 되고 소설, 음악, 미술, 영화, 이야기의 소재가 되기도 하며 도로자체가 아름다운 볼거리로 사랑받기도 한다. 도로에 얽힌 기억들은 흥미로운 이야기로 탄생되어 널리 알려지며 생명력을 이어간다. 이와 같이 실체로서 도로문명이 정신 유산이나 관점으로 형성된 것을 '도로문화'라고 부를 수 있다.

윗길과 아랫길에 끼어드는 중간 길이 있는데 기술의 길이다. 어찌 보면 동력자동차가 들어오면서 과거 도로에 대한 생각과 도로구조가 대대적으로 변화하며 100여 년에 걸쳐 지금의 도로시스템이 만들어졌다. 지금 불어오는 기술의 바람은 IT, 전기차,

자율주행차 등이다. 실체가 분명하지 않아 장래 예측 또한 불가능한 영역이긴 하지만 지금까지 자동차와 사람이 다니던 방식을 완전히 바꾸어 놓을 잠재력이 있는 것만은 사실이다. 기술은 생각이란 소프트웨어와 도로란 하드웨어 사이에 끼어드는 미들웨어의 기능을 충분히 담당할 것이며 도로의 용량과 안전을 획기적으로 바꿀 잠재력이 있다. 이미 우리가 가지고 있는 수백조 원 규모의 도로스톡의 일부에 해당하는 예산을 투자해서 성능을 그 이상 높일 수 있다면 가야만 할 길이고 그러기 위해서는 올바른 생각에 의해 인도되어야 한다. 아직 실체가 분명하지 않은 만큼 사회구성원들이 변화를 잘 인식하고 공감할 수 있도록 하는 것이 중요하다. 최초의 생각은 선구자들이 할 수 있으나 공감은 사회구성원들이 하는 것이다. 공감이 되어야 길이 바뀐다.

세상에 수도 없이 아름다운 길들이 많다. 아름답고 걷고 싶은 길은 길 자체의 아름다움 뿐 아니라 수백 년 동안 쌓인 이야기들을 바탕으로 인류가 공감할 만한 내적인 아름다움도 가지고 있는 길들이다. 아직 우리의 도로 문명과 문화가 서구 수준으로 성숙되지 않았다고 실망할 필요는 없다. 어렵게 만들어 온 도로가 제대로 쓰여 후대에 수많은 도로이야기를 전해줄 수 있다면 그들도 우리를 도로 문명·문화의 창조자로 인정해주지 않겠는가.

참고문헌

- 강원연구원 정책메모(육동한·김재진·이영주), 서울~양양 고속도로 시대 개막, 2017. 6. 16.
- 고용노동부·한국노동연구원, 고용영향 자체평가 가이드라인, 2016. 4.
- 광주광역시, 2016 광주시정백서, 2016.
- 국가건설기준센터(http://www.kcsc.re.kr).
- 국토연구원, 전국도로망체계 발전방안 연구(1), 2007.
- 국토연구원, 상전벽해 국토60년: 국토 60년사: 정책편, 2008.
- 건설교통부, 도로현황조서, 2005.
- 국토해양부, 제2차 도로정비기본계획(2011~2020), 2011.
- 국토해양부, 도로백서, 2012.
- 국토해양부, 한국의 길, 2012.
- 국토교통부, 대도시권광역교통기본계획변경(2013~2020), 2014.
- 국토교통부, 자가용자동차 대리운전 실태조사 및 정책연구, 2014.
- 국토교통부, 국토교통통계누리((http://stat.molit.go.kr).
- 국토교통부, 국토교통통계연보, 2016.
- 국토교통부, 도로공사표준시방서, 2016.
- 국토교통부, 도로교설계기준(한계상태설계법): 일반교량편, 2016.
- 국토교통부, 도로교설계기준(한계상태설계법): 케이블교량편, 2016.
- 국토교통부, 도로교통량통계연보, 2016.
- 국토교통부, 도로설계기준, 2016.
- 국토교통부, 도로업무편람, 2016.
- 국토교통부, 제1차 국가도로종합계획(2016~2020), 2016.

- 국토교통부, 제3차대도시권 광역교통시행계획(2017~2020)(부산울산권), 2016.
- 국토교통부, 터널설계기준, 2016.
- 국토교통부, 교통시설 투자평가지침, 2017.
- 국토교통부, 도로현황조서, 2017.
- 국토교통부, 종합교통업무편람, 2017.
- 국회예산정책처, 2004 국가 주요 사업 현황, 2004.
- 기획재정부, 2016~2020년 국가재정운용계획, 2016.
- 기획재정부, 2017민간투자사업기본계획, 2017.
- 기획재정부, 월간재정동향 제40호, 2017. 5.
- 대구광역시, 대구시정시정현황, 2017.
- 대전광역시, 제55회 대전통계연보, 2017.
- 대전광역시, 통계로 본 대전60년사, 2017.
- 대전광역시, 2016대전시성장통계, 2016.
- 대전일보, 2017년 8월 7일자.
- 도로교통공단, 2015도로교통사고비용의 추계와 평가, 2016
- 부산광역시, 부산시 2015시정백서, 2016.
- 부산광역시, 제55회 부산시 통계연보, 2017.
- 산업연구원 산업경제(김천곤), 대리운전서비스 시장의 이슈와 과제, 2016.
- 서울특별시 통계정보시스템(http://stat.seoul.go.kr).
- 서울특별시, 서울교통사, 2000.
- 이신해, 걷는 도시 서울, 2017.
- 통계청 국가통계포털(http://kosis.kr/).
- 통계청, e-나라지표(www.index.go.kr/portal/stts) 광역시별 승용차 및 버스 평균주행속도.

- 한국개발연구원, PIMAC 업무가이드라인: 재정투자사업평가의 고용효과 분석 반영, 2016. 6
- 한국고용정보원(권혜자, 공정승), 자동차 부품 제조업의 고용변화와 인력수요 전망, 2016.
- 한국교통연구원, Korea's Best Practices in Transport Sector, 2012.
- 한국교통연구원·해외건설협회·한국건설기술연구원, 국내기업 해외도로시장 진출 활성화 방안 연구, 2014.
- 한국교통연구원, 2014년 국가물류비 추이분석 및 전망, 2016.
- 한국교통연구원, 2015년 국가교통조사 및 DB 구축사업, 2016.
- 한국교통연구원, 교통산업이 국민경제에 미치는 영향, 2016.
- 한국교통연구원, 국가교통DB, 2016.
- 한국교통연구원, 2015년 교통사고 추정, 2016.
- 한국노동연구원, SOC 분야 고용영향 자체평가 개선방안 연구, 2016
- 한국도로공사 (http://www.ex.co.kr).
- 한국도로공사, 경부고속도로변천사, 2009.
- 한국도로공사, 고속도로만들기 40년 1권-국가발전기여도, 2009.
- 한국도로공사, 고속도로만들기 40년 2권-기술발전사, 2009.
- 한국도로공사, 한국도로공사 40년사: 열어온 길 열어갈 길, 2009.
- 한국도로공사, 고속도로의 인문학, 2010.
- 한국도로공사, 지하고속도로 계획 및 운영방안 수립연구, 2011.
- 한국도로공사, 2016 고속도로설계 실무자료집, 2017.
- 한국도로협회(www.kroad.or.kr).
- 한국은행 경제통계국, 주요 경제 지표(http://kosis.kr/).
- 한국산업인력공단(심규범·이의섭·김지혜·여경희), 2016년도 건설업 취업 동포 적정 규모 산정, 2015.

- 한국자동차산업협회 보도자료, 자동차고용, 10년간 28만명 늘었다, 2012. 10. 18.
- 해외건설종합정보서비스(http://www.icak.or.kr).
- 해외건설협회(kor.icak.or.kr).
- 해양수산부, 항만횡단 해상교량 건설시 기준 및 절차수립 최종보고서(한국해양대학교 산학협력단), 2007.
- 행정자치부, 2015 한국도시통계, 2016.
- 행정안전부, 2017 행정자치통계연보, 2017.
- 홍갑선, 교통정책 어떻게 볼 것인가, 북북서, 2007.
- 홍성웅, 사회간접자본의 경제학, 박영사, 2005.

한국 도로 60년의 이야기

2018년 1월 2일 인쇄
2018년 1월 12일 발행

저자	강정규
발행인	김성계

발행처	도서출판 건설정보사	
	주소	서울특별시 용산구 한강대로 329 (갈월동)
	전화	02 717 3396
	팩스	02 717 3398
	출판등록	1998. 12. 24 (3-1122)

ISBN 978-89-6295-226-1 93530   정가 18,000원

*** 이 책의 무단 복제를 금합니다.